Complex Analysis

STEIN
복소해석학

지은이 Elias M. Stein, Rami Shakarchi

Elias M. Stein(1931-2018) : 미국의 수학자로 조화해석학 분야의 선구자이자 대가로 꼽힌다. 그간의 공로를 인정받아 1999년에 세계 3대 수학상 중 하나인 울프상(Wolf Prize)을 수상했으며, 2001년에 국립 과학 훈장(National Medal of Science)을 받았다. 1955년 시카고 대학교에서 박사 학위를 취득했으며, 메사추세츠 공과대학교(MIT)와 시카고 대학교를 거쳐 프린스턴 대학교 수학과 교수로 재직했다. 2012년 명예교수로 은퇴하기 전까지 학부 수학을 위해 《프린스턴 해석학 시리즈》를 공동집필하는 등 교육에 힘을 쏟았다. 제자들도 마찬가지로 조화해석학 분야를 기반으로 다양한 업적을 이루었는데, 특히 찰스 페퍼먼(Charles Fefferman)이나 테렌스 타오(Terence Tao)가 필즈상(Fields Medal)을 수상하는 영예를 누렸다.

Rami Shakarchi : 2002년 프린스턴 대학교에서 수학과 박사 학위를 취득했으며 현재 금융 분야에서 일하고 있다. 찰스 페퍼먼 교수의 제자로, 대학원생 시절 Elias M. Stein 교수와 함께 《프린스턴 해석학 시리즈》를 공동집필했다.

옮긴이 한빛수학교재연구소

한빛수학교재연구소에서는 이공계열 공통 수학 및 수학 관련 학과 전공 교재에 적합한 번역서와 집필서를 기획하여 출간하고 있다.

감수 김영원

서울대학교 수학과를 졸업한 뒤 동대학원에서 수학과 박사 학위를 받았다. 세종대학교 수학과에서 부교수를 지낸 뒤 서울대학교 수리과학부 교수로 재직했다. 현재 서울대학교 수리과학부 명예교수이다. 주요 연구 분야는 복소변수함수와 기호동역학이다. 『기초 복소 해석』(서울대학교출판부, 2014)을 공동저술하고, 『수학의 깊이를 더하는 『STEIN 복소해석학』 강의노트』(한빛아카데미, 2023)를 집필했다.

STEIN 복소해석학

초판발행 2022년 2월 10일
3쇄발행 2025년 2월 28일

지은이 Elias M. Stein, Rami Shakarchi / **옮긴이** 한빛수학교재연구소 / **감수** 김영원 / **펴낸이** 전태호
펴낸곳 한빛아카데미(주) / **주소** 서울시 서대문구 연희로2길 62 한빛아카데미(주) 2층
전화 02-336-7112 / **팩스** 02-336-7199
등록 2013년 1월 14일 제2017-000063호 / **ISBN** 979-11-5664-589-4 93410

총괄·책임편집 김은정 / **기획·편집** 윤세은 / **진행** 윤세은
디자인 이아란 / **전산편집** 김강수, 안우혁, 백지선 / **제작** 박성우, 김정우
영업 김호철, 김태진, 김성삼, 이정훈, 임현기, 이성훈, 김주성, 심지연

이 책에 대한 의견이나 오탈자 및 잘못된 내용은 출판사 홈페이지나 아래 이메일로 알려주십시오.
파본은 구매처에서 교환하실 수 있습니다. 책값은 뒤표지에 표시되어 있습니다.

홈페이지 www.hanbit.co.kr / 이메일 question@hanbit.co.kr

지금 하지 않으면 할 수 없는 일이 있습니다.
책으로 펴내고 싶은 아이디어나 원고를 메일(writer@hanbit.co.kr)로 보내주세요.
한빛아카데미(주)는 여러분의 소중한 경험과 지식을 기다리고 있습니다.

이 책은 LaTeX으로 조판되었으며, LaTeX 판면권은 한빛아카데미(주)에 있습니다.

Complex Analysis

STEIN
복소해석학

Elias M. Stein, Rami Shakarchi 지음
한빛수학교재연구소 옮김 김영원 감수

한빛아카데미
Hanbit Academy, Inc.

지은이 머리말

프린스턴 대학교는 2000년 봄부터 해석학의 핵심 내용을 통합적으로 이해할 수 있도록 한 학기 분량인 네 과목을 일련의 강좌로 구성했다. 이 연쇄 강좌의 목적은 해석학의 다양한 분야 사이에 존재하는 유기적 통일성을 명확하게 드러내고, 학습 내용이 수학의 다른 분야와 과학에서 어떻게 응용되는지를 보여주는 데 있다. 이러한 강좌 내용을 《프린스턴 해석학 시리즈》 4권에 나누어 정리했다.

《프린스턴 해석학 시리즈》에서 다루는 주제를 개별적으로만 본다면 시중에 이미 훌륭한 교과서가 많이 나와 있음을 부정할 수 없다. 하지만 우리의 목표는 조금 달랐다. 《프린스턴 해석학 시리즈》를 통해 해석학의 다양한 세부 분야는 별개의 대상이 아니며 고도로 상호 연결되어 있음을 보여주려 했다. 우리의 관점과 해석학 교과서가 잘 만난다면 여러분이 해석학을 전체적으로 잘 이해할 수 있게끔 동기를 부여해 주리라 생각했다. 이러한 시너지 효과를 염두에 두고 해당 분야를 형성한 주요 아이디어와 정리에 집중했다. 서술 순서는 크게 각 분야가 발전한 역사적 흐름을 따랐다. 그러다 보니 때로는 엄밀하고 공리적인 접근 방식^systematic approach^을 포기해야 하기도 했다.

《프린스턴 해석학 시리즈》는 총 4권으로 구성했으며, 각각 한 학기 분량의 내용을 담았다. 각 도서의 주제를 요약하면 다음과 같다.

제1권『STEIN 푸리에 해석학』: 푸리에 급수와 적분
제2권『STEIN 복소해석학』: 복소해석학
제3권『Real Analysis』: 측도 이론, 르베그 적분, 힐베르트 공간
제4권『Functional Analysis』: 함수해석학, 분포, 확률론 등 추가 주제

한 가지 주의해야 할 점이 있다. 이 목록만 가지고는 각 주제가 어떻게 상호 작용하는지, 이 주제가 다른 분야에 어떻게 응용되는지에 대해 온전히 알지 못한다. 몇 가지 예를 보면 어떤 식으로 그림을 그릴지 예상할 수 있을 것이다.

(1) **(유한) 푸리에 급수**: 『STEIN 푸리에 해석학』에서 연구한 푸리에 급수는 디리클레 지표(Dirichlet characters)로 이어지며, 이를 바탕으로 "등차수열에 무한히 많은 소수가 있다."라는 명제를 증명할 수 있다.

(2) **엑스선과 라돈 변환**: 이 개념은『STEIN 푸리에 해석학』에 여러 번 등장했으며『Real Analysis』에서 2차원과 3차원 속 베시코비치 류(Besicovitch–like) 집합을 이해하는 데 큰 도움을 준다.

(3) **파투 정리**: 원판에서 정의되고 유계인 복소해석적 함수를 경계로 확장할 수 있음을 보장하는 파투 정리(Fatou's theorem)는『STEIN 푸리에 해석학』,『STEIN 복소해석학』,『Real Analysis』세 권에

서 고유한 아이디어를 사용해 각기 다른 방식으로 증명한다.

(4) **세타함수** : 세타함수(theta function)는 『STEIN 푸리에 해석학』에서 열 방정식의 해를 찾을 때 처음 등장한다. 『STEIN 복소해석학』에서는 정수가 두 제곱수의 합 또는 네 제곱수의 합으로 표현될 수 있음을 증명할 때, 제타함수를 해석적으로 확장할 때 사용한다.

이 책의 토대가 된 강좌를 어떻게 운영했는지 소개하겠다. 각 강좌는 한 학기당 48시간씩 배정받았고 주어진 시간 내에서 집중적으로 수업을 진행했다. 수업이 원활하게 이루어질 수 있도록 매주 과제problem sets를 부과했는데, 이 책의 연습문제와 심화문제가 이러한 과제 역할을 대신한다. 각 장에는 본문 내용과 직접 연결되는 일련의 **연습문제**를 다양한 난이도로 수록했다. 어려운 문제에도 힌트를 적잖이 제시했으니 연습문제 대부분은 여러분이 스스로 풀 수 있으리라 생각한다. 더 어렵고 도전적인 **심화문제**도 있다. 가장 어려운 문제나 본문 내용을 벗어난 문제는 번호 앞에 별표(*)로 표시했다.

《프린스턴 해석학 시리즈》는 각각 매우 밀접하게 연관되어 있다. 특히 처음 세 권은 각각 극한, 급수, 미분가능한 함수, 리만 적분과 같은 해석학의 기본 주제와 선형대수학 일부를 풍부하게 다루어 선행 학습을 최소화했다. 따라서 수학을 비롯해 물리학, 공학, 금융공학 전공자들이 학부와 대학원을 가리지 않고 모두 이 책으로 공부할 수 있다고 자부한다.

《프린스턴 해석학 시리즈》를 출간하는 데 도움을 주신 분들이 무척 많다. 모든 분께 감사의 마음을 전할 수 있어 기쁘다. 특히 네 강좌를 모두 수강한 학생들에게 감사를 표한다. 학생들이 끊임없이 보내준 관심과 열정, 헌신을 원동력 삼아 이 책들을 출간할 수 있었다. 아드리안 배너Adrian Banner와 호세 루이스 로드리고Jose Luis Rodrigo는 각 수업을 진행할 때 큰 도움을 주고, 학생들이 수업에서 성과를 최대한 낼 수 있도록 노력했다. 특히 아드리안은 본문에 관해 여러 가지 의견을 주었으며, 큰 도움이 되었다.

특별히 다음 분들에게 감사한 마음을 전하고 싶다. 찰스 페퍼먼Charles Fefferman이 첫 주에 강의를 해주었기에 전체 프로젝트를 성공적으로 시작할 수 있었다. 파울 하겔스타인Paul Hagelstein은 원고 일부를 검토한데다 몇 주간 직접 강의했으며, 그다음 강좌도 강의해 주었다. 다니엘 레빈Daniel Levine은 증명을 꼼꼼히 읽고 귀중한 의견을 주었다. 마지막으로 저리 페크Gerree Pecht는 조판을 완벽하게 해주고 투명 필름이라거나 메모, 원고 등 강의에 필요한 자원을 준비해 주었다.

마지막으로 프린스턴 대학교 250주년 기금과 미국 국립과학재단NSF의 연구·교육 수직적 통합VIGRE 프로그램이 보내준 지원에 대해 깊은 감사를 표한다.

2002년 8월, 뉴저지 주 프린스턴 대학교에서

Elias M. Stein, Rami Shakarchi

미리보기

핵심 용어

본문에서 핵심이 되는 용어나 내용은 별도의 색으로 구분한다.

정리

본문에서 중요한 명제를 뽑아 정리로 소개한다.

명제

각 장의 내용을 전개하는 데 바탕이 되는 명제를 소개한다.

증명

본문에 소개한 명제 · 정리 · 보조정리 · 따름정리 등이 성립하는 이유를 제시한다.

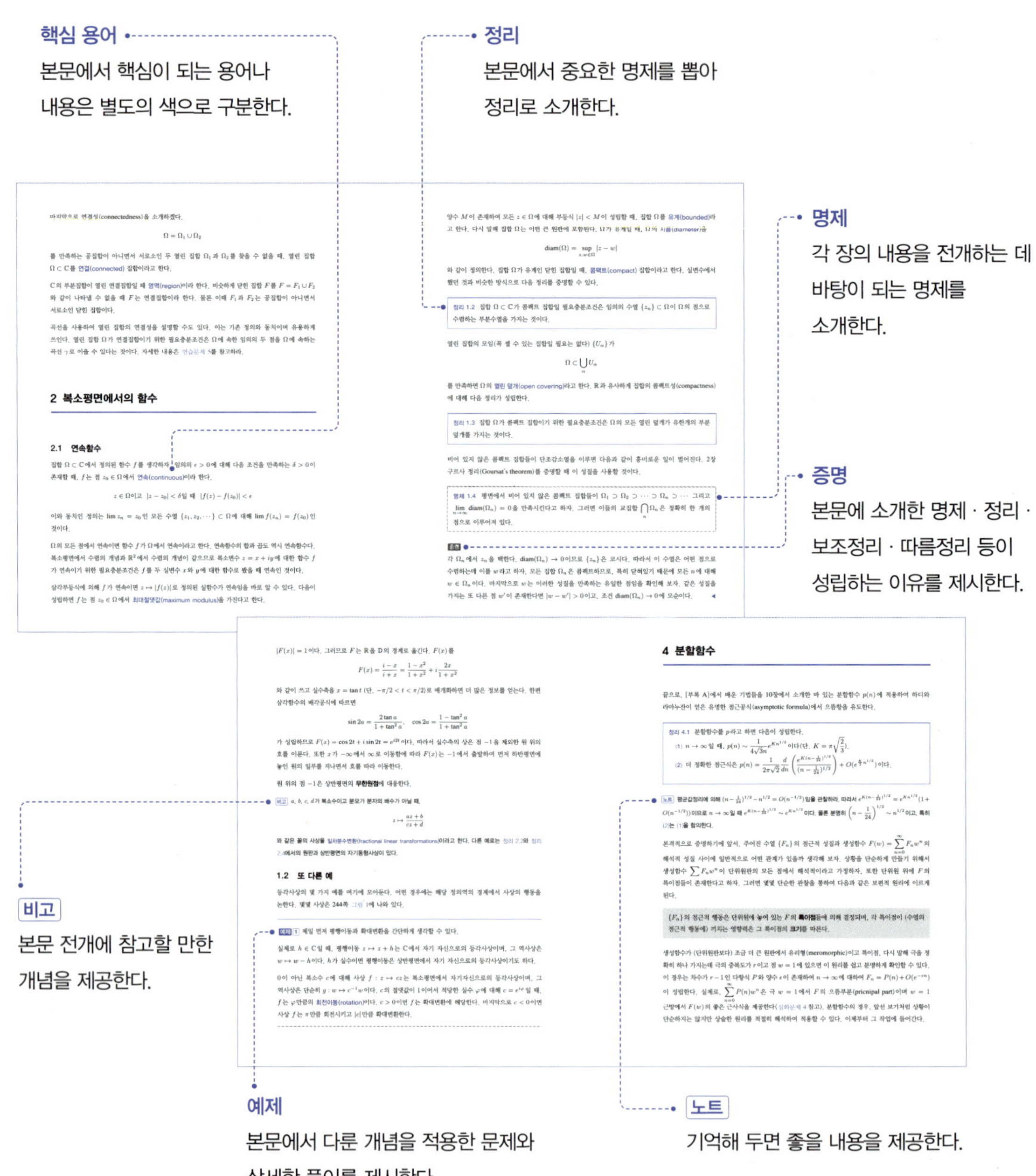

비고

본문 전개에 참고할 만한 개념을 제공한다.

예제

본문에서 다룬 개념을 적용한 문제와 상세한 풀이를 제시한다.

노트

기억해 두면 좋을 내용을 제공한다.

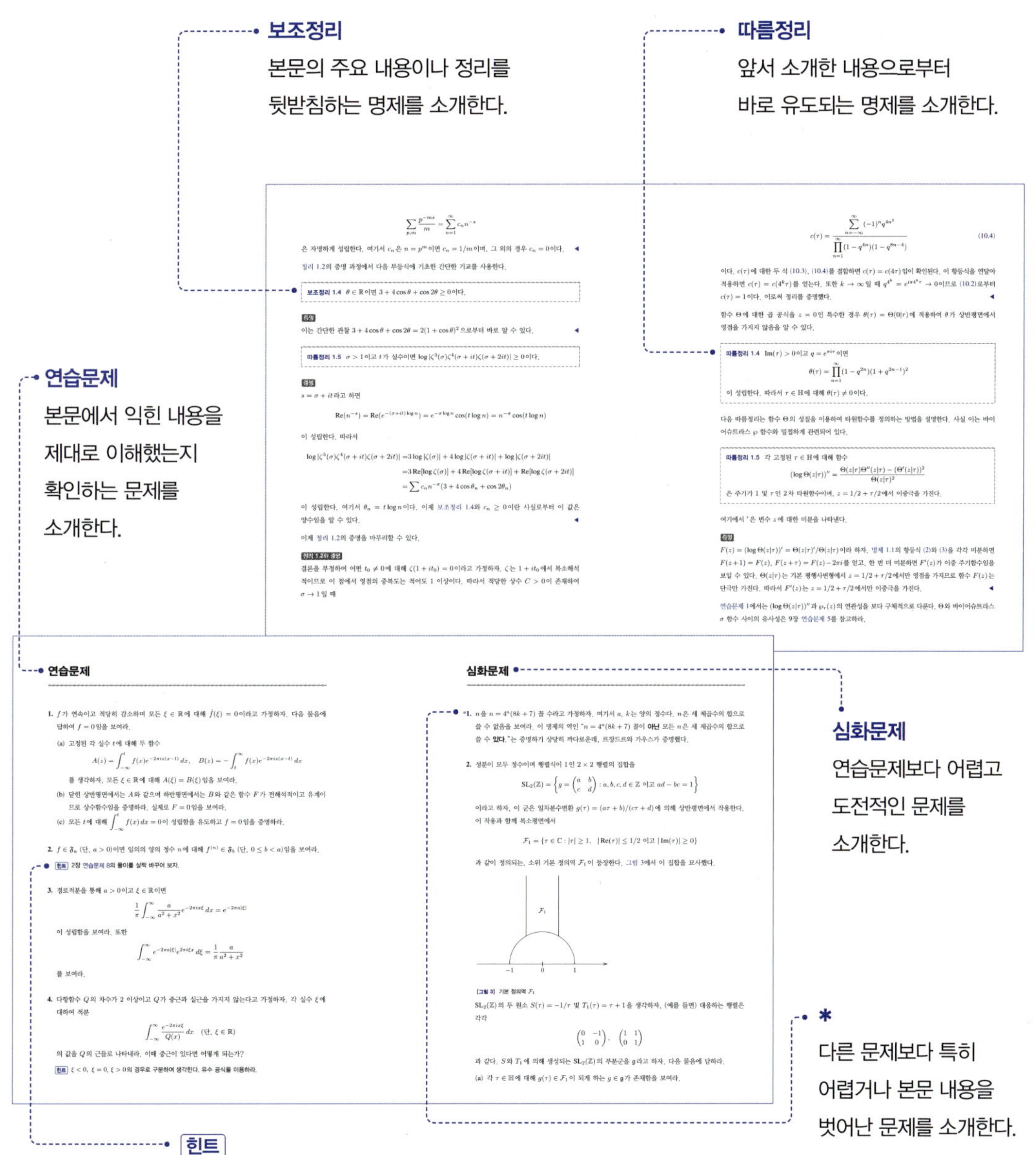

- **강의자용 : 강의보조자료 다운로드**
  한빛출판네트워크 접속(http://www.hanbit.co.kr) → [교수전용] 클릭 → [강의자료] 클릭
- **학습자용 :** 학습자의 자학자습을 위해 저작권자의 요청에 따라 별도 자료를 제공하지 않는다.

감수자 머리말

이 책은 대학에서 수학을 공부하는 학부생 또는 대학원생을 위한 복소함수론 입문서로서, 같은 용도의 다른 책과 비교했을 때 매우 두드러진 특징이 있다. 관련 이론을 체계적으로 전개한다기보다, 앞에서 구축한 예비지식을 바탕으로 정수론을 비롯한 수학의 다른 분야와 복소함수론 사이의 관계를 설명하는 데 중점을 두었다.

복소함수론은 '현대수학 입문'이라는 별명이 있을 정도로 현대수학의 거의 모든 분야와 관련이 있다 보니 그러한 관계를 책 한 권으로 모두 소개하기 어렵다. 따라서 주제의 선택이 중요하다. 이 책은 주제를 매우 탁월하게 선택했으며 이 주제들이 본문에서 유기적으로 연결된다는 장점이 있다. 게다가 이론을 전개하다가 복소함수론의 응용 사례같이 특정 주제를 설명할 수 있게 되면 바로 그 사례를 소개한다는 점이 돋보인다.

이 책의 각 주제가 유기적으로 연결되는 사례를 몇 가지 소개하면 다음과 같다. 2장에서 코시 정리를 증명한 직후 이 정리를 이용하여 가우스 함수의 푸리에 변환이 자기 자신임을 보이고 특정 특이적분의 값을 계산한다. 3장에서 선적분에 관련된 기본 사실인 편각 원리, 유수정리 등을 살펴본 직후 4장에서 선적분 기법을 이용하여 일차원 푸리에 변환에 관한 중요한 결과를 얻는다. 이러한 결과 중에서 푸아송 합 공식은 특히 6장과 10장에서 각각 리만 제타함수의 함수방정식과 세타함수의 변환 공식을 얻는 데 결정적인 역할을 한다. 이러한 특징 때문에 이 책으로 학습하면 복소함수론의 지식과 기법을 터득하는 데에서 멈추지 않고 복소함수론의 응용 사례를 체계적이고 폭넓게 살펴볼 수 있다.

다만 앞서 설명했듯이 이 책은 관련 이론을 체계적으로 전개하는 편이 아니므로, 복소함수론 지식을 체계적으로 습득하고자 한다면 갈증을 느낄 수 있다. 특히 본문에 대역 코시 정리와 조화함수에 관한 내용이 없는데, 전자는 [부록 B]에서 보완했지만 후자는 연습문제에서 간략히 다루었을 뿐이다. 조화함수는 『STEIN 푸리에 해석학』에도 소개되어 있으니 참고하면 좋다. 그럼에도 이 책은 대학원에 진학하여 해석학을 전공할 사람에게는 매우 강한 동기부여를 제공할 것이며, 다른 이들에게는 탁월한 복소함수론 입문서가 되리라 굳게 믿는다. 복소함수론을 체계적으로 공부하고 싶다면 참고문헌의 2와 함께 학습하기를 추천한다.

김영원

목차

서론

> …… 실제로 이러한 함수의 정의역을 복소수로 확장하면 비로소 숨겨져 있던 조화성(harmony)과 정칙성(regularity)이 드러난다.
>
> *B.* 리만(*B. Riemann*), 1851

복소해석학 공부를 시작하겠다. 우리는 지금 놀라운 통찰력으로 가득 찬 신기한 세계에 첫발을 내딛고 있다. 복소해석학의 첫 번째 정리를 서술할 때 자연히 '마법 같다'라거나 심지어 '기적적이다'라고 말하고 싶어질 거다. 게다가 결과가 얼마나 우아한지, 그리고 결과가 포함하는 범위(sweep)가 얼마나 넓은지를 보면 공부하는 내내 계속 놀라게 될 것이다.

복소해석학은 실수에서 정의된 함수의 정의역을 복소수로 확장해 보자는 발상에서 학습을 시작한다. 따라서 이 책에서는

$$f : \mathbb{C} \to \mathbb{C}$$

와 같이 복소평면에서 복소평면으로의 함수 f를 생각한다. 더 일반적으로는 $\mathbb{C}$의 열린 부분집합에서 정의되는 복소함수를 주로 다룬다. 얼핏 생각하기로 임의의 복소수 z는 $z = x + iy$ (단, $x, y \in \mathbb{R}$)라 쓸 수 있고, z를 $\mathbb{R}^2$의 점 (x, y)와 같게 취급할 수 있으니 "이러한 확장으로 얻을 게 딱히 없지 않을까?"라는 의문을 가질 수도 있다.

그런데 자연스럽고 지나치게 단순하다보니 종종 잘못 이해하는 성질을 f에 추가로 가정하면 상황이 완전히 바뀌어버린다. 다시 말해 f가 복소수 관점에서 미분가능하다고 가정하겠다. 이 조건을 **복소해석적(holomorphicity)**이라고 하는데, 이 책에서 다루는 거의 모든 이론은 이를 바탕으로 한다.

이렇게 몫

$$\lim_{h \to 0} \frac{f(z+h) - f(z)}{h} \quad (h \in \mathbb{C})$$

의 극한값이 존재하면 함수 $f : \mathbb{C} \to \mathbb{C}$는 점 $z \in \mathbb{C}$에서 복소해석적이라고 한다. h가 실수가 아닌 **복소수**란 점만 제외하면 이 조건은 실변수함수의 미분가능성 정의와 유사하다. 이 가정이 많은 내용을 포함할 수 있는 이유는 수많은 조건을 함축하기 때문이다. 여기서 h는 어느 방향에서건 0에 접근할 수 있다.

복소해석학을 이제 막 배우는 초심자는 흔히 복소해석적 함수에 대한 정리를 실변수함수 관점으로

증명하려는 실수를 범하곤 한다. 하지만 복소해석학은 완전히 새로운 주제이며, 복소함수의 본질에 부합하는 방식으로 정리를 증명해야 함을 깨달을 것이다. 실제로 다음 장에서 다룰 복소해석적 함수에 대한 주요 명제는 대부분 증명이 매우 짧고 상당히 명확하다.

복소해석학을 공부하는 방법에는 크게 두 갈래 길이 있으며, 두 길은 종종 만나기도 한다. 첫 번째 길은 특별한 예에 의존하지 않고 복소해석적 함수의 보편적인 특성을 다루는 방법이다. 두 번째 길은 다른 수학 분야에서도 흥미롭게 다루곤 하는 특별하고 구체적인 함수를 주도면밀하게 분석하는 방법이다. 물론 두 방법 중 하나를 배제하고 나머지 한 방법만 고집해선 먼 길을 갈 수 없다. 이 책에서는 복소해석적 함수의 일반적인 성질을 학습하며 여정을 시작한다. 이러한 성질은 다음과 같이 기적같은 명제(miraculous fact) 세 가지로 요약할 수 있다.

(1) **경로적분**(contour integration) : f가 Ω에서 복소해석적이면 Ω의 적절한 폐곡선 γ에 대해
$$\int_\gamma f(z)dz = 0$$
이 성립한다.

(2) **정칙성**(regularity) : f가 복소해석적이면 f는 무한 번 미분가능하다.

(3) **해석적 연속**(analytic continuation) : f와 g가 Ω에서 복소해석적인 함수이고 Ω의 임의의 작은 원판에서 f와 g가 같다면 Ω 전체에서 $f = g$이다.

이 세 가지 현상과 여타 일반적인 성질을 처음 몇 장에 걸쳐 다룬다. 이 책의 나머지 내용을 모조리 요약하기보다 복소해석학의 몇 가지 주요사항만 간략히 언급하겠다.

- 무한합 $\zeta(s) = \sum_{n=1}^{\infty} \frac{1}{n^s}$로 표현되는 함수를 제타함수(zeta function)라 한다. 제타함수는 처음에 이 급수가 수렴하는 반평면 $\text{Re}(s) > 1$에서 정의되며 복소해석적이다. 제타함수와 그 변형(L–급수)은 소수 이론(theory of prime numbers)에서 핵심인 개념으로, 디리클레 정리를 증명한 『STEIN 푸리에 해석학』 8장에서 이미 소개했다. 이 책에서는 ζ를 $s = 1$에서 극을 가지는 유리형함수(meromorphic function)로 확장할 수 있음을 증명하려 한다. 또한 $\text{Re}(s) = 1$에서 $\zeta(s)$의 행동(특히 ζ가 $\text{Re}(s) = 1$에서 영점을 가지지 않음)을 바탕으로 소수정리를 증명한다.
- 두 복소변수 z와 τ에 대하여 정의된 함수
$$\Theta(z|\tau) = \sum_{n=-\infty}^{\infty} e^{\pi i n^2 \tau} e^{2\pi i n z}$$
을 세타함수(theta function)라 한다. 이 함수는 모든 z와 반평면 $\text{Im}(\tau) > 0$의 τ에 대해 복소해석적이다.

  τ를 고정하고 Θ를 z에 대한 함수로 생각하면 이는 (이중 주기인) 타원함수(elliptic function)의 이론과 밀접하게 연관된다. z를 고정하면 상반평면(upper half–plane)에서 Θ의 모듈러 성질이

드러난다. 함수 $\Theta(z|\tau)$는 『STEIN 푸리에 해석학』에서 원 위에서 열 방정식(heat equation)의 기본 해로 등장했다. 이 함수는 제타함수를 학습하거나 6장, 10장에 제시된 조합론과 정수론의 특정 결과를 증명할 때 다시 사용할 것이다.

주목해야 하는 주제가 두 가지 더 있다. 첫 번째는 경로적분을 통해 복소해석학과 우아한 연결 고리를 가지는 푸리에 변환과 푸아송 합 공식의 적용이다. 두 번째는 다각형에서의 등각사상(conformal mappings)이다. 이 사상의 역사상은 슈바르츠–크리스토펠 공식에 의해 나타나며, 직사각형에서 등각사상은 타원적분과 타원함수로 이어진다.

1

복소해석학의 기초
Preliminaries to Complex Analysis

> 지난 2세기 동안 수학이 빠르게 발전할 수 있었던 데에는 복소수의 도입에 힘입은 바가 크다. 역설적이게도 이러한 발전은 어떤 수의 제곱이 음수일 수 있다는 일견 황당한 생각에 근거한다.
>
> *E.* **보렐**(*E. Borel*), 1952

1장에서는 이 책에서 계속 사용할 기본 개념을 집중적으로 소개한다.

우선 복소수의 대수적 성질과 해석적 성질을 간단히 복습하고 평면 집합의 몇몇 위상적 개념을 알아본다. 『STEIN 푸리에 해석학』 1장 연습문제를 참고하라.

그 다음에는 주어진 함수가 한 점에서 복소미분가능하다는 표현과 주어진 집합에서 정칙(holomorphic)이라는 표현이 무엇을 뜻하는지 알아보는데, 이 과정에서 자연스럽게 코시–리만 방정식이 등장한다. 또한 멱급수로 주어진 함수는 모두 정칙임을 증명한다.

마지막으로 곡선과 곡선을 따른 함수의 적분인 선적분을 정의한다. 특별히 다음과 같은 중요한 결과를 증명할 것이다. 함수 f가 원시함수(primitive), 즉 미분했을 때 정확히 f가 되는 정칙함수(holomorphic function)를 가지면 임의의 폐곡선(closed curve) γ에 대해

$$\int_\gamma f(z)dz = 0$$

이 성립한다. 이 결과는 2장에서 증명할 코시 정리로 가는 첫걸음이며, 코시 정리는 복소함수론에서 핵심 역할을 한다.

1 복소수와 복소평면

이번 절에서 다루는 사실 중 많은 내용은 이미 『STEIN 푸리에 해석학』에서 다루었다.

1.1 기초 성질

복소수는 $z = x + iy$ 꼴의 수다. 이때 x와 y는 실수이며, i는 허수 단위로서 방정식 $i^2 = -1$을 만족시킨다. x와 y를 각각 z의 **실수부(real part)**와 **허수부(imaginary part)**라고 하며,

$$x = \text{Re}(z), \quad y = \text{Im}(z)$$

와 같이 쓴다. 실수는 바로 허수부가 0인 복소수다. 실수부가 0인 복소수를 **순허수(purely imaginary)**라고 한다.

복소수 전체의 집합을 $\mathbb{C}$로 나타낸다. 이 집합과 좌표평면 $\mathbb{R}^2$ 사이에는 자연스러운 일대일 대응인 $\mathbb{C} \ni x + iy \leftrightarrow (x, y) \in \mathbb{R}^2$가 있으므로, 우리는 많은 경우 두 집합 $\mathbb{C}$와 $\mathbb{R}^2$를 같은 집합으로 보아 복소수를 평면에 놓인 점으로 이해한다. 이런 뜻에서 $\mathbb{C}$를 **복소평면(complex plane)**이라고 부른다. 예를 들어 0은 원점에 대응하고 i는 점 $(0, 1)$에 대응한다. 자연스럽게 $\mathbb{R}^2$의 x축과 y축은 각각 실수와 순허수에 대응하므로 **실수축(real axis)**과 **허수축(imaginary axis)**이라고 부른다(그림 1 참고).

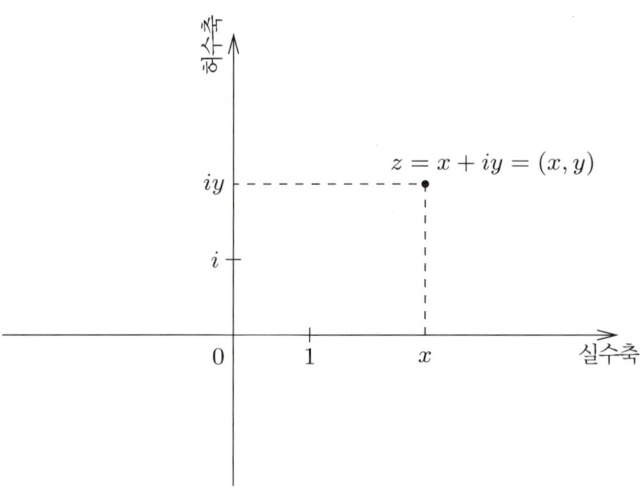

[그림 1] 복소평면

$i^2 = -1$임을 잊지 않으면서 복소수를 실수처럼 취급하면 자연스럽게 복소수를 더하거나 곱할 수 있다. $z_1 = x_1 + iy_1$이고 $z_2 = x_2 + iy_2$일 때, $z_1 + z_2$를

$$z_1 + z_2 = (x_1 + x_2) + i(y_1 + y_2)$$

와 같이 나타낼 수 있다. 또한 $z_1 z_2$는

$$\begin{aligned} z_1 z_2 &= (x_1 + iy_1)(x_2 + iy_2) \\ &= x_1 x_2 + ix_1 y_2 + iy_1 x_2 + i^2 y_1 y_2 \\ &= (x_1 x_2 - y_1 y_2) + i(x_1 y_2 + y_1 x_2) \end{aligned}$$

와 같다. 앞의 두 식을 각각 복소수의 덧셈과 곱셈의 정의로 삼자. 이제 의당 성립하길 바라는 다음 성질 역시 쉽게 확인할 수 있다.

- 교환법칙(commutativity) : 모든 z_1, $z_2 \in \mathbb{C}$에 대해 $z_1 + z_2 = z_2 + z_1$이고 $z_1z_2 = z_2z_1$이다.
- 결합법칙(associativity) : 모든 z_1, z_2, $z_3 \in \mathbb{C}$에 대해 $(z_1 + z_2) + z_3 = z_1 + (z_2 + z_3)$이고 $(z_1z_2)z_3 = z_1(z_2z_3)$이다.
- 분배법칙(distributivity) : 모든 z_1, z_2, $z_3 \in \mathbb{C}$에 대해 $z_1(z_2 + z_3) = z_1z_2 + z_1z_3$이다.

복소수의 덧셈은 대응하는 평면 $\mathbb{R}^2$ 속 벡터의 덧셈에 대응한다. 복소수의 곱셈은 확대변환과 회전변환의 합성인데, 이는 곧 소개할 복소수의 극형식을 이용하면 쉽게 확인할 수 있다. 우선 i를 곱하는 것은 $\pi/2$만큼 회전하는 것에 대응함을 눈여겨보자.

복소수의 길이 혹은 절댓값 개념은 $\mathbb{R}^2$에서 유클리드 거리 개념과 일치한다. 복소수 $z = x + iy$의 **절댓값(absolute value)**을

$$|z| = (x^2 + y^2)^{1/2}$$

과 같이 정의한다. 그러면 $|z|$는 정확히 원점에서 점 (x, y)까지의 거리다. 특히, 삼각부등식(triangle inequality)이 성립한다.

$$\text{모든 } z, w \in \mathbb{C}\text{에 대하여} \quad |z + w| \leq |z| + |w|$$

이쯤에서 다른 유용한 부등식을 소개하겠다. 모든 $z \in \mathbb{C}$에 대하여 $|\mathrm{Re}(z)| \leq |z|$이며 $|\mathrm{Im}(z)| \leq |z|$이다. 또 모든 $z, w \in \mathbb{C}$에 대하여

$$||z| - |w|| \leq |z - w|$$

가 성립한다. 이 부등식은 삼각부등식을 사용하여 이렇게 증명할 수 있다.

$$|z| \leq |z - w| + |w|, \quad |w| \leq |z - w| + |z|$$

$z = x + iy$의 **켤레복소수(complex conjugate)**는

$$\overline{z} = x - iy$$

와 같이 정의한다. 그러므로 두 복소수 z와 $\overline{z}$는 복소평면에서 실수축에 대해 서로 대칭이다. 복소수 z가 실수이기 위한 필요충분조건은 $z = \overline{z}$이고, 순허수이기 위한 필요충분조건은 $z = -\overline{z}$이다.

복소수 z의 실수부와 허수부에 대하여

$$\mathrm{Re}(z) = \frac{z+\overline{z}}{2}, \quad \mathrm{Im}(z) = \frac{z-\overline{z}}{2i}$$

임을 쉽게 확인할 수 있다. 또한

$$|z|^2 = z\overline{z} \quad \left(\text{따라서 } z \neq 0 \text{이면 } \frac{1}{z} = \frac{\overline{z}}{|z|^2}\right)$$

가 성립한다. 0이 아닌 모든 복소수 z는 **극형식(polar form)**

$$z = re^{i\theta}$$

으로 쓸 수 있다. 여기서 $r > 0$이다. 또한 $\theta \in \mathbb{R}$는 z의 **편각(argument)**이라고 한다. 편각은 2π의 정수배를 무시하면 유일하게 결정되는데, 보통 $\arg z$로 나타내며 이때

$$e^{i\theta} = \cos\theta + i\sin\theta$$

가 성립한다. $|e^{i\theta}| = 1$이므로 $r = |z|$이고 θ는 단순히 양수축과 원점에서 z를 통과하는 반직선 사이의 (양의 반시계방향으로 잰) 각이다(그림 2 참고).

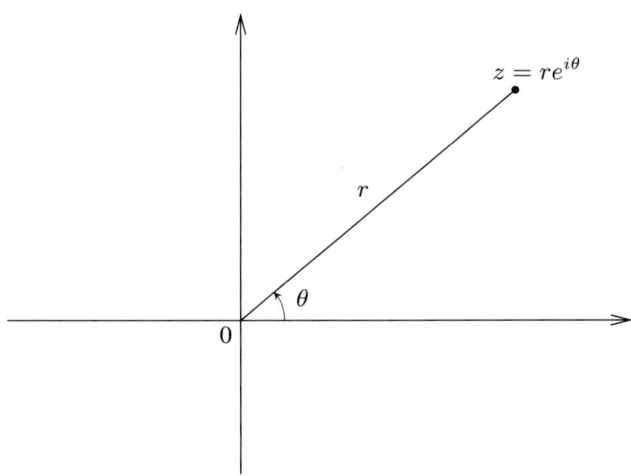

[그림 2] 복소수의 극형식

마지막으로 $z = re^{i\theta}$이고 $w = se^{i\varphi}$이면

$$zw = rse^{i(\theta+\varphi)}$$

이다. 따라서 복소수의 곱셈은 $\mathbb{R}^2$에서의 닮음변환(즉, 확대변환과 회전변환의 합성)에 대응한다.

1.2 수렴

복소수의 산술적 성질과 기하학적 성질은 여기까지 하고, 수렴과 극한의 핵심 성질을 정리해 보자.

복소수열 $\{z_1, z_2, \cdots\}$이 조건

$$\lim_{n\to\infty} |z_n - w| = 0 \quad \left(w = \lim_{n\to\infty} z_n \text{과 같이 나타낸다}\right)$$

을 만족할 때 $w \in \mathbb{C}$로 **수렴한다(converge)**고 한다. 수렴의 개념은 그리 새롭지 않다. 실제로, $\mathbb{C}$에서의 절댓값은 $\mathbb{R}^2$에서의 유클리드 거리와 같으므로 z_n이 w로 수렴하기 위한 필요충분조건은 복소평면에서 대응하는 점으로 이루어진 수열이 w에 대응하는 점에 수렴하는 것이다.

수열 $\{z_n\}$이 w로 수렴하기 위한 필요충분조건은 z_n의 실수부와 허수부가 각각 w의 실수부와 허수부로 수렴하는 것이다. 각자 확인해 보라.

수렴하지만 정확한 극한값을 구하기 힘든 경우가 있다. 예를 들어 $\lim_{N\to\infty} \sum_{n=1}^{N} \frac{1}{n^3}$ 같은 경우가 있겠다. 이럴 때 수렴의 정의와 동치인 조건

$$n, m \to \infty \text{일 때,} \quad |z_n - z_m| \to 0$$

을 편리하게 사용할 수 있다. 위 조건을 만족하는 수열 $\{z_n\}$을 **코시 수열(Cauchy sequence)** 또는 간단히 **코시**라고 한다. 다시 말해 임의의 $\epsilon > 0$에 대하여, $n, m > N$이면 $|z_n - z_m| < \epsilon$을 만족하는 정수 $N > 0$이 존재한다.

학부 해석학에서 얻은 중요한 사실 중 하나는 $\mathbb{R}$의 완비성이다. 즉, 코시인 모든 실수열은 실수로 수렴한다.[1] 수열 $\{z_n\}$이 코시이기 위한 필요충분조건은 z_n의 실수부와 허수부로 이루어진 수열이 각각 코시인 것이므로 $\mathbb{C}$의 모든 코시 수열은 $\mathbb{C}$에서 극한값을 가진다. 따라서 다음 결과를 얻는다.

정리 1.1 복소수 집합 $\mathbb{C}$는 완비공간이다.

이제 복소함수를 다루기 위해 필요하면서도 간단히 이해할 수 있는 위상수학적 개념을 몇 가지 소개하겠다. 이 역시 완전히 새로운 개념이 아니다. 기존 개념을 새로운 언어로 표현한 것에 불과함을 다시 한 번 확인할 수 있을 것이다.

1 이 결과를 종종 볼차노-바이어슈트라스 정리라 부르기도 한다.

1.3 복소평면 속 집합

$z_0 \in \mathbb{C}$이고 $r > 0$일 때, 중심이 z_0이고 반지름 길이가 r인 **열린 원판(open disc)** $D_r(z_0)$는 z_0에 이르는 거리가 r보다 작은 모든 복소수 집합이다. 다시 말해

$$D_r(z_0) = \{z \in \mathbb{C} : |z - z_0| < r\}$$

과 같이 쓸 수 있다. 이는 정확히 중심이 z_0이고 반지름 길이가 r인 평면의 일반적인 원판이다. 중심이 z_0이고 반지름 길이가 r인 **닫힌 원판(closed disc)** $\overline{D}_r(z_0)$는

$$\overline{D}_r(z_0) = \{z \in \mathbb{C} : |z - z_0| \leq r\}$$

과 같이 정의한다. 또한 열린 원판 또는 닫힌 원판의 경계는

$$C_r(z_0) = \{z \in \mathbb{C} : |z - z_0| = r\}$$

과 같은 원이다. **단위원판(unit disc)**(즉, 중심이 원점이고 반지름 길이가 1인 열린 원판)은 계속 중요하게 사용되므로, 보통 $\mathbb{D}$로 나타낸다.

$$\mathbb{D} = \{z \in \mathbb{C} : |z| < 1\}$$

집합 $\Omega \subset \mathbb{C}$와 이 집합에 속한 점 z_0를 생각하자. 이처럼

$$D_r(z_0) \subset \Omega$$

를 만족하는 $r > 0$이 존재할 때 점 z_0를 Ω의 **안점(interior point)** 또는 **내점**이라고 한다. Ω의 **내부(interior)**는 모든 안점의 집합이다. 마지막으로 Ω의 모든 점이 Ω의 안점일 때, 집합 Ω를 **열린 집합(open set)**이라고 한다. 이 정의는 정확히 $\mathbb{R}^2$에서의 열린 집합의 정의와 같다.

Ω의 여집합 $\Omega^c = \mathbb{C} - \Omega$가 열린 집합일 때, 집합 Ω를 **닫힌 집합(closed set)**이라고 한다. 닫힌 집합은 극한점(limit point)을 사용하여 다음과 같이 정의할 수도 있다. 수열 $\{z_n\} \subset \Omega$이 존재하여 $z_n \neq z$이고 $\lim_{n \to \infty} z_n = z$이면 점 $z \in \mathbb{C}$를 집합 Ω의 **극한점(limit point)**이라고 한다. 주어진 집합이 닫힌 집합일 필요충분조건은 그 집합이 자신의 모든 극한점을 집합의 원소로 가지는 것임을 각자 확인해 보라. 집합 Ω의 극한점들로 이루어진 집합을 보통 Ω'으로 나타내고, $\Omega \cup \Omega'$을 Ω의 **폐포(closure)**라고 부르며 보통 $\overline{\Omega}$로 나타낸다.

마지막으로 집합 Ω의 **경계(boundary)**는 Ω의 폐포에서 그 내부를 뺀 집합으로 보통 $\partial\Omega$로 나타낸다.

양수 M이 존재하여 모든 $z \in \Omega$에 대해 부등식 $|z| < M$이 성립할 때, 집합 Ω를 유계(bounded)라고 한다. 다시 말해 집합 Ω는 어떤 큰 원판에 포함된다. Ω가 유계일 때, Ω의 지름(diameter)을

$$\text{diam}(\Omega) = \sup_{z,w\in\Omega} |z - w|$$

와 같이 정의한다. 집합 Ω가 유계인 닫힌 집합일 때, 콤팩트(compact) 집합이라고 한다. 실변수에서 했던 것과 비슷한 방식으로 다음 정리를 증명할 수 있다.

> **정리 1.2** 집합 $\Omega \subset \mathbb{C}$가 콤팩트 집합일 필요충분조건은 임의의 수열 $\{z_n\} \subset \Omega$이 Ω의 점으로 수렴하는 부분수열을 가지는 것이다.

열린 집합의 모임(꼭 셀 수 있는 집합일 필요는 없다) $\{U_\alpha\}$가

$$\Omega \subset \bigcup_\alpha U_\alpha$$

를 만족하면 Ω의 열린 덮개(open covering)라고 한다. $\mathbb{R}$과 유사하게 집합의 콤팩트성(compactness)에 대해 다음 정리가 성립한다.

> **정리 1.3** 집합 Ω가 콤팩트 집합이기 위한 필요충분조건은 Ω의 모든 열린 덮개가 유한개의 부분덮개를 가지는 것이다.

비어 있지 않은 콤팩트 집합들이 단조감소열을 이루면 다음과 같이 흥미로운 일이 벌어진다. 2장 구르사 정리(Goursat's theorem)를 증명할 때 이 성질을 사용할 것이다.

> **명제 1.4** 평면에서 비어 있지 않은 콤팩트 집합들이 $\Omega_1 \supset \Omega_2 \supset \cdots \supset \Omega_n \supset \cdots$ 그리고 $\lim_{n\to\infty} \text{diam}(\Omega_n) = 0$을 만족시킨다고 하자. 그러면 이들의 교집합 $\bigcap_n \Omega_n$은 정확히 한 개의 점으로 이루어져 있다.

증명

각 Ω_n에서 z_n을 택한다. $\text{diam}(\Omega_n) \to 0$이므로 $\{z_n\}$은 코시다. 따라서 이 수열은 어떤 점으로 수렴하는데 이를 w라고 하자. 모든 집합 Ω_n은 콤팩트하므로, 특히 닫혀있기 때문에 모든 n에 대해 $w \in \Omega_n$이다. 마지막으로 w는 이러한 성질을 만족하는 유일한 점임을 확인해 보자. 같은 성질을 가지는 또 다른 점 w'이 존재한다면 $|w - w'| > 0$이고, 조건 $\text{diam}(\Omega_n) \to 0$에 모순이다. ◀

마지막으로 연결성(connectedness)을 소개하겠다.

$$\Omega = \Omega_1 \cup \Omega_2$$

를 만족하는 공집합이 아니면서 서로소인 두 열린 집합 Ω_1과 Ω_2를 찾을 수 없을 때, 열린 집합 $\Omega \subset \mathbb{C}$를 **연결(connected)** 집합이라고 한다.

$\mathbb{C}$의 부분집합이 열린 연결집합일 때 **영역(region)**이라 한다. 비슷하게 닫힌 집합 F를 $F = F_1 \cup F_2$와 같이 나타낼 수 없을 때 F는 연결집합이라 한다. 물론 이때 F_1과 F_2는 공집합이 아니면서 서로소인 닫힌 집합이다.

곡선을 사용하여 열린 집합의 연결성을 설명할 수도 있다. 이는 기존 정의와 동치이며 유용하게 쓰인다. 열린 집합 Ω가 연결집합이기 위한 필요충분조건은 Ω에 속한 임의의 두 점을 Ω에 속하는 곡선 γ로 이을 수 있다는 것이다. 자세한 내용은 연습문제 5를 참고하라.

2 복소평면에서의 함수

2.1 연속함수

집합 $\Omega \subset \mathbb{C}$에서 정의된 함수 f를 생각하자. 임의의 $\epsilon > 0$에 대해 다음 조건을 만족하는 $\delta > 0$이 존재할 때, f는 점 $z_0 \in \Omega$에서 **연속(continuous)**이라 한다.

$$z \in \Omega\text{이고 } \; |z - z_0| < \delta\text{일 때 } \; |f(z) - f(z_0)| < \epsilon$$

이와 동치인 정의는 $\lim z_n = z_0$인 모든 수열 $\{z_1, z_2, \cdots\} \subset \Omega$에 대해 $\lim f(z_n) = f(z_0)$인 것이다.

Ω의 모든 점에서 연속이면 함수 f가 Ω에서 연속이라고 한다. 연속함수의 합과 곱도 역시 연속함수다. 복소평면에서 수렴의 개념과 $\mathbb{R}^2$에서 수렴의 개념이 같으므로 복소변수 $z = x + iy$에 대한 함수 f가 연속이기 위한 필요충분조건은 f를 두 실변수 x와 y에 대한 함수로 봤을 때 연속인 것이다.

삼각부등식에 의해 f가 연속이면 $z \mapsto |f(z)|$로 정의된 실함수가 연속임을 바로 알 수 있다. 다음이 성립하면 f는 점 $z_0 \in \Omega$에서 **최대절댓값(maximum modulus)**을 가진다고 한다.

$$\text{모든 } z \in \Omega \text{에 대해} \quad |f(z)| \le |f(z_0)|$$

위의 부등식 방향이 반대면 **최소절댓값(minimum modulus)**이라고 한다.

정리 2.1 콤팩트 집합 Ω에서 연속인 함수는 유계이며 Ω에서 최대절댓값과 최소절댓값을 가진다.

정리 2.1 역시 실변수함수와 비슷한 방식으로 증명할 수 있다. 증명이 단순하므로 또 소개하지는 않겠다.

2.2 정칙함수

이제 복소해석학의 핵심 개념을 소개하겠다. 이전과는 달리 본질적으로 **복소적인** 정의다.[2]

$\mathbb{C}$의 열린 집합 Ω와 이 집합에서 정의된 복소함수 f를 생각하자. $h \to 0$일 때 몫

$$\frac{f(z_0+h)-f(z_0)}{h} \tag{1.1}$$

가 수렴하면, 함수 f는 점 $z_0 \in \Omega$에서 **정칙(holomorphic)**이라고 한다. 여기서 $h \in \mathbb{C}$, $h \neq 0$, $z_0 + h \in \Omega$이다. 몫 (1.1)은 잘 정의된다. 몫 (1.1)의 극한이 존재하면 $f'(z_0)$로 나타내며 z_0에서 f의 **미분계수(derivative)**라고 한다.

$$f'(z_0) = \lim_{h \to 0} \frac{f(z_0+h)-f(z_0)}{h}$$

위 극한에서 복소수 h는 모든 방향에서 0으로 다가갈 수 있음을 유념하기 바란다.

복소함수 f가 집합 Ω의 모든 점에서 정칙이면 f는 Ω에서 **정칙**이라 한다. C가 $\mathbb{C}$의 닫힌 부분집합일 때, f가 C를 포함하는 열린 집합에서 정칙이면 f는 C에서 **정칙**이라고 한다. 마지막으로 f가 $\mathbb{C}$ 전체에서 정칙이면 f는 **전해석함수(entire function)**라고 한다.

정칙이라는 말 대신 **정칙(regular)** 또는 **복소미분가능(complex differentiable)**하다는 표현을 사용하기도 한다. 복소미분가능이란 표현은 몫 (1.1)의 관점에서 자연스러우며, 이는 (일변수) 실변수함수의 미분의 정의를 모방한 것이다.

그러나 이러한 유사성에도 불구하고 정칙인 (일변수) 복소변수함수는 미분가능한 (일변수) 실변수함수보다 더 강한 성질을 가진다. 예를 들어 정칙함수는 사실 무한 번 미분가능하다. 즉, 한 번 미분가능하면 몇 번이고 미분가능하다. 이 성질은 (일변수) 실변수함수와 대조적인데, 실변수함수에는

2 **(감수자)** 정칙함수 개념은 복소수의 곱셈이 확대변환과 회전변환의 합성에 해당한다는 사실과 밀접한 관계에 있다는 점에서 여태까지의 논의와 구별된다.

한 번 미분가능하지만 두 번 미분가능하지 않은 함수가 존재하기 때문이다.

사실 더 강한 명제가 성립한다. 모든 정칙함수는 임의의 점 근방에서 멱급수 전개할 수 있다(멱급수는 다음 절에서 다룬다). 이런 관점에서 정칙함수는 해석적이다. 이러한 이유로 정칙이라는 용어와 동의어로 **해석적(analytic)**이라는 용어를 사용한다. 다시 말하지만, 무한 번 미분가능하지만 멱급수 전개를 가지지 않는 (일변수) 실변수함수가 존재한다는 사실과 대조적이다(연습문제 23 참고).

예제 1 함수 $f(z) = z$는 $\mathbb{C}$의 모든 열린 집합에서 정칙이며 $f'(z) = 1$이다. 실제로 다항함수 $p(z) = a_0 + a_1 z + \cdots + a_n z^n$은 모두 전해석함수다. $p(z)$의 도함수는 $p'(z) = a_1 + \cdots + n a_n z^{n-1}$이다. 이는 명제 2.2를 통해 알 수 있다.

예제 2 함수 $1/z$은 원점을 포함하지 않는 $\mathbb{C}$의 모든 열린 집합에서 정칙이며 $f'(z) = -1/z^2$이다.

예제 3 함수 $f(z) = \overline{z}$는 정칙이지 않다. 구체적으로

$$\frac{f(z_0 + h) - f(z_0)}{h} = \frac{\overline{h}}{h}$$

가 성립함을 바로 안다. 이 몫은 $h \to 0$에 따른 극한을 가지지 않는다. h가 실수면 우변이 1이고 순허수면 우변이 -1이다.

정칙함수의 중요한 예로 멱급수를 꼽을 수 있다. 함수 e^z, $\sin z$, $\cos z$는 모두 멱급수 전개 가능하다. 예제 1 앞 단락에서 언급한 바와 같이 멱급수는 복소함수론에서 중요한 역할을 한다. 책의 후반부에 등장할 정칙함수의 다른 예는 서론에서 제시했다.

식 (1.1)에 의하면 f가 $z_0 \in \Omega$에서 복소미분가능하기 위한 필요충분조건은

$$f(z_0 + h) - f(z_0) - ah = h\psi(h) \tag{1.2}$$

를 만족하는 복소수 a와 함수 ψ가 존재하는 것임이 분명하다. 이때, ψ는 충분히 작은 모든 h에 대해 정의되며 $\lim_{h \to 0} \psi(h) = 0$이다. 물론 $a = f'(z_0)$이다. 이로부터 f가 한 점에서 복소미분가능하면 그 점에서 연속임을 바로 안다. 실변수함수를 공부할 때처럼(예를 들어 연쇄법칙의 경우 등식 (1.2)를 사용하여) 정칙함수에 대해 명제 2.2와 같은 바람직한 성질을 쉽게 증명할 수 있다.

명제 2.2 f와 g가 Ω에서 정칙일 때, 다음이 성립한다.

(1) $f+g$는 Ω에서 정칙이며 $(f+g)' = f' + g'$이다.

(2) fg는 Ω에서 정칙이며 $(fg)' = f'g + fg'$이다.

(3) $g(z_0) \neq 0$일 때, f/g는 z_0에서 정칙이며

$$(f/g)' = \frac{f'g - fg'}{g^2}$$

이 성립한다.

또한 $f : \Omega \to U$와 $g : U \to \mathbb{C}$가 정칙이면 연쇄법칙(chain rule)

$$(g \circ f)'(z) = g'(f(z))f'(z) \quad (z \in \Omega)$$

가 성립한다.

사상으로서의 복소함수

이제 복소함수의 도함수와 실함수의 도함수 사이의 관계를 명확히 짚어 보자. 사실 여러분은 예제 3을 바탕으로 복소미분가능성이 일반적인 미분가능성 개념과 상당히 다름을 알아차릴 수 있을 것이다.

실제로 실변수함수 관점에서 함수 $f(z) = \bar{z}$는 사상(mapping) $F : (x, y) \mapsto (x, -y)$에 대응하는데 이는 실변수함수 관점에서 미분가능하다. 이 사상의 한 점에서 도함수는 야코비 행렬(Jacobian)로 주어진다. 야코비 행렬은 각 좌표함수에 대한 편도함수로 이루어진 2×2 행렬이다. 사실 F는 선형사상이므로 모든 점에서 미분값이 같다. 이는 F가 무한 번 미분가능함을 함의한다. 강조하자면 f를 실변수함수로 보았을 때 도함수가 존재한다고 해서 복소함수 f가 정칙이라 단정할 수 없다.

이 설명을 바탕으로 임의의 복소함수 $f = u+iv$를 $\mathbb{R}^2$에서 $\mathbb{R}^2$로의 사상 $F(x, y) = (u(x, y), v(x, y))$에 대응시킬 수 있음을 알 수 있다.

함수 $F(x, y) = (u(x, y), v(x, y))$가 점 $P_0 = (x_0, y_0)$에서 미분가능하다는 것은

$$|H| \to 0\text{일 때,} \quad \frac{|F(P_0 + H) - F(P_0) - J(H)|}{|H|} \to 0 \quad (\text{단}, H \in \mathbb{R}^2) \tag{1.3}$$

을 만족하는 선형변환 $J : \mathbb{R}^2 \to \mathbb{R}^2$가 존재한다는 뜻임을 기억하자. 식 (1.3)과 식

$$F(P_0 + H) - F(P_0) = J(H) + |H|\Psi(H)$$

는 동치다(단, $|H| \to 0$일 때 $|\Psi(H)| \to 0$). 선형변환 J는 유일하며 P_0에서의 F의 미분계수라 한다. F가 미분가능하면 u와 v의 편도함수가 존재하며, 선형변환 J의 $\mathbb{R}^2$의 표준벡터에 대한

행렬표현은 F의 야코비 행렬로 주어진다.

$$J = J_F(x,y) = \begin{pmatrix} \partial u/\partial x & \partial u/\partial y \\ \partial v/\partial x & \partial v/\partial y \end{pmatrix}$$

복소함수의 미분계수는 복소수 $f'(z_0)$이지만 실함수의 미분계수는 행렬이다. 그러나 이 두 개념 사이에는 연관성이 있다. 야코비 행렬의 각 성분, 다시 말해 u와 v의 편미분이 만족하는 특수한 관계로 표현된다. 이러한 관계를 찾기 위해 평균변화율 (1.1)에서 먼저 h가 실수인 경우, 즉 $h = h_1 + ih_2$라고 할 때 $h_2 = 0$인 경우의 극한값을 생각하자. 그럼 $z = x+iy$, $z_0 = x_0+iy_0$ 및 $f(z) = f(x,y)$라고 쓰면

$$\begin{aligned} f'(z_0) &= \lim_{h_1\to 0} \frac{f(x_0+h_1, y_0) - f(x_0,y_0)}{h_1} \\ &= \frac{\partial f}{\partial x}(z_0) \end{aligned}$$

를 알 수 있다. 여기서 $\partial/\partial x$는 변수 x에 대한 일반적인 편미분을 나타낸다(y_0를 고정하고 f를 실변수 x에 대한 일변수 복소함수로 생각한다). 이번에는 h를 순허수로 취하여 $h = ih_2$라 하면 비슷하게

$$\begin{aligned} f'(z_0) &= \lim_{h_2\to 0} \frac{f(x_0, y_0+h_2) - f(x_0,y_0)}{ih_2} \\ &= \frac{1}{i}\frac{\partial f}{\partial y}(z_0) \end{aligned}$$

를 알 수 있다. 여기서 $\partial/\partial y$는 변수 y에 대한 편미분이다. 따라서 f가 정칙일 때

$$\frac{\partial f}{\partial x} = \frac{1}{i}\frac{\partial f}{\partial y}$$

가 성립함을 보였다. $f = u + iv$와 같이 쓰고, 실수부와 허수부를 분리하고 $1/i = -i$인 점을 이용하자. u와 v의 편도함수가 존재하며 이 편도함수는

$$\frac{\partial u}{\partial x} = \frac{\partial v}{\partial y}, \quad \frac{\partial u}{\partial y} = -\frac{\partial v}{\partial x}$$

와 같이 자명하지 않은 관계를 만족함을 알 수 있다. 이 방정식은 실해석학과 복소해석학을 연결하는 **코시–리만 방정식(Cauchy–Riemann equation)**이다.

두 미분 연산자를

$$\frac{\partial}{\partial z} = \frac{1}{2}\left(\frac{\partial}{\partial x} + \frac{1}{i}\frac{\partial}{\partial y}\right), \quad \frac{\partial}{\partial \bar{z}} = \frac{1}{2}\left(\frac{\partial}{\partial x} - \frac{1}{i}\frac{\partial}{\partial y}\right)$$

와 같이 정의하여 이 상황을 더욱 명확히 할 수 있다.

명제 2.3 f가 z_0에서 정칙이면

$$\frac{\partial f}{\partial \bar{z}}(z_0) = 0, \quad f'(z_0) = \frac{\partial f}{\partial z}(z_0) = 2\frac{\partial u}{\partial z}(z_0)$$

가 성립한다. 또한 $F(x, y) = f(z)$라 하면 F는 실변수함수로서 미분가능하며

$$\det J_F(x_0, y_0) = |f'(z_0)|^2$$

이 성립한다.

증명

실수부와 허수부를 살펴보면 코시–리만 방정식이 $\partial f/\partial \bar{z} = 0$과 동치임을 쉽게 확인할 수 있다. 또한 방금의 관찰에서

$$\begin{aligned} f'(z_0) &= \frac{1}{2}\left(\frac{\partial f}{\partial x}(z_0) + \frac{1}{i}\frac{\partial f}{\partial y}(z_0)\right) \\ &= \frac{\partial f}{\partial z}(z_0) \end{aligned}$$

가 성립한다. 그리고 코시–리만 방정식에 의해 $\partial f/\partial z = 2\partial u/\partial z$이다. F가 미분가능함을 증명하려면 $H = (h_1, h_2)$이고 $h = h_1 + ih_2$일 때, 코시–리만 방정식에 의해

$$J_F(x_0, y_0)(H) = \left(\frac{\partial u}{\partial x} - i\frac{\partial u}{\partial y}\right)(h_1 + ih_2) = f'(z_0)h$$

가 성립함을 보이면 충분하다. 여기서 복소수는 실수부와 허수부의 순서쌍을 성분으로 갖는 점과 동일시했다. 마지막으로 코시–리만 방정식을 적용하면 위의 결과로부터

$$\det J_F(x_0, y_0) = \frac{\partial u}{\partial x}\frac{\partial v}{\partial y} - \frac{\partial v}{\partial x}\frac{\partial u}{\partial y} = \left(\frac{\partial u}{\partial x}\right)^2 + \left(\frac{\partial u}{\partial y}\right)^2 = \left|2\frac{\partial u}{\partial z}\right|^2 = |f'(z_0)|^2 \tag{1.4}$$

을 얻는다. ◀

지금까지 f는 정칙이라고 가정하고 실수부와 허수부가 만족하는 관계를 유도했다. 다음 정리는 그 역명제다. 이 과정을 마쳐야 비로소 코시–리만 방정식이 완전히 증명된다.

정리 2.4 $f = u + iv$를 열린 집합 Ω에서 정의된 복소함수라고 가정하자. u와 v가 Ω에서 연속미분가능하고 코시–리만 방정식을 만족할 때, f는 Ω에서 정칙이며 $f'(z) = \partial f/\partial z$이다.

증명

먼저 다음과 같이 쓰자.

$$u(x+h_1, y+h_2) - u(x,y) = \frac{\partial u}{\partial x}h_1 + \frac{\partial u}{\partial y}h_2 + |h|\psi_1(h)$$
$$v(x+h_1, y+h_2) - v(x,y) = \frac{\partial v}{\partial x}h_1 + \frac{\partial v}{\partial y}h_2 + |h|\psi_2(h)$$

여기서 $h = h_1 + ih_2$이고 $|h| \to 0$일 때, $\psi_j(h) \to 0$이다(단, $j = 1, 2$). 코시–리만 방정식을 이용하면

$$f(z+h) - f(z) = \left(\frac{\partial u}{\partial x} - i\frac{\partial u}{\partial y}\right)(h_1 + ih_2) + |h|\psi(h)$$

를 알 수 있다. 여기서 $|h| \to 0$일 때, $\psi(h) = \psi_1(h) + \psi_2(h) \to 0$이다. 따라서 f는 정칙이며

$$f'(z) = 2\frac{\partial u}{\partial z} = \frac{\partial f}{\partial z}$$

가 성립한다. ◀

2.3 멱급수

우리는 미분적분학에서 등식

$$e^x = \sum_{n=0}^{\infty} \frac{x^n}{n!}$$

이 모든 실수 x에 대하여 성립함을 배웠다. 또한 부등식 $|\mathrm{Re}(z)|, |\mathrm{Im}(z)| \le |z|$로부터 $a_1, a_2, \ldots \in \mathbb{C}$일 때, $\sum |a_n|$이 수렴하면 비교판정법에 따라 $\sum \mathrm{Re}(a_n)$과 $\sum \mathrm{Im}(a_n)$이 절대수렴하며 결과적으로 $\sum a_n$도 수렴한다. 그러므로 급수 $\sum_{n=0}^{\infty} z^n/n!$은 모든 복소수 z에 대해 절대수렴한다. 이에 따라 **복소지수함수(complex exponential function)** e^z을

$$e^z = \sum_{n=0}^{\infty} \frac{z^n}{n!}$$

과 같이 자연스럽게 정의할 수 있다. 이로부터 e^z이 전해석함수이며 $\frac{d}{dz}e^z = e^z$이 복소평면 전체에서 성립함을 곧 알게 될 것이다.

이와 대조적으로 등비급수 $\sum_{n=0}^{\infty} z^n$은 $|z| < 1$인 경우에만 수렴한다. 왜냐하면 $z = 1$이면 당연히 발산하고, $z \neq 1$이면 급수의 부분합을

$$\sum_{n=0}^{N} z^n = \frac{1 - z^{N+1}}{1 - z}$$

과 같이 나타낼 수 있기 때문이다. $z \neq 1$일 때 수열 $\{z^n\}$이 수렴할 필요충분조건은 $|z| < 1$이며, 이때 극한은 0이다. 그러므로

$$\sum_{n=0}^{\infty} z^n = \frac{1}{1 - z} \qquad (|z| < 1)$$

을 얻는다. 여기서 좌변은 $|z| < 1$에 대해서만 의미가 있으며 우변은 $\mathbb{C} - \{1\}$에서 정칙임을 주목하라.

일반적으로 **멱급수(power series)**는

$$\sum_{n=0}^{\infty} a_n z^n \tag{1.5}$$

과 같은 꼴의 전개식이다. 이때 $a_n \in \mathbb{C}$이다. 이 급수의 절대수렴성을 확인하려면 급수

$$\sum_{n=0}^{\infty} |a_n|\,|z|^n$$

을 조사해야 한다. 또한 급수 (1.5)가 어떤 z_0에 대해 절대수렴하면 원판 $|z| \leq |z_0|$의 모든 z에 대해 절대수렴함을 관찰한다. 이제 멱급수가 절대수렴하는 열린 원판이(공집합일 수도 있다) 항상 존재함을 증명한다.

정리 2.5 멱급수 $\sum_{n=0}^{\infty} a_n z^n$이 주어질 때, 다음을 만족하는 $0 \leq R \leq \infty$이 존재한다.

(1) $|z| < R$이면 멱급수는 절대수렴한다.

(2) $|z| > R$이면 멱급수는 발산한다.

또한 $1/0 = \infty$ 및 $1/\infty = 0$과 같이 나타내기로 약속하면, R은 아다마르 공식(Hadamard's formula)에 의해

$$1/R = \limsup |a_n|^{1/n}$$

과 같이 주어진다.

실수 R은 멱급수의 **수렴반경(radius of convergence)**이라고 하며, 영역 $|z| < R$은 **수렴원판(disc of convergence)**이라고 한다. 특히, 지수함수이면 $R = \infty$이며 등비급수이면 $R = 1$이다.

증명

$L = 1/R$이라 하자. 이때 R은 정리에서 정의한 값이다. 그리고 $L \neq 0, \infty$이라고 가정한다(두 개의 쉬운 증명은 과제로 남긴다). $|z| < R$이면 $\epsilon > 0$을 충분히 작게 택하여

$$(L + \epsilon)|z| = r < 1$$

이 되도록 한다. L의 정의에 따라 충분히 큰 모든 n에 대해 $|a_n|^{1/n} \leq L + \epsilon$이고, 따라서

$$|a_n|\,|z|^n \leq \{(L + \epsilon)|z|\}^n = r^n$$

이 성립한다. 등비급수 $\sum r^n$에 대해 비교판정법을 적용하면 $\sum a_n z^n$이 수렴함을 보인다.

$|z| > R$일 때는 수열 $\{|a_n z^n\}$의 부분수열 가운데 무한대로 발산하는 것이 있음을 비슷한 방법으로 증명할 수 있다. 그러므로 주어진 급수는 발산한다. ◀

비고 연습문제 19에서 볼 수 있듯이 수렴원판의 경계에서는 급수가 수렴할 수도 있고 발산할 수도 있다.

복소평면 전체에서 수렴하는 멱급수의 또 다른 예로 **삼각함수(trigonometric function)**가 있다. $\cos z$와 $\sin z$는 각각

$$\cos z = \sum_{n=0}^{\infty} (-1)^n \frac{z^{2n}}{(2n)!}, \quad \sin z = \sum_{n=0}^{\infty} (-1)^n \frac{z^{2n+1}}{(2n+1)!}$$

과 같이 정의한다. 두 함수는 $z \in \mathbb{R}$일 때는 실수에서 정의된 일반적인 코사인함수 및 사인함수와 같다. 간단한 계산을 통해 두 함수와 복소지수함수 사이의 연관성을 알 수 있다. 다시 말해

$$\cos z = \frac{e^{iz} + e^{-iz}}{2}, \quad \sin z = \frac{e^{iz} - e^{-iz}}{2i}$$

이 성립한다. 이 두 식을 코사인함수와 사인함수에 대한 **오일러 공식(Euler formula)**이라고 한다.

멱급수로 주어진 함수는 다음과 같이 여러 좋은 성질을 가진다.

> **정리 2.6** 멱급수로 정의된 함수 $f(z) = \sum_{n=0}^{\infty} a_n z^n$은 급수의 수렴원판에서 정칙이다. f의 도함수는 f를 정의하는 멱급수를 항별로 미분하여 얻은 멱급수로 주어진다. 다시 말해
>
> $$f'(z) = \sum_{n=0}^{\infty} n a_n z^{n-1}$$
>
> 이 성립한다. 또한 f'과 f를 정의하는 두 멱급수의 수렴반경이 같다.

증명

f'의 수렴반경에 대한 주장은 아다마르 공식에서 비롯한다. 실제로 $\lim_{n\to\infty} n^{1/n} = 1$이므로

$$\limsup |a_n|^{1/n} = \limsup |na_n|^{1/n}$$

이 성립한다. 따라서 $\sum a_n z^n$과 $\sum na_n z^n$은 같은 수렴반경을 가지므로 $\sum a_n z^n$과 $\sum na_n z^{n-1}$도 같은 수렴반경을 가진다.

처음 주장을 증명하기 위해 급수

$$g(z) = \sum_{n=0}^{\infty} na_n z^{n-1}$$

이 f의 도함수임을 보여야 한다. 이를 보이기 위해 f의 수렴반경을 R이라 하고 $|z_0| < r < R$이라 가정하자. 또

$$f(z) = S_N(z) + E_N(z)$$

와 같이 쓰는데, 여기서 S_N과 E_N은

$$S_N(z) = \sum_{n=0}^{N} a_n z^n, \quad E_N(z) = \sum_{n=N+1}^{\infty} a_n z^n$$

과 같다. $|z_0 + h| < r$이 되도록 h를 택하면

$$\begin{aligned}\frac{f(z_0+h) - f(z_0)}{h} - g(z_0) = &\left(\frac{S_N(z_0+h) - S_N(z_0)}{h} - S_N'(z_0)\right) \\ &+ (S_N'(z_0) - g(z_0)) + \left(\frac{E_N(z_0+h) - E_N(z_0)}{h}\right)\end{aligned}$$

를 얻는다. $a^n - b^n = (a-b)(a^{n-1} + a^{n-2}b + \cdots + ab^{n-2} + b^{n-1})$이므로 다음을 알 수 있다.

$$\left|\frac{E_N(z_0+h) - E_N(z_0)}{h}\right| \le \sum_{n=N+1}^{\infty} |a_n| \left|\frac{(z_0+h)^n - z_0^n}{h}\right| \le \sum_{n=N+1}^{\infty} |a_n| n r^{n-1}$$

여기서 $|z_0| < r$ 및 $|z_0 + h| < r$인 사실을 사용했다. 우변의 식은 g가 $|z| < R$에서 절대수렴하므로 수렴하는 급수의 꼬리다. 따라서 $\epsilon > 0$이 주어질 때, $N > N_1$이면

$$\left|\frac{E_N(z_0+h) - E_N(z_0)}{h}\right| < \epsilon$$

인 N_1을 찾을 수 있다. 또한 $\lim_{N\to\infty} S_N'(z_0) = g(z_0)$이므로 $N > N_2$이면

$$|S_N'(z_0) - g(z_0)| < \epsilon$$

인 N_2를 찾을 수 있다. $N > N_1$이면서 $N > N_2$를 만족하도록 N을 고정하자. $|h| < \delta$이면

$$\left|\frac{S_N(z_0 + h) - S_N(z_0)}{h} - S_N'(z_0)\right| < \epsilon$$

이 성립하는 $\delta > 0$을 찾을 수 있다. 이는 단지 다항함수의 도함수는 항별로 미분하여 얻을 수 있기 때문이다. 따라서 $|h| < \delta$이면

$$\left|\frac{f(z_0 + h) - f(z_0)}{h} - g(z_0)\right| < 3\epsilon$$

이다. 이로써 정리의 증명을 마친다. ◀

정리 2.6을 연달아 적용하면 다음을 얻는다.

따름정리 2.7 멱급수는 그 수렴원판에서 무한 번 복소미분가능하고, 고계도함수 또한 멱급수이며 항별로 미분하여 얻는다.

지금까지 원점을 중심으로 하는 멱급수만 다뤘다. 더 일반적으로 $z_0 \in \mathbb{C}$를 중심으로 하는 멱급수는

$$f(z) = \sum_{n=0}^{\infty} a_n (z - z_0)^n$$

과 같은 꼴이다. 이제 중심이 z_0인 f의 수렴원판과 수렴반경은 여전히 아다마르 공식을 이용하여 구할 수 있다. 실제로 $g(z)$를

$$g(z) = \sum_{n=0}^{\infty} a_n z^n$$

과 같이 두자. f는 단순히 g를 평행이동하여 얻는다. 다시 말해 $f(z) = g(w)$이며 이때 $w = z - z_0$이다. 따라서 g에 대한 모든 사실은 적절히 평행이동하면 f에 대해서도 성립한다. 특히, 연쇄법칙에 의해

$$f'(z) = g'(w) = \sum_{n=0}^{\infty} n a_n (z - z_0)^{n-1}$$

이 성립한다. 열린 집합 Ω에서 정의된 함수 f에 대하여 z_0를 중심으로 하는 멱급수 $\sum a_n(z - z_0)^n$이 양의 수렴반경을 가지며

$$z_0 \text{ 근방의 모든 } z \text{에 대하여} \quad f(z) = \sum_{n=0}^{\infty} a_n (z - z_0)^n$$

이 성립한다고 하자. 이때 함수 f가 점 $z_0 \in \Omega$에서 **해석적(analytic)**이라고 한다. 또는 함수 f가 점 $z_0 \in \Omega$에서 **멱급수 전개(power series expansion)**를 가진다고 한다.

f가 Ω의 모든 점에서 멱급수 전개를 가지면 f는 **Ω에서 해석적**이라고 한다.

정리 2.6에 의하면 Ω에서 해석적인 함수는 또한 Ω에서 정칙이다. 우리는 2장에서 그 역도 성립한다는 중요한 사실을 증명할 것이다. 즉, 모든 정칙함수는 해석적이다. 이러한 이유로 우리는 정칙(holomorphic)이라는 용어와 해석적(analytic)이라는 용어를 같은 의미로 사용한다.

3 곡선을 따르는 적분

곡선을 정의할 때 평면 위의 (방향이 주어진) 1차원 기하학적 대상과 이 대상의 매개화를 구분한다. 여기서 매개화는 닫힌 구간에서 $\mathbb{C}$로의 함수이며 유일하지 않다.

매개화된 곡선(parametrized curve)은 실직선의 닫힌 구간 $[a, b]$에서 평면으로 가는 연속함수 $z(t)$를 뜻한다. **단순곡선(simple curve)**은 곡선이 일대일임을 뜻하고, **폐곡선(closed curve)**은 곡선의 출발점 $z(a)$와 도착점 $z(b)$가 일치함을 뜻한다. **단순폐곡선(simple closed curve)**은 곡선이 구간 $[a, b)$에서 일대일임을 뜻한다.

주어진 곡선을 따라 연속함수를 적분하려면 연속성과 더불어 추가 조건이 필요하다. 매개화된 곡선 $z(t)$가 **매끄럽다(smooth)**고 하면 매개변수 구간 $[a, b]$의 각 점에서 속도벡터 $z'(t)$가 존재하고 0이 아니며 함수 $z' : [a, b] \to \mathbb{C}$가 연속임을 뜻한다. 점 $t = a$와 $t = b$에서 $z'(a)$와 $z'(b)$ 값은 각각 한쪽 방향 극한

$$z'(a) = \lim_{\substack{h \to 0 \\ h > 0}} \frac{z(a+h) - z(a)}{h}, \qquad z'(b) = \lim_{\substack{h \to 0 \\ h < 0}} \frac{z(b+h) - z(b)}{h}$$

로 간주한다. 일반적으로 이를 각각 a에서의 $z(t)$의 우미분계수(right–hand derivative)와 b에서의 $z(t)$의 좌미분계수(left–hand derivative)라고 한다.

매개화된 곡선 $z(t)$가 **조각마다 매끄럽다(piecewise-smooth)**는 것은 매개변수 구간 $[a, b]$를 유한개의 연이은 소구간으로 나눌 수 있어서 $z(t)$를 각 소구간에 제한할 때 매끄러움을 뜻한다. 즉 $a = a_0 < a_1 < \cdots < a_n = b$를 만족시키는 점 $a_0, a_1, \ldots, a_n$을 찾을 수 있어서 각각의 $k = 1, \ldots, n$에 대해 $z(t)$가 $[a_{k-1}, a_k]$에서 매끄럽다는 것이다. 단, 연이은 소구간의 경계점인 a_k에서 $z(t)$의 좌미분계수와 우미분계수가 일치할 필요는 없다. 그러므로 이러한 곡선은 도착점과 출발점이 차례로 일치하는 매끄러운 곡선 유한개를 이어붙임으로써 얻는다.

매개화된 매끄러운 두 곡선 $z : [a, b] \to \mathbb{C}$와 $\tilde{z} : [a, b] \to \mathbb{C}$가 서로 **동치(equivalent)**라는 것은 $[c, d]$에서 $[a, b]$로 가는 일대일 대응이며, 구간 $[c, d]$의 각 점에서 미분가능하고, 도함수가 연속이며 0보다 큰 함수 $s \mapsto t(s)$가 존재하여 $\tilde{z}(s) = z(t(s))$가 성립함을 뜻한다.

$t'(s) > 0$이라는 조건은 바로 방향이 보존됨을 말한다. 즉, s가 c에서 d까지 이동할 때 $t(s)$는 a에서 b까지 이동한다. $z(t)$와 동치인 모든 매개화된 곡선의 모임은 **매끄러운 곡선(smooth curve)** $\gamma \subset \mathbb{C}$를 결정한다. 즉, $[a, b]$에서의 z의 상이며 그 방향은 t가 a에서 b까지 이동함에 따라 z의 방향으로 주어진다. 곡선 γ의 방향을 역전(reverse orientation)시켜 얻은 곡선 γ^-를 정의할 수 있다(따라서 γ와 γ^-는 평면에서 같은 점으로 이루어져 있다). γ^-에 대한 구체적인 매개화로

$$z^-(t) = z(b + a - t)$$

와 같이 정의되는 $z^- : [a, b] \to \mathbb{R}^2$를 취할 수 있다. **조각마다 매끄러운 곡선(piecewise-smooth curve)**을 정의하는 방법도 명확하다. 점 $z(a)$와 $z(b)$는 곡선의 **끝점(end-points)**이라고 하며 이는 매개화에 무관하다. γ는 방향을 가지므로 당연히 γ는 $z(a)$에서 시작하여 $z(b)$에서 끝난다고 말할 수 있다.

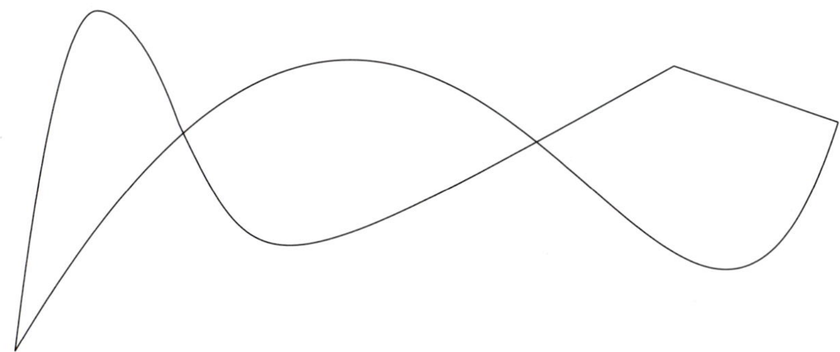

[그림 3] 조각마다 매끄러운 폐곡선

지금부터 별다른 언급이 없는 한 **곡선**은 언제나 조각마다 매끄러운 곡선으로 이해한다.

곡선의 가장 쉬운 예는 원이다. 중심이 z_0이고 반지름 길이가 r인 원 $C_r(z_0)$를 생각하자. 이는 정의에 의해 집합

$$C_r(z_0) = \{z \in \mathbb{C} : |z - z_0| = r\}$$

과 같다. **양의 방향(positive orientation)**(반시계방향)은

$$z(t) = z_0 + re^{it} \quad (t \in [0, 2\pi])$$

과 같이 표준 매개화로 주어지는 방향이다. 반면에 **음의 방향(negative orientation)**(시계방향)은

$$z(t) = z_0 + re^{-it} \quad (t \in [0, 2\pi])$$

과 같이 매개화로 주어지는 방향이다. 앞으로 일반적인 **양의 방향**을 갖는 원을 보통 C로 나타낼 것이다.

곡선을 따른 함수의 선적분은 정칙함수의 성질을 공부하는 데 있어서 매우 중요한 도구다. 대략적으로 말하자면, 복소해석학의 핵심 정리는 함수가 폐곡선 γ의 내부에서 정칙일 때

$$\int_\gamma f(z)\, dz = 0$$

이 성립한다는 것이다. 2장에서 이 정리의 특수한 경우(코시 정리)를 집중적으로 공부할 것이다. 이를 위해 필요한 정의와 적분의 성질을 정리해 보자.

$z : [a, b] \to \mathbb{C}$로 매개화된 $\mathbb{C}$의 매끄러운 곡선 γ와 γ에서 연속인 함수 f를 생각하자. **γ를 따른 f의 적분(integral of f along γ)**을

$$\int_\gamma f(z)\, dz = \int_a^b f(z(t))z'(t)\, dt$$

와 같이 정의한다. 이 정의가 의미 있으려면 우변의 적분이 γ에 대한 매개화의 선택에 무관함을 보여야 한다. $\tilde{z}$가 위에서와 같이 동치인 매개화라고 하자. 그럼 치환적분법과 연쇄법칙에 의해

$$\int_a^b f(z(t))z'(t)\, dt = \int_c^d f(z(t(s)))z'(t(s))t'(s)\, ds = \int_c^d f(\tilde{z}(s))\tilde{z}'(s)\, ds$$

가 성립한다. 이로써 γ를 따른 f의 적분이 잘 정의됨을 증명했다.

γ가 조각마다 매끄러운 곡선이면 γ를 따른 f의 적분은 γ를 구성하는 각각의 **매끄러운 조각**을 따라 f를 적분한 것의 합이다. 따라서 $z(t)$가 위에서와 같이 조각마다 매끄러운 매개화면

$$\int_\gamma f(z)\,dz = \sum_{k=0}^{n-1} \int_{a_k}^{a_{k+1}} f(z(t))z'(t)\,dt$$

가 성립한다. 정의에 따르면 매끄러운 곡선 γ의 **길이(length)**는

$$\text{length}(\gamma) = \int_a^b |z'(t)|\,dt$$

와 같다. 이 정의 역시 곡선의 매개화와 무관함이 자명하다. 또한 γ가 조각마다 매끄러운 곡선이면 γ의 길이는 매끄러운 조각의 길이의 합이다.

명제 3.1 곡선을 따라 연속함수를 적분할 때 다음이 성립한다.

(1) 선형적이다. 다시 말해 $\alpha, \beta \in \mathbb{C}$일 때

$$\int_\gamma (\alpha f(z) + \beta g(z))\,dz = \alpha \int_\gamma f(z)\,dz + \beta \int_\gamma g(z)\,dz$$

가 성립한다.

(2) γ^-가 γ의 방향을 역전시켜 얻은 곡선일 때

$$\int_\gamma f(z)\,dz = -\int_{\gamma^-} f(z)\,dz$$

가 성립한다.

(3) 부등식 $\left|\int_\gamma f(z)\,dz\right| \le \sup_{z\in\gamma} |f(z)| \cdot \text{length}(\gamma)$가 성립한다.

증명

(1) 리만 적분의 정의와 선형성을 이용하여 얻을 수 있다.

(2) 여러분에게 연습문제로 남긴다.

(3) 부등식을

$$\left|\int_\gamma f(z)\,dz\right| \le \sup_{t\in[a,b]} |f(z(t))| \int_a^b |z'(t)|\,dt \le \sup_{z\in\gamma} |f(z)| \cdot \text{length}(\gamma)$$

와 같이 써서 보일 수 있다. ◀

앞서 이야기했듯이 코시 정리에 따르면 f가 열린 집합 Ω에서 정칙일 때, Ω의 적절한 폐곡선 γ에 대해

$$\int_\gamma f(z)\,dz = 0$$

이 성립한다.

이제 소개할 정리 3.2에서 알 수 있듯이 주어진 함수가 원시함수를 가지면 다음과 같은 일이 일어난다. f와 F가 열린 집합 Ω에 정의된 함수일 때, F가 f의 **원시함수(primitive function)**라는 것은 F가 Ω에서 정칙이며 $F' = f$임을 뜻한다.

정리 3.2 연속함수 f가 Ω에서 원시함수 F를 가지며 γ는 시작점이 w_1이고 끝점이 w_2인 Ω의 곡선일 때,

$$\int_\gamma f(z)\,dz = F(w_2) - F(w_1)$$

이 성립한다.

증명

γ가 매끄러운 곡선일 때 정리의 결과는 연쇄법칙과 미분적분학의 기본 정리에 의해 거의 곧바로 유도된다. 실제로 $z(t) : [a,b] \to \mathbb{C}$가 γ에 대한 매개화라면 $z(a) = w_1$이고 $z(b) = w_2$이며

$$\begin{aligned}
\int_\gamma f(z)\,dz &= \int_a^b f(z(t))z'(t)\,dt \\
&= \int_a^b F'(z(t))z'(t)\,dt \\
&= \int_a^b \frac{d}{dt}F(z(t))\,dt \\
&= F(z(b)) - F(z(a))
\end{aligned}$$

가 성립한다. γ가 조각마다 매끄러운 함수라면 이상의 논의를 각 조각마다 적용하고 합하여 원하는 결과를 얻는다.

$$\begin{aligned}
\int_\gamma f(z)\,dz &= \sum_{k=0}^{n-1} F(z(a_{k+1})) - F(z(a_k)) \\
&= F(z(a_n)) - F(z(a_0)) \\
&= F(z(b)) - F(z(a))
\end{aligned}$$

◀

따름정리 3.3 γ가 열린 집합 Ω의 폐곡선이고 f는 연속함수이며 Ω에서 원시함수를 가지면

$$\int_\gamma f(z)\,dz = 0$$

이 성립한다.

폐곡선의 끝점이 같으므로 따름정리 3.3의 결과는 자명하다.

한편, 함수 $f(z) = 1/z$는 열린 집합 $\mathbb{C} - \{0\}$에서 원시함수를 가지지 않는다. C를 $z(t) = e^{it}$ $(0 \leq t \leq 2\pi)$로 매개화된 단위원이라 할 때,

$$\int_C f(z)\,dz = \int_0^{2\pi} \frac{ie^{it}}{e^{it}}\,dt = 2\pi i \neq 0$$

이 성립하기 때문이다. 단순한 계산을 통해 $\int_\gamma f(z)dz \neq 0$인 정칙함수 f와 폐곡선 γ의 예를 얻었다. 우리는 앞으로 이 책의 여러 곳에서 해당 계산이 복소함수론의 핵심 요소임을 보게 될 것이다.

따름정리 3.4 f가 영역 Ω에서 정칙이며 $f' = 0$이면 f는 상수함수다.

증명

점 $w_0 \in \Omega$를 고정한다. 모든 $w \in \Omega$에 대해 $f(w) = f(w_0)$임을 보이면 충분하다.

Ω는 연결집합이므로 임의의 $w \in \Omega$에 대해 w_0와 w를 잇는 곡선 γ가 존재한다(연습문제 5 참고). f는 분명히 f'의 원시함수이므로

$$\int_\gamma f'(z)\,dz = f(w) - f(w_0)$$

가 성립한다. 가정에 따라 $f' = 0$이므로 좌변의 적분값은 0이고, 따라서 바라던 대로 $f(w) = f(w_0)$이다. ◀

비고 해당 지점 근방의 z에 대해 $|f(z)| \leq C|g(z)|$인 상수 $C > 0$이 존재할 때, $f(z) = O(g(z))$라 쓴다. 이렇게 적으면 편리할 때가 종종 있다. $|f(z)/g(z)| \to 0$일 때 $f(z) = o(g(z))$라고 한다. $f(z) \sim g(z)$는 $f(z)/g(z) \to 1$을 뜻한다.

연습문제

1. 다음과 같이 정의된 복소수 z의 집합을 복소평면에 기하학적으로 나타내라.

(a) $|z - z_1| = |z - z_2|$ (단, $z_1, z_2 \in \mathbb{C}$)

(b) $1/z = \overline{z}$

(c) $\text{Re}(z) = 3$

(d) $\text{Re}(z) > c$ (또는 $\text{Re}(z) \geq c$) (단, $c \in \mathbb{R}$)

(e) $\text{Re}(az + b) > 0$ (단, $a, b \in \mathbb{C}$)

(f) $|z| = \text{Re}(z) + 1$

(g) $\text{Im}(z) = c$ (단, $c \in \mathbb{R}$)

2. $\mathbb{R}^2$에서 내적을 $\langle \cdot, \cdot \rangle$로 나타내자. 다시 말해 $Z = (x_1, y_1)$이고 $W = (x_2, y_2)$일 때

$$\langle Z, W \rangle = x_1 x_2 + y_1 y_2$$

와 같다. 비슷하게 $\mathbb{C}$에서 **에르미트 내적(Hermitian inner product)** $(\cdot, \cdot)$을

$$(z, w) = z\overline{w}$$

와 같이 정의한다. 에르미트란 용어는 내적 $(\cdot, \cdot)$이 대칭성이 아니라 성질

$$(z, w) = \overline{(w, z)} \quad (z, w \in \mathbb{C})$$

를 가진다는 의미를 담고 있다. 이제 항등식

$$\langle z, w \rangle = \frac{1}{2}[(z, w) + (w, z)] = \text{Re}(z, w)$$

가 성립함을 보여라. 여기서 $z = x + iy \in \mathbb{C}$를 $(x, y) \in \mathbb{R}^2$와 동일시한다.

3. $s \geq 0$이며 $\varphi \in \mathbb{R}$일 때, $\omega = se^{i\varphi}$에 대해 방정식 $z^n = \omega$를 $\mathbb{C}$에서 풀어라. 여기서 n은 자연수다. 해는 모두 몇 개인가?

4. 집합 $\mathbb{C}$는 복소수의 사칙연산에 부합하는 전순서(total ordering)를 가질 수 없음을 보여라. 다시 말해 (i)~(iii)를 만족하는 복소수 사이의 관계 $\succ$를 찾을 수 없다.

(i) 임의의 두 복소수 z, w에 대해 다음 중 하나만 참이다.

$$z \succ w, \quad w \succ z, \quad z = w$$

(ii) 모든 $z_1, z_2, z_3 \in \mathbb{C}$에 대해 $z_1 \succ z_2$이면 $z_1 + z_3 \succ z_2 + z_3$이다.

(iii) 또한 모든 $z_1, z_2, z_3 \in \mathbb{C}$에 대해(단, $z_3 \succ 0$) $z_1 \succ z_2$이면 $z_1 z_3 \succ z_2 z_3$이다.

힌트 먼저 $i \succ 0$이 가능한지 확인하라.

5. Ω의 임의의 두 점을 Ω에 포함되는 (조각마다 매끄러운) 곡선으로 이을 수 있을 때, 집합 Ω는 **경로연결(pathwise connected)**집합이라고 한다. 이 연습문제의 목표는 **열린** 집합 Ω가 경로연결 집합이기 위한 필요충분조건은 Ω가 연결집합임을 증명하는 것이다. 다음 물음에 답하라.

(a) 먼저 Ω가 열린 집합이며 경로연결집합이라고 가정하자. 공집합이 아닌 서로소인 열린 집합 Ω_1과 Ω_2에 대해 $\Omega = \Omega_1 \cup \Omega_2$와 같이 쓸 수 있다고 가정하자. 두 점 $w_1 \in \Omega_1$과 $w_2 \in \Omega_2$를 고르고 w_1과 w_2를 잇는 Ω의 곡선을 γ로 나타내자. $z(0) = w_1$이며 $z(1) = w_2$인 이 곡선의 매개화 $z : [0, 1] \to \Omega$를 생각하고, t^*를

$$t^* = \sup_{0 \leq t \leq 1} \{t : \text{모든 } 0 \leq s < t \text{ 에 대해 } z(s) \in \Omega_1\}$$

과 같이 두자. 점 $z(t^*)$를 고려하여 모순을 보여라.

(b) 역으로 Ω는 열린 연결집합이라고 가정한다. 점 $w \in \Omega$를 고정하고 Ω에 포함되는 곡선에 의해 w와 이을 수 있는 모든 점의 집합을 $\Omega_1 \subset \Omega$로 나타내자. 또한 Ω에 포함되는 곡선에 의해 w와 이을 수 없는 모든 점의 집합을 $\Omega_2 \subset \Omega$로 나타내자. Ω_1와 Ω_2가 서로소인 열린 집합이며, 합집합은 Ω임을 증명하라. 마지막으로 Ω_1은 공집합이 아니므로(왜 그런가?) 바라던 대로 $\Omega = \Omega_1$이라고 결론을 내려라.

이 증명에 따르면 Ω가 열린 집합일 때 경로연결성을 정의하는 데 사용한 곡선의 정칙성과 요구사항은 두 정의 사이에 동치성을 유지하면서도 완화할 수 있다. 예를 들어 모든 곡선을 연속이거나 단순히 꺾은선(polygonal lines)으로 가정할 수 있다.[3]

6. Ω를 $\mathbb{C}$에서 열린 집합이라 하고 $z \in \Omega$라고 하자. z를 포함하는 Ω의 **연결단위** 또는 **연결성분(connected component)**(또는 간단히 **성분(component)**)은 Ω에 포함되는 곡선에 의해 z와 이을 수 있는 모든 점 $w \in \Omega$의 집합 $\mathcal{C}_z$이다. 다음 물음에 답하라.

3 꺾은선은 유한개 선분으로 이루어진 조각마다 매끄러운 곡선이다.

(a) 먼저 $\mathcal{C}_z$가 열린 연결집합임을 확인하라. 그 다음, $w \in \mathcal{C}_z$는 다음과 같이 동치관계를 정의함을 보여라.

(i) $z \in \mathcal{C}_z$이고
(ii) $w \in \mathcal{C}_z$이면 $z \in \mathcal{C}_w$이며
(iii) $w \in \mathcal{C}_z$이고 $z \in \mathcal{C}_\zeta$이면 $w \in \mathcal{C}_\zeta$이다.

따라서 Ω는 자기 자신의 모든 연결단위의 합집합이며, 두 연결단위는 서로소이거나 같은 집합이다.

(b) Ω는 셀 수 있을 만큼 많은 서로 다른 연결단위만 가질 수 있음을 보여라.

힌트 그렇지 않다고 가정하면 셀 수 없을만큼 많은 수의 서로소인 열린 원판을 가진다. 이제 각 원판에는 유리수 좌표를 갖는 점이 있다.

(c) Ω가 콤팩트 집합의 여집합이면 Ω는 유계가 아닌 성분만 가짐을 증명하라.

힌트 콤팩트 집합을 포함하는 큰 원판의 여집합은 연결집합임에 주목하라.

7. 여기서 소개하는 함수는 복소해석학에서 중요한 역할을 한다. **블라쉬케 인수(Blaschke factor)**라고도 하는 이 함수는 이 책의 여러 곳에서 다양한 방식으로 사용된다. 다음 물음에 답하라.

(a) z, w를 $\overline{z}w \neq 1$인 두 복소수라고 하자.

$$|z| < 1\text{이고 } |w| < 1\text{이면} \quad \left|\frac{w - z}{1 - \overline{w}z}\right| < 1$$

임을 증명하라. 또한

$$|z| = 1\text{이거나 } |w| = 1\text{이면} \quad \left|\frac{w - z}{1 - \overline{w}z}\right| = 1$$

임을 증명하라.

힌트 z가 실수라고 가정해도 되는 이유는 무엇인가? 그렇다면 $(r - w)(r - \overline{w}) \leq (1 - rw)(1 - r\overline{w})$를 증명하면 충분하다. 이때 등호는 적절한 r과 $|w|$에 대해 성립한다.

(b) 단위원판 $\mathbb{D}$의 고정된 w에 대해 함수 $F : z \mapsto \dfrac{w - z}{1 - \overline{w}z}$가 조건 (i)~(iv)를 만족함을 증명하라.

(i) F는 단위원판을 단위원판으로 보내며(다시 말해 $F : \mathbb{D} \to \mathbb{D}$) 정칙이다.
(ii) F는 0과 w를 서로 바꾼다. 다시 말해 $F(0) = w$이며 $F(w) = 0$이다.
(iii) $|z| = 1$이면 $|F(z)| = 1$이다.
(iv) $F : \mathbb{D} \to \mathbb{D}$는 일대일 대응이다.

힌트 $F \circ F$를 계산하라.

8. U와 V가 복소평면에서 열린 집합이라고 가정하자. $f : U \to V$와 $g : V \to \mathbb{C}$가 (실변수함수로 보았을 때, 다시 말해 x와 y에 대한 이변수함수로 생각할 때) 미분가능하고 $h = g \circ f$이면

$$\frac{\partial h}{\partial z} = \frac{\partial g}{\partial z}\frac{\partial f}{\partial z} + \frac{\partial g}{\partial \overline{z}}\frac{\partial \overline{f}}{\partial z}, \qquad \frac{\partial h}{\partial \overline{z}} = \frac{\partial g}{\partial z}\frac{\partial f}{\partial \overline{z}} + \frac{\partial g}{\partial \overline{z}}\frac{\partial \overline{f}}{\partial \overline{z}}$$

가 성립함을 증명하라. 이는 복소함수로 표현한 연쇄법칙이다.

9. 극좌표계에서 코시–리만 방정식은

$$\frac{\partial u}{\partial r} = \frac{1}{r}\frac{\partial v}{\partial \theta}, \quad \frac{1}{r}\frac{\partial u}{\partial \theta} = -\frac{\partial v}{\partial r}$$

과 같은 꼴임을 보여라. 위의 방정식을 이용하여 로그함수

$$\log z = \log r + i\theta$$

가 $r > 0$이며 $-\pi < \theta < \pi$인 영역에서 정칙임을 보여라. 여기서 $z = re^{i\theta}$ $(-\pi < \theta < \pi)$이다.

10. $4\dfrac{\partial}{\partial z}\dfrac{\partial}{\partial \overline{z}} = 4\dfrac{\partial}{\partial \overline{z}}\dfrac{\partial}{\partial z} = \triangle$임을 보여라. 여기서 $\triangle$은 **라플라스 작용소(Laplacian)**로 $\triangle = \dfrac{\partial^2}{\partial x^2} + \dfrac{\partial^2}{\partial y^2}$이다.

11. 연습문제 10을 이용하여 f가 열린 집합 Ω에서 정칙이면 f의 실수부와 허수부가 **조화함수(harmonic)**임을 보여라. 다시 말해 두 함수의 라플라스 작용소 값은 0임을 보여라.

12. 함수가

$$f(x+iy) = \sqrt{|x||y|} \quad (\text{단, } x, y \in \mathbb{R})$$

와 같이 정의되었다고 생각하자. f는 원점에서 코시–리만 방정식을 만족하지만, 원점에서 정칙이지 않음을 보여라.

13. f가 영역 Ω에서 정칙이라고 가정하자. 다음 중 하나가 성립하면 f가 상수함수임을 증명하라.

(a) $\mathrm{Re}(f)$가 상수함수다.

(b) $\mathrm{Im}(f)$가 상수함수다.

(c) $|f|$가 상수함수다.

14. $\{a_n\}_{n=1}^N$ 과 $\{b_n\}_{n=1}^N$ 은 유한 복소수열이라고 가정하자. 급수 $\sum b_n$ 의 부분합을 $B_k = \sum_{n=1}^{k} b_n$ 으로 나타내고 편의상 $B_0 = 0$ 이라고 하자. **부분합 공식(summation by parts)**

$$\sum_{n=M}^{N} a_n b_n = a_N B_N - a_M B_{M-1} - \sum_{n=M}^{N-1} (a_{n+1} - a_n) B_n$$

을 증명하라.

15. [아벨 정리(Abel's theorem)] 급수 $\sum_{n=1}^{\infty} a_n$ 이 수렴한다고 가정하자.

$$\lim_{r \to 1,\ r<1} \sum_{n=1}^{\infty} r^n a_n = \sum_{n=1}^{\infty} a_n$$

을 증명하라.

힌트 부분합 공식 : 다시 말해 수렴하는 급수는 같은 극한값으로 아벨 합 가능(Abel summable)하다. 이에 대한 정확한 정의와 아벨 합 가능성에 대한 자세한 내용은 『STEIN 푸리에 해석학』 2장을 참고하라.

16. 급수 $\sum_{n=1}^{\infty} a_n z^n$ 이 다음과 같을 때, 수렴반경을 구하라.

(a) $a_n = (\log n)^2$

(b) $a_n = n!$

(c) $a_n = \dfrac{n^2}{4^n + 3n}$

(d) $a_n = \dfrac{(n!)^3}{(3n)!}$

힌트 스털링 공식에 따르면 적당한 $c > 0$ 에 대해 $n! \sim c n^{n+\frac{1}{2}} e^{-n}$ 이다.

(e) **초기하급수(hypergeometric series)**

$$F(\alpha, \beta, \gamma; z) = 1 + \sum_{n=1}^{\infty} \frac{\alpha(\alpha+1)\cdots(\alpha+n-1)\beta(\beta+1)\cdots(\beta+n-1)}{n!\gamma(\gamma+1)\cdots(\gamma+n-1)} z^n$$

의 수렴반경을 구하라. 여기서 $\alpha, \beta \in \mathbb{C}$ 이며 $\gamma \neq 0, -1, -2, \cdots$ 이다.

(f) r 차 베셀 함수(Bessel function)

$$J_r(z) = \left(\frac{z}{2}\right)^r \sum_{n=0}^{\infty} \frac{(-1)^n}{n!(n+r)!} \left(\frac{z}{2}\right)^{2n}$$

의 수렴반경을 구하라. 여기서 r 은 양의 정수다.

17. 0이 아닌 복소수열 $\{a_n\}_{n=0}^{\infty}$이 $\lim_{n\to\infty} \dfrac{|a_{n+1}|}{|a_n|} = L$을 만족한다고 하자.

$$\lim_{n\to\infty} |a_n|^{1/n} = L$$

이 성립함을 보여라. 특히 이 연습문제는 비율판정법을 적용할 수 있다면 이를 이용하여 멱급수의 수렴반경을 계산할 수 있음을 보여 준다.

18. f는 원점을 중심으로 하는 멱급수라고 하자. f는 수렴원판 내 모든 점에서 멱급수 전개를 가짐을 증명하라.

힌트 $z = z_0 + (z - z_0)$라 쓰고 z^n에 대해 이항정리를 사용한다.

19. 다음을 증명하라.

(a) 멱급수 $\sum nz^n$은 단위원의 모든 점에서 수렴하지 않는다.

(b) 멱급수 $\sum z^n/n^2$은 단위원의 모든 점에서 수렴한다.

(c) 멱급수 $\sum z^n/n$은 $z = 1$을 제외한 단위원의 모든 점에서 수렴한다.

힌트 부분합 공식을 이용하라.

20. $(1-z)^{-m}$을 z에 대해 전개하라. 여기서 m은 고정된 양의 정수다. 또한 $(1-z)^{-m} = \sum_{n=0}^{\infty} a_n z^n$ 일 때, 계수 a_n에 대해

$$n \to \infty \text{ 일 때} \quad a_n \sim \frac{1}{(m-1)!} n^{m-1}$$

과 같이 점근식이 성립함을 보여라.

21. $|z| < 1$에 대해 두 식

$$\frac{z}{1-z^2} + \frac{z^2}{1-z^4} + \cdots + \frac{z^{2^n}}{1-z^{2^{n+1}}} + \cdots = \frac{z}{1-z}$$

$$\frac{z}{1+z} + \frac{2z^2}{1+z^2} + \cdots + \frac{2^k z^{2^k}}{1+z^{2^k}} + \cdots = \frac{z}{1-z}$$

가 성립함을 보여라. 이때 덧셈의 순서를 바꿀 수 있음을 정당화하라.

힌트 정수의 이진 전개와 $2^{k+1} - 1 = 1 + 2 + 2^2 + \cdots + 2^k$인 점을 사용한다.

22. 양의 정수 집합을 $\mathbb{N} = \{1, 2, 3, \cdots\}$으로 나타내자. $\mathbb{N}$의 부분집합 S가

$$S = \{a, a+d, a+2d, a+3d, \cdots\}$$

와 같으면 S를 등차수열이라고 한다. 이때 $a, d \in \mathbb{N}$이다. 여기서 d는 S의 공차라고 한다. $\mathbb{N}$은 공차가 다른 유한개의 등차수열로 분할할 수 없음을 보여라. 단, $a = d = 1$로 자명한 경우는 제외한다.

힌트 $\sum_{n \in \mathbb{N}} z^n$을 $\dfrac{z^a}{1 - z^d}$ 꼴의 합으로 나타낸다.

23. $\mathbb{R}$에서 정의된 함수

$$f(x) = \begin{cases} 0 & (x \leq 0) \\ e^{-1/x^2} & (x > 0) \end{cases}$$

을 생각하자. f는 $\mathbb{R}$에서 무한 번 미분가능하며 모든 $n \geq 1$에 대해 $f^{(n)}(0) = 0$임을 증명하라. f는 원점 근처에서 수렴하는 멱급수 전개 $\sum_{n=0}^{\infty} a_n x^n$을 가지지 않음을 보여라.

24. γ를 $z(t) : [a, b] \to \mathbb{C}$로 매개화된 $\mathbb{C}$에서 매끄러운 곡선이라고 하자. γ의 방향만 역전시킨 곡선을 γ^-로 나타내자. γ에서 연속인 모든 f에 대해 $\int_\gamma f(z)\, dz = -\int_{\gamma^-} f(z)\, dz$가 성립함을 증명하라.

25. 다음 물음에 답하라. 이번 연습문제는 2장에서 다룰 코시 정리에 대한 이해를 돕는다.

(a) 모든 정수 n에 대해 적분 $\int_\gamma z^n\, dz$를 계산하라. 여기서 γ는 원점을 중심으로 하고 양의 방향(반시계방향)을 갖는 원이다.

(b) γ가 원점을 포함하지 않는다는 조건만 추가하여 (a)에 다시 답하라.

(c) $|a| < r < |b|$이면 $\int_\gamma \dfrac{1}{(z-a)(z-b)}\, dz = \dfrac{2\pi i}{a-b}$가 성립함을 보여라. 여기서 γ는 원점을 중심으로 하고 반지름 길이가 r인 양의 방향을 갖는 원이다.

26. f가 영역 Ω에서 연속이라고 가정하자. f의 임의의 두 원시함수는 (만약 존재한다면) 상수만큼 차이남을 증명하라.

코시 정리와 그 응용
Cauchy's Theorem and Its Applications

> 여러 수학 문제는 결국 특정한 정적분의 값을 구함으로써 해결되기 때문에 수학자들은 정적분에 많은 노력을 기울여왔다. ……한편 상술한 결과 다수는 허수의 도입에 기반한 일종의 귀납법에 따라 처음으로 발견되었다. 많은 경우엔 이러한 기법으로 중요한 결과를 아주 쉽게 얻는다. 그러나 라플라스가 지적한 바 있듯이, 이를 정당화하는 데에는 몇 가지 어려움이 따른다. ……앞서 언급한 다양한 결과를 이 주제의 관점에서 살펴본 뒤, 나는 직접적이고 엄밀한 논의로 허수를 도입할 수 있겠다고 생각했다. 지금부터 간략하게 설명할 이 논문의 주제는 이 생각에서 출발한 연구의 결과다.
>
> *A. L.* 코시(*A. L. Cauchy*), 1827

1장에서는 $\mathbb{C}$에서의 열린 집합, 정칙함수, 곡선을 따른 적분 등 복소해석학의 기초 개념을 몇 가지 다루었다. 가장 먼저 살펴볼 중요 결과인 코시 정리는 이러한 개념 사이의 깊은 연관성을 보여 준다. 대략적으로 말하면 다음과 같다. f가 열린 집합 Ω에서 정칙이고 γ가 Ω에 포함된 폐곡선일 때, γ의 내부영역이 Ω에 포함되면

$$\int_\gamma f(z)\,dz = 0 \tag{2.1}$$

이 성립한다. 유수정리(residue theorem)를 포함하여 이후에 나오는 여러 결과는 이 사실과 직·간접적으로 관련있다.

코시 정리를 정확하게 기술하려면 폐곡선의 **내부 영역**(또는 줄여서 **내부**)을 명확히 정의할 필요가 있는데, 일반적인 설정에서는 이것이 쉽지 않다. 그러므로 소위 **장난감 경로**로 둘러싸인 영역에 대한 논의부터 시작하겠다. 이름에서 짐작할 수 있듯이 장난감 경로는 이 경로로 둘러싸인 영역(내부)이 직관적으로 분명하게 결정되는 폐곡선이다. 코시 정리는 이러한 장난감 경로에 대해 바로 증명된다. 응용 사례 대부분에 등장하는 적분 경로는 모두 이런 유형이다. 일반적인 폐곡선의 내부와 그에 해당하는 일반화된 코시 정리에 관한 논의는 뒤로 미룬다.

먼저 알아볼 형태의 코시 정리는 주어진 정칙함수가 정의역에서 원시함수를 가질 때이며, 이는 1장 따름정리 3.3의 결과다. 장난감 경로로 둘러싸인 영역에 대하여 그러한 원시함수가 존재함은 (그 자체로 단순하고 특별한)[1] 구르사 정리(Goursat's theorem)의 결과다. 구르사 정리는 주어진 열린 집합에 삼각형 T와 그 내부가 포함되고 f가 그 집합에서 정칙이면 T를 따르는 f의 적분이 0이라는 것이다.

1 A. L. 코시(A. L. Cauchy, 1789–1857)는 코시 정리를 증명할 때 도함수가 연속이라고 가정했다. 이 책에는 É. 구르사(É. Goursat, 1858-1936)가 1884년에 발표한 증명을 수록했는데, 여기서는 도함수의 연속성을 가정하지 않는다. 도함수의 연속성을 가정하면 코시 정리는 그린 정리의 결과다. 연습문제 5를 보라.

$$\int_T f(z)\, dz = 0$$

이러한 국소적(또는 단순한) 형태의 코시 정리가 더 일반적인 형태를 함의한다는 사실은 주목할 만하다. 그로부터 몇몇 단순한 영역에 대하여 원시함수의 존재를 보임으로써 코시 정리를 증명할 수 있다. 이러한 관찰을 즉각적으로 응용하는 방안으로, 장난감 경로를 적절히 도입하여 몇 가지 적분값을 구체적으로 계산한다.

이상의 논의에서 사용한 기법으로 이 장의 주된 결과인 코시 적분 공식(Cauchy integral formula)도 얻는다. 함수 f가 원 C와 그 내부를 포함하는 열린 집합에서 정칙이면 C의 내부에 속한 모든 z에 대해

$$f(z) = \frac{1}{2\pi i}\int_C \frac{f(\zeta)}{\zeta - z}\, d\zeta$$

가 성립한다. 이 공식으로부터 정칙함수의 도함수도 정칙이라는 사실을 알게 된다. 이에 따라 모든 정칙함수는 무한 번 미분가능하다. 실변수함수라면 이 현상을 전혀 기대할 수 없음에 주목하라.

여기까지의 내용만 살펴봐도 중요한 결과를 다수 얻을 수 있다.

- **해석적 확장**(analytic continuation)**의 기본이 되는 항등정리**(identity theorem) : 영역(연결된 열린 집합)에 정의된 두 정칙함수가 비어 있지 않은 열린 집합에서 일치하면 영역 전체에서 일치한다. 이 정리는 모든 정칙함수가 해석적(analytic)이라는(또는 같은 말로 정의역의 각 점에서 멱급수로 표현된다는) 사실의 결과다.
- **리우빌 정리**(Liouville's theorem) : 유계 전해석함수는 상수함수다. 이 사실을 이용하면 대수학의 기본 정리를 바로 얻는다.
- **모레라 정리**(Morera's theorem) : 코시 정리의 역이다. 이로부터 균등 수렴하는 정칙함수열의 극한도 정칙이라는 사실을 안다.

1 구르사 정리

1장 따름정리 3.3에 따르면 f가 열린 집합 Ω에서 원시함수를 가질 때, Ω 내의 임의의 폐곡선 γ에 대해

$$\int_\gamma f(z)\,dz = 0$$

이 성립한다. 역으로 특정 유형의 곡선 γ에 대해 위 등식을 증명함으로써 원시함수의 존재를 보일 수 있다. 우선 구르사 정리를 증명하는데, 이 정리는 사실상 2장의 다른 결과를 거의 모두 함의한다.

정리 1.1 함수 f가 복소평면의 열린 집합 Ω에서 정칙이고 삼각형 T와 그 내부가 Ω에 포함되면

$$\int_T f(z)\,dz = 0$$

이 성립한다.

증명

주어진 삼각형에 양의 방향을 준 것을 $T^{(0)}$라 나타내고, $d^{(0)}$와 $p^{(0)}$를 각각 $T^{(0)}$의 지름과 둘레의 길이라고 하자. 증명의 첫 번째 단계는 삼각형의 각 변을 2등분하고 중점을 연결하는 것이다. 이런 방식으로 원래 삼각형과 닮음인 네 개의 작은 삼각형을 얻을 수 있다. 이를 각각 $T_1^{(1)}$, $T_2^{(1)}$, $T_3^{(1)}$, $T_4^{(1)}$라고 하자. 각 삼각형의 방향은 그림 1에 나와 있다. 방향을 원래 삼각형과 같은 방향으로 택하므로 같은 변에서 서로 다른 방향으로의 적분은 서로 상쇄되어

$$\int_{T^{(0)}} f(z)\,dz = \int_{T_1^{(1)}} f(z)\,dz + \int_{T_2^{(1)}} f(z)\,dz + \int_{T_3^{(1)}} f(z)\,dz + \int_{T_4^{(1)}} f(z)\,dz \tag{2.2}$$

를 얻는다. 어떤 j에 대해서는 부등식

$$\left|\int_{T^{(0)}} f(z)\,dz\right| \le 4\left|\int_{T_j^{(1)}} f(z)\,dz\right|$$

가 반드시 성립해야 한다. 그렇지 않다면 (2.2)에 모순되기 때문이다.

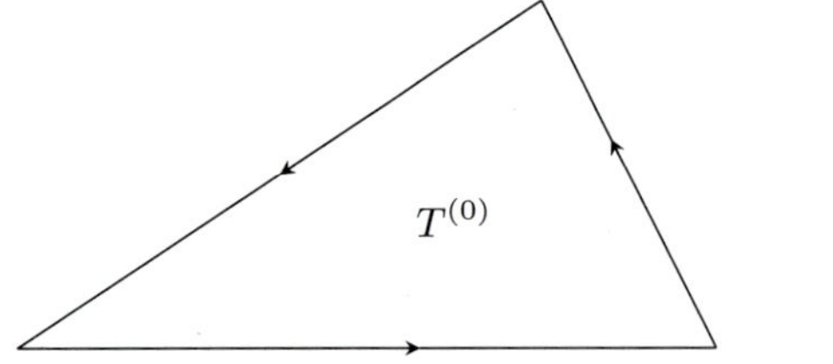

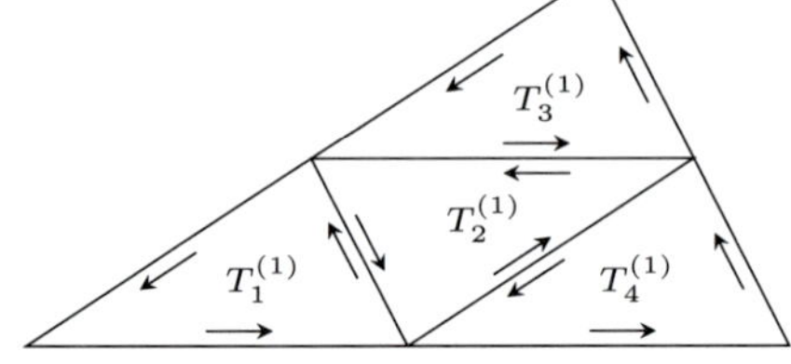

[그림 1] $T^{(0)}$의 2등분

이러한 부등식을 만족하는 삼각형을 택하고, 이를 $T^{(1)}$이라고 다시 이름 붙인다. $T^{(1)}$의 지름과 둘레의 길이를 각각 $d^{(1)}$과 $p^{(1)}$이라 하면 $d^{(1)} = (1/2)d^{(0)}$이며 $p^{(1)} = (1/2)p^{(0)}$이다. 이제 삼각형 $T^{(1)}$에 대해 이 과정을 반복하여 네 개의 작은 삼각형으로 2등분한다. 이 과정을 계속하면 일련의

삼각형 $T^{(0)}, T^{(1)}, \cdots, T^{(n)}, \cdots$ 을 얻는다. 이 삼각형들은

$$\left|\int_{T^{(0)}} f(z)\,dz\right| \le 4^n \left|\int_{T^{(n)}} f(z)\,dz\right|$$

를 만족한다. 또한 $T^{(n)}$ 의 지름과 둘레의 길이를 각각 $d^{(n)}$ 과 $p^{(n)}$ 이라 하면

$$d^{(n)} = 2^{-n} d^{(0)}, \quad p^{(n)} = 2^{-n} p^{(0)}$$

이 성립한다. 또한 경계가 $T^{(n)}$ 인 꽉찬 닫힌 삼각형을 $\mathcal{T}^{(n)}$ 이라 나타내면, 위의 구성 과정으로부터 축소 콤팩트 집합렬(a sequece of nested compact sets)

$$\mathcal{T}^{(0)} \supset \mathcal{T}^{(1)} \supset \cdots \supset \mathcal{T}^{(n)} \supset \cdots$$

을 얻는다. 이때 지름의 길이는 0으로 수렴한다. 1장 명제 1.4에 의해 모든 꽉찬 삼각형 $\mathcal{T}^{(n)}$ 에 포함되는 점 z_0 가 유일하게 존재한다. f 는 z_0 에서 정칙이므로

$$f(z) = f(z_0) + f'(z_0)(z - z_0) + \psi(z)(z - z_0)$$

와 같이 쓸 수 있다. 이때 $z \to z_0$ 일 때 $\psi(z) \to 0$ 이다. 상수함수 $f(z_0)$ 와 선형함수 $f'(z_0)(z - z_0)$ 는 원시함수를 가지므로, 1장 따름정리 3.3을 이용하여 위 등식의 양변을 적분할 수 있다. 따라서

$$\int_{T^{(n)}} f(z)\,dz = \int_{T^{(n)}} \psi(z)(z - z_0)\,dz \tag{2.3}$$

를 얻는다. 이제 z_0 는 꽉찬 삼각형 $\mathcal{T}^{(n)}$ 의 폐포에 속하고 z 는 경계에 속하므로 $|z - z_0| \le d^{(n)}$ 이어야 한다. 그리고 (2.3)을 이용하면 1장 명제 3.1(3)에 의해

$$\left|\int_{T^{(n)}} f(z)\,dz\right| \le \epsilon_n d^{(n)} p^{(n)}$$

과 같이 추정한다. 여기서 $n \to \infty$ 일 때, $\epsilon_n = \sup_{z \in T^{(n)}} |\psi(z)| \to 0$ 이다. 따라서

$$\left|\int_{T^{(n)}} f(z)\,dz\right| \le \epsilon_n 4^{-n} d^{(0)} p^{(0)}$$

을 얻는다. 이로부터 최종적으로

$$\left|\int_{T^{(0)}} f(z)\,dz\right| \le 4^n \left|\int_{T^{(n)}} f(z)\,dz\right| \le \epsilon_n d^{(0)} p^{(0)}$$

과 같이 추정한다. $n \to \infty$ 일 때 $\epsilon_n \to 0$ 이므로 증명이 끝났다. ◀

따름정리 1.2 f가 직사각형 R과 그 내부를 포함하는 열린 집합 Ω에서 정칙이면

$$\int_R f(z)\,dz = 0$$

이 성립한다.

따름정리 1.2가 성립하는 이유는 바로 알 수 있다. 먼저 그림 2와 같이 방향을 택하면

$$\int_R f(z)\,dz = \int_{T_1} f(z)\,dz + \int_{T_2} f(z)\,dz$$

가 성립한다.

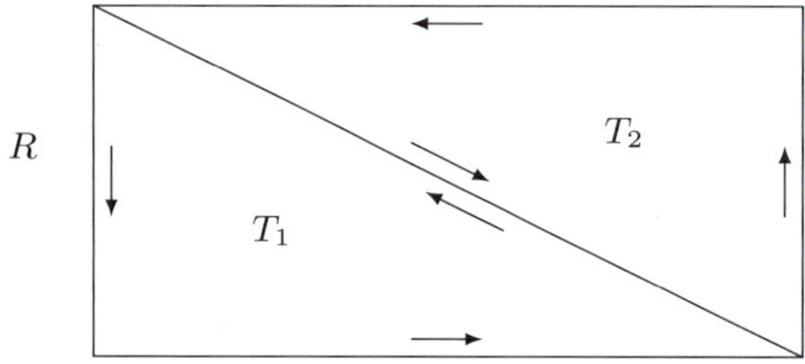

[그림 2] 두 삼각형으로 나눈 직사각형

2 원판에서 원시함수의 국소적 존재성과 코시 정리

먼저 구르사 정리를 이용하여 원판에서 원시함수가 존재함을 증명한다.

정리 2.1 열린 원판에서 정칙함수는 원판 내에서 원시함수를 가진다.

증명

적절히 평행이동하면 일반성을 잃지 않고 원판의 중심이 원점이라 가정할 수 있다. 이 원판을 D라고 하자. 주어진 점 $z \in D$에 대하여 조각마다 매끄러운 곡선을 생각한다. 이 곡선은 먼저 0에서 수평 방향으로 $\tilde{z}$로 이동한 다음(단, $\tilde{z} = \mathrm{Re}(z)$) $\tilde{z}$에서 z까지 수직 방향으로 이동하여 0과 z를 잇는 곡선이다. 그림 3과 같이 방향은 0에서 z로 택하고 (최대 두 개의 선분으로 이루어진) 이 꺾은선을 γ_z로 나타낸다.

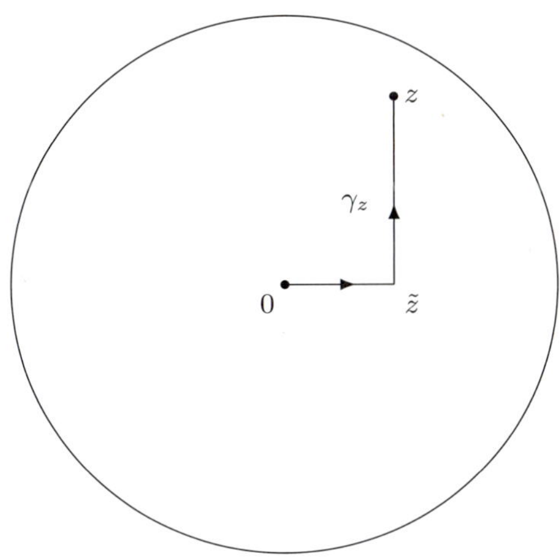

[그림 3] 꺾은선 γ_z

함수 F를

$$F(z) = \int_{\gamma_z} f(w)\, dw$$

와 같이 정의한다. γ_z가 명확하므로 함수 $F(z)$의 정의에 모호한 부분이 없다. 이제 F가 D에서 정칙이며 $F'(z) = f(z)$임을 보이고 싶다. 이를 증명하기 위해 $z \in D$를 고정하고 $h \in \mathbb{C}$를 작게 하여 $z + h$도 원판에 포함되도록 한다. 이제

$$F(z+h) - F(z) = \int_{\gamma_{z+h}} f(w)\, dw - \int_{\gamma_z} f(w)\, dw$$

와 같은 차를 생각한다. 함수 f를 먼저 γ_{z+h}를 따라 순방향으로 적분하고, 그 다음 γ_z를 따라 (두 번째 적분 앞에 붙은 $-$ 부호 때문에) 역방향으로 적분한다. 이는 그림 4(a)에 해당한다. f를 원점에서 출발하는 선분 위에서 두 반대되는 방향으로 적분을 하기 때문에 이는 상쇄되고, 그림 4(b)의 경로가 남는다. 그 다음 그림 4(c)에서와 같이 사각형과 삼각형을 완성한다. 그리하여 사각형과 삼각형에 대해 구르사 정리를 적용하면 그림 4(d)와 같이 z에서 $z + h$로 가는 선분만 남는다.

따라서 위의 상쇄로부터

$$F(z+h) - F(z) = \int_{\eta} f(w)\, dw$$

를 얻는다. 여기서 η는 z에서 $z + h$까지의 선분이다. f는 z에서 연속이므로

$$f(w) = f(z) + \psi(w)$$

와 같이 쓸 수 있다. 여기서 $w \to z$일 때 $\psi(w) \to 0$이다.

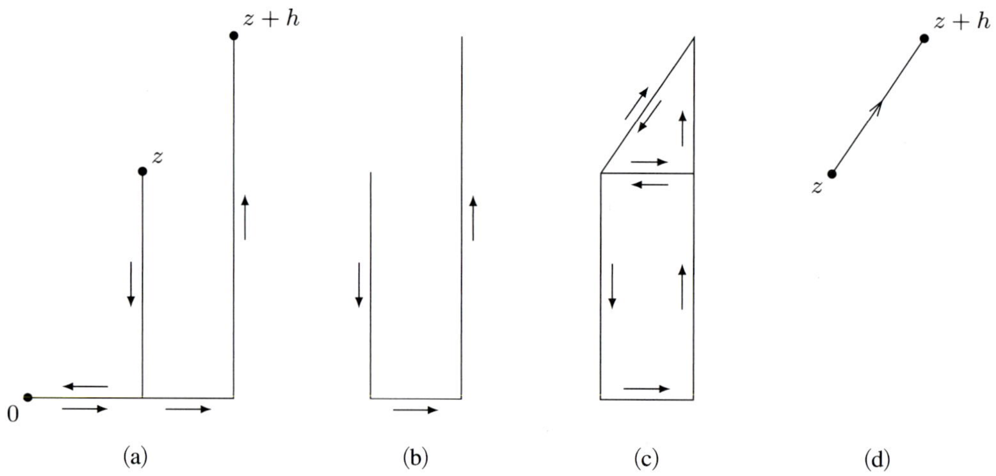

[그림 4] 꺾은선 γ_z 와 γ_{z+h} 사이의 관계

이제

$$
\begin{aligned}
F(z+h)-F(z) &= \int_\eta f(z)\,dw + \int_\eta \psi(w)\,dw \\
&= f(z)\int_\eta dw + \int_\eta \psi(w)\,dw
\end{aligned}
\tag{2.4}
$$

가 성립한다. 상수함수 1의 원시함수는 w이므로 첫 번째 적분은 1장 정리 3.2에 의해 단순히 h이다. 한편

$$\left|\int_\eta \psi(w)\,dw\right| \le \sup_{w\in\eta} |\psi(w)|\,|h|$$

와 같이 추정할 수 있다. h가 0으로 수렴할 때, 위의 상한은 0으로 수렴하므로 등식 (2.4)로부터

$$\lim_{h\to 0} \frac{F(z+h)-F(z)}{h} = f(z)$$

를 얻는다. 따라서 F가 원판에서 f의 원시함수임을 증명했다. ◀

정리 2.1에 따르면 모든 정칙함수는 국소적으로 원시함수를 가진다. 이 정리는 임의의 원판뿐만 아니라 다른 집합에서도 성립함을 반드시 알아차려야 한다. **장난감 경로**에 대해 다루면서 곧 이에 대해 다시 언급할 것이다.

정리 2.2 원판에서 코시 정리(Cauchy's theorem for a disc)

f가 원판에서 정칙이면 원판 내 임의의 폐곡선 γ에 대해

$$\int_\gamma f(z)\,dz = 0$$

이 성립한다.

증명

f는 원시함수를 가지므로 1장 따름정리 3.3을 적용할 수 있다. ◀

따름정리 2.3 f가 원 C와 그 내부를 포함하는 열린 집합에서 정칙이라고 가정하자. 그러면

$$\int_C f(z)\,dz = 0$$

이 성립한다.

증명

D를 원 C를 경계로 하는 원판이라고 하자. 그러면 원판 D를 포함하는 약간 더 큰 원판 D'이 존재하고, f는 D'에서 정칙이다. 이제 D'에서 코시 정리를 적용하면 $\int_C f(z)\,dz = 0$이다. ◀

사실 경로의 **내부**를 명확하게 정의하고, 경로와 그 내부의 열린 근방에 적절한 다각형 경로를 만들 수 있기만 하면 정리 2.2와 따름정리 2.3을 증명할 수 있다. 원인 경우 원의 내부가 원판이므로 내부에서 수평 및 수직 방향 이동이 단순하여 문제가 없었다.

다음 정의는 다소 엄밀하지 못하지만, 결과는 명확하고 분명하다. 내부의 개념이 명확하며, 곡선과 그 내부의 근방에서 정리 2.1과 유사한 구성이 가능한 임의의 폐곡선을 **장난감 경로(toy contour)**라고 한다. 장난감 경로를 따라 이동할 때, 두 방향 중 경로의 내부가 왼쪽에 위치하는 방향을 양의 방향(positive orientation)이라 한다. 이 정의는 기존에 원에서 정의한 양의 방향과 부합한다. 예를 들어 원과 삼각형, 그리고 사각형은 각각에 대해 이전에 했던 논증을 수정하여 적용할 수 있으므로(사실 똑같다) 장난감 경로다.

장난감 경로의 또 다른 중요한 예는 **열쇠 구멍** Γ이다(그림 5 참조). 코시 적분 공식의 증명에서 열쇠 구멍을 사용할 것이다. 열쇠 구멍은 좁은 통로로 연결된 크고 작은 두 개의 거의 완전한 원으로 이루어진다. Γ의 내부는 Γ_{int}으로 나타내는데, 분명히 곡선으로 둘러싸인 영역이며 작업을 충분히 거치면 정확한 의미를 부여할 수 있다. 그 내부에서 점 z_0를 고정한다. f가 Γ와 그 내부의 근방에서 정칙이면 약간 더 큰 열쇠 구멍 Λ의 내부에서 정칙이다. 이때 내부 Λ_{int}는 $\Gamma \cup \Gamma_{\text{int}}$를 포함한다.

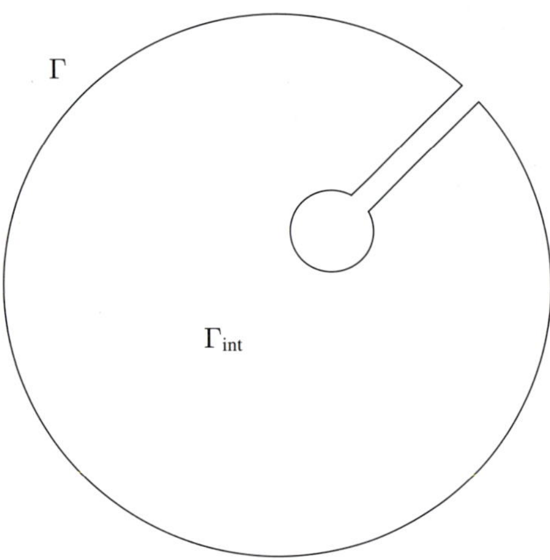

[그림 5] 열쇠 구멍 경로

$z \in \Lambda_{\text{int}}$ 일 때, z_0 와 z 를 잇는 Λ_{int} 내부의 곡선을 γ_z 라고 하자. 이 곡선은 유한개의 수직선분 또는 수평선분으로 이루어진다(그림 6 참고). η_z 를 그러한 곡선 중 하나라고 하면, 직사각형 영역으로 표현한 구르사 정리(따름정리 1.2)에 의해

$$\int_{\gamma_z} f(w)\,dw = \int_{\eta_z} f(w)\,dw$$

가 성립한다. 따라서 F 는 Λ_{int} 에서 잘 정의된다.

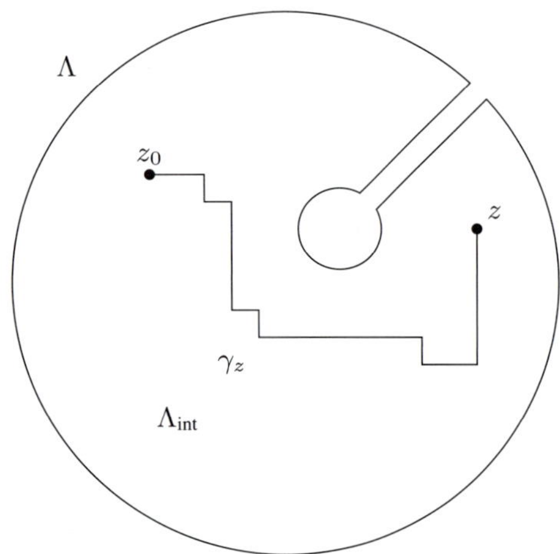

[그림 6] 곡선 γ_z

위와 같이 논증하면 F 는 Λ_{int} 에서 f 의 원시함수임을 보일 수 있고, 따라서 $\int_\Gamma f(z)\,dz = 0$ 이다.

중요한 점은 장난감 경로 γ에 대해 $\int_\gamma f(z)\,dz = 0$을 쉽게 보일 수 있다는 것이다. 여기서 f는 경로 γ와 그 내부를 포함하는 열린 집합에서 정칙인 함수다.

3장 따름정리 5.3에서 f가 정칙인 **단순연결 영역**의 폐곡선 γ에 대해 유사한 결론이 성립함을 확인하면 이를 더 잘 이해할 수 있다. 이와 관련하여 [부록 B] 정리 2.2에서 알 수 있듯이 조각마다 매끄러운 단순폐곡선(예를 들면 장난감 경로)의 내부영역이 단순연결집합이라는 사실이 있다.

그림 7은 앞으로 사용할 장난감 경로의 몇 가지 예다. 당연히 코시 정리와 그 따름정리가 성립한다.

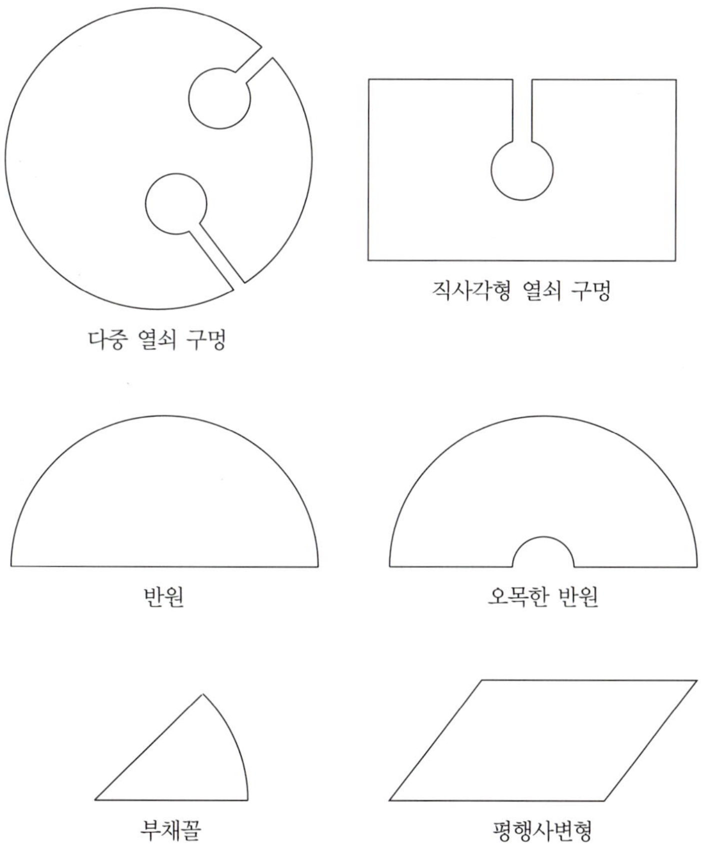

[그림 7] 장난감 경로의 예

우리가 다루는 상황 대부분은 장난감 경로에 대한 코시 정리만으로도 충분히 다룰 수 있지만, 더 일반적인 곡선과 코시 정리의 관계는 여전히 궁금하다. [부록 B]에서 조각마다 매끄러운 곡선에 대한 조르당 정리를 증명한다. 이 정리에 따르면 조각마다 매끄러운 단순폐곡선(simple closed piecewise-smooth curve)은 **단순연결집합**(simply connected)인 잘 정의된 내부를 가진다. 그 결과, 더 일반적인 상황에서도 코시 정리가 성립한다.

3 몇 가지 적분 계산

이번 절에서 다룰 계산은 코시의 아이디어를 바탕으로 한다. 몇 가지 예를 통해 코시 정리를 이용하여 적분을 어떻게 계산할 수 있는지 확인해 보자. 유수 계산을 사용한 보다 체계적인 접근법은 3장에서 다룬다.

예제 1 임의의 실수 ξ에 대하여 등식

$$e^{-\pi\xi^2} = \int_{-\infty}^{\infty} e^{-\pi x^2} e^{-2\pi i x\xi}\, dx \tag{2.5}$$

가 성립한다. 즉 $e^{-\pi x^2}$의 푸리에 변환은 자기 자신이다. 이는 『STEIN 푸리에 해석학』 5장 정리 1.4에서 이미 증명했지만 이번에는 다른 방식으로 증명해 보겠다.

$\xi = 0$일 때 적분 (2.5)는

$$1 = \int_{-\infty}^{\infty} e^{-\pi x^2}\, dx$$

로 잘 알려져 있다.[2]

이제 $\xi > 0$이라 가정하고 함수 $f(z) = e^{-\pi z^2}$을 생각하자. 이 함수는 복소평면 전체에서 정칙으로, 전해석함수다. 특히 그림 8에 묘사된 장난감 경로 γ_R의 내부에서 정칙이다.

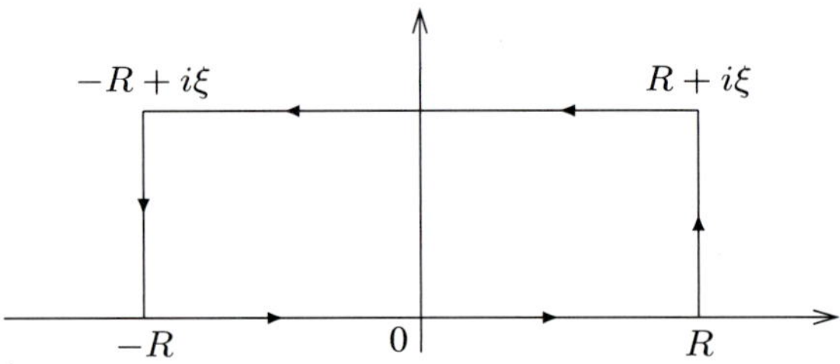

[그림 8] 예제 1의 경로 γ_R

경로 γ_R은 꼭짓점이 R, $R+i\xi$, $-R+i\xi$, $-R$이며 방향은 반시계방향으로 주어진 직사각형을 이룬다. γ_R은 자명하게 폐곡선이므로 이 곡선을 따라 (평면 전체에서 원시함수를 가지는) f를 적분하면

2 $\Gamma(1/2) = \sqrt{\pi}$라는 사실에서 유도할 수도 있다. 여기서 Γ는 6장에서 다루는 감마함수다.

0이다.

$$\int_{\gamma_R} f(z)\,dz = 0 \tag{2.6}$$

실수축에서의 적분은 단순히

$$\int_{-R}^{R} e^{-\pi x^2}\,dx$$

와 같다. 이 적분은 $R \to \infty$일 때 1로 수렴한다. 오른쪽 세로변에서 적분은

$$\begin{aligned} I(R) &= \int_0^{\xi} f(R+iy)i\,dy \\ &= \int_0^{\xi} e^{-\pi(R^2+2iRy-y^2)} i\,dy \end{aligned}$$

와 같다. 이 적분은 ξ를 고정하면

$$|I(R)| \le Ce^{-\pi R^2}$$

과 같이 추정할 수 있으므로 $R \to \infty$일 때 0으로 수렴한다. 비슷하게 왼쪽 세로변에서의 적분도 같은 이유로 $R \to \infty$일 때 0으로 수렴한다. 마지막으로 맨 위의 가로변에서의 적분은

$$\int_{R}^{-R} e^{-\pi(x+i\xi)^2}\,dx = -e^{\pi\xi^2}\int_{-R}^{R} e^{-\pi x^2} e^{-2\pi i x\xi}\,dx$$

와 같다. 따라서 $R \to \infty$의 극한을 취하면 식 (2.6)에 의해

$$0 = 1 - e^{\pi\xi^2}\int_{-\infty}^{\infty} e^{-\pi x^2} e^{-2\pi i x\xi}\,dx$$

가 성립한다. 이로써 원하는 식을 얻었다.

$\xi < 0$일 때에는 하반평면에 놓이는 대칭인 직사각형을 생각한다.

예제 1에서 사용한 적분 경로를 옮기는 기법은 다양하게 응용할 수 있다. 원래 적분 (2.5)는 실수축을 따라 적분하지만, 코시 정리를 적용하여 복소평면에서 (ξ의 부호에 따라) 위 또는 아래로 적분 경로를 옮긴다.

예제 2 또 다른 고전적인 예로 식

$$\int_0^\infty \frac{1-\cos x}{x^2}\,dx = \frac{\pi}{2}$$

가 있다. 여기서 $f(z)=\dfrac{1-e^{iz}}{z^2}$을 생각하고 그림 9와 같이 x축에 위치한 상반평면의 오목한 반원을 따라 적분한다.

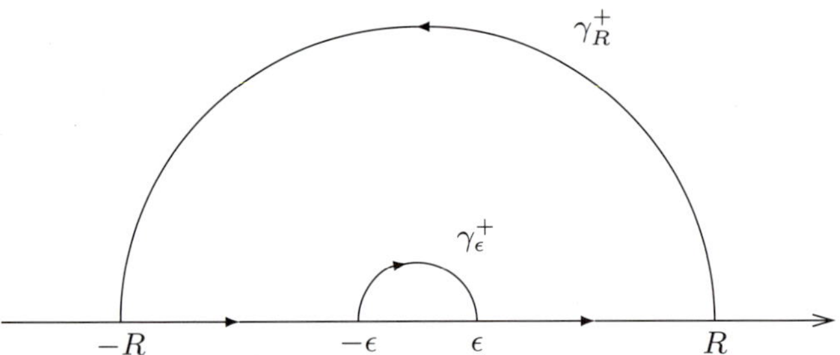

[그림 9] 예제 2의 오목한 반원

반지름 길이가 ϵ과 R인 반원을 각각 γ_ϵ^+와 γ_R^+로 나타낸다. 이때 방향은 각각 음의 방향과 양의 방향이다. 코시 정리에 의해

$$\int_{-R}^{-\epsilon} \frac{1-e^{ix}}{x^2}\,dx + \int_{\gamma_\epsilon^+} \frac{1-e^{iz}}{z^2}\,dz + \int_\epsilon^R \frac{1-e^{ix}}{x^2}\,dx + \int_{\gamma_R^+} \frac{1-e^{iz}}{z^2}\,dz = 0$$

이 성립한다. 먼저 $\left|\dfrac{1-e^{iz}}{z^2}\right| \le \dfrac{2}{|z|^2}$를 관찰한다. 따라서 $R\to\infty$일 때 γ_R^+에서의 적분은 0으로 수렴한다. 따라서

$$\int_{|x|\ge\epsilon} \frac{1-e^{ix}}{x^2}\,dx = -\int_{\gamma_\epsilon^+} \frac{1-e^{iz}}{z^2}\,dz$$

와 같다. 그리고 함수 $f(z)$가 $f(z)=\dfrac{-iz}{z^2}+E(z)$임에 주목한다. 여기서 $E(z)$는 $z\to 0$일 때 유계다. 한편 γ_ϵ^+ 위에서 $z=\epsilon e^{i\theta}$이며 $dz = i\epsilon e^{i\theta}d\theta$이다. 그러므로

$$\epsilon\to 0 \text{ 일 때,}\quad \int_{\gamma_\epsilon^+} \frac{1-e^{iz}}{z^2}\,dz \to \int_\pi^0 (-ii)\,d\theta = -\pi$$

이다. 이제 실수부를 취하면 $\displaystyle\int_{-\infty}^\infty \frac{1-\cos x}{x^2}\,dx = \pi$를 얻는다. 피적분함수는 짝함수이므로 증명이 끝났다.

4 코시 적분 공식

표현 공식(representation formula), 특히 적분 표현 공식은 수학에서 중요한 역할을 한다. 이런 공식을 사용하면 작은 집합에서의 함숫값으로부터 큰 집합에서의 함숫값을 유추할 수 있기 때문이다. 중요한 예로 원판에서의 안정상태 열 방정식(steady–state heat equation)의 해를 주어진 경곗값과 푸아송 핵(Poisson kernel)의 합성곱(convolution)으로 나타내는 푸아송 적분 공식(Poisson integral formula)이 있다. 『STEIN 푸리에 해석학』을 참고하라.

$$u(r,\theta) = \frac{1}{2\pi}\int_0^{2\pi} P_r(\theta-\varphi)u(1,\varphi)\,d\varphi \tag{2.7}$$

정칙함수에 대해서도 비슷한 내용이 성립하는데, 정칙함수의 실수부와 허수부가 조화함수임을 상기하면 그리 놀랍지 않다.[2] 여기서는 조화함수 이론의 도움을 받지 않고 독립적으로 적분 표현 공식을 증명할 것이다. 실제로, 다음 정리를 통해 푸아송 적분 공식 (2.7)을 유도할 수 있다(연습문제 11과 연습문제 12 참고).

정리 4.1 f가 원판 D의 폐포를 포함하는 열린 집합에서 정칙이라고 가정하자. C를 양의 방향을 가지는 이 원판의 경계인 원이라고 하면

$$f(z) = \frac{1}{2\pi i}\int_C \frac{f(\zeta)}{\zeta - z}\,d\zeta \quad (\text{단, } \ z \in D)$$

가 성립한다.

증명

$z \in D$를 고정하고 그림 10과 같이 점 z가 빠진 **열쇠 구멍** $\Gamma_{\delta,\epsilon}$을 생각한다.

여기서 δ는 통로의 너비이며 z를 중심으로 하는 작은 원의 반지름 길이는 ϵ이다. 함수 $F(\zeta) = f(\zeta)/(\zeta - z)$는 점 $\zeta = z$를 제외한 곳에서 정칙이므로 주어진 장난감 경로에 대한 코시 정리에 의해

$$\int_{\Gamma_{\delta,\epsilon}} F(\zeta)\,d\zeta = 0$$

을 얻는다. 이제 δ를 0으로 보내는 극한을 취해 통로의 너비를 더 좁게 만들고, F의 연속성을 이용하여 극한을 취하자. 이런 방식으로 통로 양쪽에서의 적분을 상쇄시킬 수 있다. 남은 건 두 곡선인데,

2 이 사실은 코시–리만 방정식에서 바로 알 수 있다. 1장 연습문제 11을 참고하라. 엄밀하게 말하면 1장 연습문제 11에서는 주어진 정칙함수의 도함수도 정칙이라고 가정해야 된다. 그러나 앞으로 살펴볼 따름정리 4.2로부터 이 가정이 필요치 않음을 알 수 있다.

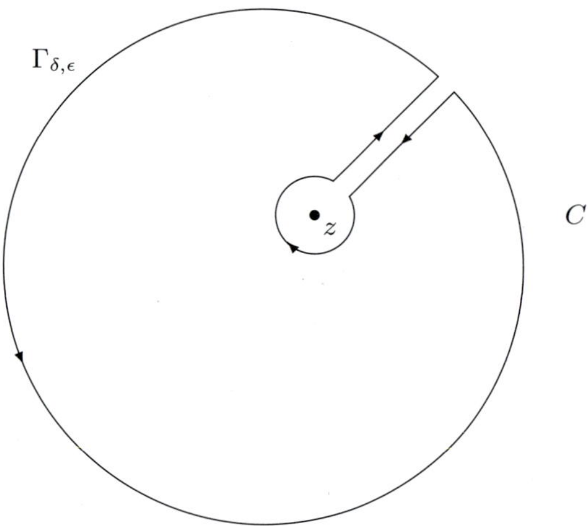

[그림 10] 열쇠 구멍 $\Gamma_{\delta,\epsilon}$

하나는 양의 방향을 가지는 큰 원 C이다. 다른 하나는 음의 방향을 가지는, 즉 시계방향의 중심이 z이고 반지름 길이가 ϵ인 작은 원 C_ϵ이다. 작은 원에서의 적분이 어떻게 되는지 알기 위해 다음과 같이 쓴다.

$$F(\zeta) = \frac{f(\zeta) - f(z)}{\zeta - z} + \frac{f(z)}{\zeta - z} \tag{2.8}$$

f는 정칙이므로 식 (2.8)에서 우변의 첫 번째 항은 유계이고 따라서 C_ϵ에서의 적분값이 $\epsilon \to 0$일 때 0으로 수렴한다. 이제 적분

$$\begin{aligned}\int_{C_\epsilon} \frac{f(z)}{\zeta - z}\, d\zeta &= f(z) \int_{C_\epsilon} \frac{d\zeta}{\zeta - z} \\ &= -f(z) \int_0^{2\pi} \frac{\epsilon i e^{-it}}{\epsilon e^{-it}}\, dt \\ &= -f(z) 2\pi i\end{aligned}$$

이 성립함을 관찰하면 증명이 마무리된다. 극한을 취하면 바라던 대로

$$0 = \int_C \frac{f(\zeta)}{\zeta - z}\, d\zeta - 2\pi i f(z)$$

를 얻는다. ◀

비고 장난감 경로에 대한 이전의 논의에서 코시 적분 공식을 조금 더 일반화한 결과를 얻을 수 있다. 예를 들어 f가 (양의 방향인) 직사각형 R과 그 내부를 포함하는 열린 집합에서 정칙이면

$$f(z) = \frac{1}{2\pi i}\int_R \frac{f(\zeta)}{\zeta - z}\,d\zeta$$

가 성립한다. 여기서 z는 R의 내부의 점이다. 이를 확인하려면 원형 열쇠 구멍을 직사각형 열쇠 구멍으로 바꾸어서 정리 4.1의 증명을 반복하면 된다. 또한 z가 R 외부에 있다면 위 적분값이 0임에 주목하자. 이 경우에는 $F(\zeta) = f(\zeta)/(\zeta - z)$는 R 내부에서 정칙이기 때문이다. 물론 원이나 다른 장난감 경로에 대해서도 비슷한 결과가 성립한다.

코시 적분 공식의 따름정리로 정칙함수에 대한 두 번째 놀라운 사실인 정칙성을 다루어 보겠다. 또한 경계에서의 f 값으로 원판 내부에서 f의 도함수를 표현하는 적분 공식을 추가로 얻는다.

따름정리 4.2 f가 열린 집합 Ω에서 정칙이면, f는 Ω에서 무한 번 미분가능하다. 또한 $C \subset \Omega$가 그 내부도 Ω에 포함되는 원이라고 하면, C 내부의 모든 z에 대해

$$f^{(n)}(z) = \frac{n!}{2\pi i}\int_C \frac{f(\zeta)}{(\zeta - z)^{n+1}}\,d\zeta$$

가 성립한다.

위의 정리와 같이 원 C는 양의 방향을 취한다는 것을 기억하자.

증명

n에 대한 귀납법으로 증명한다.

$n = 0$인 경우는 단순히 코시 적분 공식이다.

f는 $n-1$번 복소미분가능하며 $n-1$계 미분계수는

$$f^{(n-1)}(z) = \frac{(n-1)!}{2\pi i}\int_C \frac{f(\zeta)}{(\zeta - z)^n}\,d\zeta$$

와 같다고 가정하자. 이제 작은 h에 대해 $f^{(n-1)}$의 차분 몫을

$$\frac{f^{(n-1)}(z+h) - f^{(n-1)}(z)}{h} = \frac{(n-1)!}{2\pi i}\int_C f(\zeta)\frac{1}{h}\left[\frac{1}{(\zeta - z - h)^n} - \frac{1}{(\zeta - z)^n}\right]d\zeta \tag{2.9}$$

와 같이 나타내자. 이제 항등식 $A^n - B^n = (A - B)[A^{n-1} + A^{n-2}B + \cdots + AB^{n-2} + B^{n-1}]$을 떠올린다. $A = 1/(\zeta - z - h)$이고 $B = 1/(\zeta - z)$라 두면 등식 (2.9)에서 괄호 안의 항은

$$\frac{h}{(\zeta - z - h)(\zeta - z)}[A^{n-1} + A^{n-2}B + \cdots + AB^{n-2} + B^{n-1}]$$

과 같다. 그런데 h가 작으면 $z+h$와 z는 경계인 원 C에서 유한 거리만큼 떨어져 있으므로, h를 0으로 보내는 극한을 취하면 몫은

$$\frac{(n-1)!}{2\pi i}\int_C f(\zeta)\left[\frac{1}{(\zeta - z)^2}\right]\left[\frac{n}{(\zeta - z)^{n-1}}\right] d\zeta = \frac{n!}{2\pi i}\int_C \frac{f(\zeta)}{(\zeta - z)^{n+1}}\, d\zeta$$

로 수렴한다. 이로써 귀납법에 의해 정리를 증명했다. ◀

이제부터 정리 4.1과 따름정리 4.2의 공식을 **코시 적분 공식(Cauchy integral formula)**이라고 부른다.

따름정리 4.3 코시 부등식(Cauchy inequality)

f가 z_0를 중심으로 하고 반지름 길이가 R인 원판 D의 폐포를 포함하는 열린 집합에서 정칙이면

$$|f^{(n)}(z_0)| \le \frac{n!\|f\|_C}{R^n}$$

가 성립한다. 여기서 $\|f\|_C = \sup_{z\in C}|f(z)|$는 경계인 원 C에서 $|f|$의 상한이다.

증명

$f^{(n)}(z_0)$에 대해 코시 적분 공식을 적용하면

$$\begin{aligned}|f^{(n)}(z_0)| &= \left|\frac{n!}{2\pi i}\int_C \frac{f(\zeta)}{(\zeta - z_0)^{n+1}}\, d\zeta\right| \\ &= \frac{n!}{2\pi}\left|\int_0^{2\pi} \frac{f(z_0 + Re^{i\theta})}{(Re^{i\theta})^{n+1}} Rie^{i\theta}\, d\theta\right| \\ &\le \frac{n!}{2\pi}\frac{\|f\|_C}{R^n}2\pi\end{aligned}$$

를 얻는다. ◀

이상의 논의에 따라 모든 정칙함수는 무한 번 미분가능하다. 한편 1장에서 알아본 바에 따르면 모든 해석적(멱급수 표현 가능한) 함수가 이런 성질을 가진다. 즉 **무한 번 미분가능**은 **해석적**일 필요조건이다. 다음 정리는 모든 정칙함수가 해석적임을 말한다. 그러므로 복소변수함수에 대하여 정칙이라는 개념과 해석적이라는 개념은 같다. 앞으로 이 책에서는 정칙, 해석적, 복소해석적이라는 말을 섞어 쓰겠다.

정리 4.4 f는 열린 집합 Ω에서 정칙이라고 가정하자. Ω가 z_0를 중심으로 하는 원판 D의 폐포를 포함하면, f는 모든 $z \in D$에 대해 z_0에서의 멱급수 전개

$$f(z) = \sum_{n=0}^{\infty} a_n (z - z_0)^n$$

을 가진다. 이때 계수는

$$a_n = \frac{f^{(n)}(z_0)}{n!} \quad (\text{단}, \quad n \geq 0)$$

와 같다.

증명

$z \in D$를 고정한다. 코시 적분 공식에 의해

$$f(z) = \frac{1}{2\pi i} \int_C \frac{f(\zeta)}{\zeta - z} \, d\zeta \tag{2.10}$$

를 얻는다. 여기서 C는 원판의 경계이며 $z \in D$이다. 증명의 아이디어는 $\frac{1}{\zeta - z}$을 (2.11)과 같이 쓰고 등비급수를 이용하는 것이다.

$$\frac{1}{\zeta - z} = \frac{1}{\zeta - z_0 - (z - z_0)} = \frac{1}{\zeta - z_0} \frac{1}{1 - \left(\frac{z - z_0}{\zeta - z_0}\right)} \tag{2.11}$$

적분변수 ζ는 C를 따라 움직이고 $z \in D$가 고정되어 있으므로 부등식

$$\left| \frac{z - z_0}{\zeta - z_0} \right| < r$$

을 만족하는 $0 < r < 1$이 존재한다. 따라서

$$\frac{1}{1 - \left(\frac{z - z_0}{\zeta - z_0}\right)} = \sum_{n=0}^{\infty} \left(\frac{z - z_0}{\zeta - z_0}\right)^n \tag{2.12}$$

이 성립한다. 여기서 우변의 급수는 $\zeta \in C$에 대해 균등 수렴한다. 따라서 세 등식 (2.10), (2.11), (2.12)를 결합할 때 무한합과 적분의 순서를 바꿀 수 있으며

$$f(z) = \sum_{n=0}^{\infty} \left(\frac{1}{2\pi i} \int_C \frac{f(\zeta)}{(\zeta - z_0)^{n+1}} \, d\zeta \right) \cdot (z - z_0)^n$$

을 얻는다. 이로써 멱급수 전개를 가짐을 증명했다. 추가로 도함수에 대한 코시 적분 공식을 이용하면 (또는 단순히 급수를 미분하면) a_n에 대한 식을 증명한다. ◀

앞에서도 언급했듯이 멱급수로 주어진 함수는 무한 번 미분가능하다. 그러므로 모든 복소해석적 함수가 무한 번 미분가능하다는 사실을 두 가지 방법으로 증명한 셈이다.

다음 관찰도 중요하다. z_0를 중심으로 하는 f의 멱급수 전개는 Ω가 원판의 폐포를 포함하는 한, 원판의 크기에 상관없이 원판 내에서 수렴한다. 특히, f가 전해석적이면 (즉, $\mathbb{C}$ 전체에서 복소해석적이면) 이 정리에 의해 f는 0 근방에서 $\mathbb{C}$ 전체에서 수렴하는 멱급수 전개 $f(z) = \sum_{n=0}^{\infty} a_n z^n$을 가진다.

따름정리 4.5 리우빌 정리(Liouville's theorem)
함수 f가 전해석(entire)이고 유계이면, f는 상수함수다.

증명
복소평면은 자명하게 영역이므로 1장 따름정리 3.4를 적용할 수 있고, f의 도함수가 항등적으로 0임을 보여도 된다.

각 $z_0 \in \mathbb{C}$와 모든 $R > 0$에 대해, 코시 부등식에 의해

$$|f'(z_0)| \leq \frac{B}{R}$$

가 성립한다. 이때 B는 $|f|$의 상계다. $R \to \infty$의 극한을 취하면 원하는 결과를 얻는다. ◀

지금까지의 결과를 응용하면 대수학의 기본 정리(fundamental theorem of algebra)를 우아하게 증명할 수 있다.

따름정리 4.6 상수함수가 아닌 모든 복소계수 다항함수 $P(z) = a_n z^n + \cdots + a_0$는 $\mathbb{C}$에서 근을 가진다.

증명
다항함수 P가 상수함수가 아니라고 가정하자. 그러면 $P(z) = a_n z^n + \cdots + a_0$로 나타내고 $n \geq 1$과 $a_n \neq 0$을 가정할 수 있다. 모순을 얻기 위해 P가 근을 가지지 않는다고, 즉 모든 z에 대해서 $P(z) \neq 0$라고 가정하면 $1/P$은 전해석함수다. 이제 이 함수가 유계임을 보일 것이다. $z \neq 0$에 대해서

$$\frac{P(z)}{z^n} = a_n + \left(\frac{a_{n-1}}{z} + \cdots + \frac{a_0}{z^n}\right)$$

와 같이 쓸 수 있다. 괄호 안의 각 항이 $|z| \to \infty$일 때 0으로 수렴하므로, $R > 0$이 있어 $c = |a_n|/2$이면

$$|P(z)| \geq c|z|^n \quad (\text{단, } |z| > R)$$

이 성립한다. 특히 P는 $|z| > R$일 때 아래로 유계다. P는 연속함수이며 원판 $|z| \leq R$에서 근을 가지지 않으므로, 이 원판에서도 아래로 유계가 되어 원하는 바가 증명되었다.

그렇다면 리우빌 정리에 의해 $1/P$은 상수함수다. 이는 P가 상수함수가 아니라는 가정에 모순이므로, 따름정리가 증명되었다. ◀

> **따름정리 4.7** 차수가 $n \geq 1$인 모든 다항함수 $P(z) = a_n z^n + \cdots + a_0$는 $\mathbb{C}$에서 정확히 n개의 근을 가진다. 이러한 근을 $w_1, \cdots, w_n$이라 하면 P는
>
> $$P(z) = a_n(z - w_1)(z - w_2)\cdots(z - w_n)$$
>
> 과 같이 인수분해된다.

증명

따름정리 4.6에 의해 P는 근을 가진다. 이를 w_1이라 하자. 그런 다음 $z = (z - w_1) + w_1$이라 쓰고 P에 z 대신 대입하면 이항정리로부터

$$P(z) = b_n(z - w_1)^n + \cdots + b_1(z - w_1) + b_0$$

를 얻는다. 여기서 $b_0, \cdots, b_{n-1}$은 새로운 계수이며, $b_n = a_n$이다. $P(w_1) = 0$이므로 $b_0 = 0$이고

$$P(z) = (z - w_1)\left[b_n(z - w_1)^{n-1} + \cdots + b_1\right] = (z - w_1)Q(z)$$

가 성립한다. 이때 Q는 차수가 $n - 1$인 다항함수다. 다항함수의 차수에 대한 귀납법에 의해 $P(z)$는 n개의 근을 가지며 적당한 $c \in \mathbb{C}$에 대해

$$P(z) = c(z - w_1)(z - w_2)\cdots(z - w_n)$$

과 같이 나타낼 수 있다. 우변을 전개하면 z^n의 계수가 c임을 알 수 있고, 따라서 주장한 대로 $c = a_n$이다. ◀

마지막으로 (서론(15쪽)에서 언급한 세 번째 기적인) 해석적 연속을 다루면서 이 절을 마친다. 이는 복소해석적 함수의 유전적 코드는 임의의 적당한 작은 집합에서 함숫값을 알면 결정(함수가 고정)된다는 것이다. 다음 정리에서는 Ω가 연결집합이라고 가정한다.

정리 4.8 f는 영역 Ω에서 복소해석적인 함수고, 서로 다른 점으로 이루어진 수열이 Ω 내에서 수렴하며 각 점에서의 함숫값이 0이라고 가정하자. 그러면 f는 항등적으로 영함수다.

다시 말해 열린 연결집합 Ω에서 복소해석적인 함수 f의 영점이 Ω **내에서** 수렴하면 $f = 0$이다.

증명

$f(w_k) = 0$인 수열 $\{w_k\}_{k=1}^{\infty}$의 극한점이 $z_0 \in \Omega$라고 가정하자. 먼저 f는 z_0를 포함하는 작은 원판에서 항등적으로 0임을 보인다. 이를 보이기 위해, z_0를 중심으로 하고 Ω에 포함되는 원판 D를 택하고 이 원판에서 f의 멱급수 전개를 생각한다.

$$f(z) = \sum_{n=0}^{\infty} a_n (z - z_0)^n$$

f가 항등적으로 0이 아니면 $a_m \neq 0$인 가장 작은 정수 m이 존재한다. 그러면

$$f(z) = a_m (z - z_0)^m (1 + g(z - z_0))$$

와 같이 쓸 수 있다. 이때 $g(z - z_0)$는 $z \to z_0$일 때 0으로 수렴한다. z_0로 수렴하는 수열에 대해 $z = w_k \neq z_0$를 취하면, $a_m(w_k - z_0)^m \neq 0$이고 $1 + g(w_k - z_0) \neq 0$이지만 $f(w_k) = 0$이므로 모순을 얻는다.

Ω가 연결집합이란 사실을 이용하여 증명을 마무리한다. $f(z) = 0$인 점들의 집합의 내부를 U라고 하자. 그러면 U는 그 정의에 따라 열린 집합이며 방금 논증에 의해 공집합이 아니다. 집합 U는 또한 닫힌 집합이다. 왜냐하면 $z_n \in U$이고 $z_n \to z$이면 연속성에 의해 $f(z) = 0$이고, 위의 논증에 의해 z의 근방에서 f는 0이 되기 때문이다. 따라서 $z \in U$이다. 이제 V를 Ω에서의 U의 여집합이라고 하면, U와 V 모두 열린 집합이며 서로소이고

$$\Omega = U \cup V$$

가 성립한다. Ω는 연결집합이므로 U 또는 V는 공집합이다. (여기서 1장에서 다룬 연결성에 대한 두 가지 동치인 정의 중 하나를 이용했다.) $z_0 \in U$이므로 $U = \Omega$임을 알 수 있고, 증명이 끝났다. ◀

정리 4.8로부터 다음을 바로 유도할 수 있다.

따름정리 4.9 f와 g가 영역 Ω에서 복소해석적이라고 가정하자. 공집합이 아닌 Ω의 열린 부분 집합에서(또는 더 일반적으로 서로 다른 점들로 이루어져 있고 Ω에 포함된 한 점으로 수렴하는 수열의 각 점에서) 일치하면, 두 함수는 Ω 전체에서 일치한다.

$\Omega \subset \Omega'$인 영역 Ω와 Ω'에서 각각 복소해석적인 두 함수 f와 F가 주어졌다고 가정하자. 두 함수가 더 작은 집합 Ω에서 같은 함숫값을 가지면, F를 f의 영역 Ω'으로의 **해석적 확장(analytic continuation)** 또는 **해석적 연속**이라고 한다. 이제 따름정리 4.9에 따르면 F는 f에 의해 유일하게 결정되므로 그러한 해석적 연속은 오직 하나만 있을 수 있다.

5 추가적인 응용

이 절에서는 지금까지 증명된 결과의 다양한 응용을 다룬다.

5.1 모레라 정리

다음 정리를 코시 정리의 역으로 간주할 수 있다.

정리 5.1 모레라 정리(Morera's theorem)

f가 열린 원판 D에서 연속함수라고 가정하자. D에 포함되는 임의의 삼각형 T에 대해

$$\int_T f(z)\,dz = 0$$

이면 f는 복소해석적이다.

증명

정리 2.1의 증명에 의해 함수 f는 D에서 원시함수 F를 가지며 $F' = f$이다. 따름정리 4.2에 따라 F는 무한 번 미분가능함을 알고 있으므로 (따라서 두 번 미분가능하며) f는 복소해석적이다. ◀

5.2 정칙함수열

정리 5.2 복소해석적 함수들로 이루어진 함수열 $\{f_n\}_{n=1}^{\infty}$ 이 Ω에 포함되는 모든 콤팩트 집합에서 함수 f로 균등 수렴하면, 극한함수 f도 Ω에서 정칙이다.

증명

원판 D의 폐포가 Ω에 포함되고 T가 D에 포함되는 삼각형이라고 하자. 각 f_n은 복소해석적이므로 구르사 정리에 의해 모든 n에 대해

$$\int_T f_n(z)\,dz = 0$$

이 성립한다. 가정에 의해 D의 폐포에서 f_n은 f로 균등 수렴하고, 이에 따라 f는 D에서 연속이고

$$\int_T f_n(z)\,dz \to \int_T f(z)\,dz$$

가 성립한다. 따라서 $\int_T f(z)\,dz = 0$임을 알 수 있고, 모레라 정리에 의해 f는 D에서 복소해석적이다. 폐포가 Ω에 포함되는 모든 D에 대해 같은 결론을 내릴 수 있으므로 f는 Ω 전체에서 복소해석적이다. ◀

이는 실변수에서는 결코 성립할 수 없는 놀라운 결과다. 실변수함수라면 **도함수가 연속인 함수열**의 균등 극한이 미분가능하지 않을 수 있다. 예를 들어 바이어슈트라스 정리에 의해(『STEIN 푸리에 해석학』 5장 참고) $[0, 1]$에서 연속인 함수는 항상 다항함수에 의해 균등하게 근사될 수 있지만, 모든 연속함수가 미분가능한 것은 아니다.

한 단계 더 나아가서 도함수열에 대한 수렴정리를 얻을 수 있다. f가 수렴반지름이 R인 멱급수 전개를 가질 때, f'은 f에 대한 멱급수를 항별로 미분하여 얻을 수 있으며, 게다가 f'도 수렴반지름이 R임을 기억하자(1장 정리 2.6 참고). 이는 특히 S_n이 f에 대한 부분합일 때, S_n'은 f의 수렴원판의 콤팩트 부분집합에서 항상 f'으로 균등 수렴함을 의미한다. 다음 정리는 이러한 사실을 일반화한 것이다.

정리 5.3 정리 5.2와 같이 가정하면 도함수열 $\{f_n'\}_{n=1}^{\infty}$도 Ω의 모든 콤팩트 부분집합에서 f'으로 균등 수렴한다.

증명

일반성을 잃지 않고 정리의 함수열이 Ω 전체에서 균등 수렴한다고 할 수 있다. $\delta > 0$이 주어지면, Ω_δ를

$$\Omega_\delta = \{z \in \Omega : \overline{D_\delta}(z) \subset \Omega\}$$

처럼 정의되는 Ω의 부분집합이라고 하자. 다시 말해 Ω_δ는 Ω의 경계에서 δ보다 멀리 떨어진 Ω의 점들의 집합이다. 정리를 증명하기 위해 각 δ에 대해 $\{f_n'\}$이 Ω_δ에서 f'으로 균등 수렴함을 보이면 충분하다. 이는 Ω에서 복소해석적인 F에 대해 부등식

$$\sup_{z \in \Omega_\delta} |F'(z)| \leq \frac{1}{\delta} \sup_{\zeta \in \Omega} |F(\zeta)| \tag{2.13}$$

를 증명하면 알 수 있다. 왜냐하면 $F = f_n - f$에 대해 위 부등식을 적용하면 원하는 결과를 얻기 때문이다. 부등식 (2.13)은 코시 적분 공식과 Ω_δ의 정의로부터 바로 얻는다. 왜냐하면 모든 $z \in \Omega_\delta$에 대해 $D_\delta(z)$의 폐포는 Ω에 포함되며

$$F'(z) = \frac{1}{2\pi i} \int_{C_\delta(z)} \frac{F(\zeta)}{(\zeta - z)^2} \, d\zeta$$

가 성립하기 때문이다. 따라서

$$\begin{aligned} |F'(z)| &\leq \frac{1}{2\pi} \int_{C_\delta(z)} \frac{|F(\zeta)|}{|\zeta - z|^2} \, |d\zeta| \\ &\leq \frac{1}{2\pi} \sup_{\zeta \in \Omega} |F(\zeta)| \frac{1}{\delta^2} 2\pi\delta \\ &= \frac{1}{\delta} \sup_{\zeta \in \Omega} |F(\zeta)| \end{aligned}$$

가 성립한다. ◀

물론 1계도함수에 특별한 것은 없다. 실제로 정리 5.3의 가정하에서 (위와 같이 논증하여) 모든 $k \geq 0$에 대해 k계도함수열 $\{f_n^{(k)}\}_{n=1}^\infty$은 Ω의 모든 콤팩트 부분집합에서 $f^{(k)}$로 균등 수렴함을 확인할 수 있다.

사실 정리 5.2를 사용하여 (미리 정해진 성질을 가지는) 복소해석적 함수를 급수

$$F(z) = \sum_{n=1}^{\infty} f_n(z) \tag{2.14}$$

로 구성하는 경우가 많다. 실제로 모든 f_n이 복소평면의 주어진 영역 Ω에서 복소해석적이며 위 급수가 Ω의 콤팩트 부분집합에서 균등 수렴하면, 정리 5.2에 의해 F도 Ω에서 복소해석적이다. 예를

들어 다양한 특수 함수가 (2.14)와 같은 수렴하는 급수로 표현된다. 6장에서 다루는 리만 제타함수가 그 구체적인 예다.

이제 적분으로 정의된 함수에서 이러한 아이디어가 어떻게 사용되는지 살펴보자.

5.3 적분으로 정의된 복소해석적 함수

이 책의 뒷부분에서 알게 되겠지만, 많은 특수 함수가

$$f(z) = \int_a^b F(z, s)\, ds$$

와 같은 꼴의 적분 또는 그러한 적분의 극한으로 주어진다. 여기서 함수 F는 첫 번째 변수에 대해 복소해석적이며 두 번째 변수에 대해 연속이다. 적분은 유계구간 $[a, b]$에서 리만적분으로 이해한다. 이제 목표는 f가 복소해석적임을 보이는 것이다.

다음 정리에서 가정하는 F의 성질은 많은 경우에 쉽게 확인할 수 있으며, 그로부터 f가 복소해석적임을 바로 알 수 있다. 간단한 일차변수변환을 거쳐 $a = 0$이고 $b = 1$이라고 가정한다.

정리 5.4 Ω가 복소평면의 열린 집합일 때, $(z, s) \in \Omega \times [0, 1]$에 대하여 정의된 함수 $F(z, s)$가 다음 조건 (1), (2)를 만족한다고 가정하자.

(1) $F(z, s)$는 각 s마다 z에 대해 복소해석적 함수다.

(2) F는 $\Omega \times [0, 1]$에서 연속이다.

그러면 Ω에서 정의된 함수 $f(z) = \displaystyle\int_0^1 F(z, s)\, ds$는 복소해석적이다.

조건 (2)는 F가 두 변수에 대해 공동연속임을 뜻한다. 다시 말해 3차원 공간의 부분집합인 $\Omega \times [0, 1]$에서 F가 연속임을 뜻한다.

이 정리를 증명하는 데 있어 Ω가 원판이라고 가정해도 일반성을 잃지 않는다. 그러면 (모레라 정리로부터) Ω에 포함된 임의의 삼각형 T에 대해

$$\int_T \int_0^1 F(z, s)\, ds\, dz = 0$$

이 성립함을 보임으로써 원하는 결과를 얻는다. 위의 반복적분에서 적분 순서를 바꿀 수 있다면 조건 (1)로부터 원하는 결과를 바로 얻지만, 적분 순서를 바꿀 수 있음을 보이려면 논의가 별도로 필요하다. 대신에 우리는 안쪽 적분을 리만 합으로 **균등하게** 근사함으로써 정리를 증명한다.

증명

각 $n \geq 1$에 대해 리만 합

$$f_n(z) = (1/n) \sum_{k=1}^{n} F(z, k/n)$$

을 생각하자. 그러면 성질 (1)에 의해 f_n은 Ω 전체에서 복소해석적이다. 이제 원판 D의 폐포가 Ω에 포함된다는 가정하에 D에서 함수열 $\{f_n\}_{n=1}^{\infty}$이 f로 균등 수렴함을 보이면 된다. 이를 보이기 위해, 콤팩트 집합에서 연속함수는 균등 연속함수임을 기억하자. 따라서 $\epsilon > 0$이면 $\delta > 0$이 있어

$$|s_1 - s_2| < \delta \quad \Rightarrow \quad \sup_{z \in D} |F(z, s_1) - F(z, s_2)| < \epsilon$$

이 성립한다. 그러면 $n > 1/\delta$과 $z \in D$에 대해

$$\begin{aligned} |f_n(z) - f(z)| &= \left| \sum_{k=1}^{n} \int_{(k-1)/n}^{k/n} F(z, k/n) - F(z, s)\, ds \right| \\ &\leq \sum_{k=1}^{n} \int_{(k-1)/n}^{k/n} |F(z, k/n) - F(z, s)|\, ds \\ &< \sum_{k=1}^{n} \frac{\epsilon}{n} \\ &= \epsilon \end{aligned}$$

이 성립한다. 이로써 앞의 주장을 증명했고, 정리 5.2에 의해 f는 D에서 복소해석적임을 알 수 있다. 따라서 보이고자 한 대로 f는 Ω에서 복소해석적이다. ◀

5.4 슈바르츠 반사 원리

여러 상황에서 주어진 함수의 정의역을 확장할 필요가 있다. 물론 확장된 함수는 원래 함수와 적절한 성질을 공유해야 하며, 성질이 **좋을수록** 정의역을 확장하는 작업은 더 어려워질 것이다. 실변수인 경우 주어진 함수의 매끄러운 정도에 따라 다양한 기법이 존재한다.

한편 복소해석적 함수인 경우는 상황이 매우 다르다. 이러한 함수는 정의역에서 무한 번 미분가능한데다 해석적 함수 고유의 경직성을 추가로 지니기 때문에 변형하기 어렵다. 예를 들어 원판에서 복소해석적이며 그 원판의 폐포에서 연속이지만, 그 원판보다 큰 어느 영역으로도 해석적으로 확장할 수 없는 함수가 존재한다(이 현상은 심화문제 1에서 다룬다). 앞서 살펴본 또 다른 사실은 작은 열린 집합(또는 예를 들어 길이가 0이 아닌 선분에서라도)에서 0이 되는 복소해석적 함수는 반드시 항등적으로 0이어야 한다는 것이다.

이번 장에서 다룬 내용만으로 매우 유용한 단순 확장 현상인 슈바르츠 반사 원리(Schwarz reflection principle)를 이끌어 낼 수 있다. 증명은 두 부분에 걸쳐 이뤄진다. 먼저 확장을 정의한 다음, 그렇게 정의한 함수가 여전히 복소해석적인지 확인한다.

$\mathbb{C}$의 열린 부분집합이고 실수축에 대해 대칭인 집합 Ω를 생각하자. 다시 말해

$$z \in \Omega \quad \Leftrightarrow \quad \overline{z} \in \Omega$$

가 성립한다. Ω의 상반평면에 놓이는 부분을 Ω^+라 하고, 하반평면에 놓이는 부분을 Ω^-라 하자.

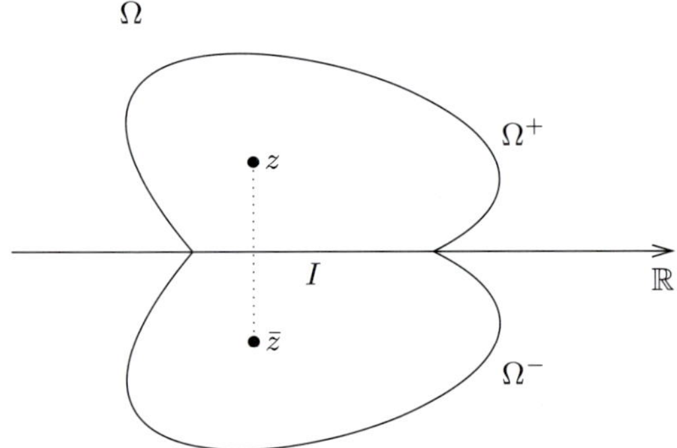

[그림 11] 실수축에 대해 대칭인 열린 집합

$I = \Omega \cap \mathbb{R}$라 하면 I는 Ω^+와 Ω^-의 경계 중 실수축에 놓이는 부분의 내부를 나타낸다. 그러면

$$\Omega^+ \cup I \cup \Omega^- = \Omega$$

가 성립한다. 물론 정리 5.5는 I가 공집합이 아닐 때에만 유용하다.

정리 5.5 대칭 원리(symmetry principle)

f^+와 f^-가 각각 Ω^+와 Ω^-에서 복소해석적이며 I까지 연속적으로 확장되고

$$f^+(x) = f^-(x) \quad (\text{단}, \ x \in I)$$

가 성립한다고 하자. 그러면 함수 f를

$$f(z) = \begin{cases} f^+(z) & (z \in \Omega^+) \\ f^+(z) = f^-(z) & (z \in I) \\ f^-(z) & (z \in \Omega^-) \end{cases}$$

와 같이 정의하면 f는 Ω 전체에서 복소해석적이다.

증명

먼저 f는 Ω 전체에서 연속이다. 이 증명에서 유일하게 까다로운 부분은 f가 I에서 복소해석적임을 증명하는 것이다. D는 I 위의 점을 중심으로 하는 원판으로 Ω에 완전히 포함되었다고 가정하자. 모레라 정리를 이용하여 f가 D에서 복소해석적임을 증명한다. T가 D에 속하는 삼각형이라고 가정하자. 만약 T가 I와 교차하지 않으면 f는 상반원판과 하반원판에서 복소해석적이므로

$$\int_T f(z)\,dz = 0$$

이 성립한다.

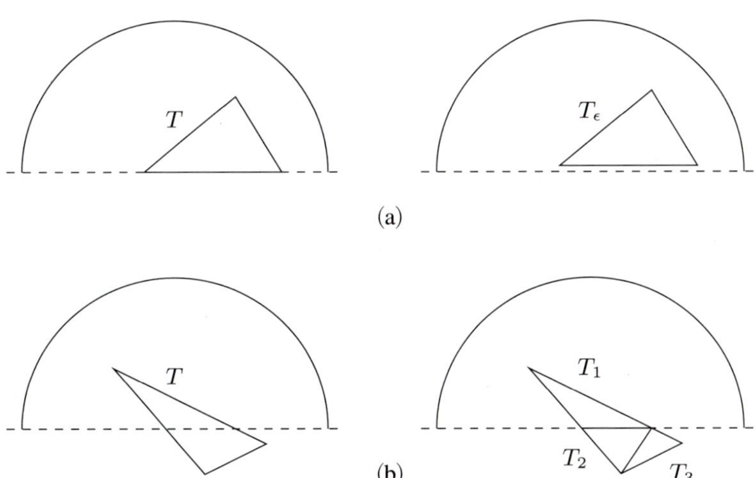

[그림 12] (a) 꼭짓점 들어올리기 (b) 삼각형 쪼개기

이제 T의 한 변 또는 꼭짓점이 I에 포함되고, T의 나머지는 상반원판에 포함된다고 가정하자. T_ϵ이 T에서 I에 놓여 있는 변 또는 꼭짓점을 약간 올려서 만든 삼각형이면 T_ϵ은 상반원판에 완전히 포함되므로 $\int_{T_\epsilon} f = 0$이다(그림 12(a)는 삼각형의 변이 I에 놓이는 경우를 묘사한다). 그러면 $\epsilon \to 0$일 때 연속성에 의해

$$\int_T f(z)\,dz = 0$$

이 성립한다. T의 내부가 I와 교차하면 T를 그림 12(b)와 같이 I에 변 또는 꼭짓점이 놓이는 삼각형들로 쪼개어 이전의 상황으로 만들 수 있다. 이제 모레라 정리로부터 바라던 대로 f가 D에서 복소해석적임을 안다. ◀

이제 확장 원리를 서술할 수 있다. 여기서 앞에 서술한 표기법을 따른다.

정리 5.6 슈바르츠 반사 원리(Schwarz reflection principle)

f는 Ω^+에서 복소해석적이며 I까지 연속적으로 확장되고 I에서 실숫값을 가진다고 가정하자. 그러면 Ω 전체에서 복소해석적인 함수 F가 있어 Ω^+에서 $F = f$이다.

증명

아이디어는 단순히 $z \in \Omega^-$에 대해 $F(z)$를

$$F(z) = \overline{f(\overline{z})}$$

와 같이 정의하는 것이다. F가 Ω^-에서 복소해석적임을 증명하기 위해 $z, z_0 \in \Omega^-$이면 $\overline{z}, \overline{z_0} \in \Omega^+$임에 주목한다. 따라서 $\overline{z_0}$ 근방에서 f의 멱급수 전개는

$$f(\overline{z}) = \sum a_n(\overline{z} - \overline{z_0})^n$$

과 같다. 따라서

$$F(z) = \sum \overline{a_n}(z - z_0)^n$$

이 성립하고 F는 Ω^-에서 복소해석적이다. f는 I에서 실숫값을 가지므로 $x \in I$이면 $\overline{f(x)} = f(x)$이고, 따라서 F는 I까지 연속적으로 확장된다. 대칭 원리를 적용하면 증명이 끝난다. ◀

5.5 룽게 근사정리

바이어슈트라스 정리에 따르면 콤팩트 구간에서 연속함수는 항상 다항함수에 의해 균등하게 근사될 수 있다.[3] 이 결과를 염두에 두고 복소해석학의 경우에도 비슷하게 근사할 수 있는지 생각해 보자. 더 정확하게, 다음과 같은 질문을 생각해 보자. 콤팩트 집합 $K \subset \mathbb{C}$에 대한 어떤 조건이 이 집합에서 복소해석적인 함수는 항상 다항함수에 의해 균등하게 근사될 수 있음을 보장하는가?

이에 대한 예는 멱급수 전개에서 찾을 수 있다. f가 원판 D에서 복소해석적이면 그 함수는 모든 콤팩트 집합 $K \subset D$에서 균등 수렴하는 멱급수 전개 $f(z) = \sum_{n=0}^{\infty} a_n z^n$을 가진다. 이 급수의 부분합을 취함으로써 f가 D의 모든 콤팩트 부분집합에서 다항함수에 의해 균등하게 근사될 수 있다는 결론을 내린다.

그러나 일반적으로는 단위원 $K = C$에서 함수 $f(z) = 1/z$을 생각해 보면 알 수 있듯이 K에 대해 몇 가지 조건을 부여해야 한다. 실제로 $\int_C f(z)\,dz = 2\pi i$이지만, 코시 정리에 따라 모든 다항함수

3 그 증명은 『STEIN 푸리에 해석학』 5장 1.8절에서 확인할 수 있다.

p에 대하여 $\int_C p(z)\,dz = 0$이므로 바로 모순을 얻는다.

사실 이 문제의 해답은 K의 여집합의 위상적 성질과 관련있다. 결론부터 말하면 K가 콤팩트 집합일 때 K에서 정칙인(K를 포함하는 적당한 열린 집합에서 정칙인) 임의의 함수에 대해 그 함수로 K 위에서 균등 수렴하는 다항식열이 존재할 필요충분조건은 K의 여집합이 연결집합인 것이다. 이 조건이 필요조건임은 심화문제 4에서 설명한다. 역으로 이 조건이 충분조건이라는 것은 룽게 근사정리(Runge's approximation theorem)로부터 안다. 한편, 여집합이 연결집합인 콤팩트 집합 중에는 여러 개의 (심지어 무수히 많은) 연결단위로 이루어진 집합도 있다. 이 경우 각 연결단위마다 독립적으로 그 위에서 정칙인 함수를 정의할 수 있기 때문에 룽게 정리의 결과로서 일견 황당해 보이는 것도 있다. 이를테면 임의로 주어진 서로 다른 복소수 a, b, c에 대해 z의 허수부가 양이면 $\{P_n(z)\}$의 극한이 a이고, z가 실수면 $\{P_n(z)\}$의 극한이 b이며, z의 허수부가 음이면 $\{P_n(z)\}$의 극한이 c인 다항함수열 $\{P_n\}$이 있다.

정리 5.7 룽게 정리(Runge's theorem)

- 콤팩트 집합 K의 근방에서 복소해석적인 모든 함수는 K^c에서만 특이점을 갖는 유리함수에 의해 K에서 균등하게 근사된다.[4]
- K^c가 연결집합이면, K의 근방에서 복소해석적인 모든 함수는 다항함수에 의해 K에서 균등하게 근사된다.

나중에 보겠지만 K의 여집합이 연결집합인 경우엔 정리의 첫째 부분에 나오는 특이점들을 무한원점으로 밀어냄으로써 해당하는 유리함수를 다항함수로 근사하여 정리의 두 번째 부분을 얻는다.

정리의 증명에서 핵심은 주어진 정칙함수를 적분으로 나타내는 것이다. 이는 정리 4.1 증명 직후에 언급한 '직사각형에 대한 코시 적분 공식'의 결과다.

보조정리 5.8 f는 열린 집합 Ω에서 복소해석적이고 $K \subset \Omega$는 콤팩트 집합이라고 가정하자. 그러면 $\Omega - K$에 유한개의 선분 $\gamma_1, \cdots, \gamma_N$이 있어 $f(z)$는 (2.15)와 같다.

$$f(z) = \sum_{n=1}^{N} \frac{1}{2\pi i} \int_{\gamma_n} \frac{f(\zeta)}{\zeta - z}\,d\zeta \quad (\text{단, } z \in K) \tag{2.15}$$

4 이 특이점들은 함수가 복소해석적이지 않은 점이며 다음 장에서 정의하는 바와 같이 **극**(pole)이다.

증명

$d = c \cdot d(K, \Omega^c)$라 하자. 여기서 c는 $1/\sqrt{2}$보다 작은 임의의 상수다. 각 축에 평행하고 길이가 d인 변을 가지는 (꽉찬) 정사각형으로 이루어진 격자를 생각하자.

격자를 구성하는 정사각형 중에 K와 만나는 건 유한개 뿐이며 이를 다 모은 것을 $\mathcal{Q} = \{Q_1, \cdots, Q_M\}$이라 하자. 이때 각 정사각형의 경계는 양의 방향을 가진다. (정사각형 Q_m의 경계를 ∂Q_m으로 나타낸다.) 끝으로, $\mathcal{Q}$ 구성원의 변 가운데 서로 인접하는 두 구성원의 공통부분이 아닌 것들을 $\gamma_1, \cdots, \gamma_N$이라 하자(그림 13 참고). d를 위와 같이 택했기 때문에 각 n에 대해 $\gamma_n \subset \Omega$이며 γ_n은 K와 교차하지 않는다. 만약 교차한다면, γ_n이 $\mathcal{Q}$의 인접한 두 구성원이 공유하는 변이 되어 앞선 γ_n의 선택에 모순되기 때문이다.

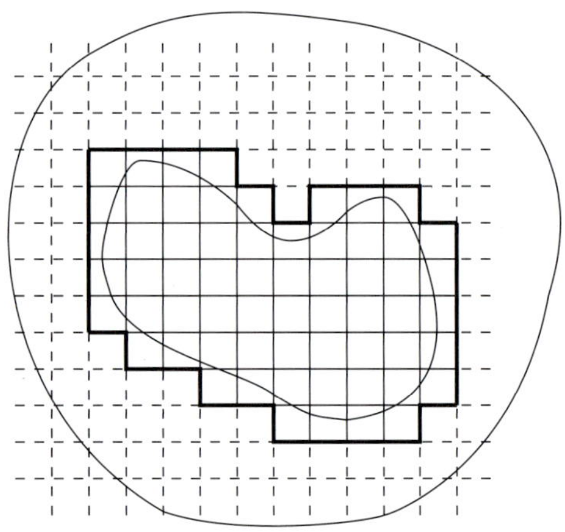

[그림 13] γ_n의 합집합은 굵게 표시된다.

$z \in K$가 $\mathcal{Q}$ 구성원들의 경계에 놓여 있지 않으면 z는 $\mathcal{Q}$ 구성원 가운데 정확히 하나의 내부에 속한다. 그 구성원을 Q_j라고 하면 코시 정리에 의해

$$\frac{1}{2\pi i}\int_{\partial Q_m} \frac{f(\zeta)}{\zeta - z}\, d\zeta = \begin{cases} f(z) & (m = j) \\ 0 & (m \neq j) \end{cases}$$

이 성립한다. 따라서 그러한 모든 z에 대해

$$f(z) = \sum_{m=1}^{M} \frac{1}{2\pi i}\int_{\partial Q_m} \frac{f(\zeta)}{\zeta - z}\, d\zeta$$

가 성립한다. 그런데 Q_m과 $Q_{m'}$이 인접하면, 공유하는 변에서 각 방향으로 적분을 취하기 때문에 이 적분은 상쇄된다. 이로부터 K에 있지만 $\mathcal{Q}$의 정사각형의 경계에 놓여 있지 않은 z에 대해서도 (2.15)가 성립한다. $\gamma_n \subset K^c$이므로 연속성에 의해 이 관계식은 보이고자 한 대로 모든 $z \in K$에 대해서 성립한다. ◀

따라서 정리 5.7의 첫 부분은 다음 보조정리의 결과다.

보조정리 5.9 $\Omega - K$에 완전히 포함되는 임의의 선분 γ에 대해, γ에서만 특이점을 가지는 유리함수열이 있어 K에서 $\int_\gamma f(\zeta)/(\zeta - z)\,d\zeta$로 균등 수렴한다.

증명

$\gamma(t) : [0,1] \to \mathbb{C}$를 γ에 대한 매개화라고 하면

$$\int_\gamma \frac{f(\zeta)}{\zeta - z}\,d\zeta = \int_0^1 \frac{f(\gamma(t))}{\gamma(t) - z}\gamma'(t)\,dt$$

가 성립한다. γ와 K가 만나지 않으므로 우변의 피적분함수 $F(z,t)$는 3차원 공간의 콤팩트 집합인 $K \times [0,1]$에서 균등 연속이다. 그러므로 $\epsilon > 0$이 주어지면 $\delta > 0$이 있어

$$|t_1 - t_2| < \delta \quad \Rightarrow \quad \sup_{z \in K} |F(z,t_1) - F(z,t_2)| < \epsilon$$

을 만족한다. 정리 5.4의 증명과 같이 논증하여 적분 $\int_0^1 F(z,t)dt$의 리만 합이 K에서 이 적분으로 균등 수렴함을 알 수 있다. 이러한 리만 합 각각은 γ에서만 특이점을 가지는 유리함수이므로 보조정리가 증명되었다. ◀

마지막으로 극을 무한원점으로 밀어내는 과정은 K^c이 연결집합이라는 사실을 이용하여 이루어진다. z_0에서만 특이점을 가지는 모든 유리함수는 $1/(z - z_0)$에 대한 다항함수이므로, 정리 5.7의 증명을 마치기 위해 다음 보조정리를 보이면 충분하다.

보조정리 5.10 K^c이 연결집합이고 $z_0 \notin K$이면 함수 $\dfrac{1}{z - z_0}$은 K에서 다항함수에 의해 균등하게 근사될 수 있다.

증명

먼저 원점을 중심으로 하고 K를 포함하는 큰 열린 원판 D 외부의 점 z_1을 택한다. 그러면

$$\frac{1}{z - z_1} = -\frac{1}{z_1}\frac{1}{1 - z/z_1} = \sum_{n=1}^{\infty} -\frac{z^n}{z_1^{n+1}}$$

이 성립한다. 이때 위의 급수는 $z \in K$에 대해 균등 수렴한다. 이 급수의 부분합은 다항함수이며 K에서 $1/(z - z_1)$로 균등 수렴한다. 특히, 이는 $1/(z - z_1)^k$도 K에서 다항함수에 의해 균등하게 근사될 수 있음을 의미한다.

이제 $1/(z-z_0)$가 K에서 $1/(z-z_1)$의 다항함수에 의해 균등하게 근사됨을 증명하면 충분하다. 이를 보이기 위해, K^c는 연결집합이므로 z_0에서 z_1까지 이동할 수 있다는 사실을 이용한다. γ는 K^c에 놓인 곡선이라 하자. 그리고 이 곡선은 $[0,1]$에서 $\gamma(t)$로 매개화되어 $\gamma(0)=z_0$이고 $\gamma(1)=z_1$이라 하자. $\rho=\frac{1}{2}d(K,\gamma)$이라 하면, γ와 K가 콤팩트 집합이므로 $\rho>0$이다. 그럼 γ에서 $w_0=z_0$이고 $w_\ell=z_1$이며 모든 $0\le j<\ell$에 대해 $|w_j-w_{j+1}|<\rho$인 점렬 $\{w_1,\cdots,w_\ell\}$을 택한다.

w가 γ 위의 점이고 w'이 $|w-w'|<\rho$인 다른 점일 때, $1/(z-w)$는 K에서 $1/(z-w')$에 대한 다항함수에 의해 균등하게 근사될 수 있음을 보이자. 이를 위해

$$\frac{1}{z-w}=\frac{1}{z-w'}\frac{1}{1-\frac{w-w'}{z-w'}}=\sum_{n=0}^{\infty}\frac{(w-w')^n}{(z-w')^{n+1}}$$

을 주목하자. 이 급수는 $z\in K$에 대해 균등 수렴하므로 부분합으로 근사할 수 있다. 즉, 앞의 주장이 증명되었다.

이 결과를 통해 유한수열 $\{w_j\}$를 거쳐 z_0에서 z_1까지 이동하면서 $1/(z-z_0)$는 K에서 $1/(z-z_1)$에 대한 다항함수에 의해 균등하게 근사될 수 있다. 이로써 보조정리와 정리가 모두 증명되었다. ◀

연습문제

1. 적분 식 $\int_0^\infty \sin(x^2)\,dx=\int_0^\infty \cos(x^2)\,dx=\frac{\sqrt{2\pi}}{4}$를 증명하라. 이를 **프레넬 적분(Fresnel integral)**이라 한다. 여기서 $\int_0^\infty$는 $\lim_{R\to\infty}\int_0^R$를 뜻한다.

힌트 그림 14의 경로 위에서 함수 e^{-z^2}을 적분하라. $\int_{-\infty}^{\infty} e^{-x^2}\,dx=\sqrt{\pi}$이다.

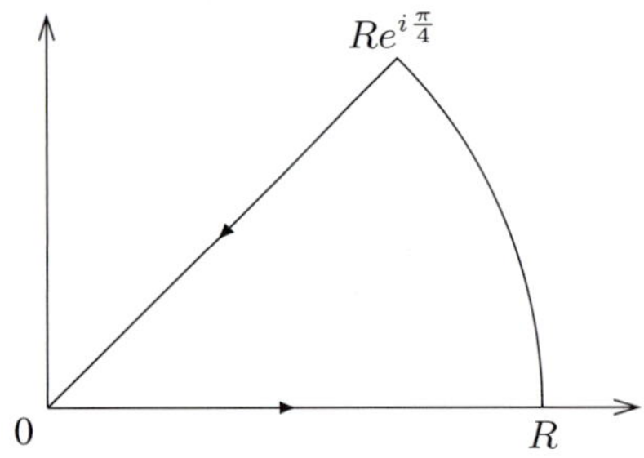

[그림 14] 연습문제 1의 경로

2. $\displaystyle\int_0^\infty \frac{\sin x}{x}\,dx = \frac{\pi}{2}$ 임을 보여라.

힌트 위 적분은 $\displaystyle\frac{1}{2i}\int_{-\infty}^{\infty}\frac{e^{ix}-1}{x}\,dx$ 와 같다. 오목한 반원(indented semicircle)을 이용하라.

3. 중심각 ω가 $\cos\omega = a/A$로 주어지는 적절한 부채꼴 위에서 e^{-Az}을 적분하여 다음 적분값을 구하라(단, $A=\sqrt{a^2+b^2}$).

$$\int_0^\infty e^{-ax}\cos bx\,dx, \qquad \int_0^\infty e^{-ax}\sin bx\,dx \quad (\text{단, } a>0)$$

4. 모든 $\xi\in\mathbb{C}$에 대해 $\displaystyle e^{-\pi\xi^2} = \int_{-\infty}^{\infty} e^{-\pi x^2}e^{2\pi i x\xi}\,dx$ 임을 증명하라.

5. f가 Ω의 모든 점에서 **복소미분가능**하고 f의 도함수가 Ω에서 연속이며, $T\subset\Omega$는 그 내부도 Ω에 포함되는 삼각형이라고 가정하자. 그린 정리를 적용하여

$$\int_T f(z)\,dz = 0$$

을 보여라. 이는 f'이 연속이라는 추가 가정하에서 구르사 정리의 증명을 제시한다.

힌트 그린 정리에 의하면 (F,G)가 연속미분가능한 벡터장일 때,

$$\int_T F\,dx + G\,dy = \int_{T\text{의 내부}}\left(\frac{\partial G}{\partial x}-\frac{\partial F}{\partial y}\right)dxdy$$

가 성립한다. 또한 적절한 F와 G에 대해 코시–리만 방정식을 이용할 수 있다.

6. Ω를 $\mathbb{C}$의 열린 부분집합이라 하고 $T\subset\Omega$는 그 내부도 Ω에 포함되는 삼각형이라 하자. f는 T 내부의 점 w를 제외하고 Ω에서 복소해석적이라고 가정하자. f가 w 근방에서 유계이면

$$\int_T f(z)\,dz = 0$$

이 성립함을 증명하라.

7. $f:\mathbb{D}\to\mathbb{C}$가 복소해석적이라고 가정하자. f의 상의 지름 $\displaystyle d=\sup_{z,w\in\mathbb{D}}|f(z)-f(w)|$에 대해

$$2|f'(0)|\le d$$

이 성립함을 보여라. 등호는 f가 선형, 즉 $f(z)=a_0+a_1z$일 때만 성립함을 보일 수 있다.

노트 이 결과와 관련해서 『STEIN 푸리에 해석학』 4장 심화문제 1에 설명된 푸리에 급수(Fourier series)와 곡선의 지름 사이의 관계를 참고하라.

힌트 $0 < r < 1$이면 $2f'(0) = \frac{1}{2\pi i}\int_{|\zeta|=r} \frac{f(\zeta) - f(-\zeta)}{\zeta^2}\, d\zeta$이다.

8. f는 $-1 < y < 1$, $x \in \mathbb{R}$로 주어진 띠에서 복소해석적이라 하자. η가 주어진 실수이고 띠 안의 모든 z에 대해 $|f(z)| \le A(1 + |z|)^\eta$일 때, 모든 정수 $n \ge 0$에 대해 $A_n \ge 0$이 있어 $|f^{(n)}(x)| \le A_n(1 + |x|)^\eta$이 성립함을 보여라(단, $x \in \mathbb{R}$).

힌트 코시 부등식을 이용하라.

9. $\mathbb{C}$의 열린 유계집합 Ω와 복소해석적 함수 $\varphi : \Omega \to \Omega$에 대하여

$$\varphi(z_0) = z_0, \quad \varphi'(z_0) = 1$$

을 만족하는 $z_0 \in \Omega$가 존재하면, φ가 선형임을 증명하라.

힌트 $z_0 = 0$이라고 가정할 수 있는 이유는 무엇인가? 0 근방에서 $\varphi(z) = z + a_n z^n + O(z^{n+1})$이라 쓰고, $\varphi_k = \varphi \circ \cdots \circ \varphi$ (φ를 k번 합성)이면 $\varphi_k(z) = z + k a_n z^n + O(z^{n+1})$임을 증명하라. 코시 부등식을 적용하고 $k \to \infty$의 극한을 취하여 증명을 마무리한다. 여기서 표준 O 표기법을 사용했는데, $z \to 0$일 때 $f(z) = O(g(z))$라는 것은 $|z| \to 0$일 때 적당한 상수 C에 대해 $|f(z)| \le C|g(z)|$임을 의미한다.

10. 바이어슈트라스 정리에 의하면 $[0, 1]$에서 연속함수는 다항함수에 의해 균등하게 근사될 수 있다. 닫힌 단위원판에서 연속함수는 항상 변수 z에 대한 다항함수에 의해 균등하게 근사될 수 있는가?

11. f가 원점을 중심으로 하고 반지름 길이가 R_0인 원판 D_{R_0}에서 복소해석적이라고 하자.

(a) $0 < R < R_0$이고 $|z| < R$이면 $f(z) = \frac{1}{2\pi}\int_0^{2\pi} f(Re^{i\varphi})\text{Re}\left(\frac{Re^{i\varphi} + z}{Re^{i\varphi} - z}\right) d\varphi$가 성립함을 증명하라.

힌트 $w = \frac{R^2}{\bar{z}}$이면 중심이 원점이고 반지름 길이가 R인 원 위에서 $\frac{f(\zeta)}{\zeta - w}$의 적분은 0과 같다. 이를 코시 적분 공식과 함께 이용하여 원하는 항등식을 유도하라.

(b) 다음을 보여라.

$$\text{Re}\left(\frac{Re^{i\gamma} + r}{Re^{i\gamma} - r}\right) = \frac{R^2 - r^2}{R^2 - 2Rr\cos\gamma + r^2}$$

12. 단위원판 $\mathbb{D}$에서 정의된 실함수 u가 두 번 연속미분가능하며 조화함수라고 하자. 즉, 모든 $(x, y) \in \mathbb{D}$에 대해 $\triangle u(x, y) = 0$이 성립한다.

(a) 단위원판에서 $\mathrm{Re}(f) = u$를 만족하는 복소해석적 함수 f가 존재함을 증명하라. 또한 f의 허수부는 (실수인) 상수 차이 내에서 유일하게 정의됨을 보여라.

힌트 1장 결과에 의해 $f'(z) = 2\partial u/\partial z$이다. 따라서 $g(z) = 2\partial u/\partial z$라 하고 g가 복소해석적임을 증명하라. $F' = g$인 F를 찾을 수 있는 이유는 무엇인가? $\mathrm{Re}(F)$는 u와 실수 상수만큼의 차이가 있음을 증명하라.

(b) 이 결과와 연습문제 11로부터 코시 적분 공식에서 푸아송 적분 공식을 유도하라. 즉 u가 단위원판에서 조화함수이고 그 폐포에서 연속일 때, $z = re^{i\theta}$이라 하면

$$u(z) = \frac{1}{2\pi}\int_0^{2\pi} P_r(\theta - \varphi)u(e^{i\varphi})\, d\varphi$$

가 성립한다. 이때 $P_r(\gamma)$는

$$P_r(\gamma) = \frac{1 - r^2}{1 - 2r\cos\gamma + r^2}$$

과 같이 주어진 단위원판에 대한 푸아송 핵이다.

13. f가 $\mathbb{C}$ 전체에서 정의된 해석함수이며, 각 $z_0 \in \mathbb{C}$에 대한 멱급수 전개

$$f(z) = \sum_{n=0}^{\infty} c_n(z - z_0)^n$$

에서 적어도 하나의 계수는 0과 같다고 가정하자. f가 다항함수임을 증명하라.

힌트 $c_n n! = f^{(n)}(z_0)$인 사실과 대각선 논법을 이용하라.

14. f가 단위원 위의 점 z_0에서의 극을 제외하고 닫힌 단위원판을 포함하는 열린 집합에서 복소해석적이라고 가정하자. 열린 단위원판에서 f의 멱급수 전개가 $\sum_{n=0}^{\infty} a_n z^n$과 같으면 $\lim_{n\to\infty} \frac{a_n}{a_{n+1}} = z_0$가 성립함을 보여라.

15. f가 $\overline{\mathbb{D}}$에서 0이 되지 않는 연속함수이며 $\mathbb{D}$에서 복소해석적이라고 가정하자.

$$|z| = 1 \quad \Rightarrow |f(z)| = 1$$

이면 f가 상수함수임을 증명하라.

힌트 $|z| > 1$일 때 $f(z) = 1/\overline{f(1/\overline{z})}$가 되도록 f를 $\mathbb{C}$ 전체로 확장하고, 슈바르츠 반사 원리처럼 논증한다.

심화문제

1. 단위원 밖으로 해석적 확장을 할 수 없는 단위원판 위 해석함수의 몇 가지 예를 다루어 보자. 이를 위해 다음 정의가 필요하다.

> 경계가 원 C인 단위원판 $\mathbb{D}$에서 정의된 함수 f에 대하여, w의 열린 근방 U와 U에서 해석함수 g가 있어 $\mathbb{D} \cap U$에서 $f = g$일 때, C 위의 점 w는 f에 대한 **정칙점(regular point)**이라 한다. C의 모든 점이 f에 대해 정칙점이 아니라면 $\mathbb{D}$에서 정의된 함수 f는 단위원을 지나 해석적으로 확장될 수 없다.

(a) 함수 $f(z) = \sum_{n=0}^{\infty} z^{2^n}$ (단, $|z| < 1$)을 정의하자. 이 급수의 수렴반지름 길이는 1이다. f는 단위원판을 지나 해석적으로 확장될 수 없음을 보여라.

힌트 양의 정수 p와 k에 대해 $\theta = 2\pi p/2^k$라 하자. $z = re^{i\theta}$라 두면 $r \to 1$일 때, $|f(re^{i\theta})| \to \infty$이다.

*(b) $0 < \alpha < \infty$를 고정한다. 해석함수 $f(z)$를 $f(z) = \sum_{n=0}^{\infty} 2^{-n\alpha} z^{2^n}$ (단, $|z| < 1$)과 같이 정의하면 단위원까지 연속적 확장이 될 수는 있지만, 단위원 밖으로 해석적 확장을 할 수는 없음을 보여라.

힌트 그 이면에는 모든 점에서 미분불가능한 함수가 숨어 있다. 『STEIN 푸리에 해석학』 4장을 참고하라.

***2.** 함수를 $F(z) = \sum_{n=1}^{\infty} d(n) z^n$ (단, $|z| < 1$)과 같이 정의한다. 여기서 $d(n)$은 n의 약수 개수를 나타낸다. 이 급수의 수렴반지름 길이가 1임을 관찰하라. 항등식

$$\sum_{n=1}^{\infty} d(n) z^n = \sum_{n=1}^{\infty} \frac{z^n}{1 - z^n}$$

이 성립함을 확인하라. 이 항등식을 이용하여 $z = r$이고 $0 < r < 1$이면 $r \to 1$일 때

$$|F(r)| \geq c \frac{1}{1-r} \log(1/(1-r))$$

이 성립함을 보여라. 비슷하게 $\theta = 2\pi p/q$ (단, p와 q는 양의 정수)이고 $z = re^{i\theta}$이면 $r \to 1$일 때

$$|F(re^{i\theta})| \geq c_{p/q} \frac{1}{1-r} \log(1/(1-r))$$

이 성립함을 보여라. 이제 F는 단위원판을 지나 해석적으로 확장될 수 없음을 보여라.

3. 모레라 정리에 따르면 f가 $\mathbb{C}$에서 연속이고 모든 삼각형 T에 대해 $\int_T f(z)\,dz = 0$이면 f는 $\mathbb{C}$에서 복소해석적이다. 당연히 삼각형을 다른 집합으로 바꾸어도 결론이 여전히 성립하는지 궁금해진다.

(a) f는 $\mathbb{C}$에서 연속이고 모든 원 C에 대해

$$\int_C f(z)\,dz = 0 \tag{2.16}$$

이 성립한다고 가정하자. f는 복소해석적임을 증명하라.

(b) 더 일반적으로, Γ를 임의의 장난감 경로라 하고 Γ의 모든 평행이동과 확대변환의 모임을 $\mathcal{F}$라 하자. f가 $\mathbb{C}$에서 연속이고 모든 $\gamma \in \mathcal{F}$에 대해

$$\int_\gamma f(z)\,dz = 0$$

이 성립하면 f는 복소해석적임을 보여라. 특히 모레라 정리는 모든 정삼각형에 대해 $\int_T f(z)\,dz = 0$이라는 더 약한 조건 아래에서도 성립한다.

힌트 첫 번째 단계로 f는 두 번 미분가능하다고 가정하고 z_0 근방의 z에 대해 $f(z) = f(z_0) + a(z - z_0) + b(\overline{z - z_0}) + O(|z - z_0|^2)$과 같이 쓰자. 이 식을 z_0를 중심으로 하는 작은 원 위에서 적분하면 z_0에서 $\partial f/\partial \overline{z} = b = 0$임을 알 수 있다. 또는 f가 미분가능하다고만 가정을 하고 그린 정리를 적용하여 f의 실수부와 허수부가 코시–리만 방정식을 만족함을 보인다.

일반적으로 $\varphi(w) = \varphi(x, y)$ (단, $w = x + iy$)를 $0 \le \varphi(w) \le 1$이며 $\int_{\mathbb{R}^2} \varphi(w)\,dV(w) = 1$인 매끄러운 함수라고 하자. 이때 $dV(w) = dxdy$이며 $\int$는 $\mathbb{R}^2$에서 이변수함수의 일반적인 적분을 의미한다. 모든 $\epsilon > 0$에 대해 $\varphi_\epsilon(z) = \epsilon^{-2}\varphi(\epsilon^{-1}z)$라 하고, f_ϵ을

$$f_\epsilon(z) = \int_{\mathbb{R}^2} f(z - w)\varphi_\epsilon(w)\,dV(w)$$

와 같이 정의하자. 여기서 적분은 이변수함수의 일반적인 적분이며 $dV(w)$는 $\mathbb{R}^2$에서의 넓이 요소다. 그러면 f_ϵ은 매끄러운 함수이며 (2.16)을 만족하고, $\mathbb{C}$의 모든 콤팩트 집합에서 항상 f로 균등 수렴한다.

4. 다음과 같은 룽게 정리의 역을 증명하라.

> K는 콤팩트 집합이며 그 여집합이 연결집합이 아니면, K의 근방에서 복소해석적인 함수 f가 존재하여 K 위의 다항함수에 의해 균등하게 근사될 수 없다.

힌트 K^c의 유계인 연결단위에서 점 z_0를 택하고 $f(z) = 1/(z - z_0)$라 하자. K 위의 다항함수로 f를 균등하게 근사할 수 있다면, $|(z - z_0)p(z) - 1| < 1$인 다항함수 p가 존재함을 보여라. 최대절댓값정리(maximum modulus principle, 3장 참고)를 이용하여 이 부등식은 z_0를 포함하는 K^c의 연결단위의 모든 z에 대해 성립함을 보여라.

*5. 다음과 같이 **보편적** 성질을 만족하는 전해석함수(entire function)가 존재한다. 임의의 전해석함수 h가 주어지면 양의 정수로 이루어진 증가수열 $\{N_k\}_{k=1}^{\infty}$가 있어 $F(z+N_k)$가 $\mathbb{C}$의 모든 콤팩트 집합에서

$$\lim_{k\to\infty} F(z+N_k) = h(z)$$

와 같이 균등 수렴한다.

(a) 계수의 실수부와 허수부가 모두 유리수인 다항함수의 집합을 p_1, p_2, $\cdots$ 라 하자. (2.17)을 만족하는 전해석함수 F와 양의 정수로 이루어진 증가수열 $\{M_n\}$을 찾으면 충분함을 보여라.

$$z \in D_n \quad \Rightarrow \quad |F(z) - p_n(z - M_n)| < \frac{1}{n} \tag{2.17}$$

여기서 D_n은 중심이 M_n이고 반지름 길이가 n인 원판이다.

힌트 전해석함수 h가 주어지면 수열 $\{n_k\}$가 존재하여 $p_{n_k}(z)$가 $\mathbb{C}$의 모든 콤팩트 집합에서 $h(z)$로 균등 수렴한다.

(b) (2.17)을 만족하는 F를 무한급수

$$F(z) = \sum_{n=1}^{\infty} u_n(z)$$

로 나타내라. 이때 $u_n(z) = p_n(z - M_n)e^{-c_n(z-M_n)^2}$이며, $c_n > 0$과 $M_n > 0$은 $c_n \to 0$이고 $M_n \to \infty$이 되도록 적절히 선택한 양이다.

힌트 함수 e^{-z^2}은 부채꼴 $\{|\arg z| < \pi/4 - \delta\}$와 $\{|\pi - \arg z| < \pi/4 - \delta\}$에서 $|z| \to \infty$일 때 빠르게 0으로 수렴한다.

같은 맥락에서 다음과 같은 성질을 가지는 또 다른 **보편적**이며 전해석함수인 G가 존재한다. 임의의 전해석함수 h가 주어지면, 양의 정수로 이루어진 증가수열 $\{N_k\}_{k=1}^{\infty}$가 있어 D^{N_k}가 $\mathbb{C}$의 모든 콤팩트 집합에서 다음과 같이 균등 수렴한다.

$$\lim_{k\to\infty} D^{N_k}G(z) = h(z)$$

여기서 D^jG는 G의 (복소) j계도함수다.

3

유리형함수와 로그함수
Meromorphic Functions and the Logarithm

> 해석학이 발전하는 데 크게 기여한 미분론은 미분계수(differential coefficient), 즉 함수의 도함수에 대한 고찰을 기반에 두고 있다. 변수 x가 무한소 ϵ만큼 증가했을 때, 함수 $f(x)$는 일반적으로 무한소만큼 증가한다. 이러한 증가량에서 첫 번째 항은 ϵ에 비례하며, 이때 ϵ의 유한계수를 미분계수라고 한다 …… $f(x)$가 무한대로 발산하는 x를 생각하자. 이러한 x 중 하나를 x_1이라 하고, 이 값에 무한소 ϵ만큼 더한다. 그 다음 $f(x_1+\epsilon)$을 ϵ에 대해 오름차순으로 전개하면 ϵ의 음수차 항들로 시작한다. 이러한 항들 중에 하나는 $\frac{1}{\epsilon}$과 유한계수의 곱인데, 이 계수를 변수 x의 특정값 x_1에 대한 함수 $f(x)$의 유수(residue)라고 한다. 유수는 대수 및 무한소 해석의 다양한 분야에서 자연스럽게 등장한다. 이 개념을 도입하면 계산법이 단순하고 쉬워지며 적용 범위가 매우 넓어진다. 이로부터 새롭고 흥미로운 결과를 얻는다.
>
> *A. L.* 코시(*A. L. Cauchy*), 1826

리만의 연구에 이미 암시된 복소함수론의 일반 원리가 하나 있다. 그 내용은 해석적 함수가 특이점에 의해 거의 결정된다는 것이다. 다시 말하면 정의역 전체에서 해석적인 함수는 그 함수의 영점들에 의해, 유리형함수는 영점과 극에 의해 **효과적으로** 결정된다. 이 주장은 다소 추상적이지만 이 원리가 적용되는 중요한 사례가 다수 있다.

이번 장은 정칙함수가 가질 수 있는 **고립된 특이점**에 관한 논의로 시작하겠다. 이러한 특이점을 심각한 정도에 따라 나열하면 다음과 같다.

- 제거가능한 특이점(removable singularity)
- 극(pole)
- 본질적 특이점(essential singularity)

첫 번째 유형은 특이점에서 주어진 함수를 복소해석적 함수로 확장할 수 있기 때문에(그래서 제거가능한 특이점이라 한다) 사실상 특이점이 아니다. 세 번째 유형의 특이점 근처에서는 함수가 진동하며 어느 다항함수보다도 빠르게 증가할 수 있다. 이 때문에 본질적 특이점 근처에서 함수의 움직임을 완전히 파악하기란 쉽지 않다. 두 번째 유형은 논의가 비교적 단순하며, 곧 알게 되겠지만 유수 계산과 관련있다.

코시 정리에 따르면 폐곡선 γ와 그 내부를 포함하는 열린 집합에서 복소해석적 함수 f에 대하여

$$\int_\gamma f(z)\,dz = 0$$

이 성립한다. 이제 f가 곡선의 내부영역에서 극을 가지면 어떤 일이 일어날까? 이 질문에 답하기 위해 $f(z) = 1/z$인 경우를 생각하고, C가 원점을 중심으로 하는(양의 방향으로 매개화된) 원이면

$$\int_C \frac{dz}{z} = 2\pi i$$

가 성립함을 상기하자. 이 결과는 유수 계산의 핵심 요소다.

특이점을 가지는 정칙함수의 부정적분을 고려하면 새로운 국면에 이른다. 기본 예인 $f(z) = 1/z$가 보여 주듯이 부정적분으로 주어진 **함수**(이 경우는 로그함수)가 정의역의 각 점에서 여러 값을 가지는 다가함수가 될 수 있다. 이러한 현상은 여러 상황에서 이해하는 게 중요하다. 실제로 이러한 다가성(multi–valuedness)으로부터 **편각 원리**(argument principle)를 얻는다. 복소해석적 함수와 적절한 곡선이 주어졌을 때 이 원리를 사용하면 곡선의 내부에 위치한 영점의 개수를 셀 수 있다. 이 결과의 간단한 따름정리로 복소해석적 함수의 중요한 기하학적 성질, 복소해석적 함수는 열린 사상(open mapping)임을 깨닫게 된다. 이로부터 복소해석적 함수의 또 다른 중요한 특징인 최대절댓값원리(maximum principle)도 쉽게 유도할 수 있다.

로그함수 자체의 이야기로 돌아와서, 다가성이 어떠한 성질을 지녔는지 정확하게 파악하기 위해 곡선의 연속변형(homotopy)과 단순연결 영역(simply connected domain)의 개념을 소개한다. 단순연결 영역이 원점을 포함하지 않을 때, 그 영역에서 로그를 일가함수로 정의할 수 있다.

1 영점과 극

z_0의 근방에서는 f가 정의되지만 z_0에서는 정의되지 않는 복소수 z_0를 함수 f의 **특이점(point singularity)** 또는 **고립된 특이점(isolated singularity)**이라 정의한다. 예를 들어 구멍난 평면에서만 정의된 함수 $f(z) = z$의 경우 원점이 특이점이다. 물론 이때 $f(0) = 0$이라 하면 확장된 함수는 연속이고, 한 발 더 나아가 전해석적이다. 이러한 점을 제거가능한 특이점이라고 한다.[1] 구멍난 평면에서 정의되는 함수 $g(z) = 1/z$는 좀 더 흥미롭다. g를 확장하여 0에서 연속인 함수를 얻을 수 없음은 분명하다. 0에서 복소해석적 함수를 정의할 수 없음은 더 말할 것도 없다. 실제로 z가 0으로 다가갈수록 $g(z)$는 무한대로 커지므로 원점을 극(pole)이라고 한다. 마지막으로 구멍난 평면에서

1 **(감수자)** 이 예가 너무 자명해서 다른 예도 설명하고자 한다. 함수 $f(z) = (e^z - 1)/z$의 특이점은 $z = 0$만 있다. 그런데 지수함수의 멱급수 표현을 생각해 보면 $f(z) = \sum_{n=0}^{\infty} \frac{z^n}{(n+1)!}$ $(z \neq 0)$이 성립함을 쉽게 알 수 있다. 여기서 우변은 원점에서의 함숫값이 1인 전해석함수를 나타내므로, f가 정의되지 않는 점인 원점에서 $f(0) = 1$로 **정의**하면 f는 전해석함수가 된다. 이처럼 겉보기에는 고립된 특이점이지만 그 점에서 함숫값을 잘 정의해 줌으로써 그 점을 포함하는 열린 원판에서 해석적인 함수로 만들 수 있을 때, 그 점을 제거가능한 특이점이라고 한다.

정의된 함수 $h(z) = e^{1/z}$을 생각해 보면 제거가능한 특이점과 극만으로는 설명할 수 없는 특이점이 있음을 깨달을 수 있다. 실제로 함수 $h(z)$는 z가 양수축을 따라 0으로 다가가면 무한히 커지지만, z가 음의 실수축을 따라 0으로 다가가면 0으로 수렴한다. 마지막으로 h는 z가 허수축을 따라 원점으로 다가갈수록 빠르게 진동하지만 유계(bounded)다.

특이점은 분수함수의 분모가 0이 되는 지점에서 자주 등장하므로 복소해석적 함수의 영점에 대한 국소적인 결과를 소개하며 공부를 시작하겠다.

$f(z_0) = 0$인 복소수 z_0를 복소해석적 함수 f의 **영점(zero)**이라 한다. 특히, 해석적 연속(analytic continuation) 또는 항등정리(2장 정리 4.8)에 따르면 '자명하지 않은 복소해석적 함수'의 영점은 고립되어 있어야 한다. 다시 말해 f가 Ω에서 복소해석적이고 어떤 $z_0 \in \Omega$에 대해 $f(z_0) = 0$이라고 하자. 만약 f가 항등적으로 0인 함수가 아니라면, 모든 $z \in U - \{z_0\}$에 대해 $f(z) \neq 0$인 z_0의 열린 근방 U가 존재한다. 복소해석적 함수의 영점 근방에서 발생하는 국소적인 성질을 소개하겠다.

정리 1.1 열린 연결집합 Ω에서 복소해석적인 함수 f를 생각하자. $z_0 \in \Omega$가 f의 영점이고, f는 Ω에서 항등적으로 0은 아니라 가정하자. 그럼 z_0의 어떤 근방 $U \subset \Omega$에 대하여

$$f(z) = (z - z_0)^n g(z) \quad (\text{단}, \quad z \in U)$$

를 만족하는 양의 정수 n과 U에서 영점을 가지지 않는 복소해석적 함수 g가 유일하게 존재한다.

증명

Ω는 연결집합이고 f는 항등적으로 0은 아니므로, f가 z_0의 근방에서 항등적으로 0은 아니라 말할 수 있다. z_0를 중심으로 하는 작은 원판에서 함수 f의 멱급수 전개는

$$f(z) = \sum_{k=0}^{\infty} a_k (z - z_0)^k$$

과 같다. f는 z_0 근방에서 항등적으로 0은 아니므로 $a_n \neq 0$을 만족하는 가장 작은 정수 n이 존재하고

$$f(z) = (z - z_0)^n [a_n + a_{n+1}(z - z_0) + \cdots] = (z - z_0)^n g(z)$$

와 같이 쓸 수 있다. 이때 g는 괄호 안의 급수이며, 따라서 복소해석적이고($a_n \neq 0$이므로) z_0와 가까운 어느 z에 대해서도 0이 아니다. 정수 n의 유일성을 증명하기 위해

$$f(z) = (z - z_0)^n g(z) = (z - z_0)^m h(z)$$

같이 쓸 수도 있다고 가정하자. 여기서 $h(z_0) \neq 0$이다.

$m > n$이면 양변을 $(z - z_0)^n$으로 나누어

$$g(z) = (z - z_0)^{m-n} h(z)$$

가 성립함을 알 수 있다. 극한 $z \to z_0$를 취하면 $g(z_0) = 0$을 얻는데 이는 모순이다.

$m < n$인 경우에는 비슷한 방법으로 $h(z_0) = 0$을 얻을 수 있고 이 또한 모순이다.

따라서 $m = n$이고 $h = g$이므로 정리가 증명되었다. ◀

위 정리에서 f는 z_0에서 **n-중근(zero of order n, multiplicity n)**을 가진다고 한다. 1-중근은 **단근(simple zero)**이라고 한다. 영점의 중복도(multiplicity)는 함수가 0이 되는 속도를 정량적으로 설명한다.

정리 1.1을 사용하면 함수 $1/f$가 z_0에서 가지는 특이점의 유형을 정확히 규정할 수 있다.

이를 위해 z_0를 중심으로 하는 열린 원판에서 점 z_0를 뺀 것을 z_0의 **삭제된 근방(deleted neighborhood)**이라 정의하자. 다시 말해 z_0의 삭제된 근방은 적당한 $r > 0$에 대해 집합

$$\{z : 0 < |z - z_0| < r\}$$

이다. 점 z_0의 삭제된 근방에서 정의된 함수 f에 대해, z_0에서의 함숫값이 0으로 정의된 함수 $1/f$가 z_0의 근방 전체에서 해석적이면 f가 z_0에서 **극(pole)**을 가진다고 한다.

정리 1.2 f가 $z_0 \in \Omega$에서 극을 가진다고 가정하자. 그러면 z_0의 어떠한 근방에 대하여

$$f(z) = (z - z_0)^{-n} h(z)$$

를 만족하는 양의 정수 n과 이 근방에서 영점을 가지지 않는 복소해석적 함수 h가 유일하게 존재한다.

증명

정리 1.1에 의해 $1/f(z) = (z - z_0)^n g(z)$이다. 단, g는 z_0의 근방에서 복소해석적이며 0이 아니다. 따라서 $h(z) = 1/g(z)$로 두면 원하는 결과를 얻는다. ◀

정수 n을 극의 **중복도(order, multiplicity)**[2]라고 하며, 이 값은 함수가 z_0 근방에서 증가하는 속도를 설명한다. 1-중극은 **단극(simple pole)**이라고 한다.

2 (옮긴이) 중복도가 n인 극을 n-중극이라고 말한다.

극 때문에 지수가 음수일 수도 있다는 점을 제외하면 정리 1.3은 멱급수 전개와 유사하다.

정리 1.3 f가 z_0에서 n–중극을 가지면

$$f(z) = \frac{a_{-n}}{(z-z_0)^n} + \frac{a_{-n+1}}{(z-z_0)^{n-1}} + \cdots + \frac{a_{-1}}{z-z_0} + G(z) \tag{3.1}$$

성립한다. 이때 G는 z_0 근방에서 복소해석적이다.

증명

정리 1.2를 증명한 뒤 설명한 중복도 개념을 이용하면 자연스럽게 이 결과를 유도할 수 있다. 함수 h의 멱급수 전개는

$$h(z) = A_0 + A_1(z-z_0) + \cdots$$

다음과 같다. 따라서

$$\begin{aligned} f(z) &= (z-z_0)^{-n}(A_0 + A_1(z-z_0) + \cdots) \\ &= \frac{a_{-n}}{(z-z_0)^n} + \frac{a_{-n+1}}{(z-z_0)^{n-1}} + \cdots + \frac{a_{-1}}{z-z_0} + G(z) \end{aligned}$$

가 성립한다. ◀

다음 합을 함수 f의 극 z_0에서의 **주요 부분(principal part)**이라 한다.

$$\frac{a_{-n}}{(z-z_0)^n} + \frac{a_{-n+1}}{(z-z_0)^{n-1}} + \cdots + \frac{a_{-1}}{z-z_0}$$

또한 계수 a_{-1}은 그 극에서 f의 **유수(residue)**라고 한다. 이를

$$\operatorname{res}_{z_0} f = a_{-1}$$

과 같이 쓴다. 주요 부분의 다른 항, 즉 중복도가 1보다 큰 항은 모두 z_0의 삭제된 근방에서 원시함수를 가진다. 이 때문에 유수가 중요하다. 따라서 $P(z)$를 위 함수의 주요 부분이라 할 때, z_0를 중심으로 하는 임의의 원 C에 대하여

$$\frac{1}{2\pi i}\int_C P(z)\,dz = a_{-1}$$

이 성립한다. 이 결과는 중요하다. 유수 공식에 대한 절에서 이 사실을 다시 한 번 다룰 것이다.

앞으로 알게 되겠지만 많은 적분 계산은 유수 계산으로 귀결된다.

f가 z_0에서 단극을 가지는 경우

$$\mathrm{res}_{z_0} f = \lim_{z \to z_0} (z - z_0) f(z)$$

가 성립함은 자명하다. 중복도가 높은 극에서도 비슷한 공식이 성립한다. 다만, 극한과 더불어 미분도 필요하다.

정리 1.4 f가 z_0에서 n–중극일 때

$$\mathrm{res}_{z_0} f = \lim_{z \to z_0} \frac{1}{(n-1)!} \left(\frac{d}{dz}\right)^{n-1} (z - z_0)^n f(z)$$

가 성립한다.

식 (3.1)이

$$(z - z_0)^n f(z) = a_{-n} + a_{-n+1}(z - z_0) + \cdots + a_{-1}(z - z_0)^{n-1} + G(z)(z - z_0)^n$$

을 함의하므로 이로부터 바로 알 수 있다.

2 유수 공식

이제 유명한 유수 공식(residue formula)을 다뤄보겠다. 지난 장에서 코시 정리를 다룬 방법과 비슷한 방식으로 공부할 것이다. 먼저 원판(원과 그 내부)인 경우를 다루고 장난감 경로와 그 내부로 일반화한다.

정리 2.1 복소함수 f가 원 C의 내부에 위치한 극 z_0를 제외하고 원 C와 그 내부를 포함하는 열린 집합에서 복소해석적이라 가정하면

$$\int_C f(z)\, dz = 2\pi i \,\mathrm{res}_{z_0} f$$

가 성립한다.

증명

다시 한 번 극을 제외한 열쇠 구멍 경로를 택하고 통로의 너비를 0으로 보내면

$$\int_C f(z)\,dz = \int_{C_\epsilon} f(z)\,dz$$

가 성립한다. 이때 C_ϵ은 극 z_0를 중심으로 하고 반지름 길이가 ϵ인 작은 원이다.

이제 상수함수 $f = a_{-1}$에 코시 적분 공식(2장 정리 4.1)을 적용하여

$$\frac{1}{2\pi i}\int_{C_\epsilon} \frac{a_{-1}}{z-z_0}\,dz = a_{-1}$$

을 바로 알 수 있다.

비슷하게 $k > 1$인 경우 도함수에 대한 코시 적분 공식(2장 따름정리 4.2)에 의해

$$\frac{1}{2\pi i}\int_{C_\epsilon} \frac{a_{-k}}{(z-z_0)^k}\,dz = 0$$

이 성립한다. 그런데 $f(z)$는 z_0의 근방에서

$$f(z) = \frac{a_{-n}}{(z-z_0)^n} + \frac{a_{-n+1}}{(z-z_0)^{n-1}} + \cdots + \frac{a_{-1}}{z-z_0} + G(z)$$

가 성립함을 알고 있다(이때 G는 복소해석적 함수). 코시 정리에 의해 $\int_{C_\epsilon} G(z)\,dz = 0$이므로

$$\int_{C_\epsilon} f(z)\,dz = 2\pi i a_{-1}$$

이다. 이는 원하는 결과를 함의한다. ◀

이 정리는 원 안에서 유한개의 극을 가지는 경우뿐만 아니라 장난감 경로까지 일반화할 수 있다.

> **따름정리 2.2** 복소함수 f가 원 C 내부에 위치한 $z_1, \cdots, z_N$에서의 극을 제외하고, C와 그 내부를 포함하는 열린 집합에서 복소해석적이라고 가정하면
>
> $$\int_C f(z)\,dz = 2\pi i \sum_{k=1}^{N} \operatorname{res}_{z_k} f$$
>
> 가 성립한다.

증명을 위해 각 극을 제외한 다중 열쇠 구멍을 생각하자. 통로의 너비를 0으로 보내는 극한을 취하면, 큰 원에서의 적분은 작은 원들을 따른 적분의 합과 같다. 그리고 작은 원에서의 적분에 정리 2.1을 적용한다.

따름정리 2.3 복소함수 f가 장난감 경로 γ 내부에 위치한 $z_1, \cdots, z_N$에서의 극을 제외하고 γ와 그 내부를 포함하는 열린 집합에서 복소해석적이라고 가정하면

$$\int_\gamma f(z)\,dz = 2\pi i \sum_{k=1}^{N} \operatorname{res}_{z_k} f$$

가 성립한다.

따름정리 2.3에서 γ는 양의 방향을 취한다.

원인 경우와 마찬가지로 주어진 장난감 경로의 내부에 있는 극마다 극을 중심으로 하는 작은 원과 통로로 이루어진 열쇠 구멍을 이용하여 원래의 경로를 다중 열쇠 구멍 경로로 변형시킨다. 그러면 주어진 극들은 다중 열쇠 구멍 경로의 **외부**에 있으므로 이 경로를 따른 적분값은 0이다. 통로의 너비를 0으로 접근시키면 원래의 경로를 따른 적분과 추가한 작은 원들을 따른 적분만 남는데, 이로부터 원래의 경로를 따른 적분값과 추가한 작은 원들을 따라 **양의 방향**으로 적분한 값들의 합이 일치함을 안다.

따름정리 2.3의 등식

$$\int_\gamma f(z)\,dz = 2\pi i \sum_{k=1}^{N} \operatorname{res}_{z_k} f$$

를 **유수 공식(residue formula)**이라 한다.

2.1 몇 가지 예

유수 계산은 여러 적분의 값을 구할 수 있게 해주는 강력한 도구다. 식이

$$\int_{-\infty}^{\infty} f(x)\,dx$$

와 같은 세 가지 리만 이상적분을 예로 다루어 보겠다. 주요 아이디어는 f를 복소평면으로 확장하고

$$\lim_{R\to\infty} \int_{\gamma_R} f(z)\,dz = \int_{-\infty}^{\infty} f(x)\,dx$$

를 만족하는 장난감 경로 γ_R을 택하는 것이다. 함수 f의 극에서의 유수를 계산하여 $\int_{\gamma_R} f(z)\,dz$를 쉽게 구할 수 있다. 위의 극한이 성립하도록 경로 γ_R을 택하는 데에는 시행착오와 경험이 필요하다. 이때 f의 감쇄 행태(decay behavior)를 고려하여 경로를 선택하곤 한다.

예제 1 먼저 경로적분을 이용하여

$$\int_{-\infty}^{\infty} \frac{dx}{1+x^2} = \pi \tag{3.2}$$

를 증명한다. $x \mapsto x/y$로 치환적분하면

$$\frac{1}{\pi}\int_{-\infty}^{\infty} \frac{y\,dx}{y^2+x^2} = \int_{-\infty}^{\infty} \mathcal{P}_y(x)\,dx$$

를 얻는다. 다시 말해 식 (3.2)에 따르면 모든 $y > 0$에 대해 푸아송 핵 $\mathcal{P}_y(x)$의 적분이 1과 같다. $1/(1+x^2)$이 $\arctan x$의 도함수이기 때문에 『STEIN 푸리에 해석학』 5장 보조정리 2.5에서 이를 매우 쉽게 증명했다. 여기서는 유수를 사용하여 (3.2)를 다른 방식으로 증명해 보겠다.

함수 $f(z)$를

$$f(z) = \frac{1}{1+z^2}$$

이라 두자. 이 함수는 점 i와 $-i$에서의 단극을 제외하고 복소평면 전체에서 해석적이다. 또한 그림 1과 같이 경로 γ_R을 택한다. 이 경로는 실수축 위의 선분 $[-R, R]$과 중심이 원점이고 상반평면에 놓인 큰 반원으로 이루어진다.

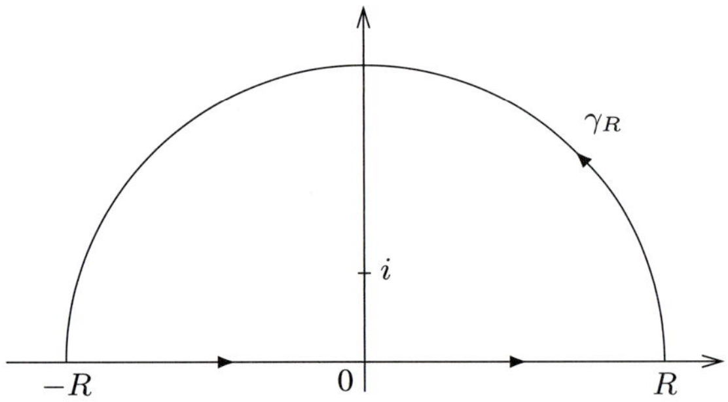

[그림 1] 예제 1에서의 경로 γ_R

함수 f를 $f(z) = \dfrac{1}{(z-i)(z+i)}$과 같이 쓸 수 있으므로 i에서 f의 유수는 단순히 $1/2i$이다. 따라서 R이 충분히 클 때

$$\int_{\gamma_R} f(z)\,dz = \frac{2\pi i}{2i} = \pi$$

가 성립한다. 반지름 길이가 R인 큰 반원을 C_R^+라 하면

$$\left|\int_{C_R^+} f(z)\,dz\right| \le \pi R \frac{B}{R^2} \le \frac{M}{R}$$

이 성립한다. 여기서 $z \in C_R^+$이고 R이 클 때 $|f(z)| \le B/|z|^2$이라는 사실을 이용했다.[3] 그러므로 이 적분은 $R \to \infty$일 때 0으로 수렴한다. $R \to \infty$의 극한을 취하면 바라던 대로

$$\int_{-\infty}^{\infty} f(x)\,dx = \pi$$

가 성립한다. 이 예에서 반드시 상반평면(upper half–plane)의 반원을 선택할 이유는 없다. 하반평면(lower half–plane)에 놓인 반원을 이용하더라도 다른 극을 생각하고 유수 계산을 적절히 하면 같은 결론을 이끌 수 있다.

예제 2 다음에 소개하는 적분은 6장에서 중요한 역할을 한다.

$$\int_{-\infty}^{\infty} \frac{e^{ax}}{1+e^x}\,dx = \frac{\pi}{\sin \pi a} \quad (0 < a < 1)$$

이 식을 증명하기 위해 $f(z) = e^{az}/(1+e^z)$라 두자. 그리고 그림 2와 같이 한 변이 실수축 위에 놓이고 그와 평행한 변이 직선 $\mathrm{Im}(z) = 2\pi$ 위에 놓이는 상반평면의 직사각형 경로를 생각하자.

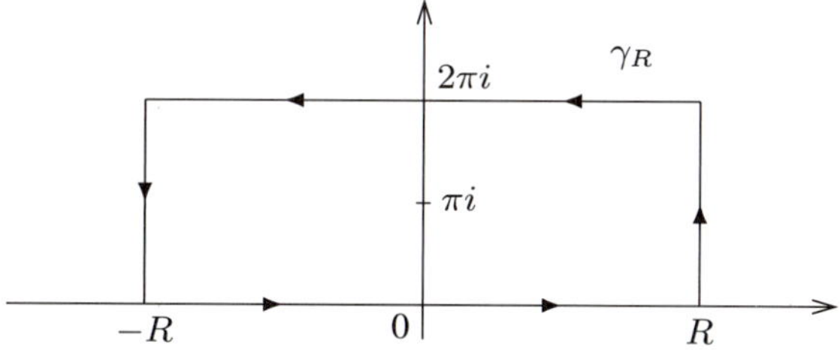

[그림 2] 예제 2의 경로 γ_R

직사각형 내부에서 f의 분모가 0이 되는 점은 $z = \pi i$뿐이다. 이 점에서 f의 유수를 계산하기 위해 다음과 같이 논증한다. 먼저

$$(z-\pi i)f(z) = e^{az}\frac{z-\pi i}{1+e^z} = e^{az}\frac{z-\pi i}{e^z - e^{\pi i}}$$

가 성립한다. 우변에서 차분 몫의 역수를 찾을 수 있으며, e^z은 도함수가 자기자신이므로 실제로

3 **(감수자)** 위의 부등식과 설명을 이해하기 어렵다면 $\left|\int_{C_R^+} f(z)dz\right| \le \frac{\pi R}{R^2-1}$이 성립한다고 생각해도 좋다.

$$\lim_{z\to\pi i}\frac{e^z-e^{\pi i}}{z-\pi i}=e^{\pi i}=-1$$

이 성립한다. 함수 f는 πi에서 단극을 가지며 이때 유수는 $\operatorname{res}_{\pi i} f = -e^{a\pi i}$과 같다. 따라서 유수 공식에 의해

$$\int_{\gamma_R} f = -2\pi i e^{a\pi i} \tag{3.3}$$

이 성립한다. 이제 직사각형의 각 변에서 f의 적분을 조사하자. 적분

$$\int_{-R}^{R} f(x)\,dx$$

를 I_R이라 하고 구하고자 하는 적분을 I라고 하자. 즉 $R\to\infty$일 때 $I_R\to I$이다. 한편 직사각형의 윗변(방향이 오른쪽에서 왼쪽으로 주어진다)에서 f의 적분은 $-e^{2\pi i a}I_R$과 같다. 마지막으로 오른쪽 세로변을 $A_R=\{R+it:\ 0\le t\le 2\pi\}$이라 하면

$$\left|\int_{A_R} f\right| \le \int_0^{2\pi}\left|\frac{e^{a(R+it)}}{1+e^{R+it}}\right| dt \le Ce^{(a-1)R}$$ [4]

이 성립한다. 또한 $a<1$이므로 이 적분은 $R\to\infty$일 때 0으로 수렴한다.

비슷하게 왼쪽 세로변을 따른 적분의 절댓값도 e^{-aR}의 적당한 상수배를 넘지 못하는데, $a>0$이므로 0으로 수렴한다. 따라서 R을 무한대로 보내는 극한을 취하면 등식 (3.3)에서

$$I-e^{2\pi i a}I=-2\pi i e^{a\pi i}$$

이 성립한다. 이로부터

$$I=-2\pi i\frac{e^{a\pi i}}{1-e^{2\pi i a}}=\frac{2\pi i}{e^{\pi i a}-e^{-\pi i a}}=\frac{\pi}{\sin \pi a}$$

를 알 수 있다. 이로써 계산이 끝났다.

---

4 **(감수자)** 부등식의 우변 $Ce^{(a-1)R}$은 엄밀히 말해 $\frac{2\pi e^{(a-1)R}}{1-e^{-R}}$이라 볼 수 있다.

예제 3 이제 푸리에 변환

$$\int_{-\infty}^{\infty} \frac{e^{-2\pi i x\xi}}{\cosh \pi x}\,dx = \frac{1}{\cosh \pi\xi} \qquad \left(\text{단,} \quad \cosh z = \frac{e^z + e^{-z}}{2}\right)$$

을 계산해 보자. $e^{-\pi x^2}$ 이 그렇듯이 함수 $1/\cosh \pi x$ 의 푸리에 변환은 자기 자신이다(2장 예제 1 참고). 이를 확인하기 위해 그림 3과 같은 직사각형 γ_R 을 사용한다. 이때 직사각형 세로변의 길이는 2로 고정되고 가로는 무한히 길어진다.

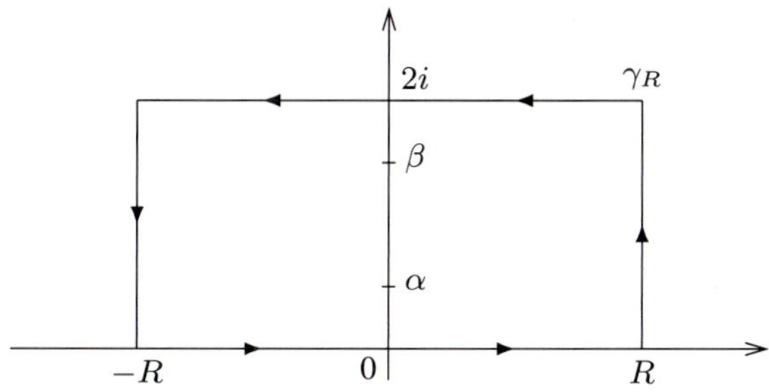

[그림 3] 예제 3의 경로 γ_R

$\xi \in \mathbb{R}$를 고정하고 f를

$$f(z) = \frac{e^{-2\pi i z\xi}}{\cosh \pi z}$$

과 같이 두자. f 의 분모는 정확히 $e^{\pi z} = -e^{-\pi z}$, 즉 $e^{2\pi z} = -1$ 일 때 0이다. 다시 말해 f 는 직사각형 안에서 $\alpha = i/2$ 와 $\beta = 3i/2$ 에서만 극을 가진다. α 에서 f 의 유수를 구하기 위해

$$\begin{aligned}(z-\alpha)f(z) &= e^{-2\pi i z\xi}\frac{2(z-\alpha)}{e^{\pi z}+e^{-\pi z}} \\ &= 2e^{-2\pi i z\xi}e^{\pi z}\frac{(z-\alpha)}{e^{2\pi z}-e^{2\pi\alpha}}\end{aligned}$$

를 확인하자. 우변은 함수 $e^{2\pi z}$ 의 $z = \alpha$ 에서의 차분 몫의 역수다. 따라서

$$\lim_{z\to\alpha}(z-\alpha)f(z) = 2e^{-2\pi i\alpha\xi}e^{\pi\alpha}\frac{1}{2\pi e^{2\pi\alpha}} = \frac{e^{\pi\xi}}{\pi i}$$

이 성립한다. 이 계산을 통해 f 가 α 에서 유수가 $e^{\pi\xi}/(\pi i)$ 인 단극을 가짐을 확인했다. 비슷한 방식으로 f 는 β 에서 유수가 $-e^{3\pi\xi}/(\pi i)$ 인 단극을 가짐을 확인할 수 있다.

이제 R이 무한대로 갈 때 직사각형의 세로변에서 f의 적분이 0으로 감을 보이자. 실제로 $z = R+iy$ (단, $0 \leq y \leq 2$)이면 $|e^{-2\pi iz\xi}| \leq e^{4\pi|\xi|}$이고

$$\begin{aligned}|\cosh \pi z| &= \left|\frac{e^{\pi z} + e^{-\pi z}}{2}\right| \\ &\geq \frac{1}{2}\Big|\, |e^{\pi z}| - |e^{-\pi z}|\, \Big| \\ &\geq \frac{1}{2}(e^{\pi R} - e^{-\pi R}) \to \infty \quad (\text{단, } \ R \to \infty)\end{aligned}$$

이 성립한다. 이로써 $R \to \infty$일 때 오른쪽 수직변에서의 적분이 0으로 수렴함을 알 수 있다. 비슷한 방법으로 $R \to \infty$일 때 왼쪽 수직변에서의 적분도 0으로 수렴함을 보일 수 있다. 마지막으로 우리가 구하고자 하는 적분을 I라고 하면, 직사각형의 윗변(방향이 오른쪽에서 왼쪽으로 주어진다)에서 f의 적분은 단순히 $-e^{4\pi\xi}I$이다. 이때, $\cosh \pi\xi$는 주기가 $2i$인 주기함수란 사실을 이용했다. R을 무한대로 보내는 극한을 취하면 유수 공식으로부터

$$\begin{aligned}I - e^{4\pi\xi}I &= 2\pi i\left(\frac{e^{\pi\xi}}{\pi i} - \frac{e^{3\pi\xi}}{\pi i}\right) \\ &= -2e^{2\pi\xi}(e^{\pi\xi} - e^{-\pi\xi})\end{aligned}$$

을 얻는다. $1 - e^{4\pi\xi} = -e^{2\pi\xi}(e^{2\pi\xi} - e^{-2\pi\xi})$이므로 바라던 대로

$$\begin{aligned}I &= 2\frac{e^{\pi\xi} - e^{-\pi\xi}}{e^{2\pi\xi} - e^{-2\pi\xi}} = 2\frac{e^{\pi\xi} - e^{-\pi\xi}}{(e^{\pi\xi} - e^{-\pi\xi})(e^{\pi\xi} + e^{-\pi\xi})} \\ &= \frac{2}{e^{\pi\xi} + e^{-\pi\xi}} = \frac{1}{\cosh \pi\xi}\end{aligned}$$

을 알 수 있다. 비슷한 방법으로 $0 < a < 1$일 때 식

$$\int_{-\infty}^{\infty} e^{-2\pi ix\xi}\frac{\sin \pi a}{\cosh \pi x + \cos \pi a}\, dx = \frac{2\sinh 2\pi a\xi}{\sinh 2\pi\xi}$$

가 성립함을 보일 수 있다. 여기서 $\sinh z = \dfrac{e^z - e^{-z}}{2}$이다. 사실 위 항등식에서 $a = 1/2$인 특수한 경우를 이미 증명했다. 이 항등식은 띠에 대한 푸아송 핵의 구체적인 식을 결정하는 데 사용하거나 (『STEIN 푸리에 해석학』 5장 심화문제 3 참고) 10장에서 알 수 있듯이 두 제곱수 정리를 증명하는 데 쓰인다.

---

3 특이점과 유리형함수

1절에서는 함수가 극 근방에서 보이는 해석적 특성을 설명했다. 이제 이와 다른 종류인 고립된 특이점을 공부해 보자.

열린 집합 Ω에 대하여 한 점 z_0를 제외한 임의의 점에서 복소해석적인 함수 f를 생각하자. f가 Ω 전체에서 해석적이 되는 방식으로 z_0에서 f를 정의할 수 있을 때, z_0를 f에 대한 **제거가능한 특이점(removable singularity)**이라고 한다.

정리 3.1 제거가능한 특이점에 대한 리만 정리

Ω가 열린 집합이고 $z_0 \in \Omega$일 때, 함수 f가 $\Omega \setminus \{z_0\}$에서 복소해석적이고 유계이면 z_0는 제거가능한 특이점이다.

증명

국소적인 문제이기 때문에 z_0를 중심으로 하고 그 폐포가 Ω에 포함되는 작은 원판 D를 생각할 수 있다. 일반적인 양의 방향이 주어진 이 원판의 경계 원을 C라고 하자. $z \neq z_0$인 점 $z \in D$에 대하여, 정리의 가정 하에서

$$f(z) = \frac{1}{2\pi i} \int_C \frac{f(\zeta)}{\zeta - z} \, d\zeta \tag{3.4}$$

가 성립함을 증명할 것이다. 2장 정리 5.4를 적용하면 식 (3.4)의 우변은 D 전체에서 해석적이고 $z \neq z_0$일 때 $f(z)$와 같으므로 원하는 확장이 가능하다.

식 (3.4)가 성립함을 증명하기 위해 $z \neq z_0$인 $z \in D$를 고정하고 그림 4와 같은 익숙한 장난감 경로를 사용하자.

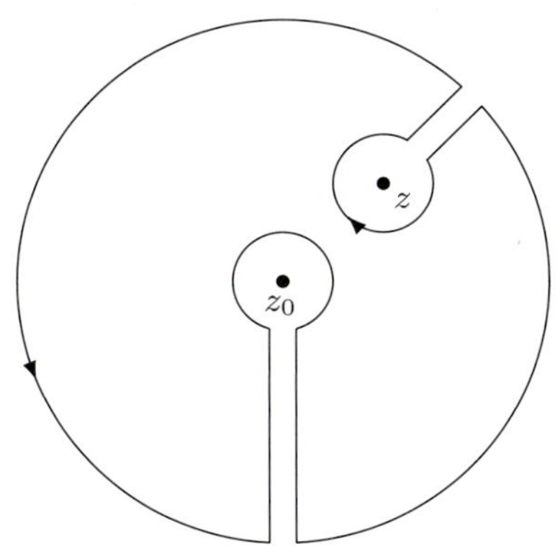

[그림 4] 리만 정리의 증명 속 다중 열쇠 구멍

그림 4의 다중 열쇠 구멍에는 두 점 z와 z_0가 빠져 있다. 통로의 너비를 더욱 좁게 하여 마침내 겹치도록 극한을 취하면

$$\int_C \frac{f(\zeta)}{\zeta - z}\,d\zeta + \int_{\gamma_\epsilon} \frac{f(\zeta)}{\zeta - z}\,d\zeta + \int_{\gamma'_\epsilon} \frac{f(\zeta)}{\zeta - z}\,d\zeta = 0$$

과 같은 상쇄를 얻는다. 여기서 γ_ϵ과 γ'_ϵ은 각각 중심이 z와 z_0이고 반지름 길이가 ϵ이며 음의 방향이 주어진 작은 원이다. 2장 4절 코시 적분 공식의 증명과 같은 방법으로

$$\int_{\gamma'_\epsilon} \frac{f(\zeta)}{\zeta - z}\,d\zeta = -2\pi i f(z)$$

를 얻는다. 두 번째 적분의 경우 f가 유계라는 가정과 ϵ이 작기 때문에 ζ는 z에서 떨어져 있음을 이용하면

$$\left|\int_{\gamma_\epsilon} \frac{f(\zeta)}{\zeta - z}\,d\zeta\right| \le C\epsilon$$

이 성립함을 알 수 있다. ϵ을 0으로 보내어 식 (3.4)와 같은 확장이 가능함을 증명한다. ◀

놀랍게도 리만 정리를 사용하여 특이점 근방에서 함수의 움직임을 바탕으로 극(pole)을 특징지을 수 있다.

따름정리 3.2 f가 점 z_0에서 고립된 특이점을 가진다고 가정하자. 점 z_0가 f의 극이기 위한 필요충분조건은 $z \to z_0$일 때 $|f(z)| \to \infty$인 것이다.

증명

z_0가 극이라면 $1/f$가 z_0에서 영점을 가지므로, $z \to z_0$일 때 $|f(z)| \to \infty$이다. 반대로 이 조건이 성립한다고 가정하자. 그럼 $1/f$는 z_0 근방에서 유계이고, 실제로 $z \to z_0$일 때 $1/|f(z)| \to 0$이다. 따라서 $1/f$는 z_0에서 제거가능한 특이점을 가지며 z_0에서 0이어야 한다. 이로써 반대 방향도 증명되었다. 즉, z_0는 극이다. ◀

고립된 특이점은 다음 세 가지 범주 중 하나에 속한다.

- 제거가능한 특이점 : f는 z_0 근방에서 유계다.
- 극 : $z \to z_0$일 때 $|f(z)| \to \infty$이다.
- 본질적 특이점

제거가능한 특이점과 극을 제외한 특이점을 본질적 특이점(essential singularity)이라 정의한다. 예를 들어 1절 처음에 다루었던 함수 $e^{1/z}$은 0에서 본질적 특이점을 가진다. 우리는 이미 원점 근처에서

이 함수의 요동치는 행태를 관찰했다. 복소해석적 함수는 제거가능한 특이점이나 극 근방에서는 예측가능하게 움직이지만, 일반적으로 본질적 특이점 근방에서는 매우 불규칙하게 움직인다. 다음 정리는 이 사실을 명확히 설명한다.

정리 3.3 카소라티-바이어슈트라스 정리(Casorati-Weierstrass theorem)
구멍난 원판 $D_r(z_0) - \{z_0\}$에서 복소해석적이고 z_0에서 본질적 특이점을 가지는 함수 f를 생각하자. 복소함수 f에 의한 $D_r(z_0) - \{z_0\}$의 상은 복소평면에서 조밀하다.

증명

귀류법으로 증명한다. f의 치역이 조밀하지 않다고 가정하면

$$\text{모든 } z \in D_r(z_0) - \{z_0\}\text{에 대해 } |f(z) - w| > \delta$$

를 만족하는 $w \in \mathbb{C}$와 $\delta > 0$이 존재한다. 따라서 $D_r(z_0) - \{z_0\}$에서 새로운 함수

$$g(z) = \frac{1}{f(z) - w}$$

을 정의할 수 있다. 이 함수는 구멍난 원판에서 복소해석적이며 $|g(z)| \le 1/\delta$이다. 정리 3.1에 의해 g는 z_0에서 제거가능한 특이점을 가진다. $g(z_0) \ne 0$이라면 $f(z) - w$는 z_0에서 복소해석적이므로 z_0는 본질적 특이점이라는 가정에 모순이다. $g(z_0) = 0$이라면 $f(z) - w$는 z_0에서 극을 가지므로 이 또한 모순이다. 이로써 증명이 끝났다. ◀

사실 피카르(Picard)는 훨씬 더 강한 결과로서 정리 3.3과 같은 가정을 할 때 함수 f는 최대 한 점을 제외한 모든 복소수 값을 무한히 여러번 취함을 보였다. 이 결과의 증명은 이 책의 수준을 넘는다. 그러나 나중에 전해석함수를 공부하면 유사한 결과를 쉽게 얻을 수 있다. 5장 연습문제 11을 참고하라.

이제 고립된 특이점이 오직 극만 존재하는 함수를 생각해 보자. 함수 f가 열린 집합 Ω에서 **유리형(meromorphic)**이라는 것은 Ω의 유한 부분집합 또는 셀 수 있는 부분집합 $\{z_0, z_1, z_2, \cdots\}$가 존재하여 이 집합이 Ω에서 극한점을 가지지 않고 다음이 성립함을 뜻한다.

(1) 함수 f는 $\Omega - \{z_0, z_1, z_2, \cdots\}$에서 복소해석적이다.

(2) f는 $\{z_0, z_1, z_2, \cdots\}$에서 극을 가진다.

유리형함수를 다룰 때 확장된 복소평면이 유용하다. 적당한 양수 R에 대하여 집합 $|z| > R$에서 해석적인 함수 f가 주어질 때, 유한값 z에서 특이점을 세 가지로 구분했던 것을 이용하여 무한대에서의 행태를 설명할 수 있다. 따라서 f가 충분히 큰 모든 z에 대해 복소해석적이라면 $F(z) = f(1/z)$를 생각한다. 그러면 F는 원점의 삭제된 근방에서 복소해석적이다.

F가 원점에서 극을 가지면 f는 **무한원점에서 극(pole at infinity)**을 가진다고 한다. 유사하게 F가 0에서 가지는 특이점에 따라 f가 **무한원점에서 본질적 특이점(essential singularity at infinity)** 또는 **무한원점에서 제거가능한 특이점(removable singularity at infinity)** (따라서 이 경우는 복소해석적이다)을 가진다고 할 수 있다. 복소평면 전체에서 유리형인 함수 f가 무한원점에서 극 또는 제거가능한 특이점을 가질 때, f를 **확장된 복소평면에서 유리형함수(meromorphic function in the extended complex plane)**라고 부른다.

다음 정리는 이러한 함수가 자기 자신의 영점과 극에 의해 거의 완전히 결정됨을 보여 준다.

> **정리 3.4** 확장된 복소평면에서 유리형함수는 유리함수(rational function)뿐이다.

증명

확장된 복소평면에서 유리형함수인 f를 생각하자. 가정에 따라 $f(1/z)$는 0에서 극 또는 제거가능한 특이점을 가진다. 어느 경우든 $f(1/z)$는 원점의 제거된 근방에서 복소해석적이어야 하므로, 함수 f는 복소평면에서 극을 오직 유한개만 가져야 한다. 이를 $z_1, \cdots, z_n$이라고 하자. 아이디어는 f에서 무한대를 포함하여 모든 극에서의 주요 부분을 빼는 것이다. 각각의 극 $z_k \in \mathbb{C}$ 근방에서

$$f(z) = f_k(z) + g_k(z)$$

와 같이 쓸 수 있다. 여기서 $f_k(z)$는 z_k에서 f의 주요 부분이며 g_k는 z_k의 (꽉 찬) 근방에서 복소해석적이다. 특히, f_k는 $1/(z - z_k)$에 대한 다항식이다. 비슷하게

$$f(1/z) = \tilde{f}_\infty(z) + \tilde{g}_\infty(z)$$

와 같이 쓸 수 있다. 여기서 $\tilde{g}_\infty$는 원점 근방에서 복소해석적이며 $\tilde{f}_\infty$는 $f(1/z)$의 0에서의 주요 부분으로, $1/z$에 대한 다항식이다. 마지막으로 $f_\infty(z) = \tilde{f}_\infty(1/z)$이라 하자.

함수 $H = f - f_\infty - \sum_{k=1}^{n} f_k$가 유계 전해석함수임을 보인다. 실제로 극 z_k 근방에서 f의 주요 부분을 뺐으므로 함수 H는 z_k에서 제거가능한 특이점을 가진다. 또한 $H(1/z)$는 무한원점에서 극의 주요 부분을 뺐으므로 0 근처에서 유계다. 따라서 원하는 바가 증명되었고, 리우빌 정리에 의해 H는 상수다. H의 정의로부터 f는 보이고자 한 바와 같이 유리함수임을 알 수 있다. ◀

정리해 보면 상수배(multiplicative constant) 차이를 무시할 때 유리함수는 영점과 극의 위치와 중복도에 의해 유일하게 결정된다.[5]

---

5 (옮긴이) f와 g가 확장된 복소평면에서 유리함수이며 (중복도를 고려하여) 같은 영점과 극을 가진다고 하면, f/g는 영점과 극을 모두 가지지 않으므로 전해석적이다. 따라서 f/g는 상수함수다.

리만 구면

복소평면과 무한원점으로 이루어진 확장된 복소평면과 3차원 공간의 구면 사이에는 자연스러운 일대일 대응이 존재한다.

좌표가 (X, Y, Z)로 주어진 유클리드 공간 $\mathbb{R}^3$를 생각하자. 여기서 XY평면은 $\mathbb{C}$와 동일시한다. 중심이 $(0, 0, 1/2)$이고 반지름 길이가 $1/2$인 구를 $\mathbb{S}$라 하자. 구 $\mathbb{S}$는 단위지름을 가지며 그림 5에 묘사된 바와 같이 복소평면의 원점 위에 놓여 있다. 구의 북극을 $\mathcal{N} = (0, 0, 1)$이라 하자.

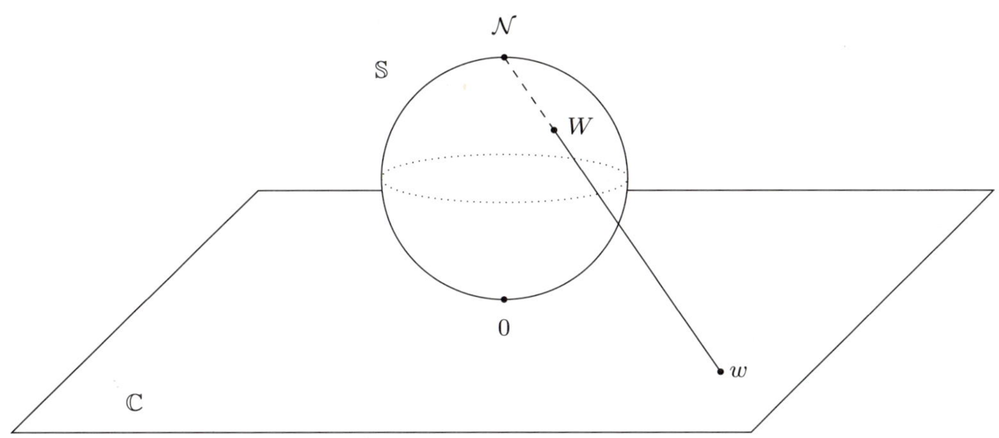

[그림 5] 리만 구면 $\mathbb{S}$와 극사영

구 $\mathbb{S}$에 북극과 다른 임의의 점 $W = (X, Y, Z)$가 주어지면 $\mathcal{N}$과 W를 잇는 직선은 XY평면과 한 점에서 교차한다. 이 점을 $w = x + iy$라 하자. w를 W의 **극사영(stereographic projection)**이라고 한다(그림 5 참고). 역으로, 평면에 놓인 각 점 w는 그 점과 북극을 잇는 직선이 구면을 뚫고 들어가는 점 W의 극사영이다. 이렇게 하여 구멍난 구 $\mathbb{S} - \{\mathcal{N}\}$의 점과 복소평면 사이의 일대일 대응을 얻는다. 이를 식

$$x = \frac{X}{1 - Z}, \quad y = \frac{Y}{1 - Z}$$

로 나타낼 수 있다. 이로부터 w를 W로 나타낼 수 있다. 또한

$$X = \frac{x}{x^2 + y^2 + 1}, \quad Y = \frac{y}{x^2 + y^2 + 1}, \quad Z = \frac{x^2 + y^2}{x^2 + y^2 + 1}$$

을 이용하여 W를 w로 나타낼 수 있다. 직관적으로 말하면, 이러한 과정은 구멍난 구 $\mathbb{S} - \{\mathcal{N}\}$을 복소평면으로 감싸는 것이라 이해할 수 있다.

점 w가 ($|w| \to \infty$라는 의미에서) $\mathbb{C}$에서 무한원점으로 다가갈수록 대응하는 $\mathbb{S}$ 위의 점 W는 $\mathcal{N}$에 한없이 가까워진다. 이 간단한 관찰을 바탕으로 $\mathcal{N}$은 소위 **무한원점**에 대응하는 점임을 추측할 수 있다. 무한원점을 $\mathbb{S}$ 위의 점 $\mathcal{N}$과 동일시하면, 확장된 복소평면을 꽉찬 2차원 구 $\mathbb{S}$로 시각화할 수 있다. 이 구를 **리만 구면(Riemann sphere)**이라 한다. 이러한 구성은 한 점을 추가하여 유계가 아닌 집합 $\mathbb{C}$를 콤팩트 집합 $\mathbb{S}$에 대응시킨 것이므로, 리만 구면을 $\mathbb{C}$의 **한점콤팩트화(one-point compactification)**라고 부르기도 한다.[6]

이와 같은 기하학적 해석을 바탕으로 중요한 결과를 얻을 수 있다. 무한원점이 $\mathbb{C}$ 밖에 위치한다고 생각할 때는 주의해서 다뤄야했지만, 이제 무한원점도 $\mathbb{S}$의 다른 모든 점과 동등하게 취급할 수 있다. 특히, 확장된 복소평면에서 유리형함수는 $\mathbb{S}$에서 자기자신으로의 사상으로 간주할 수 있다. 이때 극의 상은 $\mathbb{S}$에서 다루기 쉬운 점인 $\mathcal{N}$이다. 이 사실 또는 다른 이유로 인해 리만 구면은 복소평면 구조와 유리형함수의 성질을 살펴보는 데 있어서 좋은 기하학적 관점을 제공한다.

4 편각 원리와 응용

6절에서 살펴볼 로그함수의 성질 몇 가지를 미리 알아본다. 일반적으로 함수 $\log f(z)$는 $f(z) \neq 0$인 집합에서 명확하게 정의할 수 없기 때문에 **다가함수**다. 그러나 이 함수가 정의된다면 $\log|f(z)| + i \arg f(z)$와 같아야만 한다. 여기서 $\log|f(z)|$는 양수 $|f(z)|$에 대한 일반적인 실변수 로그함수다 (따라서 명확하게 정의된다). 반면에 $\arg f(z)$는 여러 편각 중 하나를 선택한다(따라서 2π의 정수배만큼 차이날 수 있다). 어느 경우든 간에 $\log f(z)$의 도함수는 $f'(z)/f(z)$로 일가함수다. 또한 적분

$$\int_\gamma \frac{f'(z)}{f(z)}\, dz$$

의 허수부는 z가 곡선 γ를 따라 움직일 때 f의 편각의 변화로 해석할 수 있다. 곡선이 폐곡선이라면 이 편각의 변화는 전적으로 γ 내부에서 f의 영점과 극이 결정한다. 이제 이러한 사실을 정확한 정리로 표현하자.

로그함수의 가법성 $\log(f_1 f_2) = \log f_1 + \log f_2$가 일반적으로 성립하지는 않지만(곧 확인할 것이다), 로그함수의 미분은 가법성을 가진다. 로그함수 미분의 가법성은

6 **(감수자)** 콤팩트화는 평면에 한 점을 추가하여 콤팩트 집합으로 만든 것을 지칭한다.

$$\frac{(f_1f_2)'}{f_1f_2} = \frac{f_1'f_2 + f_1f_2'}{f_1f_2} = \frac{f_1'}{f_1} + \frac{f_2'}{f_2}$$

과 같이 확인한다. 이를 일반화하면

$$\frac{\left(\prod_{k=1}^{N} f_k\right)'}{\prod_{k=1}^{N} f_k} = \sum_{k=1}^{N} \frac{f_k'}{f_k}$$

과 같다. 이 식을 다음과 같이 적용한다. f가 복소해석적이고 z_0에서 n–중근을 가지면

$$f(z) = (z - z_0)^n g(z)$$

와 같이 쓸 수 있다. 여기서 g는 복소해석적이며 z_0의 근방 어디에서도 0이 되지 않는다. 따라서

$$\frac{f'(z)}{f(z)} = \frac{n}{z - z_0} + G(z)$$

가 성립한다. 이때 $G(z) = g'(z)/g(z)$이다. 결론적으로 f가 z_0에서 n–중근을 가지면 f'/f는 z_0에서 유수가 n인 단극을 가진다. f가 z_0에서 n–중극을 가질 때도 비슷한 사실이 성립한다. 다시 말해 $f(z) = (z - z_0)^{-n}h(z)$일 때

$$\frac{f'(z)}{f(z)} = \frac{-n}{z - z_0} + H(z)$$

가 성립한다. f가 유리형이면 함수 f'/f은 f의 영점과 극에서 단극을 가진다. 또한 이때의 유수는 단순히 f의 영점의 차수이거나 f의 극의 차수에 음의 부호를 붙인 것이다. 결과적으로 유수 공식을 응용하면 다음 정리를 얻는다.

정리 4.1 편각 원리(argument principle)

원 C와 그 내부를 포함하는 열린 집합에서 유리형인 함수 f가 C에서 극과 영점을 가지지 않으면

$$\frac{1}{2\pi i}\int_C \frac{f'(z)}{f(z)}\,dz = (C \text{ 내부에서 } f \text{의 영점 개수}) - (C \text{ 내부에서 } f \text{의 극점 개수})$$

가 성립한다. 여기서 영점과 극은 중복도만큼 반복하여 센다.

따름정리 4.2 정리 4.1은 장난감 경로에서도 성립한다.

편각 원리를 발판 삼아 세 가지 정리를 증명할 것이다. 이 세 정리는 매우 일반적인 결과이고, 유용하다. 첫 번째는 루셰 정리(Rouché's theorem)로, 어떤 의미에서는 연속성에 대한 서술이다. 이 정리에 따르면 영점의 개수를 바꾸지 않는 범위에서 복소해석적 함수를 살짝 흔들 수 있다. 그 다음으로 열린

사상정리(open mapping theorem)를 증명한다. 이에 따르면 영역에 정의된 해석적 함수가 상수함수가 아니면 그 함수에 의한 열린 집합의 상은 언제나 열린 집합이다. 이는 복소해석적 함수의 특수성을 다시 한 번 보여 주는 중요한 성질이다. 마지막으로 최대절댓값원리(maximum modulus principle)는 조화함수가 가지는 동일한 성질을 떠올리게 한다(그리고 실제로 이를 함의한다). 이 원리에 의하면 열린 집합 Ω에서 상수함수가 아닌 복소해석적 함수의 절댓값은 Ω의 내부에서 최댓값을 가질 수 없다.

루셰 정리의 널리 알려진 증명은 오른쪽 반평면에서

$$\log(x+iy) = \frac{1}{2}\log(x^2+y^2) + i\arctan\frac{y}{x} \qquad (x>0,\ y\in\mathbb{R})$$

로 주어진 함수 log가 $1/z$의 원시함수이므로 이 반평면에 놓인 임의의 폐곡선 γ에 대해

$$\int_\gamma \frac{1}{z}dz = 0$$

이라는 사실에 근거한다. 한편 이 책에서는 피적분함수가 연속적으로 변화하면 적분값도 연속적으로 변화한다는 사실을 이용하여 정리를 증명한다.

정리 4.3 루셰 정리(Rouché's theorem)

f와 g가 원 C와 그 내부를 포함하는 열린 집합에서 복소해석적이라고 가정하자. 모든 $z\in C$에 대해

$$|f(z)| > |g(z)|$$

인 관계가 성립한다고 하자. f와 $f+g$는 원 C의 내부에서 같은 개수의 영점을 가진다.

증명

$t\in[0,1]$에 대해 f_t를 $f_t(z) = f(z) + tg(z)$와 같이 정의하자. 그러면 $f_0 = f$이고 $f_1 = f+g$이다. n_t를 원 내부에서 f_t의 (차수를 포함하는) 영점의 개수라고 하자. 그럼 특히 n_t는 정수다. $z\in C$에 대해 $|f(z)| > |g(z)|$라는 조건은 분명히 f_t가 원 위에서 영점을 가지지 않음을 의미한다. 또한 편각 원리에 의하면

$$n_t = \frac{1}{2\pi i}\int_C \frac{f_t'(z)}{f_t(z)}\,dz$$

가 성립한다. n_t가 상수임을 증명하기 위해 그것이 t에 대한 연속함수임을 보이면 충분하다. n_t가 상수가 아니라면 사잇값정리로부터 n_{t_0}가 정수가 아니게 되는 어떤 $t_0\in[0,1]$가 존재함을 알 수 있고, 이는 모든 t에 대해 $n_t\in\mathbb{Z}$라는 사실에 모순된다.

n_t의 연속성을 증명하기 위해 $f_t'(z)/f_t(z)$는 $t \in [0,1]$와 $z \in C$에 대해 공동연속(jointly continuous)임을 관찰한다. 이는 분모와 분자가 모두 공동연속성을 가지기 때문이며, 가정으로부터 $f_t(z)$는 C 위에서 0이 되지 않는다. 따라서 n_t는 정숫값을 가지며 연속이므로 상수여야 한다. 즉, $n_0 = n_1$이고 이는 곧 루셰 정리다. ◀

이제 복소해석적 함수를 사상으로 간주(즉, 복소평면의 영역을 복소평면으로 대응)할 때 발생하는 중요한 기하학적 성질에 도달했다.

열린 집합의 상이 열린 집합이 되는 사상을 **열린 사상(open mapping)**이라고 한다.

정리 4.4 열린 사상정리(open mapping theorem)
f가 영역 Ω에서 복소해석적이고 상수함수가 아니면 f는 열린 사상이다.

증명

w_0를 f의 상에 속하는 원소라고 하고, 이를 $w_0 = f(z_0)$라 하자. w_0에 충분히 가까이 있는 모든 점이 f의 상에 포함됨을 증명해야 한다.

$g(z) = f(z) - w$라 정의하고

$$\begin{aligned} g(z) &= (f(z) - w_0) + (w_0 - w) \\ &= F(z) + G(z) \end{aligned}$$

와 같이 쓰자. 이제 원판 $|z - z_0| \le \delta$가 Ω에 포함되며 원 $|z - z_0| = \delta$에서 $f(z) \ne w_0$가 되도록 $\delta > 0$을 택한다. 그런 다음 원 $|z - z_0| = \delta$에서 $|f(z) - w_0| \ge \epsilon$이 되도록 $\epsilon > 0$을 택한다. 이제 $|w - w_0| < \epsilon$이면 원 $|z - z_0| = \delta$에서 $|F(z)| > |G(z)|$이다. F가 이 원 내부에서 영점을 하나 가지므로 루셰 정리에 의해 $g = F + G$도 하나의 영점을 가진다. ◀

다음 결과는 복소해석적 함수의 크기와 관련있다. 열린 집합 Ω에서 복소해석적 함수 f의 **최댓값(maximum)**은 Ω에서 절댓값 $|f|$의 최댓값을 의미한다.

정리 4.5 최대절댓값원리(maximum modulus principle)
f가 영역 Ω에서 복소해석적이고 상수함수가 아니면 f는 Ω 안에서 최댓값을 가질 수 없다.

증명

f가 z_0에서 최댓값을 가진다고 가정하자. f는 복소해석적이므로 열린 사상이다. 따라서 $D \subset \Omega$가 z_0를 중심으로 하는 작은 원판일 때, 그 상 $f(D)$는 열린 집합이며 $f(z_0)$를 포함한다. 이는 $|f(z)| > |f(z_0)|$인 점 $z \in D$가 존재함을 증명하는데, 가정에 모순이다. ◀

따름정리 4.6 유계영역 Ω의 폐포 $\overline{\Omega}$에 정의된 연속함수 f가 Ω에서 해석적이면

$$\sup_{z\in\Omega}|f(z)| = \sup_{z\in\overline{\Omega}-\Omega}|f(z)|$$

가 성립한다.

사실 $f(z)$는 콤팩트 집합 $\overline{\Omega}$에서 연속이므로 $|f(z)|$는 $\overline{\Omega}$에서 최댓값을 가진다. 그런데 f가 상수함수가 아니라면 Ω 안에서 최댓값을 가질 수는 없다. f가 상수함수라면 위의 결론은 자명하다.

비고 $\overline{\Omega}$가 콤팩트하다는(즉 유계라는) 가정은 결론에 있어 필수적이다. 이와 관련하여 4장에서 다룰 예를 하나 소개한다. Ω를 열린 제1사분면이라고 하자. 이 영역의 경계는 오른쪽 실수축과 위쪽 허수축으로 이루어져 있다. $F(z) = e^{-iz^2}$을 생각하자. 그럼 F는 전체에서 복소해석적이며 분명하게 $\overline{\Omega}$에서 연속이다. 게다가 두 경계선 $z = x$와 $z = iy$ 위에서 $|F(z)| = 1$이다. 그러나 $F(z)$는 Ω에서 유계가 아닌데, 예를 들어 $z = r\sqrt{i} = re^{i\pi/4}$이면 $F(z) = e^{r^2}$이기 때문이다.

5 연속변형과 단순연결 영역

다가함수뿐만 아니라 일반적인 코시 정리를 이해하는 핵심 요소는 주어진 복소해석적 함수의 원시함수가 존재하기 위한 영역의 조건이다. 로그함수는 $1/z$의 원시함수이므로 이 두 주제는 자연히 연관이 있다. 질문은 국소적이기도 하지만 본질적으로는 대역적이다. 이를 이해하려면 연속변형(homotopy)과 단순연결성(simply connected)에 대해 공부해야 한다.

γ_0와 γ_1이 양 끝점을 공유하며 열린 집합 Ω에 포함되는 두 곡선이라 하자. 두 곡선을 같은 구간 $[a, b]$에서 매개화하여

$$\gamma_0(a) = \gamma_1(a) = \alpha, \quad \gamma_0(b) = \gamma_1(b) = \beta$$

를 가정해도 된다. 이때 γ_0와 γ_1이 Ω 안에서 **연속변형동치(homotopic)**라는 말은 다음 두 조건을 만족시키는 연속함수 $F : [0,1] \times [a,b] \to \Omega$가 존재함을 뜻한다.

$$F(s,a) = \alpha \text{ 이고 } \quad F(s,b) = \beta \qquad (0 \le s \le 1)$$

$$F(0,t) = \gamma_0(t) \text{ 이고 } \quad F(1,t) = \gamma_1(t) \qquad (a \le t \le b)$$

연속함수 F를 두 곡선 γ_0와 γ_1 사이의 연속변형(homotopy) 또는 연속변형함수라고 부른다. 이 경우 $F(s,t) = \gamma_s(t)$로 쓰기도 한다. 그림 6을 참고하자.

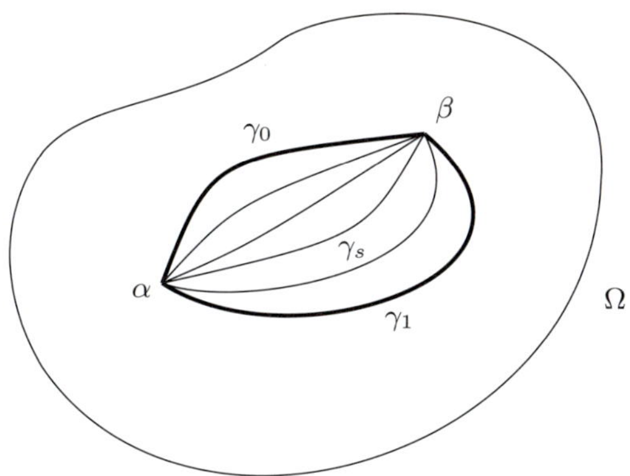

[그림 6] 곡선들 사이의 연속변형

> **정리 5.1** f가 Ω에서 복소해석적이고 두 곡선 γ_0와 γ_1이 Ω 안에서 연속변형동치이면
>
> $$\int_{\gamma_0} f(z)\,dz = \int_{\gamma_1} f(z)\,dz$$
>
> 가 성립한다.

증명

증명의 핵심은 두 곡선이 서로 가깝고 양 끝점이 같다면 두 곡선 위에서의 적분이 서로 같음을 보이는 데 있다. 정의에 의해 함수 $F(s,t) = \gamma_s(t)$는 $[0,1] \times [a,b]$에서 연속이다. 특히, F의 상은(이를 K라 하자) 콤팩트 집합이므로 K의 점을 중심으로 하고 반지름 길이가 3ϵ인 모든 원판이 Ω에 완전히 포함되게 하는 $\epsilon > 0$이 존재한다.

만약 그렇지 않다면, 모든 $\ell \ge 0$에 대해 점 $z_\ell \in K$과 Ω의 여집합의 점 w_ℓ이 존재하여 $|z_\ell - w_\ell| < 1/\ell$이다. K의 콤팩트성에 의해 $z \in K \subset \Omega$으로 수렴하는 $\{z_\ell\}$의 부분수열 $\{z_{\ell_k}\}$가 존재한다. 구성에 따라 $w_{\ell_k} \to z$인 부분수열 $\{w_{\ell_k}\}$도 존재한다. $\{w_\ell\}$은 Ω의 여집합에 놓이는데, 이는 닫힌 집합이므로 $z \in \Omega^c$여야 한다. 이는 모순이다.

이러한 성질을 가지는 ϵ을 찾았으므로 F의 균등 연속성에 의해

$$|s_1 - s_2| < \delta \quad \Rightarrow \quad \sup_{t \in [a,b]} |\gamma_{s_1}(t) - \gamma_{s_2}(t)| < \epsilon$$

을 만족하는 δ를 택할 수 있다. $|s_1 - s_2| < \delta$인 s_1과 s_2를 고정한다. 그런 다음 반지름 길이가 2ϵ인 원판 $\{D_0, \cdots, D_n\}$과 γ_{s_1}에서 점 $\{z_0, \cdots, z_{n+1}\}$을 택하고 γ_{s_2}에서 점 $\{w_0, \cdots, w_{n+1}\}$을 택하여 이러한 원판의 합집합이 두 곡선을 덮으면서

$$z_i,\ z_{i+1},\ w_i,\ w_{i+1} \in D_i$$

를 만족하도록 한다. 그림 7은 이러한 상황을 묘사한다.

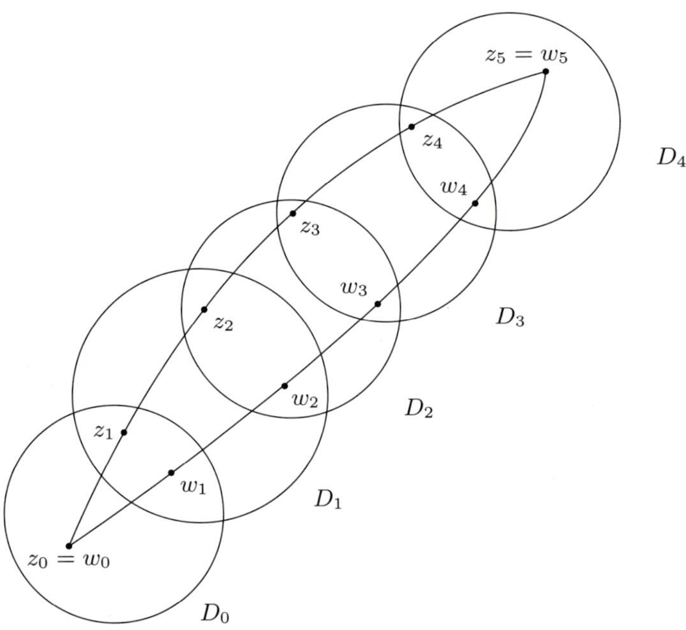

[그림 7] 가까운 두 곡선을 원판으로 덮기

또한 $z_0 = w_0$를 곡선의 시작점으로 택하고 $z_{n+1} = w_{n+1}$을 끝점으로 택한다. 각각의 원판 D_i에서 f의 원시함수를 F_i라 하자(2장 정리 2.1 참고). D_i와 D_{i+1}의 교집합에서 F_i와 F_{i+1}은 같은 함수에 대한 두 원시함수이므로 상수(c_i라고 하자)만큼 차이나야 한다. 그러면

$$F_{i+1}(z_{i+1}) - F_i(z_{i+1}) = F_{i+1}(w_{i+1}) - F_i(w_{i+1})$$

를 만족한다. 따라서 식 (3.5)가 성립한다.

$$F_{i+1}(z_{i+1}) - F_{i+1}(w_{i+1}) = F_i(z_{i+1}) - F_i(w_{i+1}) \tag{3.5}$$

식 (3.5)에 따른 상쇄로 인해

$$\begin{aligned}\int_{\gamma_{s_1}} f - \int_{\gamma_{s_2}} f &= \sum_{i=0}^{n}[F_i(z_{i+1}) - F_i(z_i)] - \sum_{i=0}^{n}[F_i(w_{i+1}) - F_i(w_i)] \\ &= \sum_{i=0}^{n} F_i(z_{i+1}) - F_i(w_{i+1}) - (F_i(z_i) - F_i(w_i)) \\ &= F_n(z_{n+1}) - F_n(w_{n+1}) - (F_0(z_0) - F_0(w_0))\end{aligned}$$

가 성립한다. γ_{s_1}과 γ_{s_2}는 양 끝점이 같으므로

$$\int_{\gamma_{s_1}} f = \int_{\gamma_{s_2}} f$$

를 증명했다. $[0,1]$을 길이가 δ보다 작은 부분구간 $[s_i, s_{i+1}]$으로 세분하여 위의 방법을 유한번 적용하면 γ_0에서 γ_1까지 도달한다. 이로써 정리를 증명했다. ◀

복소평면 영역 Ω가 **단순연결 영역(simply connected region)**이라는 것은 Ω에 포함되면서 양 끝점을 공유하는 두 곡선이 언제나 연속변형동치임을 뜻한다.

예제 1 원판 D는 단순연결집합이다. 실제로 $\gamma_0(t)$와 $\gamma_1(t)$가 D 안에 놓여 있는 두 곡선일 때, $\gamma_s(t)$를

$$\gamma_s(t) = (1-s)\gamma_0(t) + s\gamma_1(t)$$

와 같이 정의할 수 있다. $0 \le s \le 1$이면 각 t마다 점 $\gamma_s(t)$는 $\gamma_0(t)$와 $\gamma_1(t)$를 잇는 선분 위에 놓여 있으므로 D 안에 있다. D를 직사각형 또는 더 일반적으로 임의의 열린 볼록집합으로 바꾸더라도 같은 논증이 통한다(연습문제 21 참고).

예제 2 길게 잘린 평면(slit plane) $\Omega = \mathbb{C} - \{(-\infty, 0]\}$은 단순연결집합이다. Ω 안의 곡선 γ_0와 γ_1에 대해 $\gamma_j(t) = r_j(t)e^{i\theta_j(t)}$ $(j = 0, 1)$으로 쓰자. 이때 $\gamma_j(t)$는 연속이며 양의 함숫값을 가지고 $\theta_j(t)$는 연속이며 $|\theta_j(t)| < \pi$이다. 그러면 $\gamma_s(t)$를 $r_s(t)e^{i\theta_s(t)}$으로 정의할 수 있고,

$$r_s(t) = (1-s)r_0(t) + sr_1(t), \quad \theta_s(t) = (1-s)\theta_0(t) + s\theta_1(t)$$

와 같다. 그러면 $0 \le s \le 1$일 때 $\gamma_s(t) \in \Omega$를 얻는다.

예제 3 조금 더 복잡한 방법을 동원하면 모든 장난감 경로의 내부가 단순연결집합임을 보일 수 있다. 이를 보이려면 내부를 여러 부분영역으로 분할해야 한다. 일반적인 증명 방법은 심화문제 4에 있다.

예제 4 예제 2와 달리 구멍난 평면 $\mathbb{C} - \{0\}$은 단순연결집합이 아니다. 직관적으로 원점을 사이에 두는 두 곡선을 생각하자. 그럼 0을 넘지 않고 한 곡선에서 다른 곡선으로 연속적으로 넘어가기란 불가능하다. 이 사실을 엄밀히 증명하려면 한 가지 결과가 추가로 필요한데, 이를 곧 설명할 것이다.

정리 5.2 단순연결집합에서 복소해석적 함수는 항상 원시함수를 가진다.

증명

Ω 안의 점 z_0를 고정하고 F를 $F(z) = \int_\gamma f(w)\,dw$와 같이 정의한다. 여기서 γ는 Ω 안에 포함되며 z_0와 z를 잇는 곡선이다. Ω가 단순연결집합이므로 $\tilde{\gamma}$를 z_0와 z를 잇는 Ω 안의 또 다른 곡선이라고 하면, 정리 5.1에 의해

$$\int_\gamma f(w)\,dw = \int_{\tilde{\gamma}} f(w)\,dw$$

가 성립한다. 따라서 위 정의는 곡선의 선택에 무관하다. 이제

$$F(z+h) - F(z) = \int_\eta f(w)\,dw$$

와 같이 쓸 수 있다. 여기서 η는 z와 $z+h$를 잇는 선분이다. 2장 정리 2.1의 증명과 같이 논증하면

$$\lim_{h\to 0} \frac{F(z+h) - F(z)}{h} = f(z)$$

임을 알 수 있다. ◀

정리 5.2의 결과로 다음과 같은 형태의 코시 정리를 얻는다.

따름정리 5.3 f가 단순연결 영역 Ω에서 복소해석적일 때, Ω의 임의의 폐곡선 γ에 대해

$$\int_\gamma f(z)\,dz = 0$$

이 성립한다.

원시함수가 존재하므로 따름정리 5.3의 결과는 당연하다.

구멍난 평면이 단순연결집합이 아니라는 사실은 이제 단위원에서의 $1/z$의 적분이 0이 아닌 $2\pi i$란 사실로부터 엄밀하게 확인할 수 있다.

6 복소 로그함수

이제 0이 아닌 복소수의 로그를 정의하는 방법을 알아보자. $z = re^{i\theta}$이고 로그를 지수의 역산이 되게 하고 싶다면

$$\log z = \log r + i\theta$$

와 같이 두는 게 자연스럽다. 앞으로 양수 r의 표준 로그[7]를 $\log r$로 나타내는 게 우리의 규칙이다. 위 정의는 θ가 2π의 정수배를 무시했을 때만 유일하다는 문제가 있다. 그러나 주어진 z에 대해 θ의 선택을 고정할 수 있으며, z를 약간만 변화시키면 (θ가 z에 따라 연속적으로 변화해야 한다는 가정 하에) 대응되는 θ의 선택이 유일하게 결정된다. 따라서 로그를 **국소적으로** 명확히 정의할 수 있지만, **대역적으로** 정의할 수는 없다. 예를 들어 z가 1에서 시작하여 원점을 중심으로 돌고 1로 돌아오면 로그값은 원래 값이 아니라 $2\pi i$의 정수배만큼 차이가 난다. 따라서 로그함수는 **하나의 함숫값**을 가지지 않는다. 로그함수를 일가함수로 이해하려면 정의역을 제한해야 한다. 이것이 소위 말하는 로그함수의 **가지(branch)** 또는 **잎(sheet)**의 선택이다.

단순연결 영역에 관한 논의로부터 자연스럽게 로그함수의 가지를 대역적으로 정의할 수 있다.

정리 6.1 Ω가 $1 \in \Omega$이며 $0 \notin \Omega$인 단순연결집합이라고 가정하자. 그럼 Ω 안에서 다음을 만족하는 로그함수의 가지 $F(z) = \log_{\Omega}(z)$가 존재한다.

(1) F는 Ω에서 복소해석적이다.

(2) 모든 $z \in \Omega$에 대해 $e^{F(z)} = z$이다.

(3) r이 실수이며 1 근방에 위치할 때 $F(r) = \log r$이다.

7 표준 로그는 초등 미분적분학에서 학습한 양수에 대한 자연로그를 의미한다.

다시 말해 각각의 가지 $\log_\Omega(z)$는 양수에서 정의된 표준 로그함수의 확장이다.

증명

(1) 함수 $1/z$의 원시함수로서 F를 구성할 것이다. $0 \notin \Omega$이므로 함수 $f(z) = 1/z$은 Ω에서 복소해석적이다. F를

$$\log_\Omega(z) = F(z) = \int_\gamma f(w)\,dw$$

와 같이 정의하자. 여기서 γ는 1과 z를 잇는 Ω의 임의의 곡선이다. Ω가 단순연결집합이므로 이 정의는 곡선의 선택에 무관하다. 정리 5.2의 증명과 같이 논증하면 F는 복소해석적이며 모든 $z \in \Omega$에 대해 $F'(z) = 1/z$임을 알 수 있다.

(2) $ze^{-F(z)} = 1$임을 보이면 충분하다. 이를 보이기 위해 좌변을 미분하면

$$\frac{d}{dz}(ze^{-F(z)}) = e^{-F(z)} - zF'(z)e^{-F(z)} = (1 - zF'(z))e^{-F(z)} = 0$$

을 얻는다. Ω는 연결집합이므로 1장 따름정리 3.4에 의해 $ze^{-F(z)}$은 상수다. 이 식에 $z = 1$을 대입하면 $F(1) = 0$이므로 이 상수는 1이어야 함을 알 수 있다.

(3) r이 실수이며 1에 가까우면 1과 r을 잇는 실수축 위의 선분을 택하여

$$F(r) = \int_1^r \frac{dx}{x} = \log r$$

이 성립하게 할 수 있다. 이는 표준 로그함수에 대한 공식에 의한 결과다. ◀

예를 들어 길게 잘린 평면 $\Omega = \mathbb{C} - \{(-\infty, 0]\}$에는 로그함수의 **주요 가지(principal branch)**

$$\log z = \log r + i\theta$$

가 존재한다. 이때 $z = re^{i\theta}$이며 $|\theta| < \pi$이다.[8] 이를 증명하기 위해 그림 8과 같은 γ에서의 경로적분을 이용한다.

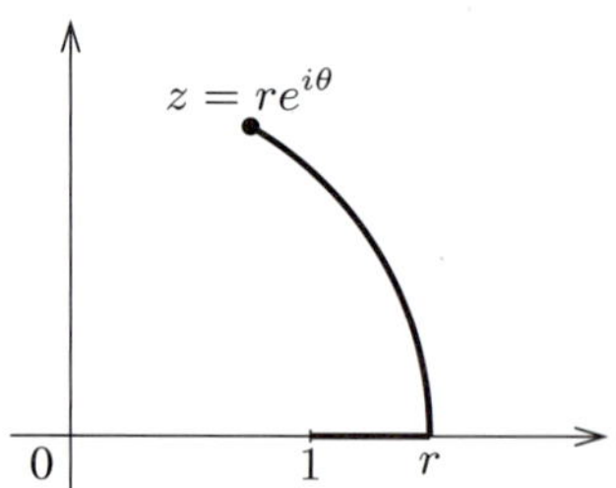

[그림 8] 로그함수의 주요 가지에 대한 적분 경로

8 여기서는 아래 첨자 Ω를 빼고 간단히 $\log z$로 썼다.

$z = re^{i\theta}$ 이고 $|\theta| < \pi$ 이면 이 경로는 1에서 r까지의 선분과 r에서 z까지의 호 η로 이루어진다. 그러면

$$\begin{aligned}\log z &= \int_1^r \frac{dx}{x} + \int_\eta \frac{dw}{w} \\ &= \log r + \int_0^\theta \frac{ire^{it}}{re^{it}}\, dt \\ &= \log r + i\theta\end{aligned}$$

가 성립한다. 실변수 로그함수에 대하여 성립하는 등식 $\log(z_1 z_2) = \log z_1 + \log z_2$가 복소 로그함수에 대해서는 성립하지 않을 수도 있다. 예를 들어 $z_1 = e^{2\pi i/3} = z_2$이면 로그함수의 주요 가지에 대해

$$\log z_1 = \log z_2 = \frac{2\pi i}{3}$$

가 성립한다. 그러나 $z_1 z_2 = e^{-2\pi i/3}$ 이므로

$$-\frac{2\pi i}{3} = \log(z_1 z_2) \neq \log z_1 + \log z_2$$

를 얻는다.

마지막으로 로그함수의 주요 가지에 대해 테일러 전개

$$\log(1+z) = z - \frac{z^2}{2} + \frac{z^3}{3} - \cdots = -\sum_{n=1}^{\infty} (-1)^n \frac{z^n}{n} \quad (\text{단},\ |z| < 1) \tag{3.6}$$

이 성립한다. 실제로 양변을 미분하면 $1/(1+z)$로 같으므로 양변은 상수만큼 차이가 난다. $z = 0$에서 양변은 모두 0과 같으므로 이 상수는 0이어야 하고 따라서 원하던 테일러 전개를 증명했다.

단순연결 영역에서 로그함수를 정의했으므로 이제 모든 $\alpha \in \mathbb{C}$에 대해 지수함수 z^α을 정의할 수 있다. Ω가 $1 \in \Omega$이고 $0 \notin \Omega$인 단순연결집합일 때, 위와 같이 $\log 1 = 0$인 로그함수의 가지를 택하고

$$z^\alpha = e^{\alpha \log z}$$

과 같이 정의한다. $1^\alpha = 1$이며 $\alpha = 1/n$이면

$$(z^{1/n})^n = \prod_{k=1}^{n} e^{\frac{1}{n}\log z} = e^{\sum_{k=1}^{n} \frac{1}{n}\log z} = e^{\frac{n}{n}\log z} = e^{\log z} = z$$

가 성립한다. 모든 0이 아닌 복소수 w는 $w = e^z$과 같이 쓸 수 있음을 알고 있다. 이 사실의 일반화는 다음과 같으며 f가 0이 되지 않을 때 $\log f(z)$의 존재성을 다룬다.

정리 6.2 함수 f가 단순연결 영역 Ω에서 해석적이고 또한 0이 되지 않으면, Ω에서 해석적이고

$$f(z) = e^{g(z)}$$

을 만족시키는 함수 g가 존재한다.

정리 6.2에서 함수 $g(z)$는 $\log f(z)$로 나타낼 수 있으며 로그함수의 **가지**를 결정한다.

증명

Ω의 점 z_0를 고정하고 함수 g를

$$g(z) = \int_\gamma \frac{f'(w)}{f(w)}\, dw + c_0$$

와 같이 정의하자. 여기서 γ는 Ω에서 z_0와 z를 잇는 임의의 경로이며 c_0는 $e^{c_0} = f(z_0)$인 복소수다. Ω가 단순연결집합이므로 이 정의는 경로 γ에 무관하다. 2장 정리 2.1의 증명과 같이 논증하여 g는 복소해석적이며

$$g'(z) = \frac{f'(z)}{f(z)}$$

가 성립함을 알 수 있다. 또한 간단하게 계산해서

$$\frac{d}{dz}(f(z)e^{-g(z)}) = 0$$

을 알 수 있다. 따라서 $f(z)e^{-g(z)}$은 상수다. z_0를 대입하면 $f(z_0)e^{-c_0} = 1$이다. 이제 모든 $z \in \Omega$에 대해 $f(z) = e^{g(z)}$이므로, 증명을 마무리한다. ◀

7 푸리에 급수와 조화함수

이제 원에 정의된 함수의 푸리에 급수와 원판에서 해석적인 함수의 멱급수 전개 사이에 단순하고 직접적인 관계가 있음을 알아보자. 이는 4장에서 실직선의 푸리에 해석과 복소함수론 사이에 몇몇 흥미로운 연관성이 있음을 살펴보는 데 부분적으로 동기를 부여한다.

f가 원판 $D_R(z_0)$에서 복소해석적이며, f는 이 원판에서 수렴하는 멱급수 전개

$$f(z) = \sum_{n=0}^{\infty} a_n (z - z_0)^n$$

을 가진다고 가정하자.

정리 7.1 f의 멱급수 전개를 생각하자.

- 모든 $n \geq 0$과 $0 < r < R$에 대해 계수는

$$a_n = \frac{1}{2\pi r^n} \int_0^{2\pi} f(z_0 + re^{i\theta}) e^{-in\theta}\, d\theta$$

와 같이 주어진다.

- $n < 0$이면 계수는

$$0 = \frac{1}{2\pi r^n} \int_0^{2\pi} f(z_0 + re^{i\theta}) e^{-in\theta}\, d\theta$$

이다.

증명

$f^{(n)}(z_0) = a_n n!$이므로 코시 적분 공식에 의해

$$a_n = \frac{1}{2\pi i} \int_\gamma \frac{f(\zeta)}{(\zeta - z_0)^{n+1}}\, d\zeta$$

를 얻는다. 여기서 γ는 양의 방향을 가지며 z_0를 중심으로 하고 반지름 길이가 $0 < r < R$인 원이다. 이 원의 매개화로 $\zeta = z_0 + re^{i\theta}$을 택하면 $n \geq 0$에 대해

$$\begin{aligned} a_n &= \frac{1}{2\pi i} \int_0^{2\pi} \frac{f(z_0 + re^{i\theta})}{(z_0 + re^{i\theta} - z_0)^{n+1}} rie^{i\theta}\, d\theta \\ &= \frac{1}{2\pi r^n} \int_0^{2\pi} f(z_0 + re^{i\theta}) e^{-i(n+1)\theta} e^{i\theta}\, d\theta \\ &= \frac{1}{2\pi r^n} \int_0^{2\pi} f(z_0 + re^{i\theta}) e^{-in\theta}\, d\theta \end{aligned}$$

가 성립함을 알 수 있다. $n < 0$일 때도 위의 계산을 통해 항등식

$$\frac{1}{2\pi r^n} \int_0^{2\pi} f(z_0 + re^{i\theta}) e^{-in\theta}\, d\theta = \frac{1}{2\pi i} \int_\gamma \frac{f(\zeta)}{(\zeta - z_0)^{n+1}}\, d\zeta$$

가 여전히 성립함을 보일 수 있다.

$-n > 0$이므로 함수 $f(\zeta)(\zeta - z_0)^{-n-1}$은 원판에서 복소해석적이고, 코시 정리에 의해 우변의 적분은 0이다. ◀

이 결과를 다음과 같이 받아들일 수 있다. 함수 f가 중심이 z_0이고 반지름이 r인 원판의 폐포에서 해석적일 때, 이 함수를 원판의 둘레로 제한하여 얻은 함수 $f(z_0 + re^{i\theta})$의 n번째 푸리에 계수는 $n < 0$이면 0이고 $n \geq 0$이면 f의 z_0를 중심으로 한 멱급수 전개에서 n번째 계수와 (r^n이라는 인수를 무시하면) 같다. 이처럼 한쪽 방향의 푸리에 계수가 모두 0이라는 성질 역시 해석적 함수의 주요 특징 중 하나다.

다음으로 $a_0 = f(z_0)$이므로 따름정리 7.2를 얻는다.

따름정리 7.2 평균값 성질(mean-value property)

f가 원판 $D_R(z_0)$에서 복소해석적이면 임의의 $0 < r < R$에 대해

$$f(z_0) = \frac{1}{2\pi} \int_0^{2\pi} f(z_0 + re^{i\theta})\, d\theta$$

가 성립한다.

양변에서 실수부를 취하면 다음 결과를 얻는다.

따름정리 7.3 f가 원판 $D_R(z_0)$에서 복소해석적이고 $u = \mathrm{Re}(f)$일 때, 임의의 $0 < r < R$에 대해

$$u(z_0) = \frac{1}{2\pi} \int_0^{2\pi} u(z_0 + re^{i\theta})\, d\theta$$

가 성립한다.

f가 복소해석적일 때 u는 조화함수이며, 실제로 따름정리 7.3의 결과는 원판 $D_R(z_0)$의 모든 조화함수가 보이는 성질이다. 2장 연습문제 12에 따르면 원판의 모든 조화함수는 그 원판에서 복소해석적인 함수의 실수부이므로, 이로부터 알 수 있다.

연습문제

1. 오일러 공식

$$\sin \pi z = \frac{e^{i\pi z} - e^{-i\pi z}}{2i}$$

을 이용하여 $\sin \pi z$는 정확히 모든 정수에서 단근을 가짐을 보여라. 또한 $z = n \in \mathbb{Z}$에서의 $1/\sin \pi z$의 유수를 계산하라.

2. 적분 $\displaystyle\int_{-\infty}^{\infty} \frac{dx}{1+x^4}$를 계산하라. $1/(1+z^4)$는 어디에서 극을 가지는가?

3. $a > 0$일 때 $\displaystyle\int_{-\infty}^{\infty} \frac{\cos x}{x^2+a^2}\, dx = \pi \frac{e^{-a}}{a}$이 성립함을 보여라.

4. $a > 0$일 때 $\displaystyle\int_{-\infty}^{\infty} \frac{x \sin x}{x^2+a^2}\, dx = \pi e^{-a}$이 성립함을 보여라.

5. 경로적분을 이용하여 모든 실수 ξ에 대해 $\displaystyle\int_{-\infty}^{\infty} \frac{e^{-2\pi i x \xi}}{(1+x^2)^2}\, dx = \frac{\pi}{2}(1+2\pi|\xi|)e^{-2\pi|\xi|}$이 성립함을 보여라.

6. $n \geq 1$에 대해 $\displaystyle\int_{-\infty}^{\infty} \frac{dx}{(1+x^2)^{n+1}} = \frac{1 \cdot 3 \cdot 5 \cdots (2n-1)}{2 \cdot 4 \cdot 6 \cdots (2n)} \cdot \pi$가 성립함을 보여라.

7. $a > 1$일 때 $\displaystyle\int_{0}^{2\pi} \frac{d\theta}{(a+\cos\theta)^2} = \frac{2\pi a}{(a^2-1)^{3/2}}$임을 증명하라.

8. $a, b \in \mathbb{R}$이고 $a > |b|$이면 $\displaystyle\int_{0}^{2\pi} \frac{d\theta}{a + b\cos\theta} = \frac{2\pi}{\sqrt{a^2-b^2}}$가 성립함을 증명하라.

9. $\int_0^1 \log(\sin \pi x)\, dx = -\log 2$ 임을 보여라.

힌트 그림 9의 경로를 이용하라.

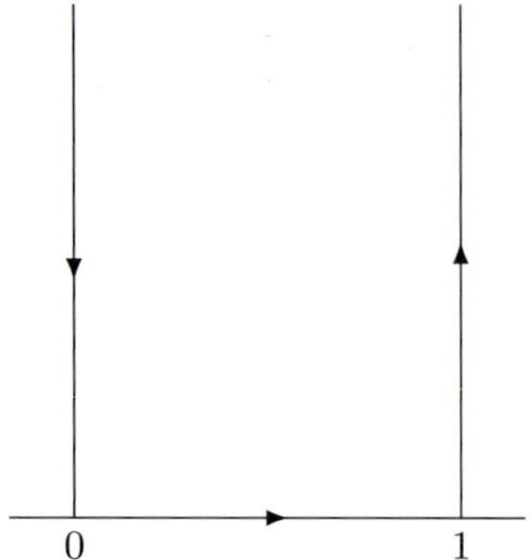

[그림 9] 연습문제 9의 경로

10. $a > 0$ 이면 $\int_0^\infty \frac{\log x}{x^2 + a^2}\, dx = \frac{\pi}{2a} \log a$ 가 성립함을 보여라.

힌트 그림 10의 경로를 이용하라.

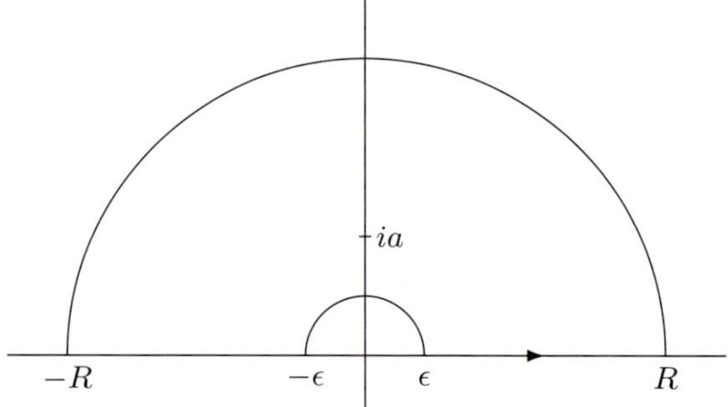

[그림 10] 연습문제 10의 경로

11. $|a| < 1$ 이면 $\int_0^{2\pi} \log|1 - ae^{i\theta}|\, d\theta = 0$ 이 성립함을 보여라. 그런 다음, $|a| \le 1$ 을 가정해도 이 식이 참임을 증명하라.

12. u 는 정수가 아니라고 가정하자. 원 $|z| = R_N = N + 1/2$ (N 은 $N \ge |u|$ 인 정수)에서

$$f(z) = \frac{\pi \cot \pi z}{(u + z)^2}$$

를 적분하고, 원 내부에서 f 의 유수를 더하고 N 을 무한대로 보내어

$$\sum_{n=-\infty}^{\infty} \frac{1}{(u+n)^2} = \frac{\pi^2}{(\sin \pi u)^2}$$

을 증명하라.

노트 『STEIN 푸리에 해석학』에서는 푸리에 급수를 이용하여 두 가지 다른 방법으로 이 항등식을 유도했다.

13. $f(z)$가 구멍난 원판 $D_r(z_0) - \{z_0\}$에서 복소해석적이라고 가정하자. 또한 적당한 $\epsilon > 0$과 z_0 근방의 모든 z에 대해

$$|f(z)| \le A|z - z_0|^{-1+\epsilon}$$

이 성립한다고 가정하자. z_0에서 f는 제거가능한 특이점을 가짐을 보여라.

14. 전체에서 복소해석적이며 단사인 함수는 항상 $f(z) = az + b$ ($a, b \in \mathbb{C}$이며 $a \neq 0$) 꼴임을 증명하라.

힌트 $f(1/z)$에 카소라티-바이어슈트라스 정리(정리 3.3)를 적용하고 정리 4.4를 이용하라.

15. 코시 부등식이나 최대절댓값원리를 이용하여 다음 문제를 해결하라.

(a) f가 전체에서 해석적이며 모든 $R > 0$과 적당한 정수 $k \ge 0$ 및 적당한 상수 $A, B > 0$에 대해 부등식

$$\sup_{|z|=R} |f(z)| \le AR^k + B$$

를 만족하면 f는 차수가 k보다 작거나 같은 다항함수임을 증명하라.

(b) f가 단위원판에서 복소해석적이고 유계이며 부채꼴 $\theta < \arg z < \varphi$에서 $|z| \to 1$일 때 0으로 균등 수렴하면, $f = 0$임을 보여라.

(c) $w_1, \cdots, w_n$을 복소평면의 단위원 위의 점이라고 하자. 점 $w_j (1 \le j \le n)$에서 z까지의 거리의 곱이 1보다 크거나 같게 되는 단위원 위의 점 z가 존재함을 증명하라. 이로부터 점 $w_j (1 \le j \le n)$에서 w까지의 거리의 곱이 정확히 1과 같게 되는 단위원 위의 점 w가 존재함을 보여라.

(d) 전해석함수 f의 실수부가 유계이면 f는 상수함수임을 보여라.

16. f와 g가 원판 $|z| \le 1$을 포함하는 영역에서 복소해석적이라고 가정하자. f는 $z = 0$에서 단근을 가지며 그밖의 $|z| \le 1$에서는 0이 되지 않는다고 가정하자. f_ϵ을

$$f_\epsilon(z) = f(z) + \epsilon g(z)$$

와 같이 정의한다. ϵ이 충분히 작을 때 다음을 보여라.

(a) $f_\epsilon(z)$는 $|z| \leq 1$에서 유일한 영점을 가진다.

(b) (a)의 유일한 영점을 z_ϵ이라고 하면, 함수 $\epsilon \mapsto z_\epsilon$는 연속함수다.

17. f는 상수함수가 아니며 닫힌 단위원판을 포함하는 열린 집합에서 복소해석적이라고 하자. 다음 물음에 답하라.

(a) $|z| = 1$이면 항상 $|f(z)| = 1$일 때, f의 상은 단위원판을 포함함을 보여라.

힌트 먼저 $f(z) = w_0$는 모든 $w_0 \in \mathbb{D}$에 대해 해를 가짐을 보여야 한다. 이를 보이려면 $f(z) = 0$이 해를 가짐을 보이면 충분하다. (왜 그런가?) 이제 최대절댓값원리를 이용하여 증명을 마무리하라.

(b) $|z| = 1$이면 항상 $|f(z)| \geq 1$이며 $|f(z_0)| < 1$인 점 $z_0 \in \mathbb{D}$가 존재할 때, f의 상은 단위원판을 포함함을 보여라.

18. 곡선의 연속변형을 이용하여 코시 적분 공식

$$f(z) = \frac{1}{2\pi i}\int_C \frac{f(\zeta)}{\zeta - z}\, d\zeta$$

를 다르게 증명하라.

힌트 원 C를 z를 중심으로 하는 작은 원으로 변형하고, 몫 $(f(\zeta) - f(z))/(\zeta - z)$가 유계임에 주목한다.

19. 다음 물음에 답하여 조화함수에 대한 최댓값원리를 증명하라.

(a) u가 상수함수가 아니며 영역 Ω에서 실숫값을 가지는 조화함수이면 u는 Ω 안에서 최댓값(또는 최솟값)을 가질 수 없음을 보여라.

힌트 u가 z_0에서 극댓값을 가진다고 가정한다. f가 $u = \mathrm{Re}(f)$이며 z_0 근방에서 복소해석적이라고 하고, f는 열린 사상이 아님을 보여라.

(b) 실숫값을 가지는 함수 u가 유계영역 Ω의 폐포에서 연속이고 Ω에서 조화함수이면

$$\sup_{z\in\Omega}|u(z)| \leq \sup_{z\in\overline{\Omega}-\Omega}|u(z)|$$

가 성립함을 보여라.

힌트 (a)로부터 바로 알 수 있다.

20. 이 연습문제는 **평균제곱수렴성**(mean square convergence)이 해석적 함수의 **균등 수렴성**(uniform convergence)을 어떤 방식으로 지배(dominate)하는지 설명해 준다. U가 $\mathbb{C}$의 열린 부분집합일 때, 평균제곱노름과 최소상계노름을 각각 다음과 같이 표기한다.

- **평균제곱노름** : $\|f\|_{L^2(U)} = \left(\int_U |f(z)|^2\, dxdy\right)^{1/2}$
- **최소상계노름** : $\|f\|_{L^\infty(U)} = \sup_{z\in U} |f(z)|$

다음 물음에 답하라.

(a) $0 < s < r$에 대해 (s와 r에 의존하는) 양수 C가 존재하여, 닫힌 원판 $\overline{D_r(z_0)}$의 근방에서 해석적인 임의의 함수 f에 대해 부등식

$$\|f\|_{L^\infty(D_s(z_0))} \le C\|f\|_{L^2(D_r(z_0))}$$

가 성립함을 보여라.

(b) $\{f_n\}$이 평균제곱노름 $\|\cdot\|_{L^2(U)}$에 대해 코시 복소해석적 함수열이면, 함수열 $\{f_n\}$은 U의 콤팩트 부분집합에서 항상 균등 수렴함을 증명하라.

힌트 평균값 성질을 사용하라.

21. 특정 집합은 단순연결집합임을 보장하는 기하학적 성질을 가진다. 다음 물음에 답하라.

(a) Ω의 임의의 두 점에 대해 이 둘을 잇는 선분이 Ω에 포함될 때, 열린 집합 $\Omega \subset \mathbb{C}$는 **볼록 집합(convex set)**이라고 한다. 열린 볼록 집합은 단순연결집합임을 증명하라.

(b) 더 일반적으로, 임의의 $z \in \Omega$에 대해 z와 z_0를 잇는 선분이 Ω에 포함되게 하는 점 $z_0 \in \Omega$가 존재하면 열린 집합 $\Omega \subset \mathbb{C}$는 **별모양 집합(star-shaped set)**이라고 한다. 열린 별모양 집합은 단순연결집합임을 증명하라. 따라서 길게 잘린 집합 $\mathbb{C} - \{(-\infty, 0]\}$ (그리고 일반적으로 모든 부채꼴은 볼록하든 그렇지 않든) 단순연결집합이다.

(c) 단순연결집합인 열린 집합의 다른 예는 무엇인가?

22. 단위원판 $\mathbb{D}$에서 복소해석적이며 $z \in \partial\mathbb{D}$에 대해 $f(z) = 1/z$이 되도록 $\partial\mathbb{D}$로 연속적으로 확장되는 함수 f는 없음을 보여라.

심화문제

*1. $f(0) = 0$이며 단위원판에서 복소해석적인 함수 $f : \mathbb{D} \to \mathbb{C}$를 생각하자. 열린 사상정리에 의해 상 $f(\mathbb{D})$는 원점을 중심으로 하는 작은 원판을 포함한다. 이제 다음 질문을 생각해 보자.

> $f(0) = 0$인 **모든** $f : \mathbb{D} \to \mathbb{C}$에 대해 $D_r(0) \subset f(\mathbb{D})$이 되게 하는 $r > 0$이 존재하는가?

(a) f에 대한 추가 제한이 없다면 그런 r이 존재하지 않음을 보여라. $\mathbb{D}$에서 복소해석적이며 $1/n \notin f(\mathbb{D})$인 함수열 $\{f_n\}$을 찾으면 충분하다. $f_n'(0)$을 계산하고, 이에 대해 논하라.

(b) f는 또한 $f'(0) = 1$을 만족한다고 추가로 가정하자. 이렇게 새로운 가정을 추가해도 원하는 조건을 만족하는 $r > 0$이 존재하지 않음을 보여라.

힌트 $f_\epsilon(z) = \epsilon(e^{z/\epsilon} - 1)$로 두고 시도하라.

쾨베–비버바흐 정리(Koebe–Bieberbach theorem)에 따르면 추가로 $f(0) = 0$이고 $f'(0) = 1$이며 또한 f가 단사함수라고 가정하면 그러한 r이 존재하며 가능한 최선의 값은 $r = 1/4$이다.

(c) 첫 단계로 $h(z) = \dfrac{1}{z} + c_0 + c_1 z + c_2 z^2 + \cdots$이 $0 < |z| < 1$에 대해 해석적이며 단사일 때 $\displaystyle\sum_{n=1}^{\infty} n|c_n|^2 \le 1$임을 보여라.

(d) $f(z) = z + a_2 z^2 + \cdots$이 정리의 가정을 만족할 때, 정리의 가정을 만족하면서 $g^2(z) = f(z^2)$인 또 다른 함수 g가 존재함을 보여라.

힌트 $f(z)/z$는 모든 곳에서 0이 아니므로 $\psi^2(z) = f(z)/z$이며 $\psi(0) = 1$인 ψ가 존재한다. $g(z) = z\psi(z^2)$이 단사함수인지 확인하라.

(e) 앞선 표기법을 따를 때, $|a_2| \le 2$임을 보여라. 또한 등호가 성립하기 위한 필요충분조건은 어떤 $\theta \in \mathbb{R}$에 대해 f가 $f(z) = \dfrac{z}{(1 - e^{i\theta} z)^2}$와 같음을 보여라.

힌트 $1/g(z)$의 멱급수 전개는 어떠한가? (c)를 이용하라.

(f) $h(z) = \dfrac{1}{z} + c_0 + c_1 z + c_2 z^2 + \cdots$이 $\mathbb{D} \setminus \{0\}$에서 단사함수이며 z_1과 z_2가 h의 치역의 원소가 아닐 때, $|z_1 - z_2| \le 4$임을 보여라.

힌트 $1/(h(z) - z_j)$의 멱급수 전개에서 두 번째 계수를 살펴보라.

(g) 정리의 증명을 마무리하라.

힌트 w가 f의 함숫값이 될 수 없다면 0과 $1/w$은 $1/f$의 함숫값이 될 수 없다.

2. u가 단위원판에서 조화함수이며 그 폐포에서 연속이라고 하자. $z_0 = 0$인 특수한 경우(평균값정리)로부터 푸아송 적분 공식

$$u(z_0) = \frac{1}{2\pi}\int_0^{2\pi} \frac{1-|z_0|^2}{|e^{i\theta}-z_0|^2} u(e^{i\theta})\,d\theta \quad (\text{단, } |z_0|<1)$$

를 유도하라. $z_0 = re^{i\varphi}$이면

$$\frac{1-|z_0|^2}{|e^{i\theta}-z_0|^2} = \frac{1-r^2}{1-2r\cos(\theta-\varphi)+r^2} = P_r(\theta-\varphi)$$

가 성립함을 보여라. 이 식은 2장 연습문제에서 유도했던 푸아송 핵에 대한 식을 다시 유도한 결과다.

힌트 $u_0(z) = u(T(z))$라고 두자. 여기서 $T(z) = \dfrac{z_0 - z}{1-\overline{z_0}z}$이다. u_0가 조화함수임을 증명하라. 그런 다음 u_0에 대해 평균값정리를 적용하고 치환적분하라.

3. $f(z)$가 제거된 근방 $\{0<|z-z_0|<r\}$에서 복소해석적이며 z_0에서 k–중극을 가지면

$$f(z) = \frac{a_{-k}}{(z-z_0)^k} + \cdots + \frac{a_{-1}}{z-z_0} + g(z)$$

와 같이 쓸 수 있다. 여기서 g는 원판 $\{|z-z_0|<r\}$에서 복소해석적이다. 이러한 전개는 z_0가 본질적 특이점일 때도 성립하도록 일반화할 수 있다. 위와 같은 전개는 **로랑 급수 전개(Laurent series expansion)**의 특수한 경우이며, 로랑 급수 전개는 훨씬 더 일반적인 상황에서도 성립한다.

> f가 원환 $\{z : r_1 \le |z-z_0| \le r_2\}$ (단, $0<r_1<r_2$)를 포함하는 영역에서 복소해석적이라고 하자. 그러면 f는
>
> $$f(z) = \sum_{n=-\infty}^{\infty} a_n (z-z_0)^n$$
>
> 과 같은 급수 전개를 가지며 여기서 급수는 원환 내부에서 절대수렴한다.

이를 증명하려면

$$f(z) = \frac{1}{2\pi i}\int_{C_{r_2}} \frac{f(\zeta)}{\zeta - z}\,d\zeta - \frac{1}{2\pi i}\int_{C_{r_1}} \frac{f(\zeta)}{\zeta - z}\,d\zeta \quad (\text{단, } r_1 < |z-z_0| < r_2)$$

와 같이 쓰고 2장 정리 4.4의 증명과 같이 논증하면 충분하다. 여기서 C_{r_1}과 C_{r_2}는 원환의 경계를 이루는 원이다.

*4. Ω가 유계인 영역이고 L이 Ω와 교차하는 직선이며, $\Omega \cap L$이 선분 I라고 가정하자. L에 대한 방향을 선택하면 각각 L의 왼쪽과 오른쪽에 놓이는 Ω의 부분영역 Ω_l과 Ω_r를 정의할 수 있다. 이때 $\Omega = \Omega_l \cup I \cup \Omega_r$은 서로소인 합집합이다. Ω_l과 Ω_r이 단순연결집합이면 Ω도 단순연결집합임을 증명하라.

*5. 함수 g를

$$g(z) = \frac{1}{2\pi i} \int_{-M}^{M} \frac{h(x)}{x - z}\, dx$$

와 같이 정의하자. 여기서 h는 연속이며 $[-M, M]$에서 받침(support)[9]을 가진다. 다음 물음에 답하라.

(a) 함수 g는 $\mathbb{C} - [-M, M]$에서 복소해석적이며 무한대에서 0이 됨$\left(\lim_{|z| \to \infty} |g(z)| = 0 \right)$을 증명하라. 또한 $[-M, M]$에 걸친 g의 **도약**(jump)이 h임을 보여라. 다시 말해

$$h(x) = \lim_{\epsilon \to 0, \epsilon > 0} g(x + i\epsilon) - g(x - i\epsilon)$$

을 보여라.

힌트 $g(x + i\epsilon) - g(x - i\epsilon)$을 h와 푸아송 핵의 합성곱으로 나타내라.

(b) h가 약한 매끄러움 조건을 가진다고 하자. 예를 들어 h가 α–횔더연속일 때, 다시 말해 어떤 $C > 0$와 모든 $x, y \in [-M, M]$에 대해 $|h(x) - h(y)| \le C|x - y|^{\alpha}$일 때, $g(x + i\epsilon)$과 $g(x - i\epsilon)$은 $\epsilon \to 0$일 때 $g_+(x)$와 $g_-(x)$로 균등 수렴함을 보여라. 그런 다음, g를 (i)~(iii)를 만족하는 유일한 복소해석적 함수로 특성화할 수 있음을 보여라.

(i) g는 $[-M, M]$ 바깥에서 복소해석적이다.

(ii) g는 무한대에서 0이 된다.

(iii) $g(x + i\epsilon)$과 $g(x - i\epsilon)$은 $\epsilon \to 0$일 때 함수 $g_+(x)$와 $g_-(x)$로 균등 수렴하며

$$g_+(x) - g_-(x) = h(x)$$

가 성립한다.

힌트 G가 이러한 조건을 만족하는 또 다른 함수라고 하면 $g - G$는 전해석적이다.

9 (옮긴이) support는 받침 또는 지지집합이라 표현한다.

4

푸리에 변환
The Fourier Transform

케임브리지 트리니티 대학의 연구원이자 메사추세츠 공과대학교, 하버드 대학교의 국제 연구원인 레이몬드 에드워드 앨런 크리스토퍼 페일리(Raymond Edward Alan Christopher Paley)가 1993년 4월 7일 앨버타주 밴프 인근에서 스키를 타던 중 눈사태로 사망했다. 페일리는 약관 26세에도 불구하고 G. H. 하디(G. H. Hardy)와 J. E. 리틀우드(J. E. Littlewood)의 천재성에 고무된 젊은 영국 수학자들 가운데 최고로 인정받았다. 뛰어난 기법으로 이름난 모임에서조차 페일리보다 더 높은 수준으로 기법을 발전시킨 수학자가 없었다. 그렇지만 페일리를 단순히 기법만 뛰어난 사람으로 보아서는 안 된다. 그는 이러한 능력과 함께 최고 수준의 창의력을 겸비했기 때문이다. 페일리가 곧잘 말했듯이, **럭비 전술**[1]이 결여된 기법에는 한계가 있다. 페일리는 이들 럭비 전술을 자신의 솔직하고 강건한 천성에 걸맞은 수준까지 추구했다. 페일리는 친구들을 사귀고 공동연구를 하는 데 비범한 역량을 갖췄으며, 공동연구 구성원들이 의견을 끊임없이 교환한다면 단독연구에 비해 더 큰 성취를 이룬다고 믿었다. 상대를 가리지 않고 공동연구를 잘 수행하는 사람은 흔치 않다. 그러나 페일리는 리틀우드, 폴리아(Pólya), 지그문트(Zygmund), 위너(Wiener)를 포함하는 다수의 수학자와 성공적으로 협업했다.

N. 위너(*N. Wiener*), 1933

적절한 정칙성(regularity)과 감쇄 조건(decay condition)을 만족하는 $\mathbb{R}$의 함수 f에 대하여 f의 푸리에 변환을

$$\hat{f}(\xi) = \int_{-\infty}^{\infty} f(x)e^{-2\pi ix\xi}\,dx \quad (\text{단, } \xi \in \mathbb{R})$$

와 같이 정의한다. 이 변환에 대응하는 푸리에 역변환 공식은

$$f(x) = \int_{-\infty}^{\infty} \hat{f}(\xi)e^{2\pi ix\xi}\,d\xi \quad (\text{단, } x \in \mathbb{R})$$

와 같다.

『STEIN 푸리에 해석학』을 통하여 알 수 있듯이, (d차원을 포함하여) 푸리에 변환은 해석학에서 기본적인 역할을 한다. 1차원 푸리에 변환 이론과 복소해석학 사이에는 밀접한 관계가 있는데, 이 관계는 우리에게 유익한 시사점을 제공한다. 대략 표현하자면 이렇다. 실직선에 정의된 함수 f를 해석적 함수로 확장할 수 있으려면 변수의 절댓값이 무한대로 감에 따라 푸리에 변환 $\hat{f}$이 매우 빠르게 (이를테면 지수함수처럼) 0으로 수렴해야 한다는 것이다. 이 내용을 두 단계에 걸쳐서 살펴보려고 한다.

1 (감수자) 2020 도쿄 올림픽에 출전한 한국 럭비팀 주장 박완용에 따르면 럭비는 레슬링, 축구, 핸드볼, 육상 등이 결합된 경기다. 위너는 '수학 문제를 접근할 때 적용할 수 있는 모든 기법을 (기법의 난이도에 상관없이) 모두 동원할 수 있는 태도'를 럭비 전술에 비유한 것으로 보인다.

먼저 f가 실수축을 포함하는 수평띠에서 해석적이 되도록 확장할 수 있으며, 무한대에서 **적당히 감소**(moderate decrease)[2]하여 푸리에 변환 $\hat{f}$을 정의하는 적분이 수렴한다는 가정 하에 $\hat{f}$이 무한대에서 지수적으로 감소한다는 결론을 얻는다. 또한 논의하는 과정에서 푸리에 역변환 공식도 바로 얻는다. 이를 바탕으로 푸아송 합 공식(Poisson summation formula)인

$$\sum_{n\in\mathbb{Z}} f(n) = \sum_{n\in\mathbb{Z}} \hat{f}(n)$$

도 쉽게 얻을 수 있다. 놀랍게도 이러한 정리는 모두 경로적분에 대한 멋진 결과다.

두 번째 단계에서는 f가 해석적이라는 가정 없이 f와 $\hat{f}$이 모두 적당히 감소한다고 가정한다. 이 가정 때문에 푸리에 역변환 공식이 성립하는데 여기가 출발점이다. 그 다음 간단하지만 자연스러운 질문을 생각해 보자. f의 푸리에 변환이 유계 구간($[-M, M]$이라 하자)에서 지지되기(supported) 위한 조건(즉 구간 바깥에서 항등적으로 0이 되기 위한 조건)은 무엇일까? 이러한 기본적인 질문은 복소해석학과 전혀 관계없어 보이지만, 함수 f의 복소해석적 성질로서만 답할 수 있다. 페일리–위너 정리(Paley–Wiener theorem)에 따르면 그 조건은 f가 전해석함수로 확장되며 적당한 양수 A에 대하여

$$|f(z)| \le Ae^{2\pi M|z|}$$

와 같은 증가 조건을 만족시켜야 한다. 이러한 증가 조건을 만족하는 전해석함수를 **지수함수 꼴(exponential type)**이라고 한다.

$\hat{f}$이 콤팩트 집합 바깥에서 항등적으로 0이라는 조건은 무한대에서 감쇄하는 성질의 극단적인 형태로 볼 수 있으므로 위 정리는 앞서 설명한 주제의 맥락에 분명히 부합한다.

이러한 모든 문제에서 결정적인 기법은 수평띠의 경계 내에서 적분 경로를 실수축이 아닌 다른 곳으로 이동시키는 것이다. 그렇게 함으로써 z의 허수부가 0이 아닐 때 $e^{-2\pi iz\xi}$의 독특한 행동(special behavior)을 이용할 수 있다. 실제로 z가 실수일 때 이 지수함수는 유계인 채 진동하는 반면에, $\text{Im}(z) \neq 0$이면 $\xi\text{Im}(z)$가 음수인지 양수인지에 따라 지수적으로 감쇄하거나 지수적으로 증가할 것이다.

2 f가 연속이고 적당한 $A > 0$와 모든 $x \in \mathbb{R}$에 대해 $|f(x)| \le A/(1+x^2)$가 성립할 때, 함수 f가 **적당히 감소(moderate decrease)**한다고 한다. 이보다 더 제한적인 조건은 f가 시험함수(testing function)의 슈바르츠 공간인 $\mathcal{S}$에 속한다는 것이다. 이 조건은 $\hat{f}$이 $\mathcal{S}$에 속한다는 것을 함의한다. 자세한 내용은 『STEIN 푸리에 해석학』을 참조하라.

1 함수 모임 $\mathfrak{F}$

『STEIN 푸리에 해석학』에서 다루었던 푸리에 변환을 간단히 복습해 보자. 함수에 부여한 가장 약한 감쇄 조건은 적당한 감소(moderate decrease)다. f와 $\hat{f}$이 모든 $x, \xi \in \mathbb{R}$에 대해 두 조건

$$|f(x)| \leq \frac{A}{1+x^2}, \quad |\hat{f}(\xi)| \leq \frac{A'}{1+\xi^2}$$

을 만족한다는 가정 하에서 푸리에 역변환 공식과 푸아송 합 공식을 증명했다. 이때 A와 A'은 적당한 양의 상수다. 이러한 조건을 도입한 까닭은 상반평면에서 안정상태 열 방정식(steady state heat equation)에 대한 디리클레 문제의 해에서 기본 역할을 한 푸아송 핵

$$P_y(x) = \frac{1}{\pi}\frac{y}{y^2+x^2} \qquad (y > 0)$$

와 같은 다양한 사례 때문이었다. 이때 푸아송 핵의 푸리에 변환(Fourier transform)은 $\widehat{P_y}(\xi) = e^{-2\pi y|\xi|}$으로 주어졌음을 상기하라.

이제 우리가 설정한 목표인 복소해석학을 이용하여 푸리에 변환에 관한 정리를 증명하는 데 적합한 함수 집합을 소개하겠다. 이 집합은 우리가 염두에 둔 여러 중요한 응용 문제를 해결할 수 있을 만큼 충분히 크다.

각 $a > 0$마다 다음 두 조건을 만족하는 모든 함수 f의 집합을 $\mathfrak{F}_a$로 나타낸다.

(1) 함수 f는 수평띠 $S_a = \{z \in \mathbb{C} : |\mathrm{Im}(z)| < a\}$에서 복소해석적이다.

(2) 양수 A가 존재하여 모든 실수 x와 구간 $(-a, a)$에 속한 모든 y에 대해 부등식

$$|f(x+iy)| \leq \frac{A}{1+x^2}$$

가 성립한다.

다시 말해 $\mathfrak{F}_a$는 S_a에서 복소해석적이며 각 수평선 $\mathrm{Im}(z) = y$에서 $y \in (-a, a)$에 의존하지 않고 균등하게 적당한 감소를 보이는 함수의 모임이다. 예를 들어 $f(z) = e^{-\pi z^2}$은 모든 a에 대해 $\mathfrak{F}_a$에 속한다. 또한 함수

$$f(z) = \frac{1}{\pi}\frac{c}{c^2+z^2}$$

는 $z = \pm ci$에서 단극(simple pole)을 가지며 모든 $0 < a < c$에 대해 $\mathfrak{F}_a$에 속한다. 또 다른 예로는

$f(z) = 1/\cosh \pi z$를 생각할 수 있다. 이 함수는 $|a| < 1/2$일 때, $\mathfrak{F}_a$에 속한다. 이 함수와 그 기본 성질 중 하나는 이미 3장 2.1절 예제 3에서 다루었다.

또한 $f \in \mathfrak{F}_a$일 때, 코시 적분 공식을 이용하여 모든 n과 모든 $b \in (0, a)$에 대하여 $f^{(n)} \in \mathfrak{F}_b$가 성립함을 쉽게 보일 수 있다(연습문제 2 참고).

마지막으로 $f \in \mathfrak{F}$는 $f \in \mathfrak{F}_a$가 성립하도록 하는 양수 a가 존재함을 뜻한다.

비고 $A/(1+x^2)$의 감소 지수를 임의의 $\epsilon > 0$에 대해 $A/(1+|x|^{1+\epsilon})$로 바꾸어 '적당히 감소한다'는 조건을 다소 약화시킬 수 있다. 앞으로 소개할 결과 중 상당수는 이와 같이 조건을 약화시켰을 때에도 여전히 성립한다. 각자 확인해 보라.

2 $\mathfrak{F}$에서 푸리에 변환의 작용

여기서는 $\mathfrak{F}$에 속한 함수에 대해 푸리에 역변환 공식(Fourier inversion formula)과 푸아송 합 공식을 포함한 정리를 세 개 증명한다. 세 증명의 이면에는 같은 아이디어가 있다. 바로 경로적분이다. 따라서 『STEIN 푸리에 해석학』과 접근법이 다를 것이다.

정리 2.1 f가 $\mathfrak{F}_a$의 구성원이고 134쪽에 소개한 조건 (2)를 만족시킨다고 하면, 모든 $b \in [0, a)$와 모든 실수 ξ에 대하여 부등식 $|\hat{f}(\xi)| \le \pi A e^{-2\pi b|\xi|}$이 성립한다.

증명

$\hat{f}(\xi) = \int_{-\infty}^{\infty} f(x) e^{-2\pi i x \xi}\, dx$임을 기억하자. $b = 0$이면 $\hat{f}$은 유계다. 이는 $\hat{f}$을 정의하는 적분식과 f가 적당히 감소한다는 가정, 그리고 지수함수의 크기가 1을 넘지 못한다는 사실로부터 바로 알 수 있다.

이제 $0 < b < a$이고 $\xi > 0$임을 가정하자. 증명의 주된 단계는 적분 경로 구축인데, 실수축을 b만큼 아래로 이동시키는 것이다. 보다 정확하게는 그림 1의 경로와 함수 $g(z) = f(z)e^{-2\pi i z \xi}$을 생각한다.

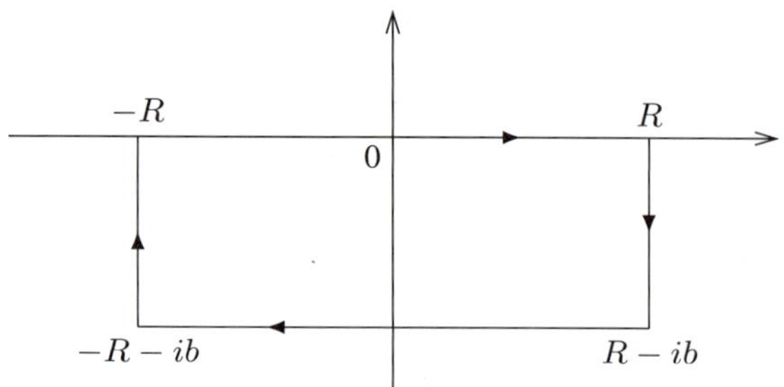

[그림 1] $\xi > 0$일 때 정리 2.1 증명에서의 경로

직사각형의 두 세로변을 따른 g의 적분값이 $R \to \infty$에 따라 0으로 수렴함을 보인다. 예를 들어 왼쪽 세로변에서의 적분은

$$\begin{aligned}\left|\int_{-R-ib}^{-R} g(z)\,dz\right| &\leq \int_0^b |f(-R-it)e^{-2\pi i(-R-it)\xi}|\,dt\\ &\leq \int_0^b \frac{A}{R^2}e^{-2\pi t\xi}\,dt\\ &= O(1/R^2)\end{aligned}$$

과 같이 추정할 수 있다.

위의 첫 번째 부등식 우변에 있는 $e^{2\pi iR}$의 절댓값이 R의 부호에 관계없이 1이므로 오른쪽 세로변에도 같은 논의가 적용된다. 따라서 큰 직사각형에 코시 정리를 적용하여 $R \to \infty$에 따른 극한을 취하면

$$\hat{f}(\xi) = \int_{-\infty}^{\infty} f(x-ib)e^{-2\pi i(x-ib)\xi}\,dx \tag{4.1}$$

가 성립함을 알 수 있다. 이를 바탕으로

$$|\hat{f}(\xi)| \leq \int_{-\infty}^{\infty} \frac{A}{1+x^2}e^{-2\pi b\xi}\,dx = \pi A e^{-2\pi b\xi}$$

과 같이 추정할 수 있다. $\xi < 0$인 경우, 이번에는 실수축을 b만큼 위로 이동시킨 뒤 비슷한 논증으로 정리의 증명을 마무리한다. ◀

이 결과에 따르면 $f \in \mathfrak{F}$일 때 $\hat{f}$이 무한대에서 급격하게 감쇄한다. f를 더 확장 가능할수록(즉, a가 더 클수록) b를 더 크게 택할 수 있으므로 더 나은 감쇄가 나타난다. 3절에서는 이 아이디어로 다시 돌아와서, $\hat{f}$이 최상의 감쇄 조건을 가지는 f에 대해 설명할 것이다. 바로 콤팩트 받침(compact support)이 되겠다.

$\hat{f}$이 $\mathbb{R}$에서 급격하게 감소하므로 푸리에 역변환 공식에서의 적분이 잘 정의된다. 이제 이 공식의 복소해석적인 증명을 다루어 보자.

정리 2.2 $f \in \mathfrak{F}$이면 푸리에 역변환 공식이 성립한다. 다시 말해 모든 $x \in \mathbb{R}$에 대해

$$f(x) = \int_{-\infty}^{\infty} \hat{f}(\xi) e^{2\pi i x \xi}\, d\xi$$

가 성립한다.

정리를 증명하려면 경로적분 외에도 간단한 항등식이 필요하다. 우선 이것부터 다루겠다.

보조정리 2.3 A가 양수이고 B가 임의의 실수일 때,

$$\int_0^{\infty} e^{-(A+iB)\xi}\, d\xi = \frac{1}{A+iB}$$

이 성립한다.

증명

$A > 0$이고 $B \in \mathbb{R}$이므로 $|e^{-(A+iB)\xi}| = e^{-A\xi}$이고, 따라서 보조정리 2.3의 적분은 수렴한다. 이상적분의 정의에 의해

$$\int_0^{\infty} e^{-(A+iB)\xi}\, d\xi = \lim_{R\to\infty} \int_0^{R} e^{-(A+iB)\xi}\, d\xi$$

가 성립한다. 그리고 이 식의 우변은

$$\int_0^{R} e^{-(A+iB)\xi}\, d\xi = \left[-\frac{e^{-(A+iB)\xi}}{A+iB} \right]_0^R$$

과 같다. 이는 R이 무한대로 갈 때 $1/(A+iB)$로 수렴한다. ◀

이제 역변환 공식을 증명하겠다.

정리 2.2의 증명

ξ의 부호가 중요하므로

$$\int_{-\infty}^{\infty} \hat{f}(\xi) e^{2\pi i x \xi}\, d\xi = \int_{-\infty}^{0} \hat{f}(\xi) e^{2\pi i x \xi}\, d\xi + \int_0^{\infty} \hat{f}(\xi) e^{2\pi i x \xi}\, d\xi$$

와 같이 쓰면서 증명을 시작한다.

두 번째 적분은 다음과 같이 논증한다. $f \in \mathfrak{F}_a$ 라 하고 $0 < b < a$를 택한다. 정리 2.1의 증명처럼 논증하거나, 단순히 등식 (4.1)을 이용하면

$$\hat{f}(\xi) = \int_{-\infty}^{\infty} f(u - ib) e^{-2\pi i(u-ib)\xi} \, du$$

를 얻는다. 보조정리 2.3과 적분의 수렴성으로부터

$$\begin{aligned}
\int_0^{\infty} \hat{f}(\xi) e^{2\pi i x\xi} \, d\xi &= \int_0^{\infty} \int_{-\infty}^{\infty} f(u - ib) e^{-2\pi i(u-ib)\xi} e^{2\pi i x\xi} \, du \, d\xi \\
&= \int_{-\infty}^{\infty} f(u - ib) \int_0^{\infty} e^{-2\pi i(u-ib-x)\xi} \, d\xi \, du \\
&= \int_{-\infty}^{\infty} f(u - ib) \frac{1}{2\pi b + 2\pi i(u - x)} \, du \\
&= \frac{1}{2\pi i} \int_{-\infty}^{\infty} \frac{f(u - ib)}{u - ib - x} \, du \\
&= \frac{1}{2\pi i} \int_{L_1} \frac{f(\zeta)}{\zeta - x} \, d\zeta
\end{aligned}$$

임을 알 수 있다. 여기서 L_1은 왼쪽에서 오른쪽으로 진행하는 직선 $\{u - ib : u \in \mathbb{R}\}$을 나타낸다 (다시 말해 L_1은 실수축을 b만큼 아래로 이동시킨 것이다). $\xi < 0$일 때의 적분은 비슷하게 계산하여

$$\int_{-\infty}^{0} \hat{f}(\xi) e^{2\pi i x\xi} \, d\xi = -\frac{1}{2\pi i} \int_{L_2} \frac{f(\zeta)}{\zeta - x} \, d\zeta$$

가 된다. 여기서 L_2는 실수축을 b만큼 위로 이동시킨 것이며 방향은 왼쪽에서 오른쪽으로 향한다. 이제 $x \in \mathbb{R}$가 주어질 때 그림 2의 경로 γ_R을 생각한다.

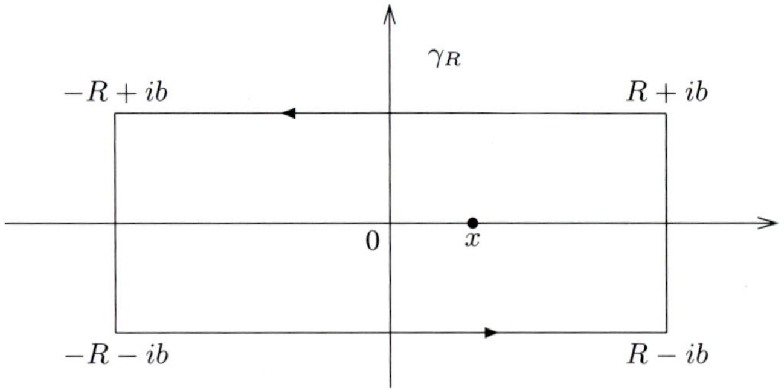

[그림 2] 정리 2.2 증명에서의 경로 γ_R

함수 $f(\zeta)/(\zeta - x)$는 x에서 유수가 $f(x)$인 단극(simple pole)을 가지므로 유수 공식에 따라

$$f(x) = \frac{1}{2\pi i}\int_{\gamma_R} \frac{f(\zeta)}{\zeta - x}\, d\zeta$$

가 성립한다. R이 무한대로 갈 때 양쪽 세로변에서의 적분이 0으로 수렴함을 쉽게 확인할 수 있다. 지금까지의 결과를 종합하면

$$\begin{aligned} f(x) &= \frac{1}{2\pi i}\int_{L_1} \frac{f(\zeta)}{\zeta - x}\, d\zeta - \frac{1}{2\pi i}\int_{L_2} \frac{f(\zeta)}{\zeta - x}\, d\zeta \\ &= \int_0^\infty \hat{f}(\xi) e^{2\pi i x\xi}\, d\xi + \int_{-\infty}^0 \hat{f}(\xi) e^{2\pi i x\xi}\, d\xi \\ &= \int_{-\infty}^\infty \hat{f}(\xi) e^{2\pi i x\xi}\, d\xi \end{aligned}$$

이다. 이로써 정리를 증명했다. ◀

다뤄야 할 세 가지 정리 중 마지막은 푸아송 합 공식이다.

정리 2.4 $f \in \mathfrak{F}$이면 $\sum_{n\in\mathbb{Z}} f(n) = \sum_{n\in\mathbb{Z}} \hat{f}(n)$이 성립한다.

증명

$f \in \mathfrak{F}_a$라 하고 $0 < b < a$인 적당한 b를 택하자. 함수 $1/(e^{2\pi i z} - 1)$은 정수마다 유수가 $1/(2\pi i)$인 단극을 가진다. 따라서 $f(z)/(e^{2\pi i z} - 1)$은 정수 n에서 유수가 $f(n)/2\pi i$인 단극을 가진다.

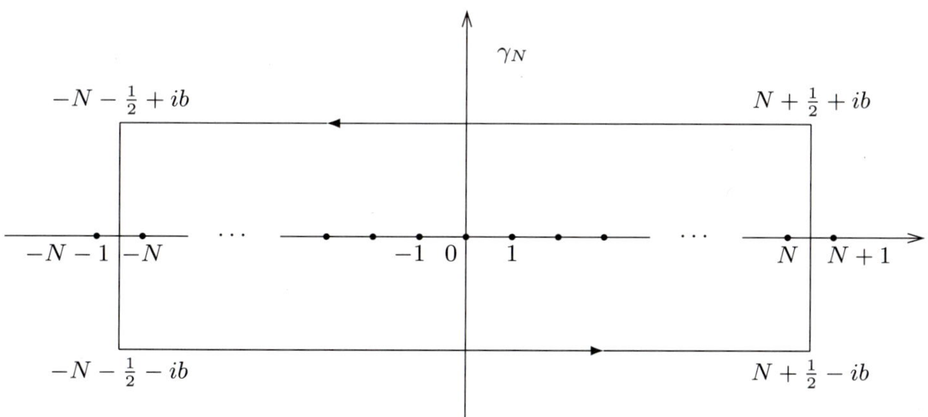

[그림 3] 정리 2.4 증명에서의 경로 γ_N

그러므로 그림 3의 경로 γ_N (단, N은 양의 정수)에 유수 공식을 적용하여

$$\sum_{|n|\le N} f(n) = \int_{\gamma_N} \frac{f(z)}{e^{2\pi iz}-1}\,dz$$

를 얻을 수 있다. N을 무한대로 보내고 f가 적당히 감소한다는 사실을 기억하면 위의 급수가 $\sum_{n\in\mathbb{Z}} f(n)$으로 수렴함을 알 수 있으며, 또한 양쪽 세로변에서의 적분이 0으로 수렴함을 알 수 있다. 따라서 N이 무한대로 접근함에 따른 극한을 취하면

$$\sum_{n\in\mathbb{Z}} f(n) = \int_{L_1} \frac{f(z)}{e^{2\pi iz}-1}\,dz - \int_{L_2} \frac{f(z)}{e^{2\pi iz}-1}\,dz \tag{4.2}$$

를 얻는다. 여기서 L_1과 L_2는 각각 실수축을 b만큼 아래로 이동시킨 직선과 위로 이동시킨 직선이다.

이제 $|w|>1$이면 $\frac{1}{w-1} = w^{-1}\sum_{n=0}^{\infty} w^{-n}$인 사실을 이용하여 ($|e^{2\pi iz}|>1$인) L_1에서

$$\frac{1}{e^{2\pi iz}-1} = e^{-2\pi iz}\sum_{n=0}^{\infty} e^{-2\pi inz}$$

을 얻는다. 또한 $|w|<1$이면 $\frac{1}{w-1} = -\sum_{n=0}^{\infty} w^n$이므로 L_2에서는

$$\frac{1}{e^{2\pi iz}-1} = -\sum_{n=0}^{\infty} e^{-2\pi inz}$$

을 얻는다. 이러한 관찰을 식 (4.2)에 대입하면

$$\begin{aligned}
\sum_{n\in\mathbb{Z}} f(n) &= \int_{L_1} f(z)\left(e^{-2\pi iz}\sum_{n=0}^{\infty} e^{-2\pi inz}\right)dz + \int_{L_2} f(z)\left(\sum_{n=0}^{\infty} e^{2\pi inz}\right)dz \\
&= \sum_{n=0}^{\infty}\int_{L_1} f(z)e^{-2\pi i(n+1)z}\,dz + \sum_{n=0}^{\infty}\int_{L_2} f(z)e^{2\pi inz}\,dz \\
&= \sum_{n=0}^{\infty}\int_{-\infty}^{\infty} f(x)e^{-2\pi i(n+1)x}\,dx + \sum_{n=0}^{\infty}\int_{-\infty}^{\infty} f(x)e^{2\pi inx}\,dx \\
&= \sum_{n=0}^{\infty}\hat{f}(n+1) + \sum_{n=0}^{\infty}\hat{f}(-n) \\
&= \sum_{n\in\mathbb{Z}}\hat{f}(n)
\end{aligned}$$

임을 알 수 있다. 여기서 우리는 등식 (4.1)과 유사하게 L_1과 L_2를 다시 실수축으로 이동했다. ◀

푸아송 합 공식으로부터 다양한 결과를 유도할 수 있다. 이후 응용에서 요긴하게 사용될 몇 가지 흥미로운 항등식을 소개하며 이번 절을 마친다.

먼저 2장 예제 1에서 했던 계산을 복습해 보자. 이 예제에서는 함수 $e^{-\pi x^2}$의 푸리에 변환이 자기자신임을 보였다.

$$\int_{-\infty}^{\infty} e^{-\pi x^2} e^{-2\pi i x \xi}\, dx = e^{-\pi \xi^2}$$

고정된 $t > 0$와 $a \in \mathbb{R}$에 대해 $x \mapsto t^{1/2}(x+a)$로 위 적분을 치환적분하면 함수 $f(x) = e^{-\pi t(x+a)^2}$의 푸리에 변환은 $\hat{f}(\xi) = t^{-1/2} e^{-\pi \xi^2/t} e^{2\pi i a \xi}$임을 알 수 있다. f와 $\hat{f}$이 모두 $\mathfrak{F}$에 속하므로 푸아송 합 공식을 적용하면 관계식

$$\sum_{n=-\infty}^{\infty} e^{-\pi t(n+a)^2} = \sum_{n=-\infty}^{\infty} t^{-1/2} e^{-\pi n^2/t} e^{2\pi i n a} \tag{4.3}$$

을 얻는다. 항등식 (4.3)으로부터 주목할 만한 결과를 얻는다. 이를테면 $a = 0$인 특수한 경우는 **세타함수**의 한 종류에 대한 변환법칙이다. 다시 말해 $t > 0$에 대해 ϑ를 $\vartheta(t) = \sum_{n=-\infty}^{\infty} e^{-\pi n^2 t}$처럼 급수로 정의하면, 관계식 (4.3)은 정확히

$$\vartheta(t) = t^{-1/2} \vartheta(1/t) \quad (\text{단, } \ t > 0) \tag{4.4}$$

과 같다. 이 식은 6장에서 리만 제타함수의 핵심 함수방정식을 유도하는 데 쓰이며, 이는 해석적 확장으로 이어진다. 또한 $a \in \mathbb{R}$처럼 일반적인 경우에는 10장에서 더 일반적인 야코비 세타함수 Θ에 대한 변환법칙을 얻는 데 쓰인다.

푸아송 합 공식의 또 다른 응용을 소개하겠다. 앞서 3장 예제 3에서 함수 $1/\cosh \pi x$ 또한 푸리에 변환이 자기자신임을 보였다.

$$\int_{-\infty}^{\infty} \frac{e^{-2\pi i x \xi}}{\cosh \pi x}\, dx = \frac{1}{\cosh \pi \xi}$$

이는 함수 $f(x) = e^{-2\pi i a x}/\cosh(\pi x/t)$의 푸리에 변환이 $\hat{f}(\xi) = t/\cosh(\pi(\xi + a)t)$임을 의미하고 $(t > 0,\ a \in \mathbb{R})$, 푸아송 합 공식에 의해

$$\sum_{n=-\infty}^{\infty} \frac{e^{-2\pi i a n}}{\cosh(\pi n/t)} = \sum_{n=-\infty}^{\infty} \frac{t}{\cosh(\pi(n+a)t)} \tag{4.5}$$

가 성립한다. 식 (4.5)는 10장에서 두 제곱수 정리(two squares theorem)를 다루면서 사용할 것이다.

3 페일리-위너 정리

이 절은 다소 다른 관점으로 접근해 보겠다. f의 정칙성에 대해서는 아무 가정도 하지 않지만, $|f(x)| \leq A/(1+x^2)$와 $|\hat{f}(\xi)| \leq A'/(1+\xi^2)$이라 가정한다. 이렇게 가정하면 푸리에 역변환 공식

$$\hat{f}(\xi) = \int_{-\infty}^{\infty} f(x)e^{-2\pi i x\xi}\,dx \quad \Rightarrow \quad f(x) = \int_{-\infty}^{\infty} \hat{f}(\xi)e^{2\pi i x\xi}\,d\xi$$

가 성립한다. 이로부터 f와 그 푸리에 변환 $\hat{f}$이 모두 실직선 위에서 연속이다. 역변환 공식의 증명은 『STEIN 푸리에 해석학』 5장을 참고하라.

정리 2.1의 부분적인 역을 짚어 보며 시작한다.

정리 3.1 상수 $a > 0$, $A > 0$을 생각하자. f의 푸리에 변환 $\hat{f}$이 모든 $\xi \in \mathbb{R}$에 대하여 부등식 $|\hat{f}(\xi)| \leq Ae^{-2\pi a|\xi|}$을 만족한다고 가정하자. 그러면 f가 복소평면의 수평띠 $S_a = \{z \in \mathbb{C} : |\mathrm{Im}(z)| < a\}$에서 해석적인 함수로 확장된다.

증명

f_n을 $f_n(z) = \int_{-n}^{n} \hat{f}(\xi)e^{2\pi i\xi z}\,d\xi$와 같이 정의하자. 2장 정리 5.4에 의해 f_n은 전해석적이다. 또한 $f(z)$는 띠 S_b 안의 모든 z에 대해

$$f(z) = \int_{-\infty}^{\infty} \hat{f}(\xi)e^{2\pi i\xi z}\,d\xi$$

와 같이 정의될 수 있다. 이는 $\hat{f}$에 대한 가정에 의해 위의 적분이 절대수렴하기 때문이다. 위 적분의 크기는 $A\int_{-\infty}^{\infty} e^{-2\pi a|\xi|}e^{2\pi b|\xi|}\,d\xi$를 넘지 못하며 적분값은 $b < a$일 때 유한값이다. 또한 $z \in S_b$에 대해 $n \to \infty$일 때

$$|f(z) - f_n(z)| \leq A\int_{|\xi|\geq n} e^{-2\pi a|\xi|}e^{2\pi b|\xi|}\,d\xi \to 0$$

이다. 따라서 수열 $\{f_n\}$은 S_b에서 f로 균등 수렴한다. 이제 2장 정리 5.2에 따르면 이 정리가 증명된다. ◀

잠시 주제에서 벗어나서 다음을 관찰해 보자.

따름정리 3.2 어떤 $a > 0$에 대해 $\hat{f}(\xi) = O(e^{-2\pi a|\xi|})$이고 공집합이 아닌 열린 구간에서 f가 0이면 f는 항등적으로 0이다.

정리 3.1에 의해 f는 실수축을 포함하는 영역에서 복소해석적이므로, 따름정리 3.2는 2장 정리 4.8에 의한 결과다. 특히 『STEIN 푸리에 해석학』의 5장 연습문제 21에서 증명한 사실인 "$f = 0$이 아니면 f와 $\hat{f}$이 모두 콤팩트 받침(compact support)을 가질 수 없다."를 재확인했다.

페일리-위너 정리(Paley–Wiener theorem)는 정리 3.1에서 한 단계 더 나아가, 푸리에 변환이 구간 $[-M, M]$에서 받침을 가지는 함수의 특성을 설명한다.

정리 3.3 f가 연속이고 $\mathbb{R}$에서 적당히 감소한다고 가정하자. $M > 0$일 때, f가 적당한 양수 A에 대하여 부등식 $|f(z)| \le Ae^{2\pi M|z|}$을 만족시키는 전해석함수로 확장될 필요충분조건은 $\hat{f}$이 구간 $[-M, M]$의 바깥에서 항등적으로 0인 것이다.

한쪽 방향의 증명은 간단하다. $\hat{f}$이 $[-M, M]$에서 받침을 가진다고 가정하자. 그러면 f와 $\hat{f}$이 모두 적당히 감소하며, 푸리에 역변환 공식을 적용하여

$$f(x) = \int_{-M}^{M} \hat{f}(\xi)e^{2\pi i\xi x}\, d\xi$$

를 얻는다. 적분범위가 유한하므로 적분식에서 x를 복소변수 z로 바꾸어 $\mathbb{C}$에서의 복소함수를

$$g(z) = \int_{-M}^{M} \hat{f}(\xi)e^{2\pi i\xi z}\, d\xi$$

와 같이 정의할 수 있다. 정의로부터 z가 실수일 때 $g(z) = f(z)$이며, 2장 정리 5.4에 의해 g는 복소해석적이다. 마지막으로 $z = x + iy$라 쓰면

$$\begin{aligned} |g(z)| &\le \int_{-M}^{M} |\hat{f}(\xi)|e^{-2\pi\xi y}\, d\xi \\ &\le Ae^{2\pi M|z|} \end{aligned}$$

을 얻는다.

반대 방향을 증명하려면 조금 더 많은 작업이 필요하다. 우선 $\hat{f}$이 $[-M, M]$에서 받침을 가지면, 부등식 $|f(z)| \leq Ae^{2\pi M|z|}$을 함의하는 부등식 $|f(z)| \leq Ae^{2\pi M|y|}$이 성립함에 주목하라. 우리는 $|f(z)| \leq Ae^{2\pi M|y|}$보다 더 강한 조건에서 시작하여 단계별로 조건을 완화함으로써 증명을 완성할 것이다.

단계 1 f가 복소평면에서 복소해석적이며 x에 대한 감소 조건과 y에 대한 증가 조건인

$$|f(x+iy)| \leq A' \frac{e^{2\pi M|y|}}{1+x^2} \tag{4.6}$$

을 만족할 때 $|\xi| > M$이면 $\hat{f}(\xi) = 0$임을 증명한다. 이를 보이기 위해 먼저 $\xi > M$이라고 가정하고

$$\begin{aligned}\hat{f}(\xi) &= \int_{-\infty}^{\infty} f(x)e^{-2\pi i\xi x}\,dx \\ &= \int_{-\infty}^{\infty} f(x-iy)e^{-2\pi i\xi(x-iy)}\,dx\end{aligned}$$

와 같이 쓴다. 여기서 우리는 일반적인 논증(식 (4.1))을 이용하여 실수축을 아래로 이동시켰다. 절댓값을 취하여

$$\begin{aligned}|\hat{f}(\xi)| &\leq A' \int_{-\infty}^{\infty} \frac{e^{2\pi My - 2\pi\xi y}}{1+x^2}\,dx \\ &\leq Ce^{-2\pi y(\xi - M)}\end{aligned}$$

을 얻는다. $y \to +\infty$에 따른 극한을 취하여 $\hat{f}(\xi) = 0$을 얻는다. 비슷한 논증으로 경로를 $y > 0$만큼 위로 이동시켜서 $\xi < -M$일 때 $\hat{f}(\xi) = 0$임을 증명한다.

단계 2 조건 (4.6)을 완화시켜 f가 단지 조건

$$|f(x+iy)| \leq Ae^{2\pi M|y|} \tag{4.7}$$

을 만족한다고 가정하자. 이 조건은 여전히 정리의 가정보다 강하지만 조건 (4.6)보다는 약하다. 먼저 $\xi > M$이라고 가정하고, 각 $\epsilon > 0$에 대해 보조함수

$$f_\epsilon(z) = \frac{f(z)}{(1+i\epsilon z)^2}$$

를 생각한다. $1/(1+i\epsilon z)^2$의 크기는 (실수축을 포함하는) 닫힌 하반평면에서 1보다 작거나 같으며 ϵ이 0으로 다가갈 때 1로 수렴한다는 것을 관찰한다. 특히, 이는 $\epsilon \to 0$일 때 $\widehat{f_\epsilon}(\xi) \to \hat{f}(\xi)$임을 보여 준다. 왜냐하면 일단

$$|\widehat{f_\epsilon}(\xi) - \hat{f}(\xi)| \leq \int_{-\infty}^{\infty} |f(x)| \left[\frac{1}{(1+i\epsilon z)^2} - 1 \right] dx$$

와 같이 쓸 수 있으며 f는 $\mathbb{R}$에서 적당히 감소하기 때문이다.

그런데 고정된 각 ϵ에 대해

$$|f_\epsilon(x+iy)| \leq A'' \frac{e^{2\pi M|y|}}{1+x^2}$$

이 성립하므로 단계 1에 의해 $\widehat{f_\epsilon}(\xi) = 0$이어야 하며, 따라서 $\epsilon \to 0$일 때 $\hat{f}(\xi) = 0$이다. $\xi < -M$일 때도 유사한 논증이 적용되지만, 이번에는 상반평면에서 다루어야 하며 $1/(1-i\epsilon z)^2$의 인수를 대신 사용해야 한다.

단계 3 증명을 마무리하려면 정리의 조건이 단계 2의 조건 (4.7)을 의미함을 보이면 충분하다. 실제로 적당한 상수로 나누면 모든 실수 x에 대해 $|f(x)| \leq 1$이며, 모든 복소수 z에 대해 $|f(z)| \leq e^{2\pi M|z|}$일 때

$$|f(x+iy)| \leq e^{2\pi M|y|}$$

이 성립함을 보이면 충분하다.

위 부등식은 프라그멘(Phragmén)과 린델뢰프(Lindelöf)의 독창적이고 매우 유용한 아이디어를 사용하여 증명할 것이다. 최대절댓값원리를 유계가 아닌 다양한 영역에 적용할 수 있다. 우리에게 필요한 구체적인 결과는 다음과 같다.

정리 3.4 F가 부채꼴 $S = \{z : -\pi/4 < \arg z < \pi/4\}$에서 복소해석적이며 S의 폐포에서 연속이라고 가정하자. 부채꼴 경계에서 $|F(z)| \leq 1$이며 상수 $C > 0$, $c > 0$이 존재하여 부채꼴 안의 모든 z에 대해 $|F(z)| \leq Ce^{c|z|}$이라고 가정하자. 그러면 모든 $z \in S$에 대해

$$|F(z)| \leq 1$$

이 성립한다.

다시 말해 F는 S의 경계에서 크기가 1을 넘지 못하고 적정한 양의 증가속도를 넘지 못하면 F의 크기는 실제로 전체에서 1을 넘지 못한다. F의 증가에 적당한 제한이 필요하다는 것은 간단한 관찰을 통해 알아차릴 수 있다. 함수 $F(z) = e^{z^2}$을 생각하자. 그러면 F의 크기는 S의 경계에서 1을 넘지 못하지만, x가 실수이면 $x \to \infty$일 때 $F(x)$는 유계가 아니다. 이제 정리 3.4를 증명하자.

정리 3.4의 증명

증명의 아이디어는 **적군** 함수 e^{z^2} 을 굴복시켜 우리편으로 포섭하는 것이다. 간단히 말해서 e^{z^2} 을 $\alpha < 2$ 인 e^{z^α} 으로 바꾸면 된다. 단순화를 위해 $\alpha = \frac{3}{2}$ 인 경우를 생각한다.

$\epsilon > 0$ 일 때, F_ϵ 을

$$F_\epsilon(z) = F(z)e^{-\epsilon z^{3/2}}$$

으로 정의하자. 여기서 $z^{3/2}$ 을 정의하기 위해 로그의 주요가지를 택하여 $z = re^{i\theta}$ (단, $-\pi < \theta < \pi$) 이면 $z^{3/2} = r^{3/2}e^{3i\theta/2}$ 이 되도록 한다. 따라서 F_ϵ 은 S 에서 복소해석적이며 그 경계까지 연속이다. 또한

$$|e^{-\epsilon z^{3/2}}| = e^{-\epsilon r^{3/2}\cos(3\theta/2)}$$

이 성립한다. 그리고 부채꼴에서 $-\frac{\pi}{4} < \theta < \frac{\pi}{4}$ 이므로 부등식

$$-\frac{\pi}{2} < -\frac{3\pi}{8} < \frac{3\theta}{2} < \frac{3\pi}{8} < \frac{\pi}{2}$$

를 얻는다. 따라서 $\cos(3\theta/2)$ 는 부채꼴 안에서 양의 값을 가진다. 이와 $|F(z)| \le Ce^{c|z|}$ 인 사실을 종합하면 $F_\epsilon(z)$ 는 닫힌 부채꼴 안에서 $|z| \to \infty$ 일 때 급격하게 감소함을 보일 수 있으며, 특히 F_ϵ 은 유계임을 보일 수 있다. 실제로 모든 $z \in \overline{S}$ 에 대해 $|F_\epsilon(z)| \le 1$ 이다. 여기서 $\overline{S}$ 는 S 의 폐포를 나타낸다. 이를 증명하기 위해

$$M = \sup_{z \in \overline{S}} |F_\epsilon(z)|$$

를 정의하자. F 가 항등적으로 0이 아니라고 가정하고 $\{w_j\}$ 를 $|F_\epsilon(w_j)| \to M$ 인 점렬이라고 하자. $M \neq 0$ 이고 F_ϵ 은 부채꼴 내에서 $|z|$ 가 커질수록 0으로 감쇄하므로 w_j 는 무한대를 벗어날 수 없다. 따라서 이 점렬은 점 $w \in \overline{S}$ 로 수렴한다. 최대절댓값원리에 의해 w 는 S 의 안점이 될 수 없으므로 w 는 S 의 경계에 놓인다. 그러나 경계에서는 먼저 가정에 의해 $|F(z)| \le 1$ 이며 또한 $|e^{-\epsilon z^{3/2}}| \le 1$ 이다. 따라서 $M \le 1$ 이 되어 주장을 증명했다.

마지막으로 ϵ 을 0으로 보내어 정리의 증명을 마무리할 수 있다. ◀

프라그멘-린델뢰프 정리(Phragmén–Lindelöf theorem)의 일반화는 연습문제 9와 심화문제 3에서 다룬다.

이 결과를 이용하여 페일리–위너 정리를 마저 증명한다. $|f(x)| \le 1$이고 $|f(z)| \le e^{2\pi M|z|}$이면 $|f(z)| \le e^{2\pi M|y|}$임을 보이겠다. 먼저, 프라그멘–린델뢰프 정리의 부채꼴을 제1사분면 $Q = \{z = x+iy:\ x>0,\ y>0\}$으로 회전시킬 수 있으며, 그 결과는 여전히 같다. 이제 함수

$$F(z) = f(z)e^{2\pi iMz}$$

을 생각한다. F의 크기는 양수축과 양의 허수축에서 1을 넘지 않는다. 또한 이 사분면 내에서 $|F(z)| \le Ce^{c|z|}$이므로 프라그멘–린델뢰프 정리에 따르면 모든 $z \in Q$에 대해 $|F(z)| \le 1$로 결론내릴 수 있다. 이는 $|f(z)| \le e^{2\pi My}$임을 함의한다. 다른 사분면에 대해서도 유사한 논증으로 145쪽의 단계 3과 페일리–위너 정리의 증명을 마무리한다.

끝으로 페일리–위너 정리와 유사한 정리를 소개한다. 이 정리는 푸리에 변환이 음의 실수축에서 항등적으로 0일 조건에 관한 것이다.

> **정리 3.5** f와 $\hat{f}$이 적당히 감소한다고 가정한다. 모든 $\xi < 0$에 대해 $\hat{f}(\xi) = 0$이기 위한 필요충분조건은 f를 닫힌 상반평면 $\{z = x+iy:\ y \ge 0\}$에서 유계이면서 연속이며 그 내부에서 복소해석적인 함수로 확장할 수 있는 것이다.

증명

먼저 $\xi < 0$에 대해 $\hat{f}(\xi) = 0$이라고 가정하자. 푸리에 역변환 공식에 의해

$$f(x) = \int_0^\infty \hat{f}(\xi)e^{2\pi ix\xi}\,d\xi$$

가 성립한다. 그리고 $y \ge 0$인 $z = x+iy$에 대해 f를

$$f(z) = \int_0^\infty \hat{f}(\xi)e^{2\pi iz\xi}\,d\xi$$

와 같이 확장할 수 있다. 이 적분은 수렴하며

$$|f(z)| \le A\int_0^\infty \frac{d\xi}{1+\xi^2} < \infty$$

가 성립한다. 이는 f가 유계임을 증명한다. 함수 $f_1, f_2, \ldots$를

$$f_n(z) = \int_0^n \hat{f}(\xi)e^{2\pi iz}\,d\xi$$

와 같이 정의하자. 이 함수들은 모두 전해석함수이며 닫힌 상반평면에서 함수열 $\{f_n\}$이 f로 균등수렴함을 쉽게 확인할 수 있다. 이로부터 함수 $f(z)$가 닫힌 상반평면에서 연속이고 그 내부에서

해석적임을 안다.

역의 증명은 정리 3.3과 유사하다. 양수 ϵ과 δ에 대해

$$f_{\epsilon,\delta}(z) = \frac{f(z+i\delta)}{(1-i\epsilon z)^2}$$

와 같이 설정한다. 이렇게 주어진 함수는 모두 닫힌 상반평면을 포함하는 영역에서 해석적이다. 이 함수를 3장 2절 예제 1에 나오는 경로를 따라 적분하고 $R \to \infty$에 따른 극한을 취하면 모든 $\xi < 0$에 대해 $\widehat{f_{\epsilon,\delta}}(\xi) = 0$을 얻는다. 그런 다음 성공적으로 극한을 취하여 $\xi < 0$에 대해 $\widehat{f_{\epsilon,0}}(\xi) = 0$을 얻고, 마지막으로 모든 $\xi < 0$에 대해 $\hat{f}(\xi) = \widehat{f_{0,0}}(\xi) = 0$을 얻는다.[3] ◀

비고 정리 3.5와 3장 정리 7.1 사이의 유사성에 주목하라. 정리 3.5는 상반평면에서 복소해석적인 함수를 다루며, 3장 정리 7.1은 원판에서 복소해석적인 함수를 다룬다. 정리 3.5는 $\xi < 0$일 때 푸리에 변환이 0이고, 정리 7.1은 $n < 0$일 때 푸리에 계수가 0이다.

3 (감수자) 증명 부분에서 일부 생략한 부분을 풀어서 설명하면 다음과 같다. f가 닫힌 상반평면에서 연속이므로 그에 속한 모든 콤팩트 집합에서 균등 연속이다. 그러므로 우선 $\epsilon > 0$을 고정하고 $\delta \to 0$에 따른 극한을 취할 수 있다. 이로부터 $\widehat{f_{\epsilon,0}}$이 음의 실수축에서 항등적으로 0임을 안다. 그 다음에는 f가 실수축에서 적당히 감소한다는 가정으로부터 $\epsilon \to 0$에 따른 극한을 취할 수 있고, 이로부터 $\hat{f}$이 음의 실수축에서 항등적으로 0이 된다는 결론에 이른다.

연습문제

1. f가 연속이고 적당히 감소하며 모든 $\xi \in \mathbb{R}$에 대해 $\hat{f}(\xi) = 0$이라고 가정하자. 다음 물음에 답하여 $f = 0$임을 보여라.

(a) 고정된 각 실수 t에 대해 두 함수

$$A(z) = \int_{-\infty}^{t} f(x)e^{-2\pi iz(x-t)}\,dx, \quad B(z) = -\int_{t}^{\infty} f(x)e^{-2\pi iz(x-t)}\,dx$$

를 생각하자. 모든 $\xi \in \mathbb{R}$에 대해 $A(\xi) = B(\xi)$임을 보여라.

(b) 닫힌 상반평면에서는 A와 같으며 하반평면에서는 B와 같은 함수 F가 전해석적이고 유계이므로 상수함수임을 증명하라. 실제로 $F = 0$임을 보여라.

(c) 모든 t에 대해 $\int_{-\infty}^{t} f(x)\,dx = 0$이 성립함을 유도하고 $f = 0$임을 증명하라.

2. $f \in \mathfrak{F}_a$ (단, $a > 0$)이면 임의의 양의 정수 n에 대해 $f^{(n)} \in \mathfrak{F}_b$ (단, $0 \le b < a$)임을 보여라.

힌트 2장 연습문제 8의 풀이를 살짝 바꾸어 보자.

3. 경로적분을 통해 $a > 0$이고 $\xi \in \mathbb{R}$이면

$$\frac{1}{\pi}\int_{-\infty}^{\infty} \frac{a}{a^2 + x^2} e^{-2\pi ix\xi}\,dx = e^{-2\pi a|\xi|}$$

이 성립함을 보여라. 또한

$$\int_{-\infty}^{\infty} e^{-2\pi a|\xi|}e^{2\pi i\xi x}\,d\xi = \frac{1}{\pi}\frac{a}{a^2 + x^2}$$

를 보여라.

4. 다항함수 Q의 차수가 2 이상이고 Q가 중근과 실근을 가지지 않는다고 가정하자. 각 실수 ξ에 대하여 적분

$$\int_{-\infty}^{\infty} \frac{e^{-2\pi ix\xi}}{Q(x)}\,dx \quad (\text{단, } \xi \in \mathbb{R})$$

의 값을 Q의 근들로 나타내라. 이때 중근이 있다면 어떻게 되는가?

힌트 $\xi < 0$, $\xi = 0$, $\xi > 0$의 경우로 구분하여 생각한다. 유수 공식을 이용하라.

5. 더 일반적으로 $R(x) = P(x)/Q(x)$는 (Q의 차수) $\geq$ (P의 차수)+2이며 실수축에서 $Q(x) \neq 0$인 유리함수라고 하자. 다음 물음에 답하라.

(a) $\alpha_1, \cdots, \alpha_k$가 상반평면에 위치한 Q의 근이면, 차수가 α_j의 중복도보다 작은 다항식 $P_j(\xi)$가 존재하여

$$\int_{-\infty}^{\infty} R(x)e^{-2\pi ix\xi}\,dx = \sum_{j=1}^{k} P_j(\xi)e^{-2\pi i\alpha_j\xi} \quad (\text{단, } \xi < 0)$$

을 만족함을 증명하라.

힌트 유수 공식을 이용한다. 함수 $f(z) = R(z)e^{-2\pi iz\xi}$을 미분할 때마다 (3장 정리 1.4의 식처럼) ξ의 거듭제곱이 생긴다.

(b) 특히 $Q(z)$가 상반평면에서 근을 가지지 않으면 $\xi < 0$에 대해 $\int_{-\infty}^{\infty} R(x)e^{-2\pi ix\xi}\,dx = 0$임을 보여라.

(c) $\xi > 0$인 경우에도 비슷한 결과가 성립함을 보여라.

힌트 하반평면일 때처럼 논증한다.

(d) 적당한 $a > 0$에 대해 $|\xi| \to \infty$일 때

$$\int_{-\infty}^{\infty} R(x)e^{-2\pi ix\xi}\,dx = O(e^{-a|\xi|}) \quad (\text{단, } \xi \in \mathbb{R})$$

이 성립함을 보여라. Q의 근을 기준으로 가능한 최상의 a를 결정하라.

6. $a > 0$일 때

$$\frac{1}{\pi}\sum_{n=-\infty}^{\infty} \frac{a}{a^2+n^2} = \sum_{n=-\infty}^{\infty} e^{-2\pi a|n|}$$

임을 증명하라. 따라서 이 급수가 $\coth \pi a$와 같음을 보여라.

7. 특정한 예에 푸아송 합 공식을 적용하면 흥미로운 항등식을 얻을 수 있다. 다음 물음에 답하라.

(a) τ가 $\mathrm{Im}(\tau) > 0$으로 고정되었다고 하자. k가 2 이상인 정수일 때, 함수 $f(z) = (\tau + z)^{-k}$에 푸아송 합 공식을 적용하여

$$\sum_{n=-\infty}^{\infty} \frac{1}{(\tau+n)^k} = \frac{(-2\pi i)^k}{(k-1)!}\sum_{m=1}^{\infty} m^{k-1}e^{2\pi im\tau}$$

이 성립함을 보여라.

힌트 유수 공식을 이용하여 $\xi < 0$일 때는 $\hat{f}(\xi) = 0$이고 $\xi > 0$일 때는 $\hat{f}(\xi) = \dfrac{(-2\pi i)^k}{(k-1)!}\xi^{k-1}e^{2\pi i\xi\tau}$임을 증명하라.

(b) 앞의 식에서 $k = 2$로 두고 $\text{Im}(\tau) > 0$이면

$$\sum_{n=-\infty}^{\infty} \frac{1}{(\tau+n)^2} = \frac{\pi^2}{\sin^2(\pi\tau)}$$

이 성립함을 보여라.

(c) τ가 정수가 아닌 임의의 복소수인 경우에도 위의 식이 성립하는가?

8. $\hat{f}$이 $[-M, M]$에 포함되는 콤팩트 받침(compact support)을 가진다고 가정하고

$$f(z) = \sum_{n=0}^{\infty} a_n z^n$$

이라고 하자. 먼저

$$a_n = \frac{(2\pi i)^n}{n!} \int_{-M}^{M} \hat{f}(\xi)\xi^n \, d\xi$$

임을 보여라. 그 결과로

$$\limsup_{n\to\infty} (n!|a_n|)^{1/n} \leq 2\pi M$$

이 성립함을 보여라. 역으로 $\limsup_{n\to\infty} (n!|a_n|)^{1/n} \leq 2\pi M$인 **임의의** 멱급수를 $f(z) = \sum_{n=0}^{\infty} a_n z^n$이라고 하자. 그러면 f가 전해석적이며 모든 $\epsilon > 0$에 대해 $A_\epsilon > 0$이 존재하여

$$|f(z)| \leq A_\epsilon e^{2\pi(M+\epsilon)|z|}$$

을 만족함을 보여라.

9. 다음 결과는 프라그멘-린델뢰프 정리와 유사하다.

(a) 닫힌 우반평면 $\{z = x + iy : x \geq 0\}$에서 연속이고 그 내부에서 해석적인 함수 F가 모든 실수 y에 대해서 부등식 $|F(iy)| \leq 1$을 만족시킨다고 하자. 또한 적당한 상수 $c > 0$, $C > 0$과 $\gamma < 1$이 존재하여 부등식

$$|F(z)| \leq Ce^{c|z|^\gamma}$$

이 성립한다고 가정하자. 우반평면의 모든 z에 대해 $|F(z)| \leq 1$임을 증명하라.

(b) 더 일반적으로, S는 원점을 꼭짓점으로 하고 π/β만큼의 각을 가지는 부채꼴이라고 하자. F가 S에서 복소해석적이며 S의 폐포에서 연속이라고 하자. 또한 S의 경계에서 $|F(z)| \leq 1$이며 적당한 상수 $c > 0$, $C > 0$이 존재하여 모든 $z \in S$에 대해

$$|F(z)| \leq Ce^{c|z|^{\alpha}}$$

이 성립한다고 하자. 이때 $0 < \alpha < \beta$이다. 모든 $z \in S$에 대해 $|F(z)| \leq 1$임을 증명하라.

10. 이 연습문제는 $e^{-\pi x^2}$의 몇몇 성질을 일반화하며, $e^{-\pi x^2}$의 푸리에 변환이 자기 자신이라는 사실과 관련있다.

$f(z)$가 전해석적이며 적당한 $a, b, c > 0$에 대해 $|f(x+iy)| \leq ce^{-ax^2+by^2}$을 만족시킨다고 가정하자. $\hat{f}$을 다음과 같이 정의한다.

$$\hat{f}(\zeta) = \int_{-\infty}^{\infty} f(x)e^{-2\pi i x\zeta}\, dx$$

이러한 가정 하에 ζ의 함수 $\hat{f}$이 전해석적이며 적당한 a', b', $c' > 0$이 존재하여

$$|\hat{f}(\xi + i\eta)| \leq c'e^{-a'\xi^2 + b'\eta^2}$$

이 성립함을 보여라.

힌트 $\hat{f}(\xi) = O(e^{-a'\xi^2})$을 증명하기 위해 $\xi > 0$이라고 가정하고 적분 경로를 $x - iy$로 변경한다. 이때 $y > 0$는 고정된 어떤 실수이며 $-\infty < x < \infty$이다. 그러면 $\hat{f}(\xi) = O(e^{-2\pi y\xi}e^{by^2})$이 성립한다. 마지막으로 작은 상수 d에 대해 $y = d\xi$로 택한다.

11. 다음 사실을 증명하여 연습문제 10의 결과를 더 깔끔하게 공식화할 수 있다.

$f(z)$가 증가지수 2인 전해석함수라고 가정하자. 즉, 어떤 $c_1 > 0$에 대해 $f(z) = O(e^{c_1|z|^2})$이 성립한다. 또한 어떤 $c_2 > 0$와 실수 x에 대해 $f(x) = O(e^{-c_2|x|^2})$이 성립한다고 가정하자. 그러면 적당한 a, $b > 0$에 대해

$$|f(x+iy)| = O(e^{-ax^2+by^2})$$

이 성립한다.

이 사실의 역은 명백하게 참이다.

12. “어떤 함수와 그 함수의 푸리에 변환이 동시에 무한대에서 매우 작을 수는 없다.”라는 원리는 다음에 소개하는 하디의 정리(Hardy's theorem)로 설명할 수 있다.

> f가 $\mathbb{R}$ 위의 함수이며
>
> $$f(x) = O(e^{-\pi x^2}), \quad \hat{f}(\xi) = O(e^{-\pi \xi^2})$$
>
> 을 만족하면 f는 $e^{-\pi x^2}$의 상수배다. 그 결과 $f(x) = O(e^{-\pi A x^2})$이고 $\hat{f}(\xi) = O(e^{-\pi B \xi^2})$이면(단, $AB > 1$이며 $A, B > 0$) f는 항등적으로 영함수다.

(a) f가 짝함수일 때 $\hat{f}$은 짝함수인 전해석함수로 확장됨을 보여라. $g(z) = \hat{f}(z^{1/2})$이면 g는

$$|g(x)| \le ce^{-\pi x}, \quad |g(z)| \le ce^{\pi R \sin^2(\theta/2)} \le ce^{\pi |z|}$$

을 만족함을 보여라. 이때 $x \in \mathbb{R}$이며 $z = Re^{i\theta}$이다(단, $R \ge 0$이며 $\theta \in \mathbb{R}$).

(b) 함수 $F(z)$가

$$F(z) = g(z)e^{\gamma z} \quad \left(\text{단, } \gamma = i\pi \frac{e^{-i\pi/(2\beta)}}{\sin \pi/(2\beta)}\right)$$

라고 하자. $F(z)$와 부채꼴 $0 \le \theta \le \pi/\beta < \pi$에 프라그멘–린델뢰프 정리를 적용하라. 그런 뒤에 $\beta \to \pi$의 극한을 취하여 $e^{\pi z} g(z)$가 닫힌 상반평면에서 유계임을 도출하라. 하반평면에서도 같은 결과가 성립하고, 따라서 리우빌 정리에 의해 바라던 대로 $e^{\pi z} g(z)$는 상수함수다.

(c) f가 홀함수이면 $\hat{f}(0) = 0$이며 위의 논증을 $\hat{f}(z)/z$에 적용하여 $f = \hat{f} = 0$임을 도출하라. 마지막으로 임의의 f를 짝함수와 홀함수의 적절한 합으로 써라.

심화문제

1. 어떤 $p > 1$에 대해 $|\xi| \to \infty$일 때 $\hat{f}(\xi) = O(e^{-a|\xi|^p})$이라고 가정하자. 그러면 f는 모든 z에 대해 복소해석적이며 증가 조건

$$|f(z)| \leq Ae^{a|z|^q}$$

을 가짐을 보여라. 여기서 $1/p + 1/q = 1$이다.

$p \to \infty$일 때 $q \to 1$이며, 이 경우는 정리 3.3의 일부로 해석할 수 있다. 반면에 $p \to 1$일 때 $q \to \infty$이며, 이 경우는 어떤 의미에서 정리 2.1의 일부다.

힌트 결과를 증명하기 위해 부등식 $-\xi^p + \xi u \leq u^q$을 사용한다. 이 부등식은 ξ와 u가 음수가 아닐 때 성립한다. 이 부등식을 보이기 위해 $\xi^p \geq \xi u$와 $\xi^p < \xi u$일 때로 나누어 조사한다. $(p-1)(q-1) = 1$이므로 함수 $\xi = u^{q-1}$과 $u = \xi^{p-1}$은 서로 역함수 관계임에 유의한다.

2. 복소수 $a_0, a_1, \cdots, a_n$과 함수 f에 대하여 미분방정식

$$a_n \frac{d^n}{dt^n}u(t) + a_{n-1}\frac{d^{n-1}}{dt^{n-1}}u(t) + \cdots + a_0 u(t) = f(t)$$

를 풀어 보자. 여기서 f가 유계인 받침을 가지며 매끄러운 함수(C^2 함수)라고 가정한다. 다음 물음에 답하라.

(a) $\hat{f}$이

$$\hat{f}(z) = \int_{-\infty}^{\infty} f(t)e^{-2\pi izt}\,dt$$

와 같다고 하자. $\hat{f}$이 전해석함수임을 관찰하고 부분적분법을 이용하여 임의의 고정된 $a \geq 0$에 대해 $|y| \leq a$이면

$$|\hat{f}(x+iy)| \leq \frac{A}{1+x^2}$$

가 성립함을 보여라.

(b) $P(z) = a_n(2\pi iz)^n + a_{n-1}(2\pi iz)^{n-1} + \cdots + a_0$라 하자. $P(z)$가 직선

$$L = \{z : z = x + ic, \quad x \in \mathbb{R}\}$$

에서 0이 되지 않도록 하는 실수 c를 구하라.

(c) $u(t)$를

$$u(t) = \int_L \frac{e^{2\pi izt}}{P(z)} \hat{f}(z)\, dz$$

와 같이 두자. 두 식

$$\sum_{j=0}^{n} a_j \left(\frac{d}{dt}\right)^j u(t) = \int_L e^{2\pi izt} \hat{f}(z)\, dz, \qquad \int_L e^{2\pi izt} \hat{f}(z)\, dz = \int_{-\infty}^{\infty} e^{2\pi ixt} \hat{f}(x)\, dx$$

가 성립함을 확인하라. 푸리에 역변환 공식에 의해

$$\sum_{j=0}^{n} a_j \left(\frac{d}{dt}\right)^j u(t) = f(t)$$

가 성립함을 설명하라.

방정식의 해 u는 c의 선택에 의존한다는 점에 유의하라.

*3. 무한 띠에서 유계인 어떤 복소해석적 함수의 행태를 조사해 보자. 이 결과를 종종 세 직선 보조정리 (three lines lemma)라고 부른다.

(a) $F(z)$가 띠 $0 < \text{Im}(z) < 1$에서 복소해석적이고 유계이며 이 띠의 폐포에서 연속이라고 가정하자. 띠의 경계에서 $|F(z)| \le 1$이면 띠 전체에서 $|F(z)| \le 1$임을 보여라.

힌트 $F_\epsilon(z) = F(z)e^{-\epsilon z^2}$에 대해 최대절댓값원리를 적용한다.

(b) 더 일반적인 F에 대해 $\sup_{x\in\mathbb{R}} |F(x)| = M_0$이며 $\sup_{x\in\mathbb{R}} |F(x+i)| = M_1$이라고 하자. $0 \le y \le 1$일 때

$$\sup_{x\in\mathbb{R}} |F(x+iy)| \le M_0^{1-y} M_1^y$$

이 성립함을 보여라.

힌트 $M_0^{z-1} M_1^{-z} F(z)$를 생각한다.

(c) 위의 결과로 $0 \le y \le 1$일 때 $\log \sup_{x\in\mathbb{R}} |F(x+iy)|$가 y의 볼록함수임을 증명하라.

*4. 페일리–위너 정리는 E. 보렐(E. Borel)에 의해 먼저 밝혀진 표현식과 관련있다.

(a) 전해석함수 $f(z)$가 모든 ϵ에 대해 $|f(z)| \le A_\epsilon e^{2\pi(M+\epsilon)|z|}$이기 위한 필요충분조건은 f를

$$f(z) = \int_C e^{2\pi izw} g(w)\, dw$$

와 같은 꼴로 나타낼 수 있다는 것이다. 여기서 g는 원점을 중심으로 하고 반지름 길이가 M인 원의 외부에서 복소해석적이며 g는 무한대에서 0이다. 이때 C는 원점을 중심으로 하고 반지름 길이가 M보다 큰 임의의 원이다. 실제로 $f(z) = \sum a_n z^n$이면 $g(w) = \sum_{n=0}^{\infty} A_n w^{-n-1}$이다(단, $a_n = A_n(2\pi i)^{n+1}/n!$).

(b) 정리 3.3과의 연결 고리는 다음과 같다. 이러한 함수 f에 대해(추가로 f와 $\hat{f}$이 실수축에서 적당히 감소한다고 가정) 위의 g가 $\mathbb{C} - [-M, M]$으로 이루어진 더 큰 영역에서 복소해석적이라고 주장할 수 있다. 또한 g와 푸리에 변환 $\hat{f}$ 사이의 관계는

$$g(z) = \frac{1}{2\pi i} \int_{-M}^{M} \frac{\hat{f}(\xi)}{\xi - z}\, d\xi$$

와 같다. 따라서 $\hat{f}$은 구간 $[-M, M]$에서 g의 도약을 나타낸다. 다시 말해

$$\hat{f}(x) = \lim_{\epsilon \to 0, \epsilon > 0} g(x + i\epsilon) - g(x - i\epsilon)$$

이 성립한다.

3장 심화문제 5를 참고하라.

5

전해석함수
Entire Functions

……그러나 10월 15일 이후 내가 자유로워졌다는 느낌이 들어 수학 공부에 몰두하느라 지난 두 달이 빠르게 지나갔네. 오늘에 이르러야 자네가 10월 19일에 보낸 편지에 회신하지 않았음을 알았지. 썩 만족스러운 건 아니지만, 내가 얻은 결과를 자네와 공유하고 싶네. 나의 지난 강의를 돌이켜보면 빈틈이 하나 있는데, 자네도 알다시피 아직까지 다음 질문에 대한 답이 알려져 있지 않아.[1]

임의로 주어진 복소수열 $a_1, a_2, \cdots$ 에 대해 이 점들에서만 지정된 중복도의 영점을 가지고 다른 점에서는 0이 되지 않는 전해석함수를 구성할 수 있는가? ……

K. **바이어슈트라스**(*K. Weierstrass*), 1874

이 장에서는 복소평면 전체에서 복소해석적 함수인 **전해석함수(entire function)**를 공부한다. 이 장에서는 다음 세 가지 질문을 중심으로 논의를 전개한다.

(1) 전해석함수의 영점집합은 어떤 특성을 가질까? 일단 항등정리에 따라 영점집합이 복소평면에서 극한점을 가지지 않음은 자명하다. 우리는 이 자명한 필요조건이 충분조건이기도 함을 알게 될 것이다. 즉 수열 $\{z_n\}$이 평면에서 극한점을 가지지 않으면 정확히 그 점들에서만 0인 전해석함수가 있다. 이러한 함수의 구성 방법은 오일러가 발견한 $\sin \pi z$의 인수분해 공식 증명과 유사한데(이 경우는 영점집합 $\{z_n\}$이 $\mathbb{Z}$이다), 일반적인 영점집합을 다루려면 바이어슈트라스 표준 인수(Weierstrass canonical factors)가 필요하다.

(2) 함수의 절댓값이 증가하는 속도와 영점분포 사이에는 어떤 관계가 있을까? 이에 관한 일반 원리는 점근적인 관점에서 보았을 때 영점을 더 많이 가지는 함수의 절댓값이 더 빠르게 증가한다는 것이다. 주어진 함수가 다항함수일 때 이는 명백하다. P가 d차 다항함수라면 대수학의 기본 정리에 따라 정확히 영점이 d개이며, 이는 P의 (다항함수적) 증가지수(order of growth)이기도 하다. 다시 말해 $R \to \infty$일 때

$$\sup_{|z|=R} |P(z)| \approx R^d$$

이 성립한다. 이 일반 원리를 정확하게 서술한 식 중에 옌센 공식(Jensen's formula)이 있는데 이를 1절에서 증명한다. 옌센 공식은 이 장에서 다루는 이론의 중심에 있으며, 원판에서 함수의 영점 개수와 원 위에서 함수의 (로그함수적) 평균 사이의 깊은 연관성을 보여 준다. 사실 옌센 공식은 네반린나 이론(Nevanlinna theory)이라고도 하는 함숫값 분포 이론(value distribution theory)의 출발점이기도 한데, 이 이론은 심오하고 함의하는 바가 많다. 그러나 이 책에서는 네반린나 이론을 다루지 않는다.

1 (감수자) 바이어슈트라스가 제자 코발렙스카야(Ковалéвская)에게 보낸 편지의 일부다.

(3) 주어진 전해석함수는 자신의 영점에 의해 어느 정도까지 결정될까? 다항함수라면 이 질문에도 명확히 답할 수 있다. 다항함수는 상수배를 무시하면 자신의 영점에 의해 완전히 결정된다. 다항함수가 아니더라도 주어진 전해석함수가 유한증가지수를 가지면, 특정한 형태의 단순한 인수를 무시했을 때 자신의 영점에 의해 완전히 결정된다. 아다마르 인수분해 정리(Hadamard factorization theorem)가 이 내용을 정확히 기술했는데, 이 정리 역시 3장 도입부에서 언급한 복소함수론의 일반 원리인, 해석적 함수는 자신의 영점에 의해 거의 결정된다는 사실을 뒷받침한다.

1 옌센 공식

이 절에서는 중심이 원점이고 반지름 길이가 R인 열린 원판과 원을 D_R과 C_R로 나타낸다. 또한 이 장에서는 함수가 항등적으로 0인 자명한 경우를 제외한다.

정리 1.1 Ω를 원판 D_R의 폐포를 포함하는 열린 집합이라고 하자. 그리고 f는 Ω에서 복소해석적이며 $f(0) \neq 0$이고 f는 원 C_R의 어디에서도 영점을 가지지 않는다고 가정하자. $z_1, \cdots, z_N$을 (중복도를 고려한) 원판 내부에서 f의 영점[2]이라 하면

$$\log|f(0)| = \sum_{k=1}^{N} \log\left(\frac{|z_k|}{R}\right) + \frac{1}{2\pi}\int_0^{2\pi} \log|f(Re^{i\theta})|\,d\theta \tag{5.1}$$

가 성립한다.

증명

증명은 4단계로 나누어 보인다.

단계 1 먼저 f_1과 f_2가 정리의 가정과 결론을 만족하는 두 함수라면, 함수의 곱 $f_1 f_2$도 정리 1.1의 가정과 식 (5.1)을 만족한다. x와 y가 양수일 때

$$\log xy = \log x + \log y$$

인데, $f_1 f_2$의 영점 집합은 f_1의 영점 집합과 f_2의 영점 집합의 합집합이기 때문이다.

2 각 영점은 수열에서 중복도만큼 등장한다.

단계 2 먼저 $\Omega - \{z_1, \cdots, z_N\}$에서 정의된 함수

$$g(z) = \frac{f(z)}{(z - z_1) \cdots (z - z_N)}$$

는 각 z_j 근방에서 유계다. 따라서 각 z_j는 제거가능한 특이점이고

$$f(z) = (z - z_1) \cdots (z - z_N) g(z)$$

와 같이 쓸 수 있다. 여기서 g는 Ω에서 복소해석적이며 D_R의 폐포에서 영점을 가지지 않는다. 단계 1에 의해 어디에서도 영점을 가지지 않는 g와 같은 함수와 $z - z_j$ 꼴 함수에 대해 옌센 공식을 증명하면 충분하다.

단계 3 먼저 식 (5.1)을 D_R의 폐포에서 영점을 가지지 않는 함수 g에 대해 증명한다. 정확하게는 항등식

$$\log|g(0)| = \frac{1}{2\pi} \int_0^{2\pi} \log|g(Re^{i\theta})|\, d\theta$$

가 성립하는지 확인해야 한다. 약간 더 큰 원판에서 복소해석적인 h에 대해 $g(z) = e^{h(z)}$이라고 쓸 수 있다. 이는 원판이 단순연결집합이므로 $h = \log g$를 정의할 수 있기 때문에 가능하다(3장 정리 6.2 참고). 이제

$$|g(z)| = |e^{h(z)}| = |e^{\text{Re}(h(z)) + i\text{Im}(h(z))}| = e^{\text{Re}(h(z))}$$

임을 관찰하자. 따라서 $\log|g(z)| = \text{Re}(h(z))$이다. 평균값 성질(3장 따름정리 7.3)에 의해 g에 대한 식을 바로 얻는다.

단계 4 마지막 단계에서는 $f(z) = z - w$ (단, $w \in D_R$) 꼴 함수에 대한 옌센 공식을 증명한다. 다시 말해

$$\log|w| = \log\left(\frac{|w|}{R}\right) + \frac{1}{2\pi} \int_0^{2\pi} \log|Re^{i\theta} - w|\, d\theta$$

를 보여야 한다. $\log(|w|/R) = \log|w| - \log R$이고 $\log|Re^{i\theta} - w| = \log R + \log|e^{i\theta} - w/R|$이므로 $|a| < 1$일 때

$$\int_0^{2\pi} \log|e^{i\theta} - a|\, d\theta = 0$$

을 증명하면 충분하다. 이는 ($\theta \mapsto -\theta$로 변수변환하면) $|a| < 1$일 때

$$\int_0^{2\pi} \log|1 - ae^{i\theta}|\, d\theta = 0$$

을 증명하는 것과 동치다. 이 식을 증명하기 위해 단위원판의 폐포에서 영점을 가지지 않는 함수 $F(z) = 1 - az$를 이용한다. 그 결과 반지름 길이가 1보다 큰 원판에서 $F(z) = e^{G(z)}$인

복소해석적 함수 G가 존재한다. $|F| = e^{\mathrm{Re}(G)}$이고 따라서 $\log|F| = \mathrm{Re}(G)$이다. $F(0) = 1$이므로 $\log|F(0)| = 0$이다. 이제 조화함수 $\log|F(z)|$에 평균값 성질(3장 따름정리 7.3)을 적용하여 증명을 마무리한다. ◀

옌센 공식에서 복소해석적 함수의 증가와 원판 내부에서의 영점 개수를 연결 짓는 항등식을 유도할 수 있다. f가 원판 D_R의 폐포에서 복소해석적일 때 원판 D_r (단, $0 < r < R$) 내부에서 (중복도만큼 반복하여 센) f의 영점 개수를 $\mathfrak{n}(r)$[3]로 나타낸다. $\mathfrak{n}(r)$이 r에 대해 감소하지 않는 함수라는 점은 간단하지만 매우 중요한 사실이다.

$f(0) \neq 0$이며 f가 원 C_R에서 영점을 가지지 않을 때

$$\int_0^R \mathfrak{n}(r)\frac{dr}{r} = \frac{1}{2\pi}\int_0^{2\pi} \log|f(Re^{i\theta})|\,d\theta - \log|f(0)| \tag{5.2}$$

이 성립함을 보이자. 이 공식은 옌센 공식과 다음 보조정리로부터 바로 알 수 있다.

보조정리 1.2 $z_1, \cdots, z_N$이 원판 D_R의 내부에서 f의 영점일 때,

$$\int_0^R \mathfrak{n}(r)\frac{dr}{r} = \sum_{k=1}^N \log\left|\frac{R}{z_k}\right|$$

이 성립한다.

증명

먼저 $\displaystyle\sum_{k=1}^N \log\left|\frac{R}{z_k}\right| = \sum_{k=1}^N \int_{|z_k|}^R \frac{dr}{r}$이 성립한다. 특성함수를

$$\eta_k(r) = \begin{cases} 1 & (r > |z_k|) \\ 0 & (r \leq |z_k|) \end{cases}$$

과 같이 정의하자. 그러면 $\displaystyle\sum_{k=1}^N \eta_k(r) = \mathfrak{n}(r)$이다. 이제

$$\sum_{k=1}^N \int_{|z_k|}^R \frac{dr}{r} = \sum_{k=1}^N \int_0^R \eta_k(r)\frac{dr}{r} = \int_0^R \left(\sum_{k=1}^N \eta_k(r)\right)\frac{dr}{r} = \int_0^R \mathfrak{n}(r)\frac{dr}{r}$$

을 이용하면 보조정리를 증명할 수 있다. ◀

3 문맥상 함수를 고려해야 할 때는 $\mathfrak{n}_f(r)$로 표기한다.

2 증가지수가 유한한 함수

전해석함수 f와 양수 ρ가 주어질 때, f의 **증가지수(order of growth)**가 ρ를 넘지 않는다는 것은 상수 $A, B > 0$이 존재하여 모든 $z \in \mathbb{C}$에 대해서 부등식

$$|f(z)| \leq Ae^{B|z|^\rho}$$

이 성립함을 뜻한다. f의 **증가지수**는 $\rho_f = \inf \rho$와 같이 정의한다. 여기서 하한은 위의 조건을 만족시키는 모든 $\rho > 0$에 대한 것이다. 예를 들어 함수 e^{z^2}의 증가지수는 2이다.

정리 2.1 ρ 이하의 증가지수를 가지는 전해석함수 f에 대하여 다음이 성립한다.

(1) 적당한 $C > 0$와 충분히 큰 모든 r에 대하여 $\mathfrak{n}(r) \leq Cr^\rho$이다.

(2) f의 영점을 $z_1, z_2, \cdots$이라 하면(단, $z_k \neq 0$) 모든 $s > \rho$에 대해

$$\sum_{k=1}^{\infty} \frac{1}{|z_k|^s} < \infty$$

이 성립한다.

증명

(1) $f(0) \neq 0$일 때 $\mathfrak{n}(r)$에 대한 추정을 증명하면 충분하다. 실제로 함수 $F(z) = f(z)/z^\ell$를 생각하자. 여기서 ℓ은 f의 원점에서 영점의 위수다. 그러면 $\mathfrak{n}_f(r)$과 $\mathfrak{n}_F(r)$은 오직 상수만큼 차이나며, F의 증가지수도 ρ 이하다.

$f(0) \neq 0$이면 식 (5.2)를 사용할 수 있으므로

$$\int_0^R \mathfrak{n}(x)\frac{dx}{x} = \frac{1}{2\pi}\int_0^{2\pi} \log|f(Re^{i\theta})|\,d\theta - \log|f(0)|$$

이다. $R = 2r$로 택하면 위 식에서

$$\int_r^{2r} \mathfrak{n}(x)\frac{dx}{x} \leq \frac{1}{2\pi}\int_0^{2\pi} \log|f(Re^{i\theta})|\,d\theta - \log|f(0)|$$

이 성립한다. 한편으로는 $\mathfrak{n}(r)$은 증가함수이므로

$$\int_r^{2r} \mathfrak{n}(x)\frac{dx}{x} \geq \mathfrak{n}(r)\int_r^{2r}\frac{dx}{x} = \mathfrak{n}(r)[\log 2r - \log r] = \mathfrak{n}(r)\log 2$$

이며, 다른 한편으로는 f에 대한 증가 조건으로부터 충분히 큰 모든 r에 대해

$$\int_0^{2\pi} \log|f(Re^{i\theta})|\,d\theta \leq \int_0^{2\pi} \log|Ae^{BR^\rho}|\,d\theta \leq C'r^\rho$$

을 얻는다. 따라서 적당한 $C > 0$와 충분히 큰 모든 r에 대해 $\mathfrak{n}(r) \leq Cr^\rho$이다.

(2) 이를 증명하는 마지막 과정은

$$\begin{aligned}\sum_{|z_k|\geq 1} |z_k|^{-s} &= \sum_{j=0}^{\infty}\left(\sum_{2^j\leq|z_k|<2^{j+1}} |z_k|^{-s}\right)\\ &\leq \sum_{j=0}^{\infty} 2^{-js}\mathfrak{n}(2^{j+1})\\ &\leq c\sum_{j=0}^{\infty} 2^{-js}2^{(j+1)\rho}\\ &\leq c'\sum_{j=0}^{\infty}(2^{\rho-s})^j\\ &< \infty\end{aligned}$$

와 같이 추정하는 것이다. 마지막 급수는 $s > \rho$이므로 수렴한다. ◀

정리 2.1(2)는 수열 $\{z_k\}$의 점근적 밀도를 알려준다는 점에서 주목할 만하다. $z_k = 10^{10000}\sqrt{k}$, $z_k = k$, $z_k = 10^{-10000}k^2$인 경우를 각각 살펴보라.

정리 2.1의 간단한 예를 두 가지 소개하겠다. 이 예를 통해 $s > \rho$라는 조건을 개선할 수 없음을 확인할 수 있다.

예제 1 $f(z) = \sin \pi z$를 생각하자. 오일러 항등식을 떠올리면

$$f(z) = \frac{e^{i\pi z} - e^{-i\pi z}}{2i}$$

이 성립한다. 이는 $|f(z)| \leq e^{\pi|z|}$임을 의미하며, f의 증가지수가 1보다 작거나 같음을 의미한다. $z = ix$ (단, $x \in \mathbb{R}$)를 취하면 f의 증가지수가 실제로 1과 같음이 분명하다. 그런데 f는 각 $n \in \mathbb{Z}$에 대해 $z = n$에서 위수 1인 영점을 가지며, 정확히 $s > 1$일 때 $\sum_{n\neq 0}\frac{1}{|n|^s}$이 수렴한다.

예제 2 $f(z) = \cos z^{1/2}$을 생각하자. 이는

$$\cos z^{1/2} = \sum_{n=0}^{\infty}(-1)^n \frac{z^n}{(2n)!}$$

과 같이 정의된다. 그러면 f는 전해석적이며

$$|f(z)| \leq e^{|z|^{1/2}}$$

이 성립하고 f의 증가지수가 $\frac{1}{2}$임을 쉽게 확인할 수 있다. 또한 $f(z)$는 $z_n = ((n+1/2)\pi)^2$에서 영점을 가지며 정확히 $s > \frac{1}{2}$일 때 $\sum_n \frac{1}{|z_n|^s}$이 수렴한다.

복소수열 $z_1, z_2, \cdots$가 주어지면 자연스럽게 이 수열의 각 점에서 정확히 영점을 가지는 전해석함수 f가 존재하는지 생각해 볼 수 있다. 필요조건은 $z_1, z_2, \cdots$가 수렴하는 부분수열을 가지지 않는 것이다. 다시 말해

$$\lim_{k\to\infty} |z_k| = \infty$$

여야 하며, 그렇지 않을 경우 2장 정리 4.8에 의해 f는 항등적으로 0이다. 바이어슈트라스는 주어진 수열의 각 점에서 영점을 가지는 함수를 구체적으로 구성하여 이 조건이 충분조건도 됨을 보였다. 이런 함수를 어떻게 건설할 수 있을까? 가장 먼저

$$(z - z_1)(z - z_2)\cdots$$

와 같은 꼴인 함수를 떠올릴 수 있다. 이는 영점의 개수가 유한한 특수한 경우라면 답이 될 수 있다. 그렇지 않은 경우는 무한곱을 다루어야 하는데, 바이어슈트라스가 고안한 방법은 이런 상황에서 무한곱이 수렴하되 새로운 영점이 개입하지 않도록 적절한 인수를 각각의 $(z - z_k)$에 곱해주는 것이다.

일반적인 경우에 그러한 함수를 건설하려면 무한곱에 관련된 몇몇 지식이 필요하다.

3 무한곱

3.1 일반적인 사실

복소수열 $\{a_n\}_{n=1}^{\infty}$이 주어질 때, 부분곱의 극한 $\lim_{N\to\infty}\prod_{n=1}^{N}(1+a_n)$이 존재하면 $\prod_{n=1}^{\infty}(1+a_n)$이 **수렴**한다고 한다.

다음 명제는 주어진 무한곱이 수렴할 충분조건을 알려준다.

> **명제 3.1** $\sum|a_n|<\infty$이면 무한곱 $\prod_{n=1}^{\infty}(1+a_n)$이 수렴한다. 또한 이 무한곱이 0으로 수렴하기 위한 필요충분조건은 그 인수 중 하나가 0인 것이다.

이는 『STEIN 푸리에 해석학』 8장 명제 1.9에 불과하다. 이 증명을 한 번 더 적어보겠다.

증명

$\sum|a_n|$이 수렴하면 충분히 큰 모든 n에 대해 $|a_n|<\frac{1}{2}$이어야 한다. 필요한 경우 유한한 항을 무시하면 이 부등식이 모든 n에 대해 성립한다고 가정할 수 있다. 특히 $\log(1+a_n)$을 일반적인 멱급수로 정의할 수 있으며(3장 식 (3.6) 참고), 이 로그함수는 $|z|<1$일 때 성질 $1+z=e^{\log(1+z)}$을 만족한다. 따라서 부분곱을

$$\prod_{n=1}^{N}(1+a_n)=\prod_{n=1}^{N}e^{\log(1+a_n)}=e^{B_N}$$

과 같이 쓸 수 있다. 이때 $B_N=\sum_{n=1}^{N}b_n$이며 $b_n=\log(1+a_n)$이다. 멱급수 전개에 의해 $|z|<\frac{1}{2}$이면 $|\log(1+z)|\le 2|z|$임을 알 수 있다. $|b_n|\le 2|a_n|$이므로 $N\to\infty$일 때 B_N은 복소수로 수렴하며 이를 B라고 하자. 지수함수는 연속함수이므로 $N\to\infty$일 때 e^{B_N}은 e^B으로 수렴하며, 이는 명제의 첫 번째 주장을 증명한다. 또한 모든 n에 대해 $1+a_n\neq 0$이면 무한곱은 e^B으로 수렴하므로 0이 아닌 극한값을 가진다. ◀

더 일반적으로 복소해석적 함수의 곱을 생각할 수 있다.

명제 3.2 열린 집합 Ω에서 복소해석적인 함수열 $\{F_n\}$과 양의 실수열 $\{c_n\}$이 모든 n과 $z \in \Omega$에 대하여

$$|F_n(z) - 1| \leq c_n \text{이고} \quad \sum c_n < \infty$$

를 만족한다고 하자. 그러면 다음이 성립한다.

(1) 무한곱 $\prod_{n=1}^{\infty} F_n(z)$가 Ω에서 복소해석적 함수 $F(z)$로 균등 수렴한다.

(2) 모든 n에 대해 $F_n(z)$가 영점을 가지지 않으면

$$\frac{F'(z)}{F(z)} = \sum_{n=1}^{\infty} \frac{F_n'(z)}{F_n(z)}$$

이다.

증명

(1) 각 z에 대해 $F_n(z) = 1 + a_n(z)$이고 $|a_n(z)| \leq c_n$이라고 쓰면 명제 3.1과 같이 논증할 수 있다. 이제 c_n이 상수이므로 위 추정은 사실 z에 대해 균등하다. 따라서 무한곱은 복소해석적 함수로 균등 수렴하며, 이를 $F(z)$로 나타낸다.

(2) K를 Ω의 콤팩트 부분집합이라고 가정하고 G_N을

$$G_N(z) = \prod_{n=1}^{N} F_n(z)$$

와 같이 정의한다. Ω에서 G_N이 F로 균등 수렴함을 증명했으므로, 2장 정리 5.3에 의해 수열 $\{G_N'\}$은 K에서 F'으로 균등 수렴한다. G_N은 K에서 아래로 균등 유계이므로, K에서 G_N'/G_N이 F'/F으로 균등 수렴한다. 또한 K는 Ω의 임의의 콤팩트 부분집합이므로 Ω의 모든 점에 대해 이 극한은 수렴한다. 또한 3장 4절에서 확인했듯이

$$\frac{G_N'}{G_N} = \sum_{n=1}^{N} \frac{F_n'}{F_n}$$

이 성립한다. ◀

3.2 예제 : 사인 함수에 대한 곱 공식

바이어슈트라스 곱에 대한 일반적인 이론을 전개하기에 앞서, 중요한 예제인 사인 함수의 무한곱 표현을 살펴본다.

$$\frac{\sin \pi z}{\pi} = z \prod_{n=1}^{\infty} \left(1 - \frac{z^2}{n^2}\right) \tag{5.3}$$

이 항등식은 코탄젠트 함수($\cot \pi z = \cos \pi z / \sin \pi z$)에 대한 급수 표현에서 유도한다.

$$\pi \cot \pi z = \sum_{n=-\infty}^{\infty} \frac{1}{z+n} = \lim_{N \to \infty} \sum_{|n| \le N} \frac{1}{z+n} = \frac{1}{z} + \sum_{n=1}^{\infty} \frac{2z}{z^2 - n^2} \tag{5.4}$$

식 (5.3)은 모든 복소수 z에 대해 성립하며, 식 (5.4)는 z가 정수가 아닐 때 성립한다.

급수 $\displaystyle\sum_{n=-\infty}^{\infty} \frac{1}{z+n}$을 볼 때 주의할 점이 있다. n이 양수일 때의 합과 n이 음수일 때의 합이 모두 수렴하지 않기 때문이다. $\displaystyle\lim_{N \to \infty} \sum_{|n| \le N} \frac{1}{z+n}$과 같이 대칭적으로 해석해야만 항이 상쇄하면서 식 (5.4)와 같이 수렴하는 급수로 이어진다.

우리는 $\pi \cot \pi z$와 우변의 급수가 특정 형태의 구조적 성질을 공유함을 보임으로써 식 (5.4)를 증명한다. 실제로 $F(z) = \pi \cot \pi z$라 하면 F에 대하여 다음이 성립함을 확인할 수 있다.

> (1) z가 정수가 아닐 때 $F(z+1) = F(z)$이다.
> (2) $F(z) = \dfrac{1}{z} + F_0(z)$ (단, F_0는 0 근방에서 해석적)
> (3) $F(z)$는 정수에서 단극(simple pole)을 가지며, 그 외에 다른 특이점은 존재하지 않는다.

또한 함수 $\displaystyle\sum_{n=-\infty}^{\infty} \frac{1}{z+n} = \lim_{N \to \infty} \sum_{|n| \le N} \frac{1}{z+n}$도 성질 (1)~(3)을 만족한다.

실제로 성질 (1)은 무한합에서 항을 z에서 $z+1$로 옮기는 단순한 과정을 통해 확인할 수 있다. 정확히 쓰면

$$\sum_{|n| \le N} \frac{1}{z+1+n} = \frac{1}{z+1+N} - \frac{1}{z-N} + \sum_{|n| \le N} \frac{1}{z+n}$$

이 성립한다. N을 무한대로 보내면 주장이 증명된다. 성질 (2)와 (3)은 급수를 $\displaystyle\frac{1}{z} + \sum_{n=1}^{\infty} \frac{2z}{z^2 - n^2}$로 나타내면 분명하다.

따라서 함수 Δ를

$$\Delta(z) = F(z) - \sum_{n=-\infty}^{\infty} \frac{1}{z+n}$$

로 정의하면 $\Delta(z+1) = \Delta(z)$이므로 Δ는 주기함수다. (2)에 의해 원점에서 Δ의 특이점을 없앨 수 있으며, 주기성에 의해 모든 정수에서 특이점도 없앨 수 있다. 이는 Δ가 전해석함수임을 의미한다.

식 (5.4)를 증명하기 위해 함수 Δ가 복소평면에서 유계임을 보이면 충분하다. 주기성을 이용하여 띠 $|\mathrm{Re}(z)| \le 1/2$에서 보이면 충분하다. 왜냐하면 모든 $z' \in \mathbb{C}$은 $z' = z + k$ 꼴이기 때문이다(z는 띠에 속하고 k는 정수). Δ가 복소해석적이므로 직사각형 $|\mathrm{Re}(z)| \le 1/2$, $|\mathrm{Im}(z)| \le 1$에서 유계이기 때문에, 이 함수의 행동을 집합 $|\mathrm{Im}(z)| > 1$에서 살펴보기만 해도 된다. $\mathrm{Im}(z) > 1$이고 $z = x + iy$이면

$$\cot \pi z = i\,\frac{e^{i\pi z} + e^{-i\pi z}}{e^{i\pi z} - e^{-i\pi z}} = i\,\frac{e^{-2\pi y} + e^{-2\pi i x}}{e^{-2\pi y} - e^{-2\pi i x}}$$

이 성립한다. 이 값의 절댓값은 유계다.[4] 또한

$$\frac{1}{z} + \sum_{n=1}^{\infty} \frac{2z}{z^2 - n^2} = \frac{1}{x+iy} + \sum_{n=1}^{\infty} \frac{2(x+iy)}{x^2 - y^2 - n^2 + 2ixy}$$

이므로 $y > 1$일 때 다음을 얻는다.

$$\left| \frac{1}{z} + \sum_{n=1}^{\infty} \frac{2z}{z^2 - n^2} \right| \le C + C \sum_{n=1}^{\infty} \frac{y}{y^2 + n^2}$$

이제 우변의 합은 적분

$$\int_0^{\infty} \frac{y}{y^2 + x^2}\, dx$$

를 넘지 못한다. 이는 함수 $\dfrac{y}{(y^2 + x^2)}$가 x에 대해 감소함수이기 때문이다. 또한 $x \mapsto yx$로 치환적분하면 위 적분은 y에 무관하므로 유계다. 비슷한 논증에 의해 Δ는 $\mathrm{Im}(z) < -1$인 띠에서도 유계이므로 Δ는 전체 띠 $|\mathrm{Re}(z)| \le 1/2$에서 유계다. 따라서 Δ는 $\mathbb{C}$에서 유계이며, 리우빌 정리에 의해 $\Delta(z)$는 상수다. Δ가 홀함수라는 관찰에 의해 이 상수는 0이어야 하므로, 식 (5.4)의 증명이 마무리 된다.

4 (감수자) $y > 1$을 가정했으므로 $|e^{-2\pi y}| < e^{-2\pi} < 1$이 성립한다. 이에 따라 마지막 표현의 절댓값이 $(1+e^{-2\pi})/(1-e^{-2\pi})$보다 작다.

(5.3)을 증명하기 위해 두 함수 $G(z)$, $P(z)$를

$$G(z) = \frac{\sin \pi z}{\pi}, \quad P(z) = z \prod_{n=1}^{\infty} \left(1 - \frac{z^2}{n^2}\right)$$

으로 정의하자. 명제 3.2와 $\sum 1/n^2 < \infty$라는 사실은 곱으로 정의된 함수 $P(z)$의 수렴을 보장한다. 또한 z가 정수가 아닐 때

$$\frac{P'(z)}{P(z)} = \frac{1}{z} + \sum_{n=1}^{\infty} \frac{2z}{z^2 - n^2}$$

를 얻는다. $G'(z)/G(z) = \pi \cot \pi z$이므로 코탄젠트에 대한 식 (5.4)에 의해

$$\left(\frac{P(z)}{G(z)}\right)' = \frac{P(z)}{G(z)} \left[\frac{P'(z)}{P(z)} - \frac{G'(z)}{G(z)}\right] = 0$$

이 성립한다. 따라서 적당한 상수 c에 대해 $P(z) = cG(z)$이다. 이 항등식을 z로 나누고 $z \to 0$인 극한을 취하면 $c = 1$임을 알 수 있다.

비고 3장 연습문제 12와 4장 연습문제 7에서 유도한 $\pi^2/(\sin \pi z)^2$에 대한 유사한 항등식을 적분하여 식 (5.3)과 식 (5.4)를 다르게 증명할 수 있다. 푸리에 급수를 이용한 또 다른 증명은 『STEIN 푸리에 해석학』 3장과 5장 연습문제에서 찾을 수 있다.

4 바이어슈트라스 무한곱

이제 지정된 점에서만 지정된 중복도의 영점을 가지는 전해석함수를 정의하는 바이어슈트라스 방법을 살펴본다.

정리 4.1 $n \to \infty$일 때 $|a_n| \to \infty$인 임의의 복소수열 $\{a_n\}$이 주어지면, 모든 $z = a_n$에서 영점을 가지며 그 외에는 영점을 가지지 않는 전해석함수 f가 존재한다. 이를 만족하는 또 다른 전해석함수는 모두 $f(z)e^{g(z)}$ 꼴이며, 이때 g는 전해석함수다.

복소해석적 함수 f가 $z = a$에서 영점을 가지면 영점 a의 위수는 정수 m이며

$$f(z) = (z-a)^m g(z)$$

와 같이 쓸 수 있다. 여기서 g는 복소해석적이며 a의 적당한 근방에서 0이 되지 않는다. 또는 m은 f의 a에서의 멱급수 전개에서 0이 아닌 첫 번째 $z-a$의 거듭제곱이다. 이전과 마찬가지로, 수열 $\{a_n\}$에는 중복되는 항이 존재할 수 있기 때문에 정리 4.1에 의해 실제로 정해진 영점과 원하는 중복도를 가지는 전해석함수가 존재한다.

증명에 앞서 먼저 두 함수 f_1과 f_2가 모든 $z = a_n$에서 영점을 가지며 그 외의 점에서 영점을 가지지 않는 전해석함수이면, f_1/f_2는 모든 a_n에서 제거가능한 특이점을 가짐에 유의하자. 즉 f_1/f_2는 어느 곳에서도 영점을 가지지 않는 전해석함수이며, 3장 6절에서 보였듯이 $f_1(z)/f_2(z) = e^{g(z)}$인 전해석함수 g가 존재한다. 따라서 $f_1(z) = f_2(z)e^{g(z)}$이며 정리의 마지막 문장이 확인되었다.

수열 $\{a_n\}$의 모든 점에서 영점을 가지며 그 외의 점에서는 영점을 가지지 않는 함수를 정의하는 일이 남았다. $\sin \pi z$에 대한 곱 공식에서 영감을 받아 단순히 추측하자면 $\prod_n \left(1 - \frac{z}{a_n}\right)$가 유력한 후보다. 문제는 $\sum |a_n| < \infty$인 경우 명제 3.1에 따라 이 무한곱이 수렴하지만, 그렇지 않은 경우는 수렴성이 보장되지 않는다는 것이다. 이를 해결하기 위해서 $(1 - z/a_n)$에 적절한 지수 인수를 곱하여 만든 새로운 인수를 도입한다.

각 정수 $k \geq 0$에 대해 **표준 인수(canonical factors)**를

$$E_0(z) = 1 - z, \quad E_k(z) = (1-z)e^{z + z^2/2 + \cdots + z^k/k} \text{ (단, } k \geq 1)$$

과 같이 정의한다. 정수 k를 표준 인수의 **차수(degree)**라고 한다.

보조정리 4.2 $|z| \leq 1/2$이면 적당한 $c > 0$에 대해 $|1 - E_k(z)| \leq c|z|^{k+1}$이다.

증명

$|z| \leq 1/2$이면 $1 - z = e^{\log(1-z)}$이며, 로그함수의 멱급수 전개에서

$$E_k(z) = e^{\log(1-z) + z + z^2/2 + \cdots + z^k/k} = e^w$$

이 성립한다. 여기서 $w = -\sum_{n=k+1}^{\infty} z^n/n$이다. $|z| \leq 1/2$이므로

$$|w| \le |z|^{k+1} \sum_{n=k+1}^{\infty} |z|^{n-k-1}/n \le |z|^{k+1} \sum_{j=0}^{\infty} 2^{-j} \le 2|z|^{k+1}$$

이다. 특히 $|w| \le 1$이고, 이는

$$|1 - E_k(z)| = |1 - e^w| \le c'|w| \le c|z|^{k+1}$$

을 의미한다. ◀

비고 보조정리 4.2에서 상수 c를 k에 무관하게 취할 수 있다는 점이 중요하다. 증명을 잘 살펴보면 $c' = e$로 택할 수 있으므로 이에 따라 $c = 2e$로 둘 수 있다.

원점에서 중복도가 m인 영점을 가지고 $a_1, a_2, \cdots$는 모두 0이 아니라고 가정하자. 그러면 바이어슈트라스 곱(Weierstrass product)을

$$f(z) = z^m \prod_{n=1}^{\infty} E_n\left(\frac{z}{a_n}\right)$$

와 같이 정의한다. 이 함수가 원하는 성질을 만족함을 보이자. f는 전해석적이며 원점에서 중복도가 m인 영점을 가지고 수열 $\{a_n\}$의 각 점에서 영점을 가지며, 그 외의 점에서는 영점을 가지지 않는다.

$R > 0$을 고정하고 z가 원판 $|z| < R$에 속한다고 가정하자. 이 원판에서 f가 원하는 성질을 모두 가짐을 증명할 것이다. 그러면 R이 임의의 실수이므로 정리가 증명된다.

$|a_n| \le 2R$ 또는 $|a_n| > 2R$ 중 무엇을 선택하느냐에 따라 f를 정의하는 식에서 두 가지 유형의 인수를 생각할 수 있다. 전자에는 유한하게 많은 항만 존재하며($|a_n| \to \infty$이기 때문), 유한곱은 $|a_n| < R$인 모든 $z = a_n$에서 영점을 가짐을 알 수 있다. 후자이면 $|a_n| \ge 2R$일 때 $|z/a_n| \le 1/2$이므로 보조정리 4.2에 의해

$$|1 - E_n(z/a_n)| \le c\left|\frac{z}{a_n}\right|^{n+1} \le \frac{c}{2^{n+1}}$$

가 성립한다. 비고에서 c는 n과 무관하다고 설명했음에 유의하자. 따라서 곱

$$\prod_{|a_n| \ge 2R} E_n(z/a_n)$$

는 $|z| < R$에서 복소해석적 함수를 정의하며, 3절 명제 3.1에 의해 이 원판 내에서 영점을 가지지 않는다. 이는 함수 f가 원하는 성질을 가짐을 보여 준다. 이로써 바이어슈트라스 정리를 증명했다.

5 아다마르 인수분해 정리

이 절에서 다루는 정리는 함수의 증가를 함수의 영점 개수에 결부시킨 결과를 바이어슈트라스 정리와 결합한다. 바이어슈트라스 정리에 따르면 $a_1, a_2, \cdots$ 에서 영점을 가지는 함수는

$$e^{g(z)} z^m \prod_{n=1}^{\infty} E_n(z/a_n)$$

와 같은 꼴이다. 아다마르(Hadamard)는 이 결과를 개선했다. 증가지수가 유한한 함수일 때, 표준 인수의 차수를 상수로 간주할 수 있으며 g는 다항함수다.

앞서 정의했듯이 전해석함수 f의 증가지수가 ρ를 넘지 못한다는 것은

$$|f(z)| \leq Ae^{B|z|^{\rho}}$$

이 성립함을 뜻한다. f의 증가지수 ρ_0는 이러한 모든 ρ의 하한임을 기억하자.

이미 증명한 기본 결과에 따르면 f가 ρ 이하의 증가지수를 가지면 충분히 큰 모든 r에 대해

$$\mathfrak{n}(r) \leq Cr^{\rho}$$

이 성립한다. 또한 $a_1,\ a_2,\ \cdots$ 가 f의 0이 아닌 영점이고 $s > \rho$이면

$$\sum |a_n|^{-s} < \infty$$

가 성립한다.

정리 5.1 증가지수 ρ_0인 전해석함수 f와 $k \leq \rho_0 < k+1$인 정수 k에 대하여 $a_1,\ a_2,\ \cdots$ 가 f의 (0이 아닌) 영점이라고 하면

$$f(z) = e^{P(z)} z^m \prod_{n=1}^{\infty} E_k(z/a_n)$$

가 성립한다. 여기서 P는 차수가 k 이하인 다항함수이며, m은 f의 $z=0$에서 영점의 중복도다.

주요 보조정리

아다마르 정리(Hadamard's theorem)를 증명하는 데 필요한 몇 가지 보조정리를 나열한다.

보조정리 5.2 표준 인수는 다음을 만족한다.

(1) $|E_k(z)| \geq e^{-c|z|^{k+1}}$ (단, $|z| \leq 1/2$)

(2) $|E_k(z)| \geq |1-z|e^{-c'|z|^k}$ (단, $|z| \geq 1/2$)

증명

(1) $|z| \leq 1/2$이면 $1-z$의 로그를 멱급수를 이용하여 정의할 수 있으므로

$$E_k(z) = e^{\log(1-z)+\sum_{n=1}^{k} z^n/n} = e^{-\sum_{n=k+1}^{\infty} z^n/n} = e^w$$

이 성립한다. $|e^w| \geq e^{-|w|}$이고 $|w| \leq c|z|^{k+1}$이므로 (1)이 증명된다.

(2) 단순히 $|z| \geq 1/2$이면

$$|E_k(z)| = |1-z||e^{z+z^2/2+\cdots+z^k/k}|$$

이 성립한다. 또한

$$|e^{z+z^2/2+\cdots+z^k/k}| \geq e^{-|z+z^2/2+\cdots+z^k/k|} \geq e^{-c'|z|^k}$$

을 만족하는 $c' > 0$이 존재한다. ◀

아다마르 정리를 증명하는 핵심은 z가 영점 $\{a_n\}$에서 멀리 떨어져 있을 때 표준 인수의 곱의 하계를 찾는 데 있다. 따라서 먼저 이러한 영점을 중심으로 한 작은 원판들의 여집합에서 표준 인수의 곱의 하계를 추정할 것이다.

보조정리 5.3 부등식 $\rho_0 < s < k+1$을 만족시키는 임의의 s에 대해

$$\left|\prod_{n=1}^{\infty} E_k(z/a_n)\right| \geq e^{-c|z|^s}$$

이 성립한다. 단, z가 $n = 1, 2, 3, \cdots$에 대해 a_n이 중심이고 반지름 길이가 $|a_n|^{-k-1}$인 원판의 합집합에 속하는 경우는 제외한다.

증명

이 보조정리는 다소 세심하게 주의하며 정리해야 한다. 먼저

$$\prod_{n=1}^{\infty} E_k(z/a_n) = \prod_{|a_n|\leq 2|z|} E_k(z/a_n) \prod_{|a_n|>2|z|} E_k(z/a_n)$$

와 같이 쓴다. 두 번째 곱의 경우 앞에서 주장한 하계는 z에 대한 제한 없이 성립한다. 실제로 보조정리 5.2에 의해

$$\begin{aligned}\left|\prod_{|a_n|>2|z|} E_k(z/a_n)\right| &= \prod_{|a_n|>2|z|} |E_k(z/a_n)| \\ &\geq \prod_{|a_n|>2|z|} e^{-c|z/a_n|^{k+1}} \\ &= e^{-c|z|^{k+1}\sum_{|a_n|>2|z|}|a_n|^{-k-1}}\end{aligned}$$

이다. 그런데 $|a_n| > 2|z|$이고 $s < k+1$이므로

$$|a_n|^{-k-1} = |a_n|^{-s}|a_n|^{s-k-1} \leq C|a_n|^{-s}|z|^{s-k-1}$$

이 성립해야 한다. 따라서 $\sum |a_n|^{-s}$이 수렴한다는 사실은 적당한 $c > 0$에 대해

$$\left|\prod_{|a_n|>2|z|} E_k(z/a_n)\right| \geq e^{-c|z|^s}$$

임을 함의한다.

첫 번째 곱을 추정하기 위해 보조정리 5.2(2)를 이용하여

$$\left|\prod_{|a_n|\leq 2|z|} E_k(z/a_n)\right| \geq \prod_{|a_n|\leq 2|z|} \left|1 - \frac{z}{a_n}\right| \prod_{|a_n|\leq 2|z|} e^{-c'|z/a_n|^k} \tag{5.5}$$

과 같이 쓴다. 이제

$$\prod_{|a_n|\leq 2|z|} e^{-c'|z/a_n|^k} = e^{-c'|z|^k\sum_{|a_n|\leq 2|z|}|a_n|^{-k}}$$

이 성립함에 유의한다. 또한 다시 $|a_n|^{-k} = |a_n|^{-s}|a_n|^{s-k} \leq C|a_n|^{-s}|z|^{s-k}$이 성립하며 이로 인해

$$\prod_{|a_n|\leq 2|z|} e^{-c'|z/a_n|^k} \geq e^{-c|z|^s}$$

이 증명된다. 식 (5.5)의 우변에서 첫 번째 인수의 하계를 추정하는 데 보조정리의 내용에서 z의 위치에 관한 제한이 쓰인다. 실제로 z가 a_n을 중심으로 하고 반지름 길이가 $|a_n|^{-k-1}$인 원판에 속하지 않는다면 $|a_n - z| \geq |a_n|^{-k-1}$이어야 한다. 따라서

$$\begin{aligned}\prod_{|a_n|\leq 2|z|}\left|1-\frac{z}{a_n}\right| &= \prod_{|a_n|\leq 2|z|}\left|\frac{a_n-z}{a_n}\right| \\ &\geq \prod_{|a_n|\leq 2|z|}|a_n|^{-k-1}|a_n|^{-1} \\ &= \prod_{|a_n|\leq 2|z|}|a_n|^{-k-2}\end{aligned}$$

이 성립한다. 마지막으로 $\rho_0 < \rho < s$에 대해

$$\begin{aligned}(k+2)\sum_{|a_n|\leq 2|z|}\log|a_n| &\leq (k+2)\mathfrak{n}(2|z|)\log 2|z| \\ &\leq c|z|^{\rho}\log 2|z| \\ &\leq c'|z|^{s}\end{aligned}$$

이므로 첫 번째 곱에 대한 추정이 성립한다. 여기서 두 번째 부등식은 정리 2.1에 의해 $\mathfrak{n}(2|z|) \leq c|z|^{\rho}$이므로 성립한다. ◀

따름정리 5.4 $r_m \to \infty$이며 $|z| = r_m$에 대해

$$\left|\prod_{n=1}^{\infty}E_k(z/a_n)\right| \geq e^{-c|z|^s}$$

을 만족하는 양수열 $r_1, r_2, \cdots$이 존재한다.

증명

$\sum|a_n|^{-k-1} < \infty$이므로

$$\sum_{n=N}^{\infty}|a_n|^{-k-1} < 1/2$$

을 만족하는 정수 N이 존재한다. 따라서 연속된 두 정수 L과 $L+1$이 충분히 크면 원점을 중심으로 하고 반지름 길이가 r인 원이 보조정리 5.3에서 금지된 원판과 교차하지 않으면서 $L \leq r \leq L+1$인 양수 r을 찾을 수 있다. 만약 그렇지 않다면 (길이가 $2|a_n|^{-k-1}$인) 구간

$$I_n = \left[|a_n| - \frac{1}{|a_n|^{k+1}},\ |a_n| + \frac{1}{|a_n|^{k+1}} \right]$$

의 합집합이 구간 $[L, L+1]$ 전체를 덮을 것이다(그림 1 참고). 이는 $2\sum_{n=N}^{\infty} |a_n|^{-k-1} \geq 1$을 의미하므로 모순이다.

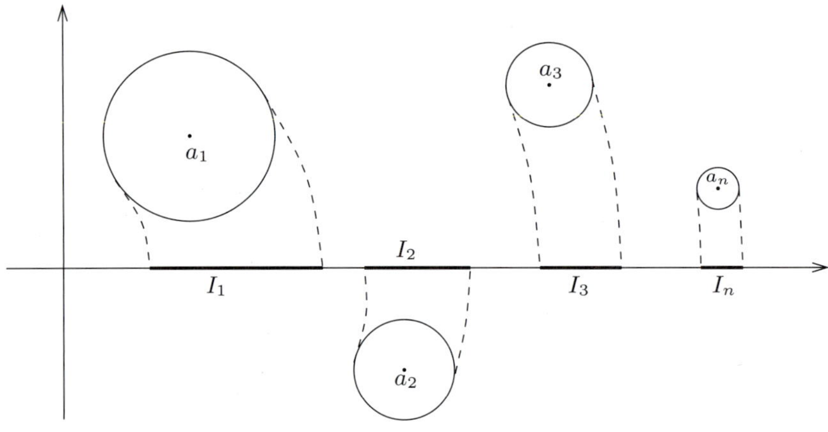

[그림 1] 구간 I_n

$|z| = r$에 대해 보조정리 5.3을 적용하여 따름정리의 증명을 마무리한다. ◀

아다마르 정리의 증명

함수 E를

$$E(z) = z^m \prod_{n=1}^{\infty} E_k(z/a_n)$$

와 같이 정의하자. E가 전해석함수임을 보이기 위해 정리 4.1을 증명할 때 사용한 논증을 반복한다. 보조정리 4.2에 의해 충분히 큰 모든 n에 대해

$$|1 - E_k(z/a_n)| \leq c \left| \frac{z}{a_n} \right|^{k+1}$$

이 성립한다. 또한 급수 $\sum |a_n|^{-k-1}$은 수렴한다($\rho_0 < s < k+1$임을 기억하자). 또한 E는 f와 같은 영점을 가지므로 f/E는 복소해석적이며 어디에서도 영점을 가지지 않는다. 따라서 적당한 전해석함수 g에 대해

$$\frac{f(z)}{E(z)} = e^{g(z)}$$

이 성립한다. f의 증가지수가 ρ_0라는 사실과 따름정리 5.4에서 얻은 E의 하한의 추정을 근거로 $|z| = r_m$에 대해

$$e^{\text{Re}(g(z))} = \left|\frac{f(z)}{E(z)}\right| \le c'e^{c|z|^s}$$

을 얻는다. 이로부터 $|z| = r_m$에 대하여 $\text{Re}(g(z)) \le C|z|^s$이 성립함을 안다. 따라서 보조정리 5.5를 보일 수 있다면 아다마르 정리의 증명이 완성된다.

보조정리 5.5 복소함수 g는 전해석적이고 $u = \text{Re}(g)$가 무한대로 발산하는 양의 실수열 $\{r\}$에 대해, $|z| = r$일 때

$$u(z) \le Cr^s$$

을 만족한다고 가정하자. 그러면 g는 차수가 s 이하인 다항함수다.

증명

g를 원점을 중심으로 하여

$$g(z) = \sum_{n=0}^{\infty} a_n z^n$$

과 같이 멱급수 전개할 수 있다. 3장 마지막 절에서 이미 (코시 적분 공식의 간단한 응용으로써)

$$\frac{1}{2\pi}\int_0^{2\pi} g(re^{i\theta})e^{-in\theta}\,d\theta = \begin{cases} a_n r^n & (n \ge 0) \\ 0 & (n < 0) \end{cases} \tag{5.6}$$

을 증명했다. 켤레복소수를 취하면 $n > 0$일 때

$$\frac{1}{2\pi}\int_0^{2\pi} \overline{g(re^{i\theta})}e^{-in\theta}\,d\theta = 0 \tag{5.7}$$

이 성립한다. $2u = g + \overline{g}$이므로 두 식 (5.6), (5.7)을 더하여 $n > 0$일 때

$$a_n r^n = \frac{1}{\pi}\int_0^{2\pi} u(re^{i\theta})e^{-in\theta}\,d\theta$$

를 얻는다. $n = 0$인 경우 단순히 식 (5.6)의 양변에 실수부를 취하여

$$2\text{Re}(a_0) = \frac{1}{\pi}\int_0^{2\pi} u(re^{i\theta})\,d\theta$$

임을 확인할 수 있다.

이제 $n \neq 0$일 때 원점을 중심으로 하는 임의의 원 위에서 $e^{-in\theta}$을 적분하면 0이 된다는 간단한 사실을 상기하자. 따라서 $n > 0$일 때

$$a_n = \frac{1}{\pi r^n}\int_0^{2\pi} [u(re^{i\theta}) - Cr^s]e^{-in\theta}\,d\theta$$

이므로 부등식

$$|a_n| \leq \frac{1}{\pi r^n}\int_0^{2\pi} [Cr^s - u(re^{i\theta})]\,d\theta = 2Cr^{s-n} - 2\text{Re}(a_0)r^{-n}$$

이 성립한다. r을 무한대로 취하면 보조정리의 가정에 의해 $n > s$에 대해 $a_n = 0$임을 증명한다. 이로써 보조정리의 증명과 아다마르 정리의 증명을 마무리한다. ◀

연습문제

1. 블라쉬케 인수(Blaschke factor)라고 부르는 함수

$$\psi_\alpha(z) = \frac{\alpha - z}{1 - \overline{\alpha}z}$$

를 이용하여 단위원판에서의 옌센 공식을 다른 방식으로 증명하라.

힌트 함수 $f/(\psi_{z_1}\cdots\psi_{z_N})$은 어디에서도 영점을 가지지 않는다.

2. 다음 전해석함수의 증가지수를 구하라.

(a) $p(z)$ (단, p는 다항함수)

(b) e^{bz^n} (단, $b \neq 0$)

(c) e^{e^z}

3. τ가 $\text{Im}(\tau) > 0$인 고정된 복소수일 때, 야코비 세타함수(Jacobi theta function)

$$\Theta(z|\tau) = \sum_{n=-\infty}^{\infty} e^{\pi i n^2 \tau} e^{2\pi i n z}$$

이 z에 대한 증가지수가 2인 함수임을 보여라. Θ에 대한 추가 성질은 10장에서 학습한다.

힌트 $t > 0$이고 $n \geq 4|z|/t$일 때 $-n^2 t + 2n|z| \leq -n^2 t/2$가 성립한다.

4. 고정된 $t > 0$에 대하여 $F(z)$를

$$F(z) = \prod_{n=1}^{\infty} (1 - e^{-2\pi n t} e^{2\pi i z})$$

과 같이 정의하자. 위의 곱은 z에 대한 전해석함수를 정의한다.

(a) $|F(z)| \leq A e^{a|z|^2}$이므로 F는 증가지수 2임을 보여라.

힌트 $F(z) = F_1(z) F_2(z)$와 같이 쓴다. 이때 F_1과 F_2는

$$F_1(z) = \prod_{n=1}^{N} (1 - e^{-2\pi n t} e^{2\pi i z}), \quad F_2(z) = \prod_{n=N+1}^{\infty} (1 - e^{-2\pi n t} e^{2\pi i z})$$

과 같다. 적절하게 큰 c에 대해 $N \approx c|z|$를 택한다. 그렇다면

$$\left(\sum_{N+1}^{\infty} e^{-2\pi n t} \right) e^{2\pi |z|} \leq 1$$

이므로 $|F_2(z)| \leq A$가 성립한다. 그런데

$$|1 - e^{-2\pi n t} e^{2\pi i z}| \leq 1 + e^{2\pi |z|} \leq 2 e^{2\pi |z|}$$

이므로 $|F_1(z)| \leq 2^N e^{2\pi N |z|} \leq e^{c'|z|^2}$이다. 함수 F의 간단한 변형은 10장에서 다루는 야코비 세타함수 Θ에 대한 삼중곱의 한 인수다.

(b) F는 정확히 $z = -int + m$ (단, $n \geq 1$이며 n, m은 정수)일 때 영점을 가진다. 따라서 z_n이 이러한 영점으로 이루어진 수열일 때

$$\sum \frac{1}{|z_n|^2} = \infty, \quad \sum \frac{1}{|z_n|^{2+\epsilon}} < \infty$$

가 성립함을 보여라.

5. $\alpha > 1$이면

$$F_\alpha(z) = \int_{-\infty}^{\infty} e^{-|t|^\alpha} e^{2\pi izt}\,dt$$

는 증가지수가 $\alpha/(\alpha-1)$인 전해석함수임을 보여라.

힌트 적절한 상수 A에 대해 $|t|^{\alpha-1} \le A|z|$와 $|t|^{\alpha-1} \ge A|z|$의 두 가지 경우를 고려하여

$$-\frac{|t|^\alpha}{2} + 2\pi|z||t| \le c|z|^{\alpha/(\alpha-1)}$$

임을 보이자.

6. 월리스 곱 공식(Wallis's product formula)을 증명하라.

$$\frac{\pi}{2} = \frac{2\cdot 2}{1\cdot 3}\cdot\frac{4\cdot 4}{3\cdot 5}\cdots\frac{2m\cdot 2m}{(2m-1)\cdot(2m+1)}\cdots$$

힌트 $z = \pi/2$에서 $\sin z$에 대한 곱 공식을 이용한다.

7. 무한곱에 대한 다음 성질을 확인하라.

(a) $\sum |a_n|^2$이 수렴하면서 $a_n \ne -1$이면 $\prod(1+a_n)$이 0이 아닌 극한값으로 수렴하기 위한 필요충분조건은 $\sum a_n$이 수렴하는 것임을 보여라.

(b) $\sum a_n$은 수렴하지만 $\prod(1+a_n)$은 발산하는 복소수열 $\{a_n\}$의 예를 구하라.

(c) $\prod(1+a_n)$은 수렴하지만 $\sum a_n$은 발산하는 복소수열 $\{a_n\}$의 예를 구하라.

8. 모든 z에 대해 아래의 곱이 수렴하며, 그 극한값은

$$\cos(z/2)\cos(z/4)\cos(z/8)\cdots = \prod_{k=1}^{\infty}\cos(z/2^k) = \frac{\sin z}{z}$$

와 같음을 증명하라.

힌트 $\sin 2z = 2\sin z\cos z$를 이용한다.

9. $|z| < 1$이면

$$(1+z)(1+z^2)(1+z^4)(1+z^8)\cdots = \prod_{k=0}^{\infty}(1+z^{2^k}) = \frac{1}{1-z}$$

이 성립함을 증명하라.

10. 다음 함수에 대한 아다마르 곱 표현을 구하라.

(a) $e^z - 1$

힌트 답은 $e^{z/2}z\prod_{n=1}^{\infty}(1+z^2/4n^2\pi^2)$이다.

(b) $\cos\pi z$

힌트 답은 $\prod_{n=0}^{\infty}(1-4z^2/(2n+1)^2)$이다.

11. 복소함수 f가 증가지수가 유한한 전해석함수이고 치역이 $\mathbb{C}-\{z_1, z_2\}$일 때(단, z_1, z_2는 서로 다른 두 복소수), f는 상수함수임을 보여라. 이 결과는 임의의 전해석함수에 대해 성립하며 피카르의 소정리(Picard's little theorem)라고 한다.

힌트 a가 f의 치역의 원소가 아니면 $f(z)-a$는 $e^{p(z)}$ 꼴이다. 여기서 p는 다항함수다.

12. 전해석함수 f가 영점을 가지지 않고 f의 모든 고계도함수 역시 영점을 가지지 않는다고 가정하자. 또한 f가 유한한 증가지수를 가지면 적당한 상수 a, b에 대해 $f(z)=e^{az+b}$임을 증명하라.

13. 방정식 $e^z - z = 0$은 $\mathbb{C}$에서 무수히 많은 해를 가짐을 보여라.

힌트 아다마르 정리를 적용한다.

14. 아다마르 정리로부터 F가 전해석함수이고 증가지수가 ρ (단, ρ는 정수가 아니다)이면 F는 무한히 많은 영점을 가짐을 유도하라.

15. $\mathbb{C}$의 모든 유리형함수는 두 전해석함수의 몫으로 주어짐을 증명하라. 또한 $\{a_n\}$과 $\{b_n\}$이 유한한 극한값을 가지지 않는 서로소인 두 수열일 때, 정확히 $\{a_n\}$에서 영점을 가지며 $\{b_n\}$에서 극을 가지는 유리형함수가 존재함을 증명하라.

16. $n = 1, 2, \cdots$ 에 대해 다항함수

$$Q_n(z) = \sum_{k=1}^{N_n} c_k^n z^k$$

이 주어졌다고 가정하자. 또한 평면에서 극한점을 가지지 않는 복소수열 $\{a_n\}$ 이 주어졌다고 가정하자. 오직 $\{a_n\}$ 에서만 극을 가지며, 각 n 에 대해

$$f(z) - Q_n\left(\frac{1}{z - a_n}\right)$$

이 a_n 근방에서 복소해석적이게 되는 유리형함수 $f(z)$ 가 존재함을 증명하라. 다시 말해 f 는 정해진 극과 이러한 각각의 극에서 정해진 주요 부분을 가진다. 이를 미타그–레플레르 정리 (Mittag–Leffler's theorem)라고 한다.

17. 서로 다른 복소수 $a_1, a_2, \cdots$ 에 대하여 $\lim_{k\to\infty} |a_k| = \infty$ 가 성립하며 복소수열 $\{b_k\}$ 가 임의로 주어졌을 때, 모든 k 에 대하여 $F(a_k) = b_k$ 를 만족시키는 전해석함수 F 를 정의할 수 있다.

(a) n 개의 서로 다른 복소수 $a_1, \cdots, a_n$ 과 또 다른 n 개의 복소수 $b_1, \cdots, b_n$ 이 주어질 때, 차수가 $n-1$ 보다 작거나 같으며 $i = 1, \cdots, n$ 에 대해 $P(a_i) = b_i$ 를 만족하는 다항함수 P 를 구성하라.

(b) 서로 다른 복소수로 이루어진 수열 $\{a_k\}_{k=0}^{\infty}$ 가 $a_0 = 0$ 이며 $\lim_{k\to\infty} |a_k| = \infty$ 를 만족한다고 하자. 또한 수열 $\{a_k\}$ 를 이용하여 구성한 바이어슈트라스 곱 중에서 하나를 $E(z)$ 로 나타내자. 복소수 $\{b_k\}_{k=0}^{\infty}$ 가 주어지면 1 이상인 정수로 이루어진 수열 $\{m_k\}_{k=1}^{\infty}$ 가 존재해서

$$F(z) = \frac{b_0}{E'(z)}\frac{E(z)}{z} + \sum_{k=1}^{\infty} \frac{b_k}{E'(a_k)}\frac{E(z)}{z - a_k}\left(\frac{z}{a_k}\right)^{m_k}$$

의 우변이 전해석함수로 수렴하며, 이렇게 정의된 전해석함수 $F(z)$ 가 모든 $k = 0, 1, 2, \cdots$ 에 대하여 $F(a_k) = b_k$ 를 만족함을 증명하라. 이는 프링스하임 보간법(Pringsheim interpolation formula)으로 알려져 있다.

심화문제

1. 복소함수 f가 단위원판에서 복소해석적이며 유계이고, 항등적으로 0은 아니라고 하자. 복소함수 f의 영점 $z_1, z_2, \cdots, z_n, \cdots$ (단, $|z_k| < 1$)에 대하여

$$\sum_n (1 - |z_n|) < \infty$$

가 성립함을 증명하라.

힌트 옌센 공식을 이용한다.

***2.** 전해석함수에 대한 바이어슈트라스 곱과 유사한 결과를 원판에서 유계인 함수에 대해서도 얻을 수 있다. 이를 블라쉬케 곱(Blaschke product)이라 한다.

(a) $0 < |\alpha| < 1$와 $|z| \le r < 1$에 대해 부등식

$$\left| \frac{\alpha + |\alpha| z}{(1 - \overline{\alpha} z)\alpha} \right| \le \frac{1+r}{1-r}$$

이 성립함을 보여라.

(b) $\{\alpha_n\}$을 모든 n에 대해 $\alpha_n \neq 0$이며

$$\sum_{n=1}^{\infty} (1 - |\alpha_n|) < \infty$$

가 성립하는 단위원판 내의 수열이라고 하자. $\{\alpha_n\}$이 단위원판에서 유계인 복소해석적 함수의 영점이면 이는 해결될 것이다(심화문제 1 참고). 곱이

$$f(z) = \prod_{n=1}^{\infty} \frac{\alpha_n - z}{1 - \overline{\alpha}_n z} \frac{|\alpha_n|}{\alpha_n}$$

과 같을 때, $|z| \le r < 1$에 대해 균등 수렴함을 보여라. 또한 이 곱이 단위원판에서 복소해석적이며 정확히 α_n에서 영점을 가지고 그 외의 다른 영점을 가지지 않는 함수를 정의함을 보여라. $|f(z)| \le 1$임을 보여라.

***3.** $\sum \frac{z^n}{(n!)^\alpha}$은 증가지수가 $\frac{1}{\alpha}$인 전해석함수임을 보여라.

*4. $F(z)=\sum_{n=0}^{\infty} a_n z^n$ 을 증가지수가 유한한 전해석함수라고 하자. 그러면 F 의 증가지수는 $n\to\infty$ 일 때의 계수 a_n 의 증가와 밀접하게 관련있다. 실제로 다음이 성립함을 보여라.

(a) $|F(z)|\le Ae^{a|z|^\rho}$ 이라고 가정하면

$$\limsup_{n\to\infty}|a_n|^{1/n}n^{1/\rho}<\infty \tag{5.8}$$

가 성립한다.

힌트 코시 부등식 $|a_n|\le \frac{A}{r^n}e^{ar^\rho}$ 과 함수 $u^{-n}e^{u^\rho}$ $(0<u<\rho)$이 $u=n^{1/\rho}/\rho^{1/\rho}$ 에서 최솟값 $e^{n/\rho}(\rho/n)^{n/\rho}$ 을 가진다는 사실을 이용하자. 그런 다음 이 최솟값을 가지도록 r 을 n 에 대한 식으로 나타낸다.

(b) 역으로 식 (5.8)이 성립하면 모든 $\epsilon>0$ 에 대해 $|F(z)|\le A_\epsilon e^{a_\epsilon|z|^{\rho+\epsilon}}$ 이다.

힌트 $|z|=r$ 일 때, $n^n\ge n!$ 이므로 적당한 상수 c 에 대해

$$|F(z)|\le\sum\frac{c^n r^n}{n^{n/\rho}}\le\sum\frac{c^n r^n}{(n!)^{1/\rho}}$$

이 성립한다는 점에 유의하자. 그러면 심화문제 3의 상황으로 환원된다.

6

감마함수와 제타함수
The Gamma and Zeta Functions

감마함수와 제타함수가 수학에서 가장 중요한 비초등함수에 포함된다는 말은 전혀 과장이 아니다. 감마함수는 수학 도처에 나타난다. 감마함수는 수많은 계산에 등장하며 해석학에서 다루는 수많은 항등식에서 중요한 역할을 한다. 이는 감마함수를 사실상 결정하는 구조적 성질에 부분적으로 기인한다. $1/\Gamma(s)$은 $s = 0, -1, -2, \cdots$ 에서만 영점을 가지는 (가장 단순한) 전해석함수[1]다.

제타함수 ζ[2]는 해석적 정수론에서 근본적인 역할을 한다. $\zeta(s)$에 대한 항등식

$$\prod_p \frac{1}{1-p^{-s}} = \sum_{n=1}^{\infty} \frac{1}{n^s}$$

은 제타함수와 소수의 연관성을 보여 준다. 이때 좌변은 모든 소수에 대한 곱이다. 오일러는 실수 $s > 1$에 대해 s가 1로 다가갈 때 $\zeta(s)$의 움직임을 이용하여 $\sum_p 1/p$이 발산함을 증명했다. 또한 등차수열 속 소수에 대한 디리클레 정리 증명의 시작점에는 L–함수에 대한 유사한 추론이 있음을 『STEIN 푸리에 해석학』에서 확인했다.

$\zeta(s)$가 $\text{Re}(s) > 1$일 때 잘 정의됨(그리고 해석적임)을 보이기란 그리 어렵지 않다. 복소평면의 나머지 영역으로 ζ를 해석적(사실, 유리형)이도록 확장하는 것이 소수 연구와 연관되어 있음을 알아차린 인물은 바로 리만이었다. 이에 더하여 제타함수의 중요한 성질 가운데 하나인 함수방정식을 살펴보겠다. 이 함수방정식에는 직선 $\text{Re}(s) = 1/2$에 대한 대칭성이 담겨 있으며, 4장에서 살펴본 바 있는 세타함수의 성질을 이용하여 증명한다. 또한 직선 $\text{Re}(s) = 1$ 근방에서 $\zeta(s)$의 증가속도(growth)를 더 자세히 학습한다. 이를 바탕으로 다음 장에서 소수정리를 증명할 것이다.

1 감마함수

$s > 0$에 대해 **감마함수(gamma function)**를

$$\Gamma(s) = \int_0^{\infty} e^{-t} t^{s-1}\, dt \tag{6.1}$$

라고 정의한다. $t = 0$ 근방에서는 함수 t^{s-1}이 적분가능하며, t가 클 때 피적분함수가 지수적으로 감쇄하므로 위 적분은 모든 양수 s에 대해 수렴한다. 이러한 관찰을 바탕으로 Γ의 정의역을 다음과 같이 확장한다.

1 오랜 관습을 따라 함수 Γ와 ζ의 변수는 (z 대신) s로 표시하겠다.

2 감마함수와 마찬가지로 오일러가 처음으로 연구했다.

명제 1.1 감마함수를 반평면 $\mathrm{Re}(s) > 0$에서 해석적인 함수로 확장할 수 있다. 감마함수는 이 반평면에서 여전히 적분식 (6.1)에 의해 정의된다.

증명

적분식 (6.1)이 띠 $S_{\delta,M} = \{\delta < \mathrm{Re}(s) < M\}$에서 항상 복소해석적 함수를 정의함을 보이면 충분하다 (단, $0 < \delta < M < \infty$). s의 실수부를 σ라 하면 $|e^{-t}t^{s-1}| = e^{-t}t^{\sigma-1}$이므로 $\lim_{\epsilon\to 0}\int_{\epsilon}^{1/\epsilon} e^{-t}t^{s-1}\,dt$로 정의되는 적분

$$\Gamma(s) = \int_0^{\infty} e^{-t}t^{s-1}\,dt$$

는 모든 $s \in S_{\delta,M}$에 대해 수렴한다. $\epsilon > 0$에 대해 F_ϵ을

$$F_\epsilon(s) = \int_{\epsilon}^{1/\epsilon} e^{-t}t^{s-1}\,dt$$

와 같이 정의하자. 2장 정리 5.4에 의해 함수 F_ϵ은 전해석적이다. 그러므로 2장 정리 5.2에 의해 F_ϵ이 띠 $S_{\delta,M}$에서 Γ로 균등 수렴함을 보이면 충분하다. 이를 보이기 위해 먼저

$$|\Gamma(s) - F_\epsilon(s)| \le \int_0^{\epsilon} e^{-t}t^{\sigma-1}\,dt + \int_{1/\epsilon}^{\infty} e^{-t}t^{\sigma-1}\,dt$$

를 관찰한다. $0 < \epsilon < 1$이면 첫 번째 적분의 크기가 ϵ^δ/δ을 넘지 못함을 쉽게 알 수 있다. $\epsilon \to 0$일 때 첫 번째 적분은 0으로 균등 수렴한다. 두 번째 적분 또한 0으로 균등 수렴하는데,

$$\left|\int_{1/\epsilon}^{\infty} e^{-t}t^{\sigma-1}\,dt\right| \le \int_{1/\epsilon}^{\infty} e^{-t}t^{M-1}\,dt \le C\int_{1/\epsilon}^{\infty} e^{-t/2}\,dt \to 0$$

이 성립하기 때문이다. 이로써 증명이 끝났다. ◀

1.1 해석적 연속

Γ를 정의하는 적분식은 $\mathrm{Re}(s) \le 0$에 대해서는 절대수렴하지 않는다. 그러나 반평면 $\mathrm{Re}(s) > 0$에서 Γ와 같은 값을 가지며 $\mathbb{C}$ 전체에서 정의되는 유리형함수가 존재함을 증명할 수 있다. 2장과 같은 의미로 이 함수를 Γ의 해석적 연속(analytic continuation)[3]이라고 하며, 따라서 여전히 이 함수를 Γ로 나타낸다.

3 유리형함수(meromorphic function)의 극(pole)의 여집합은 연결집합이므로 해석적 연속의 유일성이 보장된다.

유리형함수로 해석적 확장이 가능함을 증명하기 위해 Γ의 중요한 성질을 소개하는 다음 보조정리부터 짚고 가자.

보조정리 1.2 $\mathrm{Re}(s) > 0$에 대하여

$$\Gamma(s+1) = s\Gamma(s) \tag{6.2}$$

가 성립한다. 따라서 $n = 0, 1, 2, \cdots$ 에 대해 $\Gamma(n+1) = n!$이다.

증명

닫힌 구간 $[\epsilon, 1/\epsilon]$에서 부분적분하면

$$\int_{\epsilon}^{1/\epsilon} \frac{d}{dt}(e^{-t}t^s)\,dt = -\int_{\epsilon}^{1/\epsilon} e^{-t}t^s\,dt + s\int_{\epsilon}^{1/\epsilon} e^{-t}t^{s-1}\,dt$$

를 얻는다. $t \to 0$이거나 $t \to \infty$일 때 $e^{-t}t^s \to 0$이므로 ϵ을 0으로 보내면 좌변이 0이 되어 원하던 식 (6.2)를 얻는다. 이제

$$\Gamma(1) = \int_0^{\infty} e^{-t}\,dt = [-e^{-t}]_0^{\infty} = 1$$

임을 확인하면 충분하다. 관계식 (6.2)를 연달아 적용하여 $\Gamma(n+1) = n!$임을 알 수 있다. ◀

보조정리의 식 (6.2)만 있으면 다음 정리를 증명할 수 있다.

정리 1.3 $\mathrm{Re}(s) > 0$에 대해 처음 정의된 함수 $\Gamma(s)$는 $\mathbb{C}$에서 유리형함수로의 해석적 연속을 가진다. 이 유리형함수의 특이점은 음의 정수 $s = 0, -1, \cdots$ 에서의 단극뿐이다. $s = -n$에서 Γ의 유수는 $(-1)^n/n!$이다.

증명

Γ를 각 반평면 $\mathrm{Re}(s) > -m$ (단, $m \geq 1$은 정수)으로 확장하면 충분하다. $\mathrm{Re}(s) > -1$에 대해 F_1을

$$F_1(s) = \frac{\Gamma(s+1)}{s}$$

과 같이 정의한다. $\Gamma(s+1)$은 $\mathrm{Re}(s) > -1$에서 복소해석적이므로 F_1은 이 반평면에서 유리형함수이며, 유일한 특이점은 $s = 0$에서의 단극임을 알 수 있다. $\Gamma(1) = 1$이므로 F_1은 실제로 $s = 0$에서 유수가 1인 단극을 가진다. 또한 $\mathrm{Re}(s) > 0$이면 보조정리 1.2에 의해

$$F_1(s) = \frac{\Gamma(s+1)}{s} = \Gamma(s)$$

가 성립한다. 따라서 F_1은 Γ를 반평면 $\text{Re}(s) > -1$에서 유리형함수로 확장한다. 이제 이러한 방식으로 $\text{Re}(s) > -m$에 대해 유리형함수 F_m을 계속 정의할 수 있다. 이때 함수 F_m은 $\text{Re}(s) > 0$에서 Γ와 같은 값을 가진다. $\text{Re}(s) > -m$ (단, m은 1보다 크거나 같은 모든 정수)에 대해 F_m을

$$F_m(s) = \frac{\Gamma(s+m)}{(s+m-1)(s+m-2)\cdots s}$$

과 같이 정의한다. 함수 F_m은 $\text{Re}(s) > -m$에서 유리형이고 $s = 0, -1, -2, \cdots, -m+1$에서 단극을 가지며 유수는

$$\begin{aligned}\text{res}_{s=-n}F_m(s) &= \frac{\Gamma(-n+m)}{(m-1-n)!(-1)(-2)\cdots(-n)} \\ &= \frac{(m-n-1)!}{(m-1-n)!(-1)(-2)\cdots(-n)} \\ &= \frac{(-1)^n}{n!}\end{aligned}$$

과 같다. 보조정리 1.2를 연달아 적용하면 $\text{Re}(s) > 0$에 대해 $F_m(s) = \Gamma(s)$임을 보일 수 있다. 해석적 연속의 유일성에 따르면 이는 F_k의 정의역에서 $1 \le k \le m$에 대해 $F_m = F_k$임도 의미한다. 따라서 원하던 Γ의 해석적 연속을 얻었다. ◀

비고 $\text{Re}(s) > 0$일 때 $\Gamma(s+1) = s\Gamma(s)$임을 이미 증명했다. 사실, 항등정리에 의해 이 식은 $s \neq 0, -1, -2, \cdots$일 때도 여전히 참이다. 이는 $\Gamma(s+1) = s\Gamma(s)$의 양변이 Γ의 극의 여집합에서 복소해석적이며 $\text{Re}(s) > 0$일 때 같은 값을 가지기 때문이다. 더 나아가 s가 음의 정수 $s = -n$ (단, $n \ge 1$)이면 이 식의 양변은 무한대이며

$$\text{res}_{s=-n}\Gamma(s+1) = -n\,\text{res}_{s=-n}\Gamma(s)$$

가 성립한다. 마지막으로 $s = 0$이면 $\Gamma(1) = \lim_{s\to 0} s\Gamma(s)$이다.

정리 1.3을 다른 방식으로 증명할 수도 있다. 이 증명은 시사하는 바가 크다. 이 증명 속에 담긴 아이디어는 이후에도 여러 번 사용할 것이다. $\text{Re}(s) > 0$에서 정의된 $\Gamma(s)$에 대한 적분을

$$\Gamma(s) = \int_0^1 e^{-t}t^{s-1}\,dt + \int_1^\infty e^{-t}t^{s-1}\,dt$$

와 같이 분할한다. 두 번째 적분은 전해석함수를 정의한다. 또한 e^{-t}을 멱급수 전개하여 항별로 적분하면

$$\int_0^1 e^{-t}t^{s-1}\,dt = \sum_{n=0}^{\infty}\frac{(-1)^n}{n!(n+s)}$$

과 같다. 따라서 $\text{Re}(s) > 0$에 대해

$$\Gamma(s) = \sum_{n=0}^{\infty}\frac{(-1)^n}{n!(n+s)} + \int_1^{\infty} e^{-t}t^{s-1}\,dt \tag{6.3}$$

가 성립한다. 마지막으로 급수 (6.3)은 $\mathbb{C}$일 때 음의 정수에서 극을 가지며 $s = -n$에서의 유수가 $(-1)^n/n!$인 유리형함수를 정의한다. 이를 증명하기 위해 다음과 같이 논증한다. 고정된 $R > 0$에 대해 급수를

$$\sum_{n=0}^{\infty}\frac{(-1)^n}{n!(n+s)} = \sum_{n=0}^{N}\frac{(-1)^n}{n!(n+s)} + \sum_{n=N+1}^{\infty}\frac{(-1)^n}{n!(n+s)}$$

과 같이 두 부분으로 분할한다. 여기서 정수 N은 $N > 2R$을 만족하도록 택한다. 첫 번째 합은 유한하며 원판 $|s| < R$에서 원하는 극과 유수를 가지는 유리형함수를 정의한다. 두 번째 합은 이 원판에서 균등 수렴하고, 따라서 이 원판에서 복소해석적 함수를 정의한다. 왜냐하면 $n > N > 2R$이고 $|n+s| \geq R$이면

$$\left|\frac{(-1)^n}{n!(n+s)}\right| \leq \frac{1}{n!R}$$

이 성립하기 때문이다. R을 임의로 택했으므로 (6.3)의 급수가 원하는 성질을 가짐을 알 수 있다. 특히 관계식 (6.3)은 이제 $\mathbb{C}$ 전체에서 성립한다.

1.2 Γ의 추가 성질

다음 항등식을 통해 직선 $\text{Re}(s) = 1/2$에 대한 Γ의 대칭성을 파악할 수 있다.

정리 1.4 모든 $s \in \mathbb{C}$에 대해

$$\Gamma(s)\Gamma(1-s) = \frac{\pi}{\sin \pi s} \tag{6.4}$$

가 성립한다.

$\Gamma(1-s)$는 양의 정수 $s = 1, 2, 3, \cdots$ 에서 단극을 가지므로 $\Gamma(s)\Gamma(1-s)$는 **모든** 정수에서 단극을 가지는 $\mathbb{C}$의 유리형함수다. 이는 $\dfrac{\pi}{\sin \pi s}$도 만족하는 성질이다.

이 항등식을 $0 < s < 1$인 경우만 증명하면 충분하다. 이 띠에서 성립함을 증명하면 항등정리에 의해 전체 평면에서 자연히 성립한다.

보조정리 1.5 $0 < a < 1$에 대해 $\int_0^\infty \frac{v^{a-1}}{1+v}\,dv = \frac{\pi}{\sin \pi a}$이다.

증명

먼저 $v = e^x$로 치환적분하여

$$\int_0^\infty \frac{v^{a-1}}{1+v}\,dv = \int_{-\infty}^\infty \frac{e^{ax}}{1+e^x}\,dx$$

가 성립함을 관찰하라. 3장 2.1절 예제 2에서 보았던 경로적분을 이용하면 우변의 적분은 바라던 대로 $\frac{\pi}{\sin \pi a}$와 같다. ◀

정리 1.4의 증명

$0 < s < 1$에 대해

$$\begin{aligned}\Gamma(1-s) &= \int_0^\infty e^{-u}u^{-s}\,du \\ &= t\int_0^\infty e^{-vt}(vt)^{-s}\,dv\end{aligned}$$

와 같이 쓸 수 있다. 여기서는 $t > 0$에 대해 $vt = u$로 치환적분했다. 이로부터

$$\begin{aligned}\Gamma(1-s)\Gamma(s) &= \int_0^\infty e^{-t}t^{s-1}\Gamma(1-s)\,dt \\ &= \int_0^\infty e^{-t}t^{s-1}\left(t\int_0^\infty e^{-vt}(vt)^{-s}\,dv\right)dt \\ &= \int_0^\infty \int_0^\infty e^{-t[1+v]}v^{-s}\,dvdt \\ &= \int_0^\infty \frac{v^{-s}}{1+v}\,dv \\ &= \frac{\pi}{\sin \pi(1-s)} \\ &= \frac{\pi}{\sin \pi s}\end{aligned}$$

를 얻는다. ◀

특히 $s = \frac{1}{2}$로 두면 $s > 0$일 때 $\Gamma(s) > 0$이므로 $\Gamma\left(\frac{1}{2}\right) = \sqrt{\pi}$임을 알 수 있다.

이제 감마함수의 역수를 생각해 보자. 감마함수의 역수는 성질이 매우 단순한 전해석함수다.

정리 1.6 함수 Γ는 다음 성질을 가진다.

(1) $1/\Gamma(s)$은 전해석함수이며 $s = 0, -1, -2, \cdots$ 에서 단근을 가지고 그 외 어디에서도 영점을 가지지 않는다.

(2) $1/\Gamma(s)$의 증가속도(growth)는 $\left|\frac{1}{\Gamma(s)}\right| \leq c_1 e^{c_2|s|\log|s|}$이다.

따라서 $1/\Gamma$의 증가지수가 1이다. 이는 모든 $\epsilon > 0$에 대해

$$\left|\frac{1}{\Gamma(s)}\right| \leq c(\epsilon)e^{c_2|s|^{1+\epsilon}}$$

을 만족하는 $c(\epsilon)$이 존재함을 의미한다.

증명

(1) 정리 1.4에 의해

$$\frac{1}{\Gamma(s)} = \Gamma(1-s)\frac{\sin \pi s}{\pi} \tag{6.5}$$

와 같이 쓸 수 있다. 따라서 $s = 1, 2, 3, \cdots$ 에서 $\Gamma(1-s)$의 단극은 $\sin \pi s$의 단근에 의해 상쇄되므로 $1/\Gamma$는 전해석함수이며 $s = 0, -1, -2, -3, \cdots$ 에서 단근을 가진다.

(2) 우선 $\sigma = \mathrm{Re}(s)$가 양수일 때 부등식

$$\int_1^\infty e^{-t}t^\sigma\, dt \leq e^{(\sigma+1)\log(\sigma+1)}$$

이 성립함을 보이자. $\sigma \leq n \leq \sigma + 1$이 되도록 n을 택하면

$$\begin{aligned}\int_1^\infty e^{-t}t^\sigma\, dt &\leq \int_0^\infty e^{-t}t^n\, dt \\ &= n! \\ &\leq n^n \\ &= e^{n\log n} \\ &\leq e^{(\sigma+1)\log(\sigma+1)}\end{aligned}$$

이 성립한다. 관계식 (6.3)은 $\mathbb{C}$ 전체에서 성립하므로 (6.5)로부터

$$\frac{1}{\Gamma(s)} = \left(\sum_{n=0}^{\infty} \frac{(-1)^n}{n!(n+1-s)}\right) \frac{\sin \pi s}{\pi} + \left(\int_1^{\infty} e^{-t} t^{-s}\, dt\right) \frac{\sin \pi s}{\pi}$$

를 알 수 있다. 그런데 앞의 관찰에 의해 부등식

$$\left|\int_1^{\infty} e^{-t} t^{-s}\, dt\right| \leq \int_1^{\infty} e^{-t} t^{|\sigma|}\, dt \leq e^{(|\sigma|+1)\log(|\sigma|+1)}$$

이 성립한다. 또한 (사인함수에 대한 오일러 공식에 의해) $|\sin \pi s| \leq e^{\pi|s|}$ 이므로 $1/\Gamma(s)$ 에 대한 식의 두 번째 항은 $ce^{(|s|+1)\log(|s|+1)}e^{\pi|s|}$ 으로 지배된다. 이 값은 $c_1 e^{c_2|s|\log|s|}$ 을 넘지 못한다. 다음으로 $\dfrac{1}{\Gamma(s)}$ 전개식의 첫 번째 항

$$\sum_{n=0}^{\infty} \frac{(-1)^n}{n!(n+1-s)} \frac{\sin \pi s}{\pi}$$

를 생각하자. $|\mathrm{Im}(s)| > 1$ 과 $|\mathrm{Im}(s)| \leq 1$ 의 두 가지 경우가 있다. $|\mathrm{Im}(s)| > 1$ 일 때 이 항의 크기는 $ce^{\pi|s|}$ 으로 지배된다. $|\mathrm{Im}(s)| \leq 1$ 일 때 $k - 1/2 \leq \mathrm{Re}(s) < k + 1/2$ 를 만족하도록 정수 k 를 택한다. $k \geq 1$ 이면

$$\sum_{n=0}^{\infty} \frac{(-1)^n}{n!(n+1-s)} \frac{\sin \pi s}{\pi} = (-1)^{k-1} \frac{\sin \pi s}{(k-1)!(k-s)\pi} + \sum_{n \neq k-1} (-1)^n \frac{\sin \pi s}{n!(n+1-s)\pi}$$

가 성립한다. 우변의 항은 모두 유계다. 첫 번째 항은 $\sin \pi s$ 가 $s = k$ 에서 0이고 두 번째 항은 그 합의 크기가 $c \sum \dfrac{1}{n!}$ 을 넘지 못하기 때문이다.

$k \leq 0$ 이면 가정에 의해 $\mathrm{Re}(s) < \dfrac{1}{2}$ 이며, $\displaystyle\sum_{n=0}^{\infty} \frac{(-1)^n}{n!(n+1-s)}$ 의 크기는 다시 $c \sum \dfrac{1}{n!}$ 을 넘지 못한다. 이로써 증명을 마무리한다. ◀

전해석함수 $1/\Gamma$ 가 5장에서 다룬 증가 조건을 만족한다는 사실은 자연스럽게 $1/\Gamma$ 의 인수분해 공식으로 이어진다.

정리 1.7 모든 $s \in \mathbb{C}$ 에 대해

$$\frac{1}{\Gamma(s)} = e^{\gamma s} s \prod_{n=1}^{\infty} \left(1 + \frac{s}{n}\right) e^{-s/n}$$

이 성립한다.

오일러 상수(Euler's constant)로 알려진 실수 γ를

$$\gamma = \lim_{N\to\infty} \sum_{n=1}^{N} \frac{1}{n} - \log N$$

과 같이 정의한다. 위 극한이 존재한다는 사실은 『STEIN 푸리에 해석학』 8장 명제 3.10에서 이미 증명했지만, 이 책의 완결성을 위해 그 논증을 반복하겠다.

$$\begin{aligned}\sum_{n=1}^{N} \frac{1}{n} - \log N &= \sum_{n=1}^{N} \frac{1}{n} - \int_1^N \frac{1}{x}\,dx \\ &= \sum_{n=1}^{N-1} \int_n^{n+1} \left[\frac{1}{n} - \frac{1}{x}\right] dx + \frac{1}{N}\end{aligned}$$

임을 관찰하자. $f(x) = 1/x$에 평균값정리를 적용하면 모든 $n \le x \le n+1$에 대해

$$\left|\frac{1}{n} - \frac{1}{x}\right| \le \frac{1}{n^2}$$

을 얻는다. 그러므로

$$\sum_{n=1}^{N} \frac{1}{n} - \log N = \sum_{n=1}^{N-1} a_n + \frac{1}{N}$$

이 성립한다. 여기서 $|a_n| \le 1/n^2$이다. 따라서 $\sum a_n$이 수렴하며, γ를 정의하는 극한도 수렴한다. 이제 $1/\Gamma$의 인수분해 공식을 증명한다.

정리 1.7의 증명

$1/\Gamma$가 전해석함수이며 증가지수가 1이고 $s = 0, -1, -2, \cdots$에서 단근을 가진다는 사실과 아다마르 인수분해 정리를 이용하면 $1/\Gamma$를 바이어슈트라스 곱

$$\frac{1}{\Gamma(s)} = e^{As+B} s \prod_{n=1}^{\infty} \left(1 + \frac{s}{n}\right) e^{-s/n}$$

으로 전개할 수 있다. 여기서 A와 B는 나중에 결정할 두 상수다. $s \to 0$일 때 $s\Gamma(s) \to 1$임을 기억하면 $B = 0$임을 알 수 있다. 사실 B는 0 또는 $2\pi i$의 적당한 정수배인데, $2\pi i$의 적당한 정수배여도 같은 결과를 얻는다. $s = 1$을 대입하고 $\Gamma(1) = 1$임을 이용하면

$$\begin{aligned}e^{-A} &= \prod_{n=1}^{\infty} \left(1 + \frac{1}{n}\right) e^{-1/n} \\ &= \lim_{N\to\infty} \prod_{n=1}^{N} \left(1 + \frac{1}{n}\right) e^{-1/n}\end{aligned}$$

$$
\begin{aligned}
&= \lim_{N\to\infty} e^{\sum_{n=1}^{N}[\log(1+1/n)-1/n]} \\
&= \lim_{N\to\infty} e^{-(\sum_{n=1}^{N} 1/n)+\log N+\log(1+1/N)} \\
&= e^{-\gamma}
\end{aligned}
$$

을 얻는다. 따라서 적당한 정수 k에 대해 $A = \gamma + 2\pi ik$이다. s가 실수이면 $\Gamma(s)$도 실수이므로 $k = 0$이어야 하고 증명이 완성되었다. ◀

정리 1.7의 증명에 의해 함수 $1/\Gamma$은 본질적으로 (정규화하는 두 상수를 무시할 때) 다음 성질을 보이는 전해석함수로 특징지어진다.

(1) $s = 0, -1, -2, \cdots$ 에서 단근을 가지며 그 외에 어디에서도 영점을 가지지 않는다.
(2) 증가지수가 1 이하다.

$\sin \pi s$도 (이번에는 **모든** 정수에서 근을 가진다는 점을 제외하면) 비슷한 특성을 보인다. 그런데 $\sin \pi s$는 $\sin \pi s = O(e^{c|s|})$ 꼴로 더 엄격한 증가 조건을 가지지만, (지수에 로그가 없는) 이 조건은 연습문제 12에서 알 수 있듯이 $1/\Gamma(s)$에 대해서는 성립하지 않는다.

2 제타함수

우선 실수 $s > 1$에 대해 리만 **제타함수(zeta function)**를 수렴하는 급수

$$
\zeta(s) = \sum_{n=1}^{\infty} \frac{1}{n^s}
$$

로 정의한다. 감마함수처럼 ζ를 복소평면으로 확장할 수 있다. 이를 증명하는 여러 가지 방법이 있는데, 다음 절에서는 ζ의 함수방정식을 이용한 증명을 소개한다.

2.1 함수방정식과 해석적 연속

우선 감마함수와 마찬가지로 ζ를 반직선 $s > 1$에서 반평면 $\mathrm{Re}(s) > 1$로 확장한다.

명제 2.1 $\zeta(s)$를 정의하는 급수는 $\mathrm{Re}(s) > 1$에 대해 수렴하며, 함수 ζ는 이 반평면에서 복소해석적이다.

증명

$s = \sigma + it$ (단, σ와 t는 실수)이면

$$|n^{-s}| = |e^{-s \log n}| = e^{-\sigma \log n} = n^{-\sigma}$$

이 성립한다. 따라서 $\sigma > 1 + \delta > 1$이면 ζ를 정의하는 급수는 수렴하는 급수 $\sum_{n=1}^{\infty} 1/n^{1+\delta}$으로 균등 유계된다. 따라서 급수 $\sum 1/n^s$은 모든 반평면 $\mathrm{Re}(s) > 1 + \delta > 1$에서 균등 수렴하고, 이 급수는 $\mathrm{Re}(s) > 1$에서 복소해석적 함수를 정의한다. ◀

제타함수를 평면 전체에서 유리형인 함수로 확장하려면 감마함수보다 더 세심하게 작업해야 한다. 여기서 제시하는 증명은 ζ를 Γ를 비롯해 다른 중요한 함수와 연관짓는다.

세타함수(theta function)를 생각하자. 세타함수는 4장에서 소개했으며, 실수 $t > 0$에 대해

$$\vartheta(t) = \sum_{n=-\infty}^{\infty} e^{-\pi n^2 t}$$

과 같이 정의한다. 푸아송 합 공식(4장 정리 2.4)을 적용하면 ϑ가 만족하는 함수방정식

$$\vartheta(t) = t^{-1/2} \vartheta(1/t)$$

을 얻는다. 우리에게 필요한 ϑ의 증가 및 감쇄는 다음과 같다.

- $t \to 0$일 때, $\vartheta(t) \le Ct^{-1/2}$이다.
- 모든 $t \ge 1$와 적당한 $C > 0$에 대해, $|\vartheta(t) - 1| \le Ce^{-\pi t}$이다.

$t \to 0$일 때 부등식은 함수방정식 때문에 성립하고, $t \to \infty$일 때 움직임은 $t \ge 1$일 때 부등식

$$\sum_{n \ge 1} e^{-\pi n^2 t} \le \sum_{n \ge 1} e^{-\pi n t} \le Ce^{-\pi t}$$

이 성립하므로 유효하다. 이제 ζ, Γ, ϑ 사이의 중요한 관계를 증명할 순간이다.

정리 2.2 $\mathrm{Re}(s) > 1$이면

$$\pi^{-s/2}\Gamma(s/2)\zeta(s) = \frac{1}{2}\int_0^\infty u^{(s/2)-1}[\vartheta(u) - 1]\,du$$

가 성립한다.

증명

지금 논증과 앞으로의 논증은 $n \geq 1$이면

$$\int_0^\infty e^{-\pi n^2 u} u^{(s/2)-1}\,du = \pi^{-s/2}\Gamma(s/2)n^{-s} \tag{6.6}$$

이 성립한다는 관찰에 기초한다. 실제로 $u = t/\pi n^2$로 치환적분하면 좌변은

$$\left(\int_0^\infty e^{-t} t^{(s/2)-1}\,dt\right)(\pi n^2)^{-s/2}$$

과 같다. 이는 정확히 $\pi^{-s/2}\Gamma(s/2)n^{-s}$와 같다. 이번에는

$$\frac{\vartheta(u) - 1}{2} = \sum_{n=1}^\infty e^{-\pi n^2 u}$$

에 주목한다. 본 증명에 앞서 ϑ를 추정했으므로 안심하고 무한합과 적분의 순서를 바꿀 수 있다. 따라서 우변을 전개하여 좌변을 얻고, 증명을 마칠 수 있다.

$$\begin{aligned}\frac{1}{2}\int_0^\infty u^{(s/2)-1}[\vartheta(u) - 1]\,du &= \sum_{n=1}^\infty \int_0^\infty u^{(s/2)-1} e^{-\pi n^2 u}\,du \\ &= \pi^{-s/2}\Gamma(s/2)\sum_{n=1}^\infty n^{-s} \\ &= \pi^{-s/2}\Gamma(s/2)\zeta(s)\end{aligned}$$

◀

이러한 관점에서 제타함수를 수정한 **크시함수(xi function)**를 생각해 보자. 크시함수는 제타함수를 더 대칭적으로 보이게 한다. $\mathrm{Re}(s) > 1$에 대해 크시함수를

$$\xi(s) = \pi^{-s/2}\Gamma(s/2)\zeta(s) \tag{6.7}$$

와 같이 정의한다.

정리 2.3 함수 ξ는 $\mathrm{Re}(s) > 1$에 대해 복소해석적이며 $\mathbb{C}$ 전체에서는 $s = 0$과 $s = 1$에서만 단극을 가지는 유리형함수로의 해석적 연속을 가진다. 또한 모든 $s \in \mathbb{C}$에 대해

$$\xi(s) = \xi(1-s)$$

가 성립한다.

증명

증명의 아이디어는 ϑ에 대한 함수방정식

$$\sum_{n=-\infty}^{\infty} e^{-\pi n^2 u} = u^{-1/2} \sum_{n=-\infty}^{\infty} e^{-\pi n^2/u} \quad (\text{단, } u > 0)$$

을 이용하는 데에서 출발한다. 그런 다음 양변에 $u^{(s/2)-1}$을 곱하고 u에 대해 적분을 시도해 볼 수 있다. $n = 0$에 해당하는 항은 무시하고(이 경우엔 양변의 적분값이 모두 무한대다) 식 (6.6)과 이를 $u \mapsto 1/u$로 치환적분하여 얻은 식을 인용하면 원하는 항등식을 얻을 수 있다. 실제 증명은 약간의 작업이 더 필요하며, 다음과 같이 진행된다.

$\psi(u) = [\vartheta(u) - 1]/2$라고 하자. 세타함수에 대한 함수방정식 $\vartheta(u) = u^{-1/2}\vartheta(1/u)$에 따르면

$$\psi(u) = u^{-1/2}\psi(1/u) + \frac{1}{2u^{1/2}} - \frac{1}{2}$$

이 성립한다. 정리 2.2에 따르면 $\mathrm{Re}(s) > 1$에 대해

$$\begin{aligned}
\pi^{-s/2}\Gamma(s/2)\zeta(s) &= \int_0^\infty u^{(s/2)-1}\psi(u)\,du \\
&= \int_0^1 u^{(s/2)-1}\psi(u)\,du + \int_1^\infty u^{(s/2)-1}\psi(u)\,du \\
&= \int_0^1 u^{(s/2)-1}\left[u^{-1/2}\psi(1/u) + \frac{1}{2u^{1/2}} - \frac{1}{2}\right]du + \int_1^\infty u^{(s/2)-1}\psi(u)\,du \\
&= \frac{1}{s-1} - \frac{1}{s} + \int_1^\infty (u^{(-s/2)-1/2} + u^{(s/2)-1})\psi(u)\,du
\end{aligned}$$

이다. 따라서

$$\xi(s) = \frac{1}{s-1} - \frac{1}{s} + \int_1^\infty \left(u^{(-s/2)-1/2} + u^{(s/2)-1}\right)\psi(u)\,du$$

가 성립한다. 함수 ψ는 무한대에서 지수함수적 감쇄를 가지므로, 위의 적분식은 전해석함수를 정의한다. 따라서 ξ는 $s = 0$과 $s = 1$에서만 단극을 가지는 $\mathbb{C}$ 전체로의 해석적 연속을 가진다. 또한 s를 $1 - s$로 바꾸어도 앞의 적분은 변하지 않으며, $\dfrac{1}{s-1} - \dfrac{1}{s}$도 마찬가지로 변하지 않음을 바로 알

수 있다. 따라서 보이고자 한 대로 $\xi(s) = \xi(1-s)$임을 알 수 있다. ◀

ξ에 대한 함수방정식으로부터 제타함수에 대한 원하는 결과를 얻는다. 바로 제타함수의 해석적 연속과 함수방정식이다.

정리 2.4 제타함수는 평면 전체에서 유리형이며 $s = 1$에서 유일한 극을 가지는 함수로 확장된다.

증명

크시함수 (6.7)은 ζ에 대해 유리형 연속

$$\zeta(s) = \pi^{s/2} \frac{\xi(s)}{\Gamma(s/2)}$$

를 제시한다. $1/\Gamma(s/2)$은 전해석적이며 $0, -2, -4, \cdots$ 에서 단근을 가지므로 $\xi(s)$가 원점에서 가지는 단극은 대응되는 $1/\Gamma(s/2)$의 영점에 의해 상쇄된다. 따라서 ζ의 유일한 특이점은 $s = 1$에서의 단극이다. ◀

이제 제타함수의 해석적 연속에 대해 기초적인 접근 방식을 소개하겠다. 이는 반평면 $\text{Re}(s) > 0$에서의 확장으로 자연스럽게 이어진다. 또한 이 방법은 직선 $\text{Re}(s) = 1$ 근방에서 ζ의 증가 성질을 연구하는 데 유용하다(다음 장에서 필요하다). 이면에 있는 아이디어는 급수 $\sum_{n=1}^{\infty} n^{-s}$을 적분 $\int_1^{\infty} x^{-s}\,dx$와 비교하는 것이다.

명제 2.5 다음을 만족하는 전해석함수열 $\{\delta_n(s)\}_{n=1}^{\infty}$가 존재한다.

(1) $s = \sigma + it$, $\sigma > -1$일 때, $|\delta_n(s)| \le |s|/n^{\sigma+1}$이다.

(2) N이 1보다 큰 정수일 때

$$\sum_{1 \le n < N} \frac{1}{n^s} - \int_1^N \frac{dx}{x^s} = \sum_{1 \le n < N} \delta_n(s) \tag{6.8}$$

가 성립한다.

이 명제로부터 다음 정리가 유도된다.

따름정리 2.6 $\mathrm{Re}(s) > 0$에 대해

$$\zeta(s) - \frac{1}{s-1} = H(s)$$

가 성립한다. 여기서 $H(s) = \sum_{n=1}^{\infty} \delta_n(s)$는 반평면 $\mathrm{Re}(s) > 0$에서 복소해석적이다.

명제 2.5의 증명

$\sum_{1 \le n < N} n^{-s}$을 $\sum_{1 \le n < N} \int_n^{n+1} x^{-s}\, dx$와 비교하여 δ_n을

$$\delta_n(s) = \int_n^{n+1} \left[\frac{1}{n^s} - \frac{1}{x^s}\right] dx \tag{6.9}$$

와 같이 둔다. $f(x) = x^{-s}$에 평균값정리를 적용하면 $n \le x \le n+1$, $\sigma \ge -1$일 때

$$\left|\frac{1}{n^s} - \frac{1}{x^s}\right| \le \frac{|s|}{n^{\sigma+1}}$$

를 얻는다. 따라서 $|\delta_n(s)| \le |s|/n^{\sigma+1}$이다. 이제 등식

$$\int_1^N \frac{dx}{x^s} = \sum_{1 \le n < N} \int_n^{n+1} \frac{dx}{x^s}$$

로부터 명제 2.5가 성립함을 안다. ◀

따름정리 2.6으로 돌아가서 먼저 $\mathrm{Re}(s) > 1$이라고 가정한다. 명제 2.5의 식 (6.8)에서 N을 무한대로 보내고, $|\delta_n(s)| \le |s|/n^{\sigma+1}$에 의해 급수 $\sum \delta_n(s)$가 ($\delta > 0$일 때 임의의 반평면 $\mathrm{Re}(s) \ge \delta$에서) 균등 수렴함을 관찰하자. $\mathrm{Re}(s) > 1$이므로 급수 $\sum n^{-s}$은 $\zeta(s)$로 수렴하며, 이는 $\mathrm{Re}(s) > 1$인 경우를 증명한다. 고른 수렴성은 또한 $\sum \delta_n(s)$가 $\mathrm{Re}(s) > 0$에서 복소해석적임을 보여 주므로 $\zeta(s)$는 이 반평면으로 확장가능함을 보여 준다. 따라서 이 항등식은 $\mathrm{Re}(s) > 0$에서 여전히 성립한다.

비고 지금까지 설명한 아이디어를 바탕으로 한 발씩 나아가다 보면 복소평면 전체로의 ζ의 해석적 연속을 얻을 수 있다(심화문제 2, 심화문제 3 참고). ζ의 복소평면 전체로의 해석적 연속을 제시하는 또 다른 방법은 연습문제 15와 연습문제 16에서 다룬다.

명제 2.5의 응용으로 직선 $\mathrm{Re}(s) = 1$ 근방에서 $\zeta(s)$의 증가가 **심하지 않음**(mild)을 보일 수 있다. $\mathrm{Re}(s) > 1$일 때, $|\zeta(s)| \le \sum_{n=1}^{\infty} n^{-\sigma}$이며 따라서 $\zeta(s)$는 임의의 반평면 $\mathrm{Re}(s) \ge 1 + \delta$ (단, $\delta > 0$)에서 유계다. 우리는 직선 $\mathrm{Re}(s) = 1$에서 $|\zeta(s)|$가 모든 $\epsilon > 0$에 대해 $|t|^{\epsilon}$에 지배됨을 보일 것이다. 또한 이 직선 근방에서의 증가가 그리 나쁘지 않음을 확인할 것이다. 다음에 소개하는 추정은 더

개선시킬 수 있다. 사실, 이 추정은 다소 거칠지만 우리가 써먹기에는 충분하다.

명제 2.7 $s = \sigma + it$ (단, $\sigma, t \in \mathbb{R}$)라고 가정하자. 그럼 각 σ_0 $(0 < \sigma_0 \leq 1)$와 모든 $\epsilon > 0$에 대해 다음을 만족하는 상수 c_ϵ이 존재한다.

(1) $\sigma_0 \leq \sigma$이고 $|t| \geq 1$이면 $|\zeta(s)| \leq c_\epsilon |t|^{1-\sigma_0+\epsilon}$이다.

(2) $1 \leq \sigma$이고 $|t| \geq 1$이면 $|\zeta'(s)| \leq c_\epsilon |t|^\epsilon$이다.

특히 명제 2.7은 $|t| \to \infty$일 때 $\zeta(1+it) = O(|t|^\epsilon)$이며[4] ζ'에 대해서도 같은 추정이 성립함을 함의한다. 증명은 따름정리 2.6을 이용한다.

증명

(1) $|\delta_n(s)| \leq |s|/n^{\sigma+1}$의 추정을 상기하자. 또한 $|\delta_n(s)| \leq 2/n^\sigma$가 성립한다. 이는 $\delta_n(s)$에 대한 식 (6.9)와 $|n^{-s}| = n^{-\sigma}$이고 $x \geq n$이면 $|x^{-s}| \leq n^{-\sigma}$이라는 사실에서 비롯한다. 그런 다음 $A = A^\delta A^{1-\delta}$임을 관찰하고 $|\delta_n(s)|$에 대한 두 가지 추정을 결합함으로써 $\delta \geq 0$이면

$$|\delta_n(s)| \leq \left(\frac{|s|}{n^{\sigma_0+1}}\right)^\delta \left(\frac{2}{n^{\sigma_0}}\right)^{1-\delta} \leq \frac{2|s|^\delta}{n^{\sigma_0+\delta}}$$

이 성립함을 보인다. $\delta = 1 - \sigma_0 + \epsilon$으로 택하여 따름정리 2.6의 항등식에 적용한다. 그러면 $\sigma = \mathrm{Re}(s) \geq \sigma_0$에 대해

$$|\zeta(s)| \leq \left|\frac{1}{s-1}\right| + 2|s|^{1-\sigma_0+\epsilon} \sum_{n=1}^{\infty} \frac{1}{n^{1+\epsilon}}$$

이 성립함을 알 수 있다.

(2) 이는 사실 2장 연습문제 8을 약간 수정한 결과다. 완결성을 위해 증명을 대략적으로 스케치하겠다. 코시 적분 공식에 의해

$$\zeta'(s) = \frac{1}{2\pi r} \int_0^{2\pi} \zeta(s + re^{i\theta}) e^{-i\theta}\, d\theta$$

가 성립한다. 여기서 적분은 점 s를 중심으로 하고 반지름 길이가 r인 원 위에서 취한다. 이제 $r = \epsilon$으로 택하고 이 원이 반평면 $\mathrm{Re}(s) \geq 1 - \epsilon$에 놓여 있음을 관찰하자. 따라서 (2)는 (1)에서 2ϵ을 ϵ으로 대체한 결과다. ◀

---

4 O 표기법은 1장 말미에서 소개했다.

연습문제

1. $s \neq 0,\ -1,\ -2,\ \cdots$ 일 때 $\Gamma(s) = \lim_{n\to\infty} \dfrac{n^s n!}{s(s+1)\cdots(s+n)}$ 을 증명하라.

힌트 $1/\Gamma$에 대한 곱 공식과 오일러 상수 γ의 정의를 이용한다.

2. a와 b가 양수일 때

$$\prod_{n=1}^{\infty} \frac{n(n+a+b)}{(n+a)(n+b)} = \frac{\Gamma(a+1)\Gamma(b+1)}{\Gamma(a+b+1)}$$

을 증명하라. $\sin \pi s$에 대한 곱 공식을 이용하여 $\Gamma(s)\Gamma(1-s) = \pi/\sin \pi s$의 또 다른 증명을 제시하라.

3. 월리스 곱 공식을

$$\sqrt{\frac{\pi}{2}} = \lim_{n\to\infty} \frac{2^{2n}(n!)^2}{(2n+1)!}(2n+1)^{1/2}$$

과 같이 쓸 수 있음을 보여라. 이를 바탕으로 항등식

$$\Gamma(s)\Gamma(s+1/2) = \sqrt{\pi}2^{1-2s}\Gamma(2s)$$

를 증명하라.

4. $|z| < 1$에 대해 (로그함수의 주요 가지(principal branch)로) f를

$$f(z) = \frac{1}{(1-z)^{\alpha}} \quad (\text{단, } \alpha \text{ 는 고정된 복소수})$$

과 같이 정의하자. 그러면 f는 멱급수 전개 $f(z) = \sum_{n=1}^{\infty} a_n(\alpha)z^n$ 을 가짐을 증명하라. 단, $a_n(\alpha)$는 $n \to \infty$일 때 $a_n(\alpha) \sim \dfrac{1}{\Gamma(\alpha)}n^{\alpha-1}$ 을 만족한다.

5. $\Gamma(s)\Gamma(1-s) = \pi/\sin \pi s$라는 사실을 이용하여 $t \in \mathbb{R}$일 때

$$|\Gamma(1/2+it)| = \sqrt{\frac{2\pi}{e^{\pi t} + e^{-\pi t}}}$$

가 성립함을 증명하라.

6. $1+\dfrac{1}{3}+\dfrac{1}{5}+\cdots+\dfrac{1}{2n-1}-\dfrac{1}{2}\log n \to \dfrac{\gamma}{2}+\log 2$ 임을 보여라. 여기서 γ는 오일러 상수다.

7. **베타함수(beta function)**는 $\mathrm{Re}(\alpha)>0$와 $\mathrm{Re}(\beta)>0$에 대해

$$B(\alpha,\beta)=\int_0^1 (1-t)^{\alpha-1}t^{\beta-1}\,dt$$

와 같이 주어진다. 다음 물음에 답하라.

(a) $B(\alpha,\beta)=\dfrac{\Gamma(\alpha)\Gamma(\beta)}{\Gamma(\alpha+\beta)}$ 를 증명하라.

힌트 $\Gamma(\alpha)\Gamma(\beta)=\int_0^\infty\int_0^\infty t^{\alpha-1}s^{\beta-1}e^{-t-s}\,dtds$가 성립함에 유의하여 $s=ur,\ t=u(1-r)$로 치환적분한다.

(b) $B(\alpha,\beta)=\displaystyle\int_0^\infty \frac{u^{\alpha-1}}{(1+u)^{\alpha+\beta}}\,du$ 임을 보여라.

8. 베셀 함수는 구면 대칭과 푸리에 변환 연구에 등장한다.『STEIN 푸리에 해석학』6장을 참고하라. 차수 ν가 $-1/2$보다 큰 베셀 함수에 대해 $x>0$일 때 항등식

$$J_\nu(x)=\frac{(x/2)^\nu}{\Gamma(\nu+1/2)\sqrt{\pi}}\int_{-1}^1 e^{ixt}(1-t^2)^{\nu-(1/2)}\,dt=\left(\frac{x}{2}\right)^\nu\sum_{m=0}^\infty\frac{(-1)^m\left(\frac{x^2}{4}\right)^m}{m!\Gamma(\nu+m+1)}$$

이 성립함을 증명하라. 특히, 베셀 함수 J_ν는 상미분방정식

$$\frac{d^2J_\nu}{dx^2}+\frac{1}{x}\frac{dJ_\nu}{dx}+\left(1-\frac{\nu^2}{x^2}\right)J_\nu=0$$

을 만족한다.

힌트 지수함수 e^{ixt}을 멱급수 전개하고, 남은 적분은 연습문제 7을 이용하여 감마함수에 대해 나타낸다.

9. 초기하급수 $F(\alpha,\beta,\gamma;z)$는 1장 연습문제 16에서 정의했다.

$$F(\alpha,\beta,\gamma;z)=\frac{\Gamma(\gamma)}{\Gamma(\beta)\Gamma(\gamma-\beta)}\int_0^1 t^{\beta-1}(1-t)^{\gamma-\beta-1}(1-zt)^{-\alpha}\,dt$$

임을 보여라. 여기서 $\alpha>0,\ \beta>0,\ \gamma>\beta$이며 $|z|<1$이다.

그 결과로 처음에 원판에서 수렴하는 멱급수로 정의된 초기하함수는 복소평면에서 반직선 $[1, \infty)$를 제외한 나머지 영역으로 해석적 확장할 수 있다.

$$\begin{aligned} \log(1-z) &= -zF(1,1,2;z) \\ e^z &= \lim_{\beta\to\infty} F(1,\beta,1;z/\beta) \\ (1-z)^{-\alpha} &= F(\alpha,1,1;z) \end{aligned}$$

에 주목하라.

힌트 적분 항등식을 증명하기 위해 $(1-zt)^{-\alpha}$을 멱급수 전개한다.

10. 적분 $F(z) = \int_0^\infty f(t)t^{z-1}\,dt$를 **멜린 변환(Mellin transform)**이라고 하며, $\mathcal{M}(f)(z) = F(z)$라고 쓴다. 예를 들어 감마함수는 함수 e^{-t}의 멜린 변환이다. 다음 물음에 답하라.

(a) $0 < \mathrm{Re}(z) < 1$에 대해

$$\mathcal{M}(\cos)(z) = \int_0^\infty \cos(t)t^{z-1}\,dt = \Gamma(z)\cos\left(\pi\frac{z}{2}\right)$$
$$\mathcal{M}(\sin)(z) = \int_0^\infty \sin(t)t^{z-1}\,dt = \Gamma(z)\sin\left(\pi\frac{z}{2}\right)$$

를 증명하라.

힌트 함수 $f(w) = e^{-w}w^{z-1}$을 그림 1의 경로를 따라 적분해 보자.

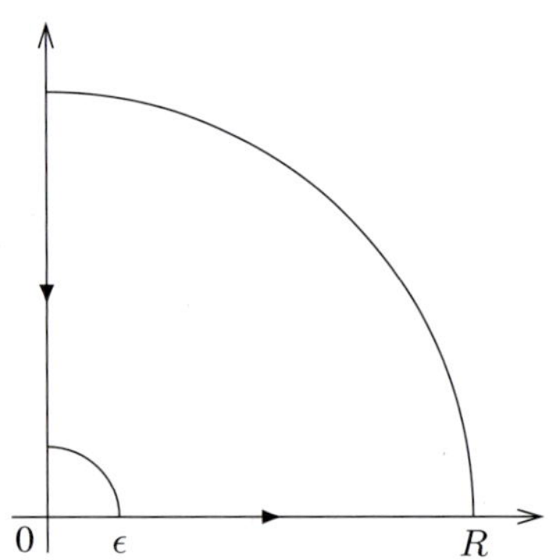

[그림 1] 연습문제 10의 경로

(b) (a)의 두 번째 항등식은 더 큰 띠 $-1 < \mathrm{Re}(z) < 1$에서도 성립함을 보이고, 그 결과로

$$\int_0^\infty \frac{\sin x}{x}\,dx = \frac{\pi}{2}, \qquad \int_0^\infty \frac{\sin x}{x^{3/2}}\,dx = \sqrt{2\pi}$$

가 성립함을 보여라. 이는 2장 연습문제 2에서의 계산을 일반화한다.

힌트 해석적 연속(또는 항등정리)을 이용한다.

11. $f(z) = e^{az}e^{-e^z}$ (단, $a > 0$)이라 하자. 띠 $\{x + iy : \ |y| < \pi/2\}$에서 함수 $f(x+iy)$는 $|x| \to \infty$일 때 지수적으로 감소함을 관찰하라. 모든 $\xi \in \mathbb{R}$에 대해

$$\hat{f}(\xi) = \Gamma(a - 2\pi i \xi)$$

가 성립함을 증명하라.

12. $1/\Gamma$에 대한 두 가지 간단한 관찰을 소개하겠다.

(a) $1/|\Gamma(s)|$는 모든 $c > 0$에 대해 $O(e^{c|s|})$이 아님을 보여라.

힌트 $s = -k - 1/2$ (단, k는 양의 정수)이면 $|1/\Gamma(s)| \geq k!/\pi$이다.

(b) $F(s) = O(e^{c|s|})$이며 $s = 0, -1, -2, \cdots, -n, \cdots$에서 단근을 가지고 그 외에 어디에서도 영점을 가지지 않는 전해석함수 $F(s)$는 존재하지 않음을 보여라.

13. s가 양수일 때 $\dfrac{d^2 \log \Gamma(s)}{ds^2} = \displaystyle\sum_{n=0}^{\infty} \frac{1}{(s+n)^2}$을 증명하라. 좌변을 $(\Gamma'/\Gamma)'$으로 해석한다면 이 식은 $s \neq 0, -1, -2, \cdots$인 모든 복소수 s에 대해서도 성립함을 보여라.

14. $\log n!$에 대한 점근공식을 생각해 보자. $s \to \infty$일 때 $\Gamma(s)$에 대한 더 정교한 점근공식(스털링 공식)은 [부록 A]에서 다룬다. 다음 물음에 답하라.

(a) $x > 0$에 대해

$$\frac{d}{dx} \int_x^{x+1} \log \Gamma(t)\, dt = \log x$$

가 성립함을 보여라. 또한 그 결과로

$$\int_x^{x+1} \log \Gamma(t)\, dt = x \log x - x + c$$

가 성립함을 보여라.

(b) (a)에 의해 $n \to \infty$일 때 $\log \Gamma(n) \sim n \log n$임을 보여라. 실제로, $n \to \infty$일 때 $\log \Gamma(n) \sim n \log n + O(n)$임을 증명하라.

힌트 $\Gamma(x)$가 충분히 큰 모든 x에 대해 단조증가한다는 사실을 이용한다.

15. $\mathrm{Re}(s) > 1$에 대해 $\zeta(s) = \dfrac{1}{\Gamma(s)} \displaystyle\int_0^{\infty} \frac{x^{s-1}}{e^x - 1}\, dx$가 성립함을 증명하라.

힌트 $1/(e^x - 1) = \displaystyle\sum_{n=1}^{\infty} e^{-nx}$이라고 쓴다.

16. 연습문제 15를 이용하여 $\zeta(s)$의 해석적 확장, 즉 정리 2.4를 다른 방법으로 증명하라.

힌트 $\zeta(s) = \frac{1}{\Gamma(s)}\int_0^1 \frac{x^{s-1}}{e^x-1}\,dx + \frac{1}{\Gamma(s)}\int_1^\infty \frac{x^{s-1}}{e^x-1}\,dx$라 쓰자. 두 번째 적분은 전해석함수를 정의한다. 첫 번째 적분은

$$\int_0^1 \frac{x^{s-1}}{e^x-1}\,dx = \sum_{m=0}^{\infty} \frac{B_m}{m!(s+m-1)}$$

과 같다. 여기서 B_m은 $\frac{x}{e^x-1} = \sum_{m=0}^{\infty} \frac{B_m}{m!}x^m$으로 정의되는 m번째 베르누이 수(Bernoulli number)다. 그렇다면 $B_0 = 1$이며, $\frac{z}{e^z-1}$는 $|z| < 2\pi$에 대해 복소해석적이므로 $\limsup_{m\to\infty} |B_m/m!|^{1/m} = 1/2\pi$여야 한다.

17. $\mathbb{R}$에서 무한 번 미분가능하고 콤팩트 받침(compact support)을 가지는 함수 f 또는 더 일반적으로 슈바르츠 공간[5]에 속하는 함수 f에 대하여 함수

$$I(s) = \frac{1}{\Gamma(s)}\int_0^\infty f(x)x^{-1+s}\,dx$$

를 생각하자.

(a) $I(s)$는 $\mathrm{Re}(s) > 0$에 대해 복소해석적임을 관찰하라. I가 전해석함수로 확장됨을 증명하라.

(b) $I(0) = f(0)$임을 증명하라. 또한 일반적으로 모든 $n \geq 0$에 대해

$$I(-n) = (-1)^n f^{(n)}(0)$$

이 성립함을 증명하라.

힌트 부분적분하여 $I(s) = \frac{(-1)^k}{\Gamma(s+k)}\int_0^\infty f^{(k)}(x)x^{s+k-1}\,dx$임을 보여라.

5 $\mathbb{R}$에서 슈바르츠 공간은 무한 번 미분가능한 함수 f의 모든 도함수가 임의의 다항함수보다 더 빠르게 감쇄하는 모든 f를 모은 공간이며 $\mathcal{S}$로 나타낸다. 다시 말해 모든 정수 $m, \ell \geq 0$에 대해 $\sup_{x\in\mathbb{R}} |x|^m |f^{(\ell)}(x)| < \infty$이다. 이 공간은 『STEIN 푸리에 해석학』에서 푸리에 변환을 공부하며 살핀 적이 있다.

심화문제

1. Re$(s) = 1$ 근방에서 ζ과 ζ'에 대한 추가적인 추정을 생각해 보자.

(a) 명제 2.5와 따름정리 2.6을 이용하여 모든 정수 $N \geq 2$에 대해 Re$(s) > 0$일 때

$$\zeta(s) = \sum_{1 \leq n < N} n^{-s} - \frac{N^{s-1}}{s-1} + \sum_{n \leq N} \delta_n(s)$$

를 증명하라.

(b) $|t|$를 넘지 않는 최대 정수를 N으로 두고 (a)의 결과를 이용하여 $|t| \to \infty$일 때 $|\zeta(1+it)| = O(\log|t|)$임을 보여라.

(c) 명제 2.7(2)도 비슷하게 개선할 수 있음을 보여라.

(d) $t \neq 0$을 고정하면 급수 $\sum_{n=1}^{\infty} 1/n^{1+it}$의 부분합은 유계지만 이 급수는 수렴하지 않음을 보여라.

***2.** Re$(s) > 0$에 대해

$$\zeta(s) = \frac{s}{s-1} - s\int_1^{\infty} \frac{\{x\}}{x^{s+1}}\, dx$$

를 증명하라. 여기서 $\{x\}$는 x의 소수부분이다.

***3.** $Q(x) = \{x\} - 1/2$이면 심화문제 2의 관계식을

$$\zeta(s) = \frac{s}{s-1} - \frac{1}{2} - s\int_1^{\infty} \frac{Q(x)}{x^{s+1}}\, dx$$

와 같이 쓸 수 있음을 보여라.

$$\int_0^1 Q_k(x)\, dx = 0, \quad \frac{dQ_{k+1}}{dx} = Q_k(x), \quad Q_0(x) = Q(x), \quad Q_k(x+1) = Q_k(x)$$

를 만족하도록 귀납적으로 $Q_k(x)$를 정의한다. 그러면

$$\zeta(s) = \frac{s}{s-1} - \frac{1}{2} - s\int_1^{\infty} \left(\frac{d^k}{dx^k} Q_k(x)\right) x^{-s-1}\, dx$$

와 같이 쓸 수 있음을 보여라. 또한 부분적분을 k번 하면 Re$(s) > -k$일 때의 $\zeta(s)$에 대한 해석적 연속을 얻을 수 있음을 보여라.

*__4.__ 심화문제 3의 함수 Q_k 와 베르누이 다항식(Bernoulli polynomial) $B_k(x)$ 사이에

$$Q_k(x) = \frac{B_{k+1}(x)}{(k+1)!} \quad (\text{단}, \ 0 \le x \le 1)$$

인 관계가 있음을 보여라. 또한 k가 양의 정수일 때

$$2\zeta(2k) = (-1)^{k+1}\frac{(2\pi)^{2k}}{(2k)!}B_{2k}$$

가 성립함을 보여라. 여기서 $B_k = B_k(0)$은 베르누이 수다. $B_k(x)$와 B_k의 정의는 『STEIN 푸리에 해석학』 3장을 참고하라.

7

제타함수와 소수정리
The Zeta Function and Prime Number Theorem

이미 언급했듯이 베른하르트 리만(Bernhard Riemann)의 직관은 비범했다. 리만은 특히 소수에 관한 우리의 지식을 혁신했으며 수학에서 매우 신비로운 질문 중 하나를 제시했다. 리만은 적분 계산을 고려함으로써, 더 정확하게 말하면 특정 복소변수함수의 성질을 살펴봄으로써 (소수 분포에) 관련된 결과를 도출하는 과정을 알려주었다. 리만은 그 함수의 몇 가지 중요한 성질을 증명했으며, 또한 증명 없이 몇 가지 성질을 중요한 성질로 지적했다. 리만이 서거한 뒤 그의 유고에서 다음과 같은 내용이 발견되었다.

"(문제의 그) 함수 $\zeta(s)$를 특정한 방식으로 표현함으로써 함수 $\zeta(s)$가 그러한 성질들을 가진다는 것을 보일 수 있는데, 아직까지 나는 그 표현 방법을 (논문으로 출간할 만큼) 충분히 단순화하지 못했다."

우리는 현재까지도 '그 표현 방법'이 어떤 건지 알지 못한다. 리만이 지적한 성질은 (1859년으로부터) 30여 년이 흐른 뒤에 내가 하나를 제외하고 모두 증명할 수 있었지만, 그 성질에 관한 문제는 아직까지 해결하지 못했다. 그럼에도 지난 반 세기 동안 막대한 노력으로 그 문제에 관해 아주 흥미로운 사실이 다수 발견되었다. 나는 이 사실들이 '리만 가설'을 뒷받침한다고 보이지만, 여전히 리만 가설의 성립 여부는 불투명하다.

***J.* 아다마르(*J. Hadamard*)**, 1945

오일러는 자신이 발견한 제타함수의 곱 공식을 통해 수, 특히 소수(prime number)에 대한 산술적 성질과 해석적 방법 사이에 깊은 연관성을 발견했다. 오일러 공식에서 얻을 수 있는 쉬운 결과 중 하나는 소수의 역수를 모두 더하는 급수 $\sum_p \frac{1}{p}$이 발산한다는 것이며, 이 결과는 소수가 무수히 많이 있다는 사실을 정량화한다. 그리하여 "소수가 어떻게 분포되어 있는가?"라는 질문이 자연스럽게 도출되었다. 이를 염두에 두고 다음 함수를 생각하자.

$$\pi(x) = (x \text{ 이하인 소수의 개수})$$

함수 $\pi(x)$가 불규칙하게 증가하므로 이를 간단한 식으로 나타내기란 쉽지 않아 보인다. 대신에 x가 커질 때 $\pi(x)$의 점근적 행동을 연구하게 되었다. 오일러가 제타함수의 곱 공식을 발견하고 60년쯤 지났을 때, 르장드르(Legendre)와 가우스(Gauss)는 수많은 계산 끝에 $x \to \infty$일 때

$$\pi(x) \sim \frac{x}{\log x} \tag{7.1}$$

일 것이라고 관찰했다. ($x \to \infty$일 때 점근적 관계식 $f(x) \sim g(x)$는 $x \to \infty$일 때 $f(x)/g(x) \to 1$을 의미한다.) 다시 60년이 흐른 뒤, 리만의 연구 결과가 알려지기 전에 체비셰프(Tchebychev)는 기초적인 방법으로 (특히 제타함수의 도움 없이) $x \to \infty$일 때

$$\pi(x) \approx \frac{x}{\log x} \tag{7.2}$$

와 같다는 더 약한 결과를 증명했다. 여기서 기호 $\approx$는 충분히 큰 모든 x에 대해

$$A\frac{x}{\log x} \leq \pi(x) \leq B\frac{x}{\log x}$$

를 만족하는 양의 상수 $A < B$가 존재함을 의미한다. 체비셰프가 이 결과를 얻고 약 40년이 지난 1896년에 아다마르(Hadamard)와 드 라 발레푸생(de la Vallée Poussin)이 식 (7.1)을 증명했다. 이 결과는 소수정리(prime number theorem)로 알려져 있다. 그들이 한 증명과 이 책에서 알아 볼 소수정리의 증명은 모두 복소해석학 기법을 사용한다. 다른 증명도 있는데, 이 중 일부는 복소해석학적인 방법을 쓰며 다른 몇몇 증명은 본질적으로 더 기초적인 방법을 사용한다.

우리가 다루는 소수정리 증명의 핵심은 $\zeta(s)$가 직선 $\mathrm{Re}(s) = 1$에서 영점을 가지지 않는다는 사실이다. 사실 이 두 명제는 동치다.

1 제타함수의 영점

『STEIN 푸리에 해석학』 8장 정리 1.10에서 오일러 항등식을 확인했다. 이는 $\mathrm{Re}(s) > 1$에 대해 제타함수를 무한곱

$$\zeta(s) = \prod_p \frac{1}{1 - p^{-s}}$$

로 나타낼 수 있음을 의미한다. 양변이 모두 $\mathrm{Re}(s) > 1$에서 정칙이므로 $s > 1$에 대해 등식이 성립함을 보이면 항등정리에 따라 원하는 결과를 얻는다. 책의 완결성을 위해 이 항등식의 증명을 다시 복습해 보겠다. 우선 $\dfrac{1}{1 - p^{-s}}$을 수렴하는 등비급수

$$1 + \frac{1}{p^s} + \frac{1}{p^{2s}} + \cdots + \frac{1}{p^{Ms}} + \cdots$$

로 나타낼 수 있음을 확인하자. 이 급수를 모든 소수 p에 대해 형식적으로 곱하면 원하는 결과를 얻는다. 정확한 증명은 다음과 같다.

산술의 기본 정리[1]에 따르면 $M > N$인 자연수 M과 N에 대하여 임의의 양의 정수 $n \leq N$의 소인수분해는 유일하다. 이때 각 소인수는 N 이하여야 하며, 소인수의 지수는 M보다 작아야 한다. 따라서

$$\begin{aligned}\sum_{n=1}^{N} \frac{1}{n^s} &\leq \prod_{p \leq N} \left(1 + \frac{1}{p^s} + \frac{1}{p^{2s}} + \cdots + \frac{1}{p^{Ms}}\right) \\ &\leq \prod_{p \leq N} \left(\frac{1}{1-p^{-s}}\right) \\ &\leq \prod_{p} \left(\frac{1}{1-p^{-s}}\right)\end{aligned}$$

이 성립한다. 이제 좌변의 급수에서 N을 무한대로 보내면

$$\sum_{n=1}^{\infty} \frac{1}{n^s} \leq \prod_{p} \left(\frac{1}{1-p^{-s}}\right)$$

을 얻는다. 반대 방향의 부등식을 보이기 위해 다음과 같이 논증한다. 다시 산술의 기본 정리에 의해

$$\prod_{p \leq N} \left(1 + \frac{1}{p^s} + \frac{1}{p^{2s}} + \cdots + \frac{1}{p^{Ms}}\right) \leq \sum_{n=1}^{\infty} \frac{1}{n^s}$$

을 알 수 있다. M을 무한대로 보내면

$$\prod_{p \leq N} \left(\frac{1}{1-p^{-s}}\right) \leq \sum_{n=1}^{\infty} \frac{1}{n^s}$$

을 얻는다. 따라서

$$\prod_{p} \left(\frac{1}{1-p^{-s}}\right) \leq \sum_{n=1}^{\infty} \frac{1}{n^s}$$

이 성립하며, ζ에 대한 곱 공식이 증명되었다. 우리가 확인한 곱 공식으로부터 5장 명제 3.1에 의해 $\zeta(s)$는 $\mathrm{Re}(s) > 1$일 때 영점을 가지지 않는다.

ζ의 영점 위치에 대해 추가 정보를 얻기 위해, ζ의 해석적 연속을 얻을 때 사용한 함수방정식을 이용한다. 기본 관계식 $\xi(s) = \xi(1-s)$를

1 산술의 기본 정리(fundamental theorem of arithmetic)는 기초이자 필수인 정리로, 증명은 『STEIN 푸리에 해석학』 8장 1절에 소개했다.

$$\pi^{-s/2}\Gamma(s/2)\zeta(s) = \pi^{-(1-s)/2}\Gamma((1-s)/2)\zeta(1-s)$$

로 쓸 수 있다. 식을 정리하면 $\zeta(s)$는

$$\zeta(s) = \pi^{s-1/2}\frac{\Gamma((1-s)/2)}{\Gamma(s/2)}\zeta(1-s)$$

와 같다. 이제 $\text{Re}(s) < 0$에 대해 다음이 참이다.

(1) $\text{Re}(1-s) > 1$이므로 $\zeta(1-s)$는 영점을 가지지 않는다.

(2) $\Gamma((1-s)/2)$는 영점을 가지지 않는다.

(3) $1/\Gamma(s/2)$는 $s = -2, -4, -6, \cdots$에서 영점을 가진다.

따라서 $\text{Re}(s) < 0$에서 ζ는 음의 짝수 $-2, -4, -6, \cdots$에서만 영점을 가진다. 즉, 다음 정리가 성립한다.

정리 1.1 띠 $0 \le \text{Re}(s) \le 1$ 바깥에서 ζ는 음의 짝수 $-2, -4, -6, \cdots$에서만 영점을 가진다.

알아야 할 남은 영역 $0 \le \text{Re}(s) \le 1$을 **임계띠(critical strip)**라고 한다. 소수정리를 증명할 때 핵심은 ζ가 직선 $\text{Re}(s) = 1$ 위에서 영점을 가지지 않는다는 것이다. 이 사실과 함수방정식으로부터 ζ가 직선 $\text{Re}(s) = 0$에서도 영점을 가지지 않음을 바로 안다.

ζ의 해석적 연속을 도입하고 ζ의 함수방정식을 증명한 획기적인 논문에서 리만은 이러한 통찰력을 소수 이론에 적용하고 소수 분포를 결정하기 위해 **구체적인** 식을 작성했다. 리만은 자신의 증명을 완전히 증명하고 활용하지는 못했지만, 중요하고 새로운 아이디어를 여럿 제시했다. 리만은 자신의 연구를 바탕으로 다음 명제가 참일 것이라 믿었다. 이 명제는 후일 **리만 가설(Riemann hypothesis)**이라는 이름이 붙었다.

리만 가설 임계띠 내에서 $\zeta(s)$의 영점은 직선 $\text{Re}(s) = \frac{1}{2}$ 위에 놓여 있다.

리만은 "물론 누구나 이 명제가 엄밀히 증명되길 원할 것이다. 나는 덧없고 무익한 시도를 몇 가지 해 보고 나서 엄밀한 증명을 찾는 작업을 잠시 미루었다. 왜냐하면 이 작업이 논문의 직접적인 목표에 필요치 않아 보였기 때문이다."라는 말을 남겼다. 많은 이론과 수치적 결과들은 리만 가설이 참일 것이라 암시하지만, 증명도 반례도 아직 찾지 못했다. 리만 가설은 오늘날 유명한 수학 난제 중 하나로 자리잡았다.

특히 이러한 이유로 임계띠 바깥에 위치하는 ζ의 영점을 제타함수의 **자명한 영점(trivial zeros)**이라고 부르기도 한다. ζ가 실수축 위의 구간 $0 \leq \sigma \leq 1$ (단, $s = \sigma + it$)에서 영점을 가지지 않는다는 증명은 연습문제 5를 참고하라.

이번 절의 이후 부분에서는 다음 정리를 증명하는 데 집중한다. 이 정리는 ζ에 대한 관련 추정과 함께 소수정리를 증명할 때 사용한다.

정리 1.2 제타함수는 직선 $\text{Re}(s) = 1$에서 영점을 가지지 않는다.

물론 ζ가 $s = 1$에서 극이므로 $s = 1$ 근방에서는 영점을 가지지 않는다. 하지만 필요한 건 모든 $t \in \mathbb{R}$에 대한 더 깊은 성질인 $\zeta(1 + it) \neq 0$이다.

다음 일련의 보조정리는 정리 1.2를 증명할 때 꼭 필요하다.

보조정리 1.3 $\text{Re}(s) > 1$일 때,

$$\log \zeta(s) = \sum_{p,m} \frac{p^{-ms}}{m} = \sum_{n=1}^{\infty} c_n n^{-s}$$

을 만족하는 $c_n \geq 0$이 존재한다.

증명

먼저 $s > 1$이라고 가정한다. 오일러 곱 공식에서 로그를 취하고 로그함수의 멱급수 전개

$$\log\left(\frac{1}{1 - x}\right) = \sum_{m=1}^{\infty} \frac{x^m}{m} \quad (\text{단, } 0 \leq x < 1)$$

을 이용하자. 그러면

$$\log \zeta(s) = \log \prod_p \frac{1}{1 - p^{-s}} = \sum_p \log\left(\frac{1}{1 - p^{-s}}\right) = \sum_{p,m} \frac{p^{-ms}}{m}$$

임을 알 수 있다. 이 이중급수는 절대수렴하므로 무엇을 먼저 더할지 고민할 필요가 없다. 3절에 소개한 '이중급수에 대한 참고사항'을 확인하라. 그러면 해석적 연속에 의해 $\log \zeta(s)$ 식은 모든 $\text{Re}(s) > 1$에 대해 성립한다. 단순연결집합인 반평면 $\text{Re}(s) > 1$에서 ζ는 영점을 가지지 않으므로 3장 정리 6.2에 의해 $\log \zeta(s)$는 $\text{Re}(s) > 1$에서 잘 정의된다.

마지막으로

$$\sum_{p,m} \frac{p^{-ms}}{m} = \sum_{n=1}^{\infty} c_n n^{-s}$$

은 자명하게 성립한다. 여기서 c_n은 $n = p^m$이면 $c_n = 1/m$이며, 그 외의 경우 $c_n = 0$이다. ◀

정리 1.2의 증명 과정에서 다음 부등식에 기초한 간단한 기교를 사용한다.

보조정리 1.4 $\theta \in \mathbb{R}$이면 $3 + 4\cos\theta + \cos 2\theta \geq 0$이다.

증명

이는 간단한 관찰 $3 + 4\cos\theta + \cos 2\theta = 2(1+\cos\theta)^2$으로부터 바로 알 수 있다. ◀

따름정리 1.5 $\sigma > 1$이고 t가 실수이면 $\log|\zeta^3(\sigma)\zeta^4(\sigma+it)\zeta(\sigma+2it)| \geq 0$이다.

증명

$s = \sigma + it$라고 하면

$$\mathrm{Re}(n^{-s}) = \mathrm{Re}(e^{-(\sigma+it)\log n}) = e^{-\sigma\log n}\cos(t\log n) = n^{-\sigma}\cos(t\log n)$$

이 성립한다. 따라서

$$\begin{aligned}\log|\zeta^3(\sigma)\zeta^4(\sigma+it)\zeta(\sigma+2it)| &= 3\log|\zeta(\sigma)| + 4\log|\zeta(\sigma+it)| + \log|\zeta(\sigma+2it)| \\ &= 3\,\mathrm{Re}[\log\zeta(\sigma)] + 4\,\mathrm{Re}[\log\zeta(\sigma+it)] + \mathrm{Re}[\log\zeta(\sigma+2it)] \\ &= \sum c_n n^{-\sigma}(3 + 4\cos\theta_n + \cos 2\theta_n)\end{aligned}$$

이 성립한다. 여기서 $\theta_n = t\log n$이다. 이제 보조정리 1.4와 $c_n \geq 0$이란 사실로부터 이 값은 양수임을 알 수 있다. ◀

이제 정리 1.2의 증명을 마무리할 수 있다.

정리 1.2의 증명

결론을 부정하여 어떤 $t_0 \neq 0$에 대해 $\zeta(1+it_0) = 0$이라고 가정하자. ζ는 $1+it_0$에서 복소해석적이므로 이 점에서 영점의 중복도는 적어도 1 이상이다. 따라서 적당한 상수 $C > 0$이 존재하여 $\sigma \to 1$일 때

$$|\zeta(\sigma + it_0)|^4 \le C(\sigma - 1)^4$$

이 성립한다. 또한 $s = 1$이 $\zeta(s)$의 단극임을 알고 있으므로 적당한 상수 $C' > 0$이 존재하여 $\sigma \to 1$일 때

$$|\zeta(\sigma)|^3 \le C'(\sigma - 1)^{-3}$$

이다. 마지막으로 ζ는 점 $\sigma + 2it_0$에서 복소해석적이므로 $\sigma \to 1$일 때 $|\zeta(\sigma + 2it_0)|$는 여전히 유계다. 이러한 사실들을 모두 종합하면 $\sigma \to 1$일 때

$$|\zeta^3(\sigma)\zeta^4(\sigma + it_0)\zeta(\sigma + 2it_0)| \to 0$$

임을 알 수 있다. 0과 1 사이의 실수의 로그값은 음수이므로 이는 따름정리 1.5에 모순된다. 이로써 ζ는 직선 $\mathrm{Re}(s) = 1$에서 영점을 가지지 않음을 증명했다. ◀

1.1 $1/\zeta(s)$의 추정

소수정리를 증명하려면 직선 $\mathrm{Re}(s) = 1$ 근방에서 제타함수를 정밀하게 다루어야 한다. 이는 $\log \zeta(s)$의 도함수 $\zeta'(s)/\zeta(s)$와 연관이 있다. 이러한 이유로 ζ가 이 직선에서 영점을 가지지 않는다는 것 외에도 ζ'과 $1/\zeta$의 증가에 대해 알아야 한다. 전자는 6장 명제 2.7에서 다루었다. 이제 후자를 다룬다.

다음 명제는 정리 1.2를 정량적으로 나타낸 형태다.

> **명제 1.6** 모든 $\epsilon > 0$에 대해 양수 c_ϵ이 존재하여 $\sigma \ge 1$이고 $|t| \ge 1$이면, $1/|\zeta(s)| \le c_\epsilon |t|^\epsilon$이다(단, $s = \sigma + it$).

증명

따름정리 1.5에 의해 $\sigma \ge 1$일 때 부등식

$$|\zeta^3(\sigma)\zeta^4(\sigma + it)\zeta(\sigma + 2it)| \ge 1$$

이 자명하게 성립한다. 6장 명제 2.7에서 ζ에 대한 추정을 이용하면 모든 $\sigma \ge 1$와 $|t| \ge 1$에 대해

$$|\zeta^4(\sigma + it)| \ge c|\zeta^{-3}(\sigma)|\,|t|^{-\epsilon} \ge c'(\sigma - 1)^3|t|^{-\epsilon}$$

이 성립함을 알 수 있다. 따라서 $\sigma \ge 1$이고 $|t| \ge 1$이면

$$|\zeta(\sigma+it)| \geq c'(\sigma-1)^{3/4}|t|^{-\epsilon/4} \tag{7.3}$$

이 성립한다. 이제 적절한 상수 A(이 값은 나중에 택한다)에 대해 부등식 $\sigma-1 \geq A|t|^{-5\epsilon}$의 성립 여부에 따라 두 가지 경우로 나누어 생각한다.

부등식 $\sigma-1 \geq A|t|^{-5\epsilon}$이 성립하는 경우 (7.3)은 곧

$$|\zeta(\sigma+it)| \geq A'|t|^{-4\epsilon}$$

을 의미한다. 4ϵ을 ϵ으로 바꾸는 것만으로 원하는 추정을 충분히 증명할 수 있다.

이번엔 부등식 $\sigma-1 < A|t|^{-5\epsilon}$이 성립하는 경우 먼저 $\sigma'-1 = A|t|^{-5\epsilon}$인 $\sigma' > \sigma$를 택한다. 그러면 삼각부등식에서

$$|\zeta(\sigma+it)| \geq |\zeta(\sigma'+it)| - |\zeta(\sigma'+it) - \zeta(\sigma+it)|$$

를 알 수 있다. 평균값정리를 적용한 결과를 6장에서 확인한 ζ의 도함수에 대한 추정과 결합하면

$$|\zeta(\sigma'+it) - \zeta(\sigma+it)| \leq c''|\sigma'-\sigma|\,|t|^{\epsilon} \leq c''|\sigma'-1|\,|t|^{\epsilon}$$

을 얻는다. 부등식 (7.3)에서 $\sigma=\sigma'$으로 두고 앞선 관찰과 종합하면

$$|\zeta(\sigma+it)| \geq c'(\sigma'-1)^{3/4}|t|^{-\epsilon/4} - c''(\sigma'-1)|t|^{\epsilon}$$

을 보일 수 있다. 이제 $A=(c'/(2c''))^4$으로 택하고 $\sigma'-1=A|t|^{-5\epsilon}$이었음을 상기하자. 이로부터 정확히

$$c'(\sigma'-1)^{3/4}|t|^{-\epsilon/4} = 2c''(\sigma'-1)|t|^{\epsilon}$$

임을 알 수 있다. 따라서

$$|\zeta(\sigma+it)| \geq A''|t|^{-4\epsilon}$$

이 성립한다. 4ϵ을 ϵ으로 바꾸면 원하는 부등식을 보일 수 있고, 따라서 명제를 증명했다. ◀

2 함수 ψ와 ψ_1

체비셰프는 소수를 연구하며 보조함수를 하나 도입했는데, 이 함수는 소수의 점근 분포와 상당히 비슷하게 움직이지만 $\pi(x)$보다 다루기가 쉽다. **체비셰프의 ψ함수(Tchebychev's ψ-function)**는

$$\psi(x) = \sum_{p^m \leq x} \log p$$

와 같이 주어진다. 여기서 합은 x 이하의 p^m 꼴 정수에 대해 취한다(이때 p는 소수이며 m은 양의 정수). 우리가 필요로 하는 ψ에 대한 두 가지 공식이 있다. 먼저 Λ를

$$\Lambda(n) = \begin{cases} \log p & (n = p^m,\ \text{이때 } p\text{는 소수이고 } m \geq 1) \\ 0 & (\text{그 외의 경우}) \end{cases}$$

으로 정의한다. 이제 자명하게

$$\psi(x) = \sum_{1 \leq n \leq x} \Lambda(n)$$

이 성립한다. 또한 $\psi(x)$에 대해

$$\psi(x) = \sum_{p \leq x} \left[\frac{\log x}{\log p}\right] \log p$$

가 성립함도 바로 알 수 있다. 여기서 $[u]$는 u 이하의 최대 정수를 나타내며, 우변의 합은 x 이하의 소수에 대해 취한다. 이 식은 $p^m \leq x$이면 $m \leq \log x / \log p$라는 사실로부터 확인할 수 있다.

다음 명제를 읽어보면 정리를 증명하는 데 필요한 $\pi(x)$의 정보가 $\psi(x)$에 충분히 담겨 있다는 말의 정확한 의미를 이해할 수 있다. 특히, 이는 소수정리를 ψ의 점근식에 대한 명제로 바꿔 놓는다.

명제 2.1 $x \to \infty$일 때 $\psi(x) \sim x$이면, $x \to \infty$일 때 $\pi(x) \sim x / \log x$이다.

증명

이 증명은 기초적이다. 정의에 따라 두 부등식

$$1 \leq \liminf_{x \to \infty} \pi(x) \frac{\log x}{x}, \quad \limsup_{x \to \infty} \pi(x) \frac{\log x}{x} \leq 1 \tag{7.4}$$

을 증명하면 충분하다. 이를 보이기 위해 먼저 대략적인 추정이

$$\psi(x) = \sum_{p \le x} \left[\frac{\log x}{\log p}\right] \log p \le \sum_{p \le x} \frac{\log x}{\log p} \log p = \pi(x) \log x$$

처럼 자명하게 성립함을 확인한다. 양변을 x로 나누면

$$\frac{\psi(x)}{x} \le \frac{\pi(x) \log x}{x}$$

를 얻는다. 점근 조건 $\psi(x) \sim x$는 (7.4)의 첫 번째 부등식을 함의한다. 두 번째 부등식은 조금 더 까다롭다. $0 < \alpha < 1$을 고정하고

$$\psi(x) \ge \sum_{p \le x} \log p \ge \sum_{x^\alpha < p \le x} \log p \ge (\pi(x) - \pi(x^\alpha)) \log x^\alpha$$

이 성립함에 유의하자. 따라서 $\psi(x) + \alpha\pi(x^\alpha) \log x \ge \alpha\pi(x) \log x$가 성립한다. 양변을 x로 나누면 $\pi(x^\alpha) \le x^\alpha$, $\alpha < 1$, $\psi(x) \sim x$로부터

$$1 \ge \alpha \limsup_{x \to \infty} \pi(x) \frac{\log x}{x}$$

를 얻는다. $\alpha < 1$는 임의의 수이므로 증명이 완료되었다. ◀

비고 명제 2.1의 역도 참이다. 즉, $\pi(x) \sim x/\log x$이면 $\psi(x) \sim x$이다. 이 결과는 필요하지 않으므로 관심 있다면 한 번 증명해 보길 바란다.

사실 ψ의 가까운 친척뻘 되는 함수를 다루는 게 더 편하다. 함수 ψ_1을

$$\psi_1(x) = \int_1^x \psi(u)\, du$$

와 같이 정의한다. 이전 명제에서는 소수정리를 x가 무한대로 다가갈 때의 $\psi(x)$의 점근성에 대한 것으로 바꾸었다. 다음 명제는 이 사실이 ψ_1의 점근성에서 비롯함을 보여 준다.

명제 2.2 $x \to \infty$일 때 $\psi_1(x) \sim x^2/2$이면 $x \to \infty$일 때 $\psi(x) \sim x$이고, 따라서 $x \to \infty$일 때 $\pi(x) \sim x/\log x$이다.

증명

명제 2.1에 의해 $x \to \infty$일 때 $\psi(x) \sim x$임을 증명하면 충분하다. 이는 $\alpha < 1 < \beta$일 때

$$\frac{1}{(1-\alpha)x}\int_{\alpha x}^{x}\psi(u)\,du \le \psi(x) \le \frac{1}{(\beta-1)x}\int_{x}^{\beta x}\psi(u)\,du$$

가 성립한다는 사실로부터 매우 쉽게 알 수 있다. 이 부등식은 ψ가 증가함수라는 단순한 사실 때문에 성립한다. 예를 들어

$$\psi(x) \le \frac{1}{(\beta-1)x}[\psi_1(\beta x) - \psi_1(x)]$$

가 성립함을 알 수 있다. 그러므로

$$\frac{\psi(x)}{x} \le \frac{1}{(\beta-1)}\left[\frac{\psi_1(\beta x)}{(\beta x)^2}\beta^2 - \frac{\psi_1(x)}{x^2}\right]$$

가 성립한다. $\psi_1(x) \sim x^2/2$ 임을 가정했으므로

$$\limsup_{x\to\infty}\frac{\psi(x)}{x} \le \frac{1}{\beta-1}\left[\frac{1}{2}\beta^2 - \frac{1}{2}\right] = \frac{1}{2}(\beta+1)$$

을 얻는다. 모든 $\beta > 1$에 대해 위 식이 참이므로, $\limsup_{x\to\infty}\psi(x)/x \le 1$임을 증명했다. $\alpha < 1$에 대해 유사한 논증을 펼쳐 $\liminf_{x\to\infty}\psi(x)/x \ge 1$임을 보일 수 있다. 이로써 명제의 증명이 끝난다. ◀

이제 ψ_1과 (그리고 따라서 ψ와도) ζ를 연관시킬 시간이다. 보조정리 1.3에서 $\mathrm{Re}(s) > 1$에 대해

$$\log\zeta(s) = \sum_{m,p}\frac{p^{-ms}}{m}$$

이 성립함을 증명했다. 이 식에서 양변을 미분하면

$$\frac{\zeta'(s)}{\zeta(s)} = -\sum_{m,p}(\log p)p^{-ms} = -\sum_{n=1}^{\infty}\frac{\Lambda(n)}{n^s}$$

을 얻는다. $\mathrm{Re}(s) > 1$에 대해 이 식을

$$-\frac{\zeta'(s)}{\zeta(s)} = \sum_{n=1}^{\infty}\frac{\Lambda(n)}{n^s} \tag{7.5}$$

과 같이 기록한다. 식 (7.5)의 결과인 다음 명제는 두 함수 ψ_1, ζ 사이의 관계를 보여 준다. 이로부터 원하는 점근 공식 $\psi(x) \sim x^2/2$를 얻을 것이다.

명제 2.3 모든 $c > 1$에 대해

$$\psi_1(x) = \frac{1}{2\pi i}\int_{c-i\infty}^{c+i\infty}\frac{x^{s+1}}{s(s+1)}\left(-\frac{\zeta'(s)}{\zeta(s)}\right)ds \tag{7.6}$$

가 성립한다.

식 (7.6)의 증명을 명확하게 하기 위해, 필요한 경로적분을 다음 보조정리에서 따로 소개한다.

보조정리 2.4 $c > 0$이면

$$\frac{1}{2\pi i}\int_{c-i\infty}^{c+i\infty} \frac{a^s}{s(s+1)}\,ds = \begin{cases} 0 & (0 < a \le 1) \\ 1 - 1/a & (1 \le a) \end{cases}$$

가 성립한다. 여기서 적분은 수직선 $\mathrm{Re}(s) = c$ 위에서 취한다.

증명

먼저 $|a^s| = a^c$이므로 위의 적분은 수렴한다. 우선 $1 \le a$라고 가정하고 $a = e^\beta$ (단, $\beta = \log a \ge 0$) 라고 쓰자. 함수 f를

$$f(s) = \frac{a^s}{s(s+1)} = \frac{e^{s\beta}}{s(s+1)}$$

과 같이 정의한다. 그러면 $\mathrm{res}_{s=0} f = 1$이고 $\mathrm{res}_{s=-1} f = -1/a$이다. $T > 0$에 대해 그림 1과 같은 경로 $\Gamma(T)$를 생각한다.

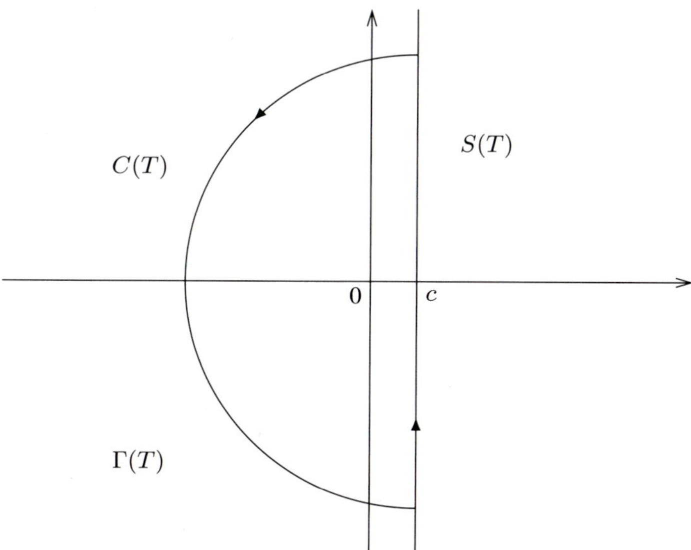

[그림 1] 보조정리 2.4 증명에서 $a \ge 1$일 때의 경로

경로 $\Gamma(T)$는 $c - iT$부터 $c + iT$까지의 수직인 선분 $S(T)$와 반원 $C(T)$로 이루어진다. 여기서 반원 $C(T)$는 중심이 c이며 반지름 길이는 T이고, $S(T)$의 왼쪽에 놓여 있다. $\Gamma(T)$를 양의 방향(반시계방향)으로 택한다. 또한 우리가 장난감 경로를 다루고 있음에 유의한다. T를 충분히 크게 택하여 0과 -1이 $\Gamma(T)$의 내부에 포함되게 하면, 유수정리에 의해

$$\frac{1}{2\pi i}\int_{\Gamma(T)} f(s)\,ds = 1 - \frac{1}{a}$$

이 성립한다. 이때 적분은

$$\int_{\Gamma(T)} f(s)\,ds = \int_{S(T)} f(s)\,ds + \int_{C(T)} f(s)\,ds$$

와 같다. 그러므로 $T \to \infty$일 때 반원에서의 적분이 0으로 수렴함을 증명하면 충분하다. $s = \sigma + it \in C(T)$이면 충분히 큰 모든 T에 대해 부등식

$$|s(s+1)| \geq (1/2)T^2$$

이 성립함에 유의한다. $\sigma \leq c$이므로 $|e^{\beta s}| \leq e^{\beta c}$과 같이 추정할 수 있다. 따라서 $T \to \infty$일 때,

$$\left|\int_{C(T)} f(s)\,ds\right| \leq \frac{C}{T^2} 2\pi T \to 0$$

이 성립한다. 이로써 $a \geq 1$인 경우를 증명했다.

$0 < a \leq 1$일 때에는 앞선 경우와 유사한 반원을 생각한다. 이번에는 직선 $\mathrm{Re}(s) = c$의 오른쪽에 놓이게 한다. 해당 경로의 내부에 극이 없다는 점에 유의하여 $a \geq 1$일 때와 유사한 방법으로 $T \to \infty$일 때 반원에서의 적분이 0으로 수렴함을 보일 수 있다. ◀

이제 명제 2.3을 증명할 준비가 되었다.

명제 2.3의 증명

먼저 $\psi(u) = \sum_{n=1}^{\infty} \Lambda(n) f_n(u)$임을 관찰하자. 여기서 $n \leq u$이면 $f_n(u) = 1$이며, 그 외의 경우에는 $f_n(u) = 0$이다. 따라서

$$\begin{aligned}\psi_1(x) &= \int_0^x \psi(u)\,du \\ &= \sum_{n=1}^{\infty} \int_0^x \Lambda(n) f_n(u)\,du \\ &= \sum_{n \leq x} \Lambda(n) \int_n^x du\end{aligned}$$

가 성립한다. 그러므로 ψ_1은

$$\psi_1(x) = \sum_{n \le x} \Lambda(n)(x-n)$$

과 같다. 이 사실을 식 (7.5)와 함께 보조정리 2.4에 ($a = x/n$으로 두고) 적용하면

$$\begin{aligned}\frac{1}{2\pi i}\int_{c-i\infty}^{c+i\infty} \frac{x^{s+1}}{s(s+1)}\left(-\frac{\zeta'(s)}{\zeta(s)}\right) ds &= x\sum_{n=1}^{\infty} \Lambda(n)\frac{1}{2\pi i}\int_{c-i\infty}^{c+i\infty} \frac{(x/n)^s}{s(s+1)}\, ds \\ &= x\sum_{n\le x} \Lambda(n)\left(1-\frac{n}{x}\right) \\ &= \psi_1(x)\end{aligned}$$

처럼 보이고자 하는 결론을 얻는다. ◀

2.1 ψ_1에 대한 점근식의 증명

이번 절에서는 $x \to \infty$일 때 $\psi_1(x) \sim x^2/2$이 성립함을 보이고, 자연히 소수정리도 증명할 것이다.

증명에서 핵심 요소는 다음과 같다.

- 명제 2.3에서 ψ_1과 ζ를 잇는 식. $c > 1$에 대해
$$\psi_1(x) = \frac{1}{2\pi i}\int_{c-i\infty}^{c+i\infty} \frac{x^{s+1}}{s(s+1)}\left(-\frac{\zeta'(s)}{\zeta(s)}\right) ds$$
가 성립한다.
- $\mathrm{Re}(s) = 1$에서 제타함수가 영점을 가지지 않는다는 사실, 다시 말해 모든 $t \in \mathbb{R}$에 대해 $\zeta(1+it) \neq 0$이라는 사실과 6장 명제 2.7 및 7장 명제 1.6에 주어진 직선 $\mathrm{Re}(s) = 1$ 근방에서 ζ에 대한 추정.

이제 증명 전략을 좀 더 자세히 설명하겠다. $\psi_1(x)$에 대한 위의 적분에서 경로의 직선 $\mathrm{Re}(s) = c$ (단, $c > 1$)를 $\mathrm{Re}(s) = 1$로 바꾸고자 한다. 이와 같이 할 수 있다면 피적분함수에서 x^{s+1}의 크기는 너무 큰 x^{c+1} (단, $c > 1$) 대신 (우리가 원하는 값에 근접한) x^2 정도가 될 것이다. 하지만 여전히 처리해야 할 두 가지 문제가 남아있다. 첫 번째 문제는 $s = 1$에서 $\zeta(s)$가 극을 가진다는 것이다. 이를 고려할 때 $\psi_1(x)$의 점근식에서 주요 항이 정확히 $x^2/2$임을 알 수 있다. 두 번째 문제는 나머지 항이 본질적으로 이 항보다 작음을 보여야 한다는 것이다. 따라서 직선 $\mathrm{Re}(s) = 1$에서 적분을 수행할 때 x^2 정도의 대략적인 추정을 더욱 세분해야 한다. 이러한 계획을 다음과 같이 실행한다.

$c > 1$를 고정하고($c = 2$라고 하자) x도 $x \ge 2$인 채로 고정되었다고 가정하자. 피적분함수를

$$F(s)=\frac{x^{s+1}}{s(s+1)}\left(-\frac{\zeta'(s)}{\zeta(s)}\right)$$

로 나타내자. 먼저 $c-i\infty$부터 $c+i\infty$까지의 수직선을 그림 2에 그려진 경로 $\gamma(T)$로 변형한다 (직선 $\mathrm{Re}(s)=1$에서 $\gamma(T)$의 선분은 $T\le t<\infty$와 $-\infty<t\le -T$의 선분으로 이루어져 있다). 여기서 $T\ge 3$이며, T는 이후에 충분히 크게 택할 것이다.

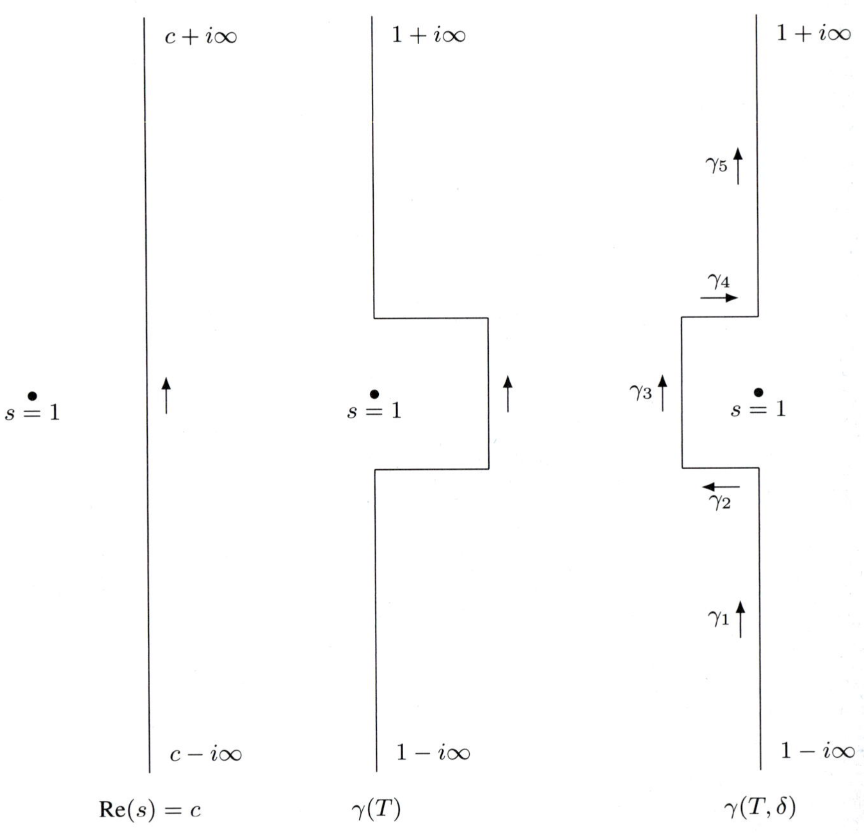

[그림 2] 직선 $\mathrm{Re}(s)=c$와 경로 $\gamma(T)$ 및 $\gamma(T,\delta)$의 세 단계

코시 정리를 이용한 일반적이고 익숙한 논증을 통해

$$\frac{1}{2\pi i}\int_{c-i\infty}^{c+i\infty}F(s)\,ds=\frac{1}{2\pi i}\int_{\gamma(T)}F(s)\,ds \tag{7.7}$$

임을 알 수 있다. 실제로 6장 명제 2.7과 명제 1.6에 기초하여 임의의 고정된 $\eta>0$에 대해 $|\zeta'(s)/\zeta(s)|\le A|t|^{\eta}$임을 알고 있다(단, $s=\sigma+it$, $\sigma\ge 1$, $|t|\ge 1$). 따라서 직선 $(c-i\infty, c+i\infty)$와 $\gamma(T)$를 경계로 하는 (무한한) 두 직사각형에서 $|F(s)|\le A'|t|^{-2+\eta}$이다. F는 이 영역에서 정칙이므로, 무한대에서 충분히 빠르게 감소하여 (7.7)이 성립한다.

다음으로 경로 $\gamma(T)$에서 $\gamma(T,\delta)$까지 지나간다(그림 2 참고). 고정된 T에 대해 $\delta > 0$을 충분히 작게 택하여 ζ가 상자

$$\{s = \sigma + it,\ 1 - \delta \le \sigma \le 1,\ |t| \le T\}$$

에서 영점이 없도록 한다. ζ가 직선 $\sigma = 1$에서 영점을 가지지 않으므로 위와 같이 택할 수 있다.

이제 $F(s)$는 $s = 1$에서 단극을 가진다. 사실 6장 따름정리 2.6에 의해 $\zeta(s) = 1/(s-1) + H(s)$임을 알고 있다. 여기서 $H(s)$는 $s = 1$ 근방에서 정칙(regular)인 함수다. 따라서 $-\zeta'(s)/\zeta(s) = 1/(s-1) + h(s)$ (단, $h(s)$는 $s = 1$ 근방에서 복소해석적인 함수)이므로 $s = 1$에서 $F(s)$의 유수는 $x^2/2$과 같다. 결과적으로

$$\frac{1}{2\pi i}\int_{\gamma(T)} F(s)\,ds = \frac{x^2}{2} + \frac{1}{2\pi i}\int_{\gamma(T,\delta)} F(s)\,ds$$

가 성립한다. 이제 경로 $\gamma(T,\delta)$를 $\gamma_1 + \gamma_2 + \gamma_3 + \gamma_4 + \gamma_5$와 같이 분할하여 각각의 적분 $\int_{\gamma_j} F(s)\,ds$ $(j = 1, 2, 3, 4, 5)$를 추정한다. 여기서 γ_j는 그림 2와 같다.

양수 ϵ이 임의로 주어졌다고 하자. 우선 T를 충분히 크게 취하면 부등식

$$\left|\int_{\gamma_1} F(s)\,ds\right| \le \frac{\epsilon}{2}x^2, \quad \left|\int_{\gamma_5} F(s)\,ds\right| \le \frac{\epsilon}{2}x^2$$

이 성립함을 보인다. 이를 확인하기 위해 우선 $s \in \gamma_1$에 대해 $|x^{1+s}| = x^{1+\sigma} = x^2$이 성립함에 주목한다. 그러면 명제 1.6에 의해 $|\zeta'(s)/\zeta(s)| \le A|t|^{1/2}$을 얻고

$$\left|\int_{\gamma_1} F(s)\,ds\right| \le Cx^2 \int_T^\infty \frac{|t|^{1/2}}{t^2}\,dt$$

가 성립한다. 우변의 적분은 수렴하므로 T를 충분히 크게 택하여 우변의 적분값이 $\epsilon x^2/2$ 이하가 되도록 할 수 있다. γ_5를 따른 적분에 대해서도 같은 논의가 적용된다.

이제 T를 고정하고 δ를 충분히 작게 택한다. γ_3에서 $|x^{1+s}| = x^{1+1-\delta} = x^{2-\delta}$임에 유의한다. 이로부터

$$\left|\int_{\gamma_3} F(s)\,ds\right| \le C_T x^{2-\delta}$$

을 만족하는 (T에 의존하는) 상수 C_T가 존재함을 알 수 있다. 마지막으로 작은 수평선분 γ_2에서 (그리고 비슷하게 γ_4에서) 적분을

$$\left|\int_{\gamma_2} F(s)\,ds\right| \le C'_T \int_{1-\delta}^{1} x^{1+\sigma}\,d\sigma \le C'_T \frac{x^2}{\log x}$$

와 같이 추정할 수 있다. 그리고 상수 C_T와 C'_T가(앞의 상수와 다를 수 있음) 존재해서

$$\left|\psi_1(x) - \frac{x^2}{2}\right| \le \epsilon x^2 + C_T x^{2-\delta} + C'_T \frac{x^2}{\log x}$$

을 만족함을 알 수 있다. 양변을 $x^2/2$로 나누면

$$\left|\frac{2\psi_1(x)}{x^2} - 1\right| \le 2\epsilon + 2C_T x^{-\delta} + 2C'_T \frac{1}{\log x}$$

과 같다. 따라서 충분히 큰 모든 x에 대해

$$\left|\frac{2\psi_1(x)}{x^2} - 1\right| \le 4\epsilon$$

을 얻는다. 즉, $x \to \infty$일 때

$$\psi_1(x) \sim x^2/2$$

이 성립한다. 따라서 소수정리 또한 증명되었다.

3 이중급수에 대한 참고사항

무한합의 순서를 바꾸는 것에 대해 다음과 같은 사실을 증명하겠다. $\{a_{k\ell}\}_{1\le k,\ell<\infty}$이

$$\sum_{k=1}^{\infty}\left(\sum_{\ell=1}^{\infty}|a_{k\ell}|\right) < \infty \tag{7.8}$$

를 만족하는 이중 복소수열이라고 하자. 그러면 다음이 성립한다.

(1) 이중급수 $A = \sum_{k=1}^{\infty}(\sum_{\ell=1}^{\infty} a_{k\ell})$이 (이러한 덧셈 순서로) 수렴한다. 또한 실제로 덧셈 순서를 바꿀 수 있으며

$$A = \sum_{k=1}^{\infty}\sum_{\ell=1}^{\infty} a_{k\ell} = \sum_{\ell=1}^{\infty}\sum_{k=1}^{\infty} a_{k\ell}$$

이 성립한다.

(2) $\epsilon > 0$이 주어지면 양의 정수 N이 존재하여 모든 $K,\ L > N$에 대해 $\left|A - \sum_{k=1}^{K}\sum_{\ell=1}^{L} a_{k\ell}\right| < \epsilon$ 이다.

(3) $m \mapsto (k(m), \ell(m))$이 $\mathbb{N}$에서 $\mathbb{N} \times \mathbb{N}$으로의 일대일 대응이면 $A = \sum_{k=1}^{\infty} c_k$ 이다. 이때, $c_m = a_{k(m)\ell(m)}$ 이다.

(3)은 수열 $\{a_{k\ell}\}$의 어느 재배열의 합이든 항상 같은 값을 가짐을 설명한다. 이는 원하는 순서대로 임의로 더할 수 있는 절대수렴급수와 유사하다.

조건 (7.8)은 각 $\sum_{\ell} a_{k\ell}$이 절대수렴하며, 또한 k에 대해 **균등 수렴**함을 의미한다. 함수열에서도 유사한 상황이 발생한다. 이때

$$\lim_{x \to x_0} \lim_{n \to \infty} f_n(x) \stackrel{?}{=} \lim_{n \to \infty} \lim_{x \to x_0} f_n(x)$$

와 같이 극한의 순서를 바꿀 수 있는지의 여부가 중요하다. f_n이 연속함수이며 균등 수렴한다면, 극한 함수도 연속이기 때문에 위 등식이 참임은 자명하다. 이 사실을 이용하기 위해 $b_k = \sum_{\ell=1}^{\infty} |a_{k\ell}|$이라 정의하고 $S = \{x_0,\ x_1,\ \cdots\}$을 $\lim_{n \to \infty} x_n = x_0$인 점들을 모은 셀 수 있는 집합이라고 하자. 또한 S에서의 함수를

$$f_k(x_0) = \sum_{\ell=1}^{\infty} a_{k\ell} \quad (k = 1, 2, \cdots)$$

$$f_k(x_n) = \sum_{\ell=1}^{n} a_{k\ell} \quad (k = 1, 2, \cdots \text{이고 } n = 1, 2, \cdots)$$

$$g(x) = \sum_{k=1}^{\infty} f_k(x) \quad (x \in S)$$

와 같이 정의한다. (7.8)의 가정에 의해 각 f_k는 x_0에서 연속이다. 또한 $|f_k(x)| \le b_k$이고 $\sum b_k < \infty$이므로 함수 g를 정의하는 급수는 S에서 균등 수렴한다. 따라서 g 또한 x_0에서 연속이다. 따라서

$$\begin{aligned}\sum_{k=1}^{\infty}\sum_{\ell=1}^{\infty} a_{k\ell} = g(x_0) = \lim_{n \to \infty} g(x_n) &= \lim_{n \to \infty} \sum_{k=1}^{\infty}\sum_{\ell=1}^{\infty} a_{k\ell} \\ &= \lim_{n \to \infty} \sum_{\ell=1}^{\infty}\sum_{k=1}^{\infty} a_{k\ell} = \sum_{\ell=1}^{\infty}\sum_{k=1}^{\infty} a_{k\ell}\end{aligned}$$

이 성립하므로 (1)을 확인할 수 있다.

(2)를 보이기 위해

$$\left| A - \sum_{k=1}^{K} \sum_{\ell=1}^{L} a_{k\ell} \right| \leq \sum_{k \leq K} \sum_{\ell > L} |a_{k\ell}| + \sum_{k>K} \sum_{\ell=1}^{\infty} |a_{k\ell}|$$

부터 관찰한다. 두 번째 항을 추정하기 위해 $\sum b_k$ 가 수렴한다는 사실을 이용한다. 이는 적당한 K_0 에 대해 $K > K_0$ 이면 $\sum_{k>K} \sum_{\ell=1}^{\infty} |a_{k\ell}| < \epsilon/2$ 임을 의미한다. 위에서 첫 번째 항의 경우, $\sum_{k \leq K} \sum_{\ell > L} |a_{k\ell}| \leq \sum_{k=1}^{\infty} \sum_{\ell > L} |a_{k\ell}|$ 임에 유의한다. 그런데 위의 논증은 방금 부등식에서 우변의 합의 순서를 바꿀 수 있음을 보장한다. 또한 $\sum_{\ell=1}^{\infty} \sum_{k=1}^{\infty} |a_{k\ell}| < \infty$ 이므로 모든 $L > L_0$ 에 대해 $\sum_{\ell > L} \sum_{k=1}^{\infty} |a_{k\ell}| < \epsilon/2$ 이다. $N > \max(L_0, K_0)$ 로 택하면 (2)의 증명이 마무리된다.

(3)의 증명은 (2)에서 바로 알 수 있는 결과다. 실제로 임의의 직사각형이

$$R(K, L) = \{(k, \ell) \in \mathbb{N} \times \mathbb{N} : 1 \leq k \leq K,\ 1 \leq \ell \leq L\}$$

과 같이 주어진다고 하자. 그러면 M 이 존재하여 사상 $m \mapsto (k(m), \ell(m))$ 에 대한 $[1, M]$ 의 상은 $R(K, L)$ 을 포함한다.

원점을 포함하는 $\mathbb{R}^2$ 의 임의의 열린 집합을 U 로 나타낼 때, $R > 0$ 에 대해 U 의 확대를 $U(R) = \{y \in \mathbb{R}^2 : y = Rx$ 인 $x \in U$ 가 존재한다.$\}$ 로 정의한다. 이중급수 A 가

$$A = \lim_{R \to \infty} \sum_{(k,\ell) \in U(R)} a_{k\ell}$$

임을 보이기 위해 (2)를 적용할 수 있다. 다시 말해 조건 (7.8)에서 이중급수 $\sum_{k\ell} a_{k\ell}$ 은 원판, 정사각형, 직사각형, 타원 등등을 따라 더하여 값을 구할 수 있다.

마지막으로 여러분의 학습에 도움이 될 과제를 하나 제시하며 이번 장을 마치겠다.

$$\sum_k \sum_\ell a_{k\ell} \neq \sum_\ell \sum_k a_{k\ell}$$

을 만족하는 복소수열 $\{a_{k\ell}\}$ 을 찾아라.

힌트 $\{a_{k\ell}\}$ 을 무한행렬의 성분이라 생각하자. 이때 이 무한행렬 대각성분 위의 성분은 0이며 대각성분은 -1 이고, $k > \ell$ 이면 $a_{k\ell} = 2^{\ell-k}$ 이다.

연습문제

1. 부분합 $A_n = a_1 + \cdots + a_n$이 유계인 실수열 $\{a_n\}_{n=1}^{\infty}$에 대하여, 디리클레 급수

$$\sum_{n=1}^{\infty} \frac{a_n}{n^s}$$

이 $\text{Re}(s) > 0$일 때 수렴하며 이 반평면에서 복소해석적 함수를 정의함을 증명하라.

힌트 부분합 공식을 이용하여 (절대수렴하지 않는) 원래 급수와 (절대수렴하는) 급수 $\sum A_n(n^{-s} - (n+1)^{-s})$을 비교한다. 괄호 안의 항은 평균값정리로 추정할 수 있다. 급수가 해석적임을 증명하기 위해 반평면 $\text{Re}(s) > 0$의 콤팩트 부분집합에서 부분합이 항상 균등 수렴함을 보여라.

2. 다음은 디리클레 급수의 곱과 각각의 계수 사이의 약수–배수 관계를 설명한다.

(a) $\{a_m\}$과 $\{b_k\}$가 유계인 두 복소수열이면

$$\left(\sum_{m=1}^{\infty} \frac{a_m}{m^s}\right)\left(\sum_{k=1}^{\infty} \frac{b_k}{k^s}\right) = \sum_{n=1}^{\infty} \frac{c_n}{n^s} \quad \left(\text{단, } c_n = \sum_{mk=n} a_m b_k\right)$$

이 성립함을 보여라. 이 급수는 $\text{Re}(s) > 1$일 때 절대수렴함을 보여라.

(b) (a)의 결과로 각각 $\text{Re}(s) > 1$ 및 $\text{Re}(s-a) > 1$일 때,

$$(\zeta(s))^2 = \sum_{n=1}^{\infty} \frac{d(n)}{n^s}, \quad \zeta(s)\zeta(s-a) = \sum_{n=1}^{\infty} \frac{\sigma_a(n)}{n^s}$$

이 성립함을 증명하라. 여기서 $d(n)$은 n의 약수의 개수와 같으며, $\sigma_a(n)$은 n의 약수를 a 제곱한 것의 합이다. 특히, $\sigma_0(n) = d(n)$이다.

3. 연습문제 2와 연관지어 $1/\zeta$에 대한 디리클레 급수를 생각해 보자.

(a) $\text{Re}(s) > 1$에 대해 $\dfrac{1}{\zeta(s)} = \displaystyle\sum_{n=1}^{\infty} \frac{\mu(n)}{n^s}$을 증명하라. 여기서 $\mu(n)$은 다음과 같이 정의되는 **뫼비우스 함수(Möbius function)**다.

$$\mu(n) = \begin{cases} 1 & (n = 1) \\ (-1)^k & (n = p_1 \cdots p_k,\ p_j\text{는 서로 다른 소수}) \\ 0 & (\text{그 외의 경우}) \end{cases}$$

n과 m이 서로소이면 $\mu(nm) = \mu(n)\mu(m)$임에 주목한다.

힌트 $\zeta(s)$에 대한 오일러 곱 공식을 이용하라.

(b) 다음을 보여라.

$$\sum_{k|n} \mu(k) = \begin{cases} 1 & (n=1) \\ 0 & (\text{그 외의 경우}) \end{cases}$$

4. 양의 정수 q가 주어졌을 때, 복소수열 $\{a_n\}_{n=1}^{\infty}$이 조건 '$n \equiv m \pmod q \Rightarrow a_n = a_m$'을 만족시킨다고 가정하자. $\{a_n\}$에 대응하는 **디리클레 L-급수(Dirichlet L-series)**를

$$L(s) = \sum_{n=1}^{\infty} \frac{a_n}{n^s} \quad (\text{단,} \quad \text{Re}(s) > 1)$$

과 같이 정의한다. 또한 Q를

$$Q(x) = \sum_{m=0}^{q-1} a_{q-m} e^{mx}$$

과 같이 정의한다(단, $a_0 = a_q$). 6장 연습문제 15와 연습문제 16과 같이 $\text{Re}(s) > 1$에 대해

$$L(s) = \frac{1}{\Gamma(s)} \int_0^{\infty} \frac{Q(x)x^{s-1}}{e^{qx} - 1} dx$$

가 성립함을 보여라. 이를 바탕으로 $L(s)$는 복소평면으로 해석적 확장가능함을 증명하라. 이때 L의 해석적 연속이 가질 수 있는 유일한 특이점은 $s = 1$에서의 극이다. 실제로 $L(s)$가 $s = 1$에서 정칙(regular)일 필요충분조건은 $\sum_{m=0}^{q-1} a_m = 0$인 것이다. 『STEIN 푸리에 해석학』 8장에서 다룬 디리클레 $L(s, \chi)$ 급수와의 연관성에 주목하라. 그러면 결과적으로 $L(s, \chi)$가 $s = 1$에서 정칙일 필요충분조건은 디리클레 지표 χ가 자명하지 않은 것이다.

5. 함수 $\tilde{\zeta}$가

$$\tilde{\zeta}(s) = 1 - \frac{1}{2^s} + \frac{1}{3^s} - \cdots = \sum_{n=1}^{\infty} \frac{(-1)^{n+1}}{n^s}$$

일 때, 다음 물음에 답하라.

(a) $\tilde{\zeta}(s)$를 정의하는 급수는 $\text{Re}(s) > 0$에서 수렴하며 이 반평면에서 복소해석적 함수를 정의함을 증명하라.

(b) $s > 1$에 대해 $\tilde{\zeta}(s) = (1 - 2^{1-s})\zeta(s)$임을 보여라.

(c) $\tilde{\zeta}$가 교대급수로 주어지므로 ζ는 구간 $0 < \sigma < 1$에서 영점을 가지지 않음을 보여라. 함수방정식을 이용하여 $\sigma = 0$에서도 영점을 가지지 않음을 보여라.

6. 모든 $c>0$에 대해

$$\lim_{N\to\infty}\frac{1}{2\pi i}\int_{c-iN}^{c+iN} a^s\frac{ds}{s}=\begin{cases}1 & (a>1)\\ 1/2 & (a=1)\\ 0 & (0\le a<1)\end{cases}$$

이 성립함을 보여라. 위의 적분은 $c-iN$에서 $c+iN$까지의 수직선분을 따른다.

7. s가 실수이거나 $\mathrm{Re}(s)=1/2$일 때, 함수 $\xi(s)=\pi^{-s/2}\Gamma(s/2)\zeta(s)$는 실숫값을 가짐을 보여라.

8. 함수 ζ는 임계띠 내에서 무한히 많은 영점을 가진다. 이를 다음과 같이 보일 수 있다.

(a) 함수 F를

$$F(s)=\frac{1}{\left(\frac{1}{2}+s\right)\left(\frac{1}{2}-s\right)}\xi(1/2+s)$$

와 같이 정의하자. 여기서 $\xi(s)=\pi^{-s/2}\Gamma(s/2)\zeta(s)$이다. $F(s)$가 전해석적이며 짝함수임을 보이고, 그 결과로 $G(s^2)=F(s)$인 전해석함수 G가 존재함을 보여라.

힌트 $\zeta(s)$에 대한 함수방정식을 이용하자.

(b) 함수 $(s-1)\zeta(s)$는 증가지수가 1인 전해석함수임을 보여라. 다시 말해

$$|(s-1)\zeta(s)|\le A_\epsilon e^{a_\epsilon|s|^{1+\epsilon}}$$

을 보여라. 따라서 $G(s)$는 증가지수가 $1/2$이다.

힌트 $\zeta(s)$에 대한 함수방정식을 이용하자.

(c) (a)와 (b)를 종합하여 ζ가 임계띠 내에서 무한히 많은 영점을 가짐을 보여라.

힌트 아다마르의 결과를 이용하자. 이는 증가지수가 분수인 전해석함수는 무한히 많은 영점을 가짐을 의미한다(5장 연습문제 14 참고).

9. 6장 명제 2.7과 7장 명제 1.6에서의 추정을 개선하여 $|t|\ge 2$일 때 $(a=7)$ 다음을 보여라.

(a) $|\zeta(1+it)|\le A\log|t|$

(b) $|\zeta'(1+it)|\le A(\log|t|)^2$

(c) $1/|\zeta(1+it)|\le A(\log|t|)^a$

10. 소수 이론에서 $\pi(x)$에 대한 더 나은 근사는 ($x/\log x$ 대신) $\mathrm{Li}(x) = \int_2^x \frac{dt}{\log t}$ 와 같이 정의되는 $\mathrm{Li}(x)$ 임이 알려져 있다. 다음 물음에 답하라.

(a) $x \to \infty$일 때

$$\mathrm{Li}(x) = \frac{x}{\log x} + O\left(\frac{x}{(\log x)^2}\right)$$

를 증명하라. 또한 이 결과로 $x \to \infty$일 때 $\pi(x) \sim \mathrm{Li}(x)$ 임을 증명하라.

힌트 $\mathrm{Li}(x)$의 정의에서 부분적분을 하고

$$\int_2^x \frac{dt}{(\log t)^2} = O\left(\frac{x}{(\log x)^2}\right)$$

를 증명하면 충분하다는 것을 관찰하라. 위 식이 성립함을 보이기 위해 2부터 좌변을 $\sqrt{x}$까지의 적분과 $\sqrt{x}$부터 x까지의 적분으로 나누어라.

(b) 모든 정수 $N > 0$에 대해 $x \to \infty$일 때 점근식이

$$\mathrm{Li}(x) = \frac{x}{\log x} + \frac{x}{(\log x)^2} + 2\frac{x}{(\log x)^3} + \cdots + (N-1)!\frac{x}{(\log x)^N} + O\left(\frac{x}{(\log x)^{N+1}}\right)$$

와 같이 성립함을 보여서 앞의 결과를 개선하라.

11. 함수 φ를

$$\varphi(x) = \sum_{p \leq x} \log p$$

와 같이 정의하자. 여기서 우변의 합은 x 이하의 모든 소수에 대해 취한다. $x \to \infty$일 때 다음은 모두 동치임을 증명하라.

(i) $\varphi(x) \sim x$
(ii) $\pi(x) \sim x/\log x$
(iii) $\psi(x) \sim x$
(iv) $\psi_1(x) \sim x^2/2$

12. n번째 소수를 p_n으로 나타내면 소수정리는 $n \to \infty$일 때 $p_n \sim n \log n$임을 의미한다. 다음 과정을 따라 이를 증명하라.

(a) $\pi(x) \sim x/\log x$이면 $\log \pi(x) + \log\log x \sim \log x$가 성립함을 보여라.

(b) (a)에 따른 결과로 $\log \pi(x) \sim \log x$임을 증명하라. 또한 $x = p_n$으로 취하여 $p_n \sim n \log n$의 증명을 완성하라.

심화문제

1. $F(s) = \sum_{n=1}^{\infty} a_n/n^s$ 이라고 하자. 여기서 모든 n에 대해 $|a_n| \le M$이다. 다음 물음에 답하라.

(a) $\sigma > 1$이면

$$\lim_{T\to\infty} \frac{1}{2T}\int_{-T}^{T} |F(\sigma+it)|^2\,dt = \sum_{n=1}^{\infty} \frac{|a_n|^2}{n^{2\sigma}}$$

이 성립함을 보여라. 이 결과는 어떤 점에서 파세발–프란셰렐 정리(Parseval–Plancherel theorem)를 연상시키는가?『STEIN 푸리에 해석학』3장의 예를 참고하라.

힌트 다음 사실을 이용한다.

$$\frac{1}{2T}\int_{-T}^{T}(nm)^{-\sigma}n^{-it}m^{it}dt \to \begin{cases} n^{-2\sigma} & (n=m) \\ 0 & (n\neq m)\end{cases}$$

(b) (a)의 결과를 바탕으로 디리클레 급수의 유일성을 보여라. 즉, $F(s) = \sum_{n=1}^{\infty} a_n n^{-s}$의 계수가 적당한 k에 대해 $|a_n| \le cn^k$이며 $F(s) \equiv 0$이면 모든 n에 대해 $a_n = 0$임을 보여라.

*__2.__ 소수 이론에서 **명시적 공식** 중 하나를 소개하겠다. 2절에서 다룬 체비셰프 함수를 적분한 함수를 ψ_1라 할 때,

$$\psi_1(x) = \frac{x^2}{2} - \sum_{\rho} \frac{x^{\rho+1}}{\rho(\rho+1)} - E(x)$$

가 성립함을 보여라. 여기서 우변의 급수는 임계띠 내에서 제타함수가 가지는 모든 영점 ρ에 대해 취한다. 오차항은 $E(x) = c_1x + c_0 + \sum_{k=1}^{\infty} x^{1-2k}/(2k(2k-1))$로 주어진다. 여기서 $c_1 = \zeta'(0)/\zeta(0)$이며 $c_0 = -\zeta'(-1)/\zeta(-1)$이다. $(1-s)\zeta(s)$의 증가지수가 1이므로 모든 $\epsilon > 0$에 대해 $\sum_{\rho} 1/|\rho|^{1+\epsilon} < \infty$임에 유의한다(연습문제 8 참고). 또한, $x \to \infty$일 때 $E(x) = O(x)$임은 자명하다.

*__3.__ 심화문제 2를 이용하여 모든 $\epsilon > 0$에 대해 $x \to \infty$일 때

$$\pi(x) - \mathrm{Li}(x) = O(x^{\alpha+\epsilon})$$

을 보일 수 있다. 여기서 α는 고정된 수다. 또한 $1/2 \le \alpha < 1$일 필요충분조건은 $\zeta(s)$가 띠 $\alpha < \mathrm{Re}(s) < 1$에서 영점을 가지지 않는 것이다. $\alpha = 1/2$인 경우가 리만 가설에 해당한다.

*4. 소수정리 아이디어를 (『STEIN 푸리에 해석학』에 주어진) 등차수열 속 소수에 대한 디리클레 정리의 증명과 결합하여 다음을 증명할 수 있다.

> 두 정수 q, ℓ이 서로소이고, 등차수열 $\{qk+\ell\}_{k=1}^{\infty}$ 속 소수 중에서 x 이하인 소수의 개수를 $\pi_{q,\ell}(x)$ 라고 하자. 그러면 $x \to \infty$ 일 때
>
> $$\pi_{q,\ell}(x) \sim \frac{x}{\varphi(q) \log x}$$
>
> 가 성립한다. 여기서 $\varphi(q)$는 q와 서로소이며 q 이하인 양의 정수의 개수를 나타낸다.

8

등각사상
Conformal Mappings

> 내가 다각형에 대해 얻은 결과들은 매우 일반적인 상황으로 확장할 수 있다. 나는 리만의 취임 논문 이후 별다른 진전이 없는 사상 문제를 더 깊이 이해하기 위해서 이 연구를 수행했다. 이 문제는 사상에 관련된 주제이지만, 그럼에도 리만의 함수론에서 기본 역할을 하는 정리와 밀접한 관계에 있다. 그래서 최우선으로 연구해야 할 과제라고 할 수 있다.
>
> *E. B.* **크리스토펠**(*E. B. Christoffel*), 1870

이번 장에서 다룰 문제와 개념은 여태까지 살펴본 내용과 비교하면 정칙함수의 기하학적 성질에 더 많은 관련이 있다. 실제로 '사상으로 본 정칙함수'의 성질을 주로 살펴보고자 한다. 특히, 우리가 얻을 결과는 대부분 **대역적**(global)인데, 이는 1장~3장에서 증명한 내용이 대체로 **국소적**(local) 결과인 점과 비교된다. 이제 다룰 내용 중에서 다수는 다음과 같이 단순한 질문에서 비롯한다.

> $\mathbb{C}$에 열린 집합 U와 V가 주어질 때, 두 집합 사이에 복소해석적 일대일 대응이 존재하는가?

복소해석적 일대일 대응(holomorphic bijection)은 말 그대로 두 열린 집합 사이의 일대일 대응인 동시에 정칙함수임을 뜻한다. 이때 역함수도 자연스럽게 정칙임을 곧 알게 될 것이다. 복소해석적 일대일 대응인 함수가 있으면 정칙함수 문제를 (주어진 열린 집합 가운데) 한 집합에 대한 문제에서 다른 집합에 대한 문제로 전환할 수 있다. 이때 주어진 문제가 두 집합 중 한 집합에 대해 더 쉽게 해결되는 경우가 있다. 대표적인 예로 단위원판 $V = \mathbb{D}$에 대해 (정칙함수에 관한) 많은 사실이 알려져 있으며 다수의 기법이 개발되었다.[1] 이에 따라 우리는 다음과 같은 좀 더 구체적인 질문에 이른다.

> 열린집합 $\Omega \subset \mathbb{C}$가 어떤 조건을 만족하면 Ω에서 $\mathbb{D}$로의 복소해석적 일대일 대응이 존재하는가?

우선 그러한 일대일 대응이 구체적인 식으로 주어지는 경우를 살펴본다. 예를 들어 상반평면(upper half–plane)은 복소해석적 일대일 대응에 의해 원판으로 옮겨질 수 있으며, 이때 함수는 일차분수변환(fractional linear transformation)으로 주어진다. 여기서 출발하여 유리함수, 삼각함수, 로그함수 등 이미 다루어 본 단순한 사상을 합성함으로써 정칙 일대일 대응을 다양하게 구성할 수 있다. 이 내용의 응용으로, 주어진 영역과 단위원판 사이의 정칙 일대일 대응을 구성함으로써 그 영역에 대한 디리클레 문제의 해를 구체적으로 나타내는 사례를 살펴보려고 한다.

그 다음에는 이번 장의 첫번째 일반 결과인 슈바르츠 보조정리(Schwarz lemma)를 증명한다. 이 결과를 응용하여 단위원판의 **자기동형사상**(automorphism)[2]은 특정한 형태의 일차분수변환밖에 없음을

1 $V = \mathbb{C}$일 때 답은 자명하다. $U = \mathbb{C}$이어야만 한다. 3장 연습문제 14를 참고하라.

2 **(옮긴이)** 단위원판에서 자기자신으로 가는 정칙 일대일 대응을 의미한다.

알게 된다.

이번 장의 중심 주제는 리만 사상 정리(Riemann mapping theorem)이며, 그 내용은 다음과 같다. 복소평면의 단순연결 영역 Ω가 $\mathbb{C}$의 진부분집합이면 Ω와 단위원판 사이에 정칙 일대일 대응이 존재한다. 리만 사상 정리에서 (단위원판의 경계가 매우 매끄러운 곡선인데도) Ω의 경계에 대해 어떤 가정도 하지 않았다는 점에 주목하자. 특별히 삼각형, 사각형 등 다각형 곡선의 내부와 단위원판 사이에도 정칙 일대일 대응이 존재하는데, 이 경우는 해당 함수가 소위 슈바르츠–크리스토펠 공식(Schwarz–Christoffel formula)이라 하는 구체적인 형태로 주어진다. 마지막 절에서 이 주제를 다룬다. 여기서 흥미로운 점은 직사각형일 때 해당 사상이 **타원적분**으로 주어진다는 사실이다. 이는 다음 장의 주제인 타원함수(이중 주기함수)로 이어진다.

1 등각동형과 구체적인 예

이번 장에서 사용할 몇 가지 용어를 정해두자. 복소해석적 일대일 대응 $f : U \to V$를 **등각사상(conformal map)** 또는 **쌍복소해석적 함수(biholomorphism)**라고 한다. 그러한 사상 f가 주어지면, U와 V는 **등각동형(conformally equivalent)**이라고 하거나 간단히 **쌍복소해석적(biholomorphic)**이라 한다. 이때 f의 역함수는 자동으로 복소해석적이다. 이 사실은 중요하다.

명제 1.1 $f : U \to V$가 복소해석적이고 단사(injective)이면, 모든 $z \in U$에 대해 $f'(z) \neq 0$이다. 특히 f의 치역에서 정의되는 f의 역함수는 복소해석적이고, 따라서 등각사상의 역함수 또한 복소해석적이다.

증명

귀류법으로 증명한다. 어떤 $z_0 \in U$에 대해 $f'(z_0) = 0$이라고 가정하자. 그러면 z_0 근방의 모든 z에 대해

$$f(z) - f(z_0) = a(z - z_0)^k + G(z)$$

가 성립한다. 이때 $a \neq 0$, $k \geq 2$이고 G는 z_0에서 중복도가 $k+1$인 영점을 가진다.

충분히 작은 w에 대해

$$f(z) - f(z_0) - w = F(z) + G(z)$$

와 같이 쓸 수 있다. 여기서 $F(z) = a(z - z_0)^k - w$이다. z_0를 중심으로 하는 작은 원에서 $|G(z)| < |F(z)|$가 성립하고 F가 이 작은 원 내부에서 적어도 두 개의 영점을 가지므로, 루셰 정리(Rouché's theorem)에 의해 $f(z) - f(z_0) - w$는 원 내부에서 적어도 두 개의 영점을 가진다. z_0에 충분히 가까운 z를 제외한 모든 $z \neq z_0$에 대해 $f'(z) \neq 0$이므로 $f(z) - f(z_0) - w$의 두 영점은 서로 다르고, 따라서 f는 일대일함수가 아니며 모순이다.

이제 f의 치역(이를 V라고 하자)에서 정의된 f의 역함수를 g라 하자. 즉, $g = f^{-1}$이다. w_0에 가까이 있고 $w_0 \in V$인 점 w에 대하여 $w = f(z)$, $w_0 = f(z_0)$라고 쓰자. $w \neq w_0$이면

$$\frac{g(w) - g(w_0)}{w - w_0} = \frac{1}{\frac{w - w_0}{g(w) - g(w_0)}} = \frac{1}{\frac{f(z) - f(z_0)}{z - z_0}}$$

이 성립한다. $f'(z_0) \neq 0$이므로 $z \to z_0$의 극한을 취할 수 있고, 따라서 g는 w_0에서 복소해석적이며 $g'(w_0) = 1/f'(g(w_0))$이다. ◀

명제 1.1에 의해 두 열린 집합 U와 V가 등각동형일 필요충분조건은 모든 $z \in U$, $w \in V$에 대해 $g(f(z)) = z$이고 $f(g(w)) = w$인 복소해석적 함수 $f : U \to V$와 $g : V \to U$가 존재하는 것이다.

여기서 채택한 용어가 보편적이지는 않다는 점을 짚어둔다. 어떤 책에서는 모든 $z \in U$에 대해 $f'(z) \neq 0$인 복소해석적 함수 $f : U \to V$를 등각적이라고 한다. 이 정의는 분명히 이 책에서 내린 정의보다 덜 제한적이다. 예를 들어 $f(z) = z^2$은 구멍난 원판 $\mathbb{C} - \{0\}$에서 $f'(z) \neq 0$이지만 일대일함수는 아니다. 그러나 $f'(z) \neq 0$이라는 조건은 f가 국소적으로 일대일 대응이라는 조건과 같다(연습문제 1 참고). $f'(z) \neq 0$이라는 조건으로부터 어떤 기하학적 성질을 유도할 수 있다. 이는 책마다 다른 정의를 채택하는 근본적인 이유라 볼 수 있다. 이 조건을 만족하는 복소해석적 함수는 각을 보존한다. 대략적으로 말하면 두 곡선 γ와 η가 z_0에서 교차하고 α가 두 곡선의 접벡터 사이의 방향이 주어진 각이라고 하면, 두 곡선의 상 $f \circ \gamma$와 $f \circ \eta$는 $f(z_0)$에서 교차하며 두 곡선의 접벡터가 이루는 각은 α로 같다. 심화문제 2에서 이 아이디어를 자세히 다룬다.

이제 등각사상의 몇 가지 구체적인 예를 살펴보겠다. 많은 문제에서 중요한 역할을 하는 단위원판과 상반평면 사이의 등각동형을 첫 번째로 다루어 보겠다.

1.1 원판과 상반평면

상반평면은 $\mathbb{H}$로 나타내며, 허수부가 양수인 복소수의 모임이다. 다시 말해

$$\mathbb{H} = \{z \in \mathbb{C} : \mathrm{Im}(z) > 0\}$$

와 같다. 이제 처음 접하면 깜짝 놀랄 만한 흥미로운 사실을 소개하겠다. 유계가 아닌 집합 $\mathbb{H}$는 단위원판과 등각동형이다. 또한 이 동치관계는 구체적인 식으로 서술할 수 있다. 실제로, F와 G를

$$F(z) = \frac{i-z}{i+z}, \quad G(w) = i\frac{1-w}{1+w}$$

와 같이 두자.

> **정리 1.2** 사상 $F : \mathbb{H} \to \mathbb{D}$는 등각사상이며 그 역함수는 $G : \mathbb{D} \to \mathbb{H}$이다.

증명

먼저 두 사상이 각각의 정의역에서 복소해석적임을 확인하자. 상반평면의 모든 점은 $-i$보다 i에 더 가까우므로 $|F(z)| < 1$이며 F는 $\mathbb{H}$를 $\mathbb{D}$로 옮긴다는 점에 유의한다. G의 상이 상반평면임을 증명하려면, $w \in \mathbb{D}$에 대해 $\mathrm{Im}(G(w))$를 계산해야 한다. 이를 위해 $w = u + iv$라고 두면, $|w| < 1$일 때

$$\begin{aligned}
\mathrm{Im}(G(w)) &= \mathrm{Re}\left(\frac{1-u-iv}{1+u+iv}\right) \\
&= \mathrm{Re}\left(\frac{(1-u-iv)(1+u-iv)}{(1+u)^2+v^2}\right) \\
&= \frac{1-u^2-v^2}{(1+u)^2+v^2} > 0
\end{aligned}$$

이 성립함에 주목한다. 따라서 G는 단위원판을 상반평면으로 옮긴다. 마지막으로

$$F(G(w)) = \frac{i - i\frac{1-w}{1+w}}{i + i\frac{1-w}{1+w}} = \frac{1+w-1+w}{1+w+1-w} = w$$

가 성립한다. 비슷하게 $G(F(z)) = z$이다. 이로써 정리를 증명했다. ◀

이 함수들의 흥미로운 측면 중 하나는 주어진 영역의 경계에 제한했을 때 보이는 행동이다.[3] F는 $z = -i$를 제외하고 $\mathbb{C}$ 전체에서 복소해석적이다. 특히 $\mathbb{H}$의 경계 전체, 즉 실수축에서 F가 연속임을 관찰한다. $z = x$를 실수로 취하면 x에서 i까지의 거리는 x에서 $-i$까지의 거리와 같고, 따라서

3 경계에서 등각사상의 움직임은 이번 장에서 전반적으로 중요하게 다룬다.

$|F(x)| = 1$이다. 그러므로 F는 $\mathbb{R}$을 $\mathbb{D}$의 경계로 옮긴다. $F(x)$를

$$F(x) = \frac{i-x}{i+x} = \frac{1-x^2}{1+x^2} + i\frac{2x}{1+x^2}$$

와 같이 쓰고 실수축을 $x = \tan t$ (단, $-\pi/2 < t < \pi/2$)로 매개화하면 더 많은 정보를 얻는다. 한편 삼각함수의 배각공식에 따르면

$$\sin 2a = \frac{2\tan a}{1+\tan^2 a}, \quad \cos 2a = \frac{1-\tan^2 a}{1+\tan^2 a}$$

가 성립하므로 $F(x) = \cos 2t + i\sin 2t = e^{i2t}$이다. 따라서 실수축의 상은 점 -1을 제외한 원 위의 호를 이룬다. 또한 x가 $-\infty$에서 ∞로 이동함에 따라 $F(x)$는 -1에서 출발하여 먼저 하반평면에 놓인 원의 일부를 지나면서 호를 따라 이동한다.

원 위의 점 -1은 상반평면의 **무한원점**에 대응한다.

비고 a, b, c, d가 복소수이고 분모가 분자의 배수가 아닐 때,

$$z \mapsto \frac{az+b}{cz+d}$$

와 같은 꼴의 사상을 **일차분수변환(fractional linear transformations)**이라고 한다. 다른 예로는 정리 2.2와 정리 2.4에서의 원판과 상반평면의 자기동형사상이 있다.

1.2 또 다른 예

등각사상의 몇 가지 예를 여기에 모아둔다. 어떤 경우에는 해당 정의역의 경계에서 사상의 행동을 논한다. 몇몇 사상은 244쪽 그림 1에 나와 있다.

예제 1 제일 먼저 평행이동과 확대변환을 간단하게 생각할 수 있다.

실제로 $h \in \mathbb{C}$일 때, 평행이동 $z \mapsto z + h$는 $\mathbb{C}$에서 자기 자신으로의 등각사상이며, 그 역사상은 $w \mapsto w - h$이다. h가 실수이면 평행이동은 상반평면에서 자기 자신으로의 등각사상이기도 하다.

0이 아닌 복소수 c에 대해 사상 $f : z \mapsto cz$는 복소평면에서 자기자신으로의 등각사상이며, 그 역사상은 단순히 $g : w \mapsto c^{-1}w$이다. c의 절댓값이 1이어서 적당한 실수 φ에 대해 $c = e^{i\varphi}$일 때, f는 φ만큼의 **회전이동(rotation)**이다. $c > 0$이면 f는 확대변환에 해당한다. 마지막으로 $c < 0$이면 사상 f는 π만큼 회전시키고 $|c|$만큼 확대변환한다.

예제 2 자연수 n에 대하여 사상 $z \mapsto z^n$은 부채꼴 $S = \{z \in \mathbb{C} : 0 < \arg(z) < \pi/n\}$에서 상반평면으로의 등각사상이다. 이 사상의 역사상은 단순히 $w \mapsto w^{1/n}$으로 로그함수의 주요 가지로 정의된다.

일반적으로 $0 < \alpha < 2$이면 사상 $f(z) = z^\alpha$은 상반평면을 부채꼴 $S = \{w \in \mathbb{C} : 0 < \arg(w) < \alpha\pi\}$로 옮긴다. 실제로 양의 실수축을 제거하여 로그함수의 가지를 택하고, $z = re^{i\theta}$ (단, $r > 0$이고 $0 < \theta < \pi$)이면

$$f(z) = z^\alpha = |z|^\alpha e^{i\alpha\theta}$$

이 성립한다. 따라서 f는 $\mathbb{H}$를 S로 옮긴다. 또한 f의 역사상은 $g(w) = w^{1/\alpha}$으로 주어짐을 간단히 확인할 수 있으며, 여기서 로그함수의 가지는 $0 < \arg w < \alpha\pi$가 되도록 택한다.

방금 다룬 사상을 예제 1의 평행이동 및 회전이동과 합성하면 상반평면을 등각적으로 평면에 놓여 있는 임의의 (무한한) 부채꼴로 옮길 수 있다(그림 1(a) 참고).

경계에서 f의 움직임에 주목하자. x가 실수축 위에서 $-\infty$부터 0까지 이동하면 $f(x)$는 $\arg z = \alpha\pi$로 결정되는 반직선 위에서 $\infty e^{i\alpha\pi}$부터 0까지 이동한다. 그리고 x가 실수축 위에서 0부터 ∞까지 이동하는 동안 $f(x)$도 실수축 위에서 0부터 ∞까지 이동한다.

예제 3 사상 $f(z) = \dfrac{1+z}{1-z}$는 상반원판 $\{z = x + iy : \ |z| < 1, \ y > 0\}$을 등각적으로 제1사분면 $\{w = u + iv : \ u > 0, \ v > 0\}$으로 옮긴다(그림 1(b) 참고). 실제로 $z = x + iy$이면

$$f(z) = \frac{1 - (x^2 + y^2)}{(1-x)^2 + y^2} + i\frac{2y}{(1-x)^2 + y^2}$$

가 성립한다. $g(w) = \dfrac{w-1}{w+1}$로 주어지는 역사상은 분명히 제1사분면에서 복소해석적이다. 또한 제1사분면의 모든 w에 대해 $|w+1| > |w-1|$이다. 왜냐하면 w에서 -1까지의 거리가 w에서 1까지의 거리보다 크기 때문이다. 그러므로 g는 제1사분면을 단위원판으로 옮긴다. 마지막으로 w가 제1사분면에 위치할 때 $g(w)$의 허수부는 양수임을 간단한 계산으로 보일 수 있다. 따라서 g는 제1사분면을 반원판으로 옮기며, g는 f의 역사상이므로 f는 등각사상이다.

경계에서 f의 움직임을 확인하기 위해 $z = e^{i\theta}$이 상반원에 속하면

$$f(z) = \frac{1+e^{i\theta}}{1-e^{i\theta}} = \frac{e^{-i\theta/2}+e^{i\theta/2}}{e^{-i\theta/2}-e^{i\theta/2}} = \frac{i}{\tan(\theta/2)}$$

가 성립함에 주목하자. θ가 0에서 π까지 이동함에 따라 $f(e^{i\theta})$은 허수축을 따라 무한대에서 0까지 이동한다. 또한 $z = x$가 실수이면

$$f(z) = \frac{1+x}{1-x}$$

의 함숫값도 실수다. 이로부터 f는 실제로 $(-1, 1)$과 양의 실수축 사이의 일대일 대응이며, x가 -1에서 1까지 증가하는 동안 $f(x)$는 0에서 무한대로 증가함을 알 수 있다. 또한 $f(0) = 1$이다.

예제 4 사상 $z \mapsto \log z$는 음의 허수축을 제거하여 얻은 로그함수의 가지로 정의되며, 상반평면을 띠 $\{w = u + iv : u \in \mathbb{R},\ 0 < v < \pi\}$로 옮긴다(그림 1(c) 참고). 이는 $z = re^{i\theta}$ (단, $-\pi/2 < \theta < 3\pi/2$)이면 정의에 의해

$$\log z = \log r + i\theta$$

로부터 바로 알 수 있다. 그러면 역사상은 $w \mapsto e^w$이다.

x가 $-\infty$에서 0까지 이동함에 따라 $\log x$는 직선 $\{x + i\pi : -\infty < x < \infty\}$를 따라 $\infty + i\pi$에서 $-\infty + i\pi$까지 이동한다. x가 실수축 위에서 0부터 ∞까지 이동하면 $\log x$는 실수축을 따라 $-\infty$부터 ∞까지 이동한다.

예제 5 예제 4를 염두에 두면 $z \mapsto \log z$는 반원판 $\{z = x + iy : |z| < 1,\ y > 0\}$을 반쪽 띠 $\{w = u + iv : u < 0,\ 0 < v < \pi\}$로 옮기는 등각사상임을 알 수 있다(그림 1(d) 참고).

x가 실수축 위에서 0부터 1까지 이동함에 따라 $\log x$는 $-\infty$부터 0까지 이동한다. x가 상반평면에 놓인 반원을 따라 1부터 -1까지 이동하면, $\log x$는 띠의 수직선분을 따라 0부터 πi까지 이동한다. 마지막으로 x가 -1부터 0까지 이동함에 따라 $\log x$는 띠의 위쪽 반직선을 따라 πi부터 $-\infty + i\pi$까지 이동한다.

예제 6 함수 $f(z) = e^{iz}$은 반쪽 띠 $\{z = x + iy : -\pi/2 < x < \pi/2,\ y > 0\}$을 등각적으로 반원판 $\{w = u + iv : |w| < 1,\ u > 0\}$으로 옮긴다(그림 1(e) 참고). 이는 $z = x + iy$이면

$$e^{iz} = e^{-y}e^{ix}$$

이 성립한다는 사실에서 바로 알 수 있다. x가 $\pi/2 + i\infty$에서 $\pi/2$로 이동하면 $f(x)$는 0에서 i로 이동하며, x가 $\pi/2$에서 $-\pi/2$로 이동하면 $f(x)$는 반원을 따라 i에서 $-i$로 이동한다. 마지막으로 x가 $-\pi/2$부터 $-\pi/2 + i\infty$로 이동하면 $f(x)$는 $-i$에서 0으로 돌아옴을 알 수 있다.

사상 f는 예제 5의 사상의 역사상과 밀접하게 관련있다.

예제 7 함수 $f(z) = -\dfrac{1}{2}\left(z + \dfrac{1}{z}\right)$은 반원판 $\{z = x + iy : |z| < 1,\ y > 0\}$을 상반평면으로 옮기는 등각사상이다(연습문제 5, 그림 1(e) 참고).

f의 경계에서 행동은 다음과 같다. x가 0에서 1까지 이동하면 $f(x)$는 실수축을 따라 $-\infty$에서 -1까지 이동한다. $z = e^{i\theta}$이면 $f(z) = -\cos\theta$이며, x가 상반평면에 놓인 단위반원을 따라 1부터 -1까지 이동하면 $f(x)$는 실수축을 따라 -1부터 1까지 이동한다. 마지막으로 x가 -1부터 0까지 이동하면 $f(x)$는 실수축을 따라 1부터 ∞까지 이동한다.

예제 8 사상 $f(z) = \sin z$는 반쪽 띠 $\{w = x + iy : -\pi/2 < x < \pi/2,\ y > 0\}$을 상반평면 위로 등각적으로 옮긴다(그림 1(e) 참고). 이를 보이기 위해 $\zeta = e^{iz}$이면

$$\sin z = \frac{e^{iz} - e^{-iz}}{2i} = \frac{-1}{2}\left(i\zeta + \frac{1}{i\zeta}\right)$$

이 성립함에 주목한다. 따라서 f는 예제 6의 사상을 적용한 뒤 i를 곱하고($\pi/2$만큼 회전시키고) 마지막으로 예제 7의 사상을 적용하여 얻는다.

x가 $-\pi/2 + i\infty$에서 $-\pi/2$까지 이동하면 $f(x)$는 $-\infty$에서 -1까지 이동한다. x가 $-\pi/2$와 $\pi/2$ 사이의 실수이면 $f(x)$ 또한 -1과 1 사이의 실수다. 마지막으로 x가 $\pi/2$부터 $\pi/2 + i\infty$까지 이동하면 $f(x)$는 실수축을 따라서 1부터 ∞까지 이동한다.

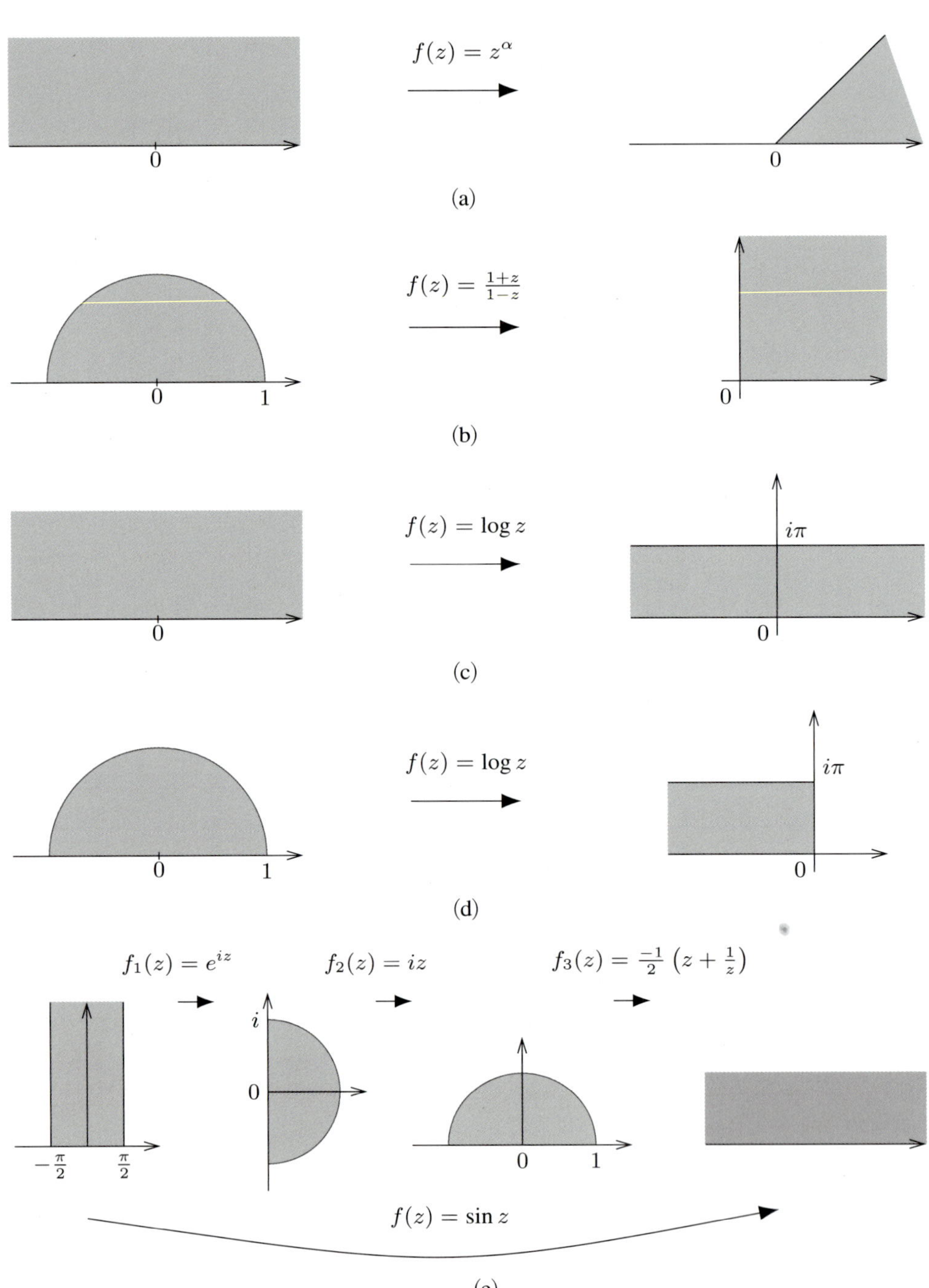

[그림 1] 명시적인 등각사상

1.3 띠에서의 디리클레 문제

열린 집합 Ω에서의 디리클레 문제(Dirichlet problem)는 방정식

$$\begin{cases} \triangle u &= 0 \quad (\Omega \text{ 내에서}) \\ \quad u &= f \quad (\partial\Omega \text{ 위에서}) \end{cases} \tag{8.1}$$

를 푸는 것이다. 여기서 $\triangle$은 라플라스 작용소 $\partial^2/\partial x^2 + \partial^2/\partial y^2$을 나타내며, f는 Ω의 경계에서 주어진 함수다. 다시 말해 주어진 경곗값 f를 가지는 조화함수를 Ω 내에서 찾고자 한다. 이 문제 중 Ω가 단위원판이거나 상반평면인 경우는 『STEIN 푸리에 해석학』에서 안정상태 열 방정식(steady–state heat equation)의 해를 다룰 때 살펴보았다. 이러한 특정 예에서 푸아송 핵(Poisson kernel)과의 합성곱(convolution)으로 명시적인 해를 얻었다.

여기서 목표는 디리클레 문제를 지금까지 다룬 등각사상과 연결하는 데 있다. Ω가 띠인 특수한 경우에 대해 문제 (8.1)의 해를 나타내는 식을 구하는 것으로 시작한다. 사실, 이 예는 『STEIN 푸리에 해석학』 5장 심화문제 3에서 학습했으며, 푸리에 변환을 이용하여 이 문제를 해결했다. 여기서는 등각사상과 원판에 대해 알려진 해만을 이용하여 이 문제의 해를 다시 구하려 한다.

우리가 사용할 첫 번째 중요한 사실은 조화함수와 복소해석적 함수의 합성은 여전히 조화함수라는 것이다.

보조정리 1.3 V와 U가 $\mathbb{C}$의 열린 집합이라고 하고 $F : V \to U$는 복소해석적 함수라고 하자. $u : U \to \mathbb{C}$가 조화함수이면 $u \circ F$는 V에서 조화함수다.

증명

보조정리의 내용이 국소적이므로, U를 열린 원판이라고 가정할 수 있다. G가 U에서 복소해석적인 함수이며 실수부가 u인 함수라고 하자.[4] $H = G \circ F$라고 하면 $u \circ F$는 H의 실수부다. 따라서 H가 복소해석적이므로 $u \circ F$는 조화함수다. ◀

이 보조정리의 또 다른 (계산을 통한) 증명은 연습문제 6을 참고하라.

이 결과를 가지고 Ω가 수평띠

$$\Omega = \{x + iy : x \in \mathbb{R},\ 0 < y < 1\}$$

일 때의 문제 (8.1)을 생각할 수 있다. 이 수평띠의 경계는 두 개의 수평선 $\mathbb{R}$과 $i + \mathbb{R}$의 합집합이다. 경계에서의 정보를 $\mathbb{R}$에서 정의된 두 함수 f_0와 f_1으로 나타내고, Ω 내에서 $\triangle u = 0$이며

4 2장 연습문제 12에 의해 이러한 G가 존재하며, 상수만큼의 차이를 무시하고 결정된다.

$$u(x,0) = f_0(x), \quad u(x,1) = f_1(x)$$

를 만족하는 해 $u(x, y)$를 구해 보자. f_0와 f_1은 연속이며 무한대에서 0, 즉 $\lim_{|x|\to\infty} f_j(x) = 0$ (단, $j = 0,\ 1$)이라고 가정한다.

등각사상을 이용해 띠에서의 문제를 단위원판의 문제로 바꾸어 이 문제를 해결하려 한다. 원판에서 해 $\tilde{u}$는 푸아송 핵과의 합성곱으로 표현된다. 마지막으로 $\tilde{u}$를 방금 구한 등각사상의 역사상을 이용하여 띠로 다시 옮기면 문제에 대한 최종 답을 얻는다.

이러한 목표를 이루기 위해 두 사상 $F : \mathbb{D} \to \Omega$와 $G : \Omega \to \mathbb{D}$를

$$F(w) = \frac{1}{\pi}\log\left(i\frac{1-w}{1+w}\right), \quad G(z) = \frac{i - e^{\pi z}}{i + e^{\pi z}}$$

으로 정의한다.

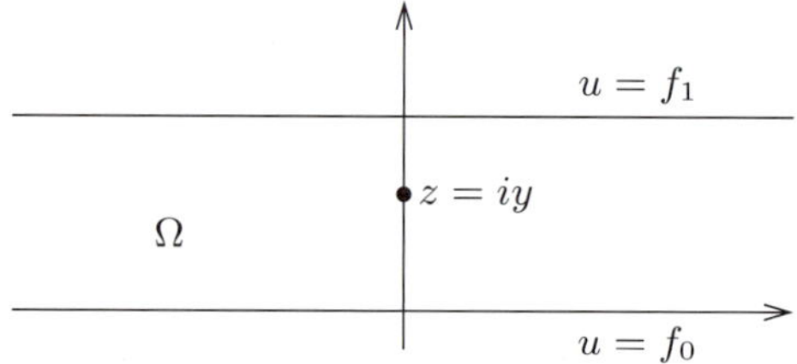

[그림 2] 띠에서의 디리클레 문제

두 함수 F, G는 1.2절 예에서 다룬 사상을 합성하여 얻은 함수로, 등각적이며 서로가 서로의 역함수다. 원판의 경계에서 F의 행동을 추적하면 F는 하반원을 직선 $i + \mathbb{R}$로 옮기며 상반원은 $\mathbb{R}$로 옮긴다는 사실을 알 수 있다. 더 정확하게 말하면 φ가 $-\pi$에서 0까지 이동하는 동안 $F(e^{i\varphi})$은 $i + \infty$에서 $i - \infty$까지 이동하며, φ가 0에서 π까지 이동하면 $F(e^{i\varphi})$은 실수축을 따라 $-\infty$에서 ∞까지 이동한다.

원에서 F의 행동을 염두에 두고 함수 $\tilde{f}_0$와 $\tilde{f}_1$을

$$\tilde{f}_1(\varphi) = f_1(F(e^{i\varphi}) - i) \;\; (-\pi < \varphi < 0), \quad \tilde{f}_0(\varphi) = f_0(F(e^{i\varphi})) \;\; (0 < \varphi < \pi)$$

과 같이 정의하자. 이렇게 두면 f_0와 f_1이 무한대에서 0으로 수렴하므로 함수 $\tilde{f}$는 원 전체에서 연속이다. 이때 $\tilde{f}$는 함숫값이 하반원에서는 $\tilde{f}_1$과 같으며 상반원에서는 $\tilde{f}_0$와 같고 $\varphi = \pm\pi$, 0에서는 0이다.

경계에서의 정보가 $\tilde{f}$일 때 단위원판에서 디리클레 문제에 대한 해는

$$\begin{aligned}\tilde{u}(w) &= \frac{1}{2\pi}\int_{-\pi}^{\pi} P_r(\theta-\varphi)\tilde{f}(\varphi)\,d\varphi \\ &= \frac{1}{2\pi}\int_{-\pi}^{0} P_r(\theta-\varphi)\tilde{f}_1(\varphi)\,d\varphi + \frac{1}{2\pi}\int_{0}^{\pi} P_r(\theta-\varphi)\tilde{f}_0(\varphi)\,d\varphi\end{aligned}$$

와 같이 푸아송 적분[5]으로 주어진다. 여기서 $w = re^{i\theta}$이며 $P_r(\theta)$는 푸아송 핵

$$P_r(\theta) = \frac{1-r^2}{1-2r\cos\theta + r^2}$$

이다. 보조정리 1.3에 따르면 $u(z) = \tilde{u}(G(z))$와 같이 정의되는 함수 u는 띠에서 조화함수다. 또한 함수의 구성 과정은 u가 정확한 경곗값을 가짐을 보장한다.

우선 점 $z = iy$ (단, $0 < y < 1$)에서 u를 f_0와 f_1으로 나타낸다. 적절히 변수변환하면 $re^{i\theta} = G(iy)$일 때

$$\frac{1}{2\pi}\int_{0}^{\pi} P_r(\theta-\varphi)\tilde{f}_0(\varphi)\,d\varphi = \frac{\sin\pi y}{2}\int_{-\infty}^{\infty}\frac{f_0(t)}{\cosh\pi t - \cos\pi y}\,dt$$

가 성립함을 보일 수 있다(연습문제 7 참고). 또한 비슷한 계산으로

$$\frac{1}{2\pi}\int_{0}^{\pi} P_r(\theta-\varphi)\tilde{f}_1(\varphi)\,d\varphi = \frac{\sin\pi y}{2}\int_{-\infty}^{\infty}\frac{f_1(t)}{\cosh\pi t + \cos\pi y}\,dt$$

를 보일 수 있다. 두 적분을 더하면 $u(0,y)$에 대한 식을 얻는다. 일반적으로 『STEIN 푸리에 해석학』 5장 연습문제 13에서 소개했듯이 무한대에서 0이 되는 띠에 대한 디리클레 문제의 해가 유일함을 기억하자. 결과적으로 경계조건을 x만큼 평행이동시키면 해도 마찬가지로 x만큼 평행이동한다. 따라서 (고정된 x에 대해) $f_0(x+t)$와 $f_1(x+t)$에 대해서도 같은 논증을 적용할 수 있고, 최종적으로 변수변환하면

$$u(x,y) = \frac{\sin\pi y}{2}\left(\int_{-\infty}^{\infty}\frac{f_0(x-t)}{\cosh\pi t - \cos\pi y}\,dt + \int_{-\infty}^{\infty}\frac{f_1(x-t)}{\cosh\pi t + \cos\pi y}\,dt\right)$$

를 보일 수 있다. 이는 띠에서 디리클레 문제에 대한 해를 제시한다. 특히, 이 해는 함수 f_0 및 f_1과의 합성곱으로 주어진다. 또한 띠의 중간지점($y = 1/2$)에서 해는 함수 $1/\cosh\pi t$에 대한 적분으로 주어진다. 이 함수는 3장 예제 3에서 보았듯이, 푸리에 변환이 자기자신이다.

5 단위원판에서 디리클레 문제와 푸아송 적분 공식에 대한 자세한 설명은 『STEIN 푸리에 해석학』 2장을 참고하라. 또한, 푸아송 적분 공식은 이 책의 2장 연습문제 12와 3장 심화문제 2에서 유도했다.

디리클레 문제에 대한 설명

앞선 예를 통해 원판 $\mathbb{D}$에서 Ω로의 등각사상 F를 알고 있는 경우, (적절한 영역) Ω에 대해 일반적인 디리클레 문제의 해를 예상할 수 있다. 연속함수 f가 주어지고 $\partial\Omega$가 Ω의 경계일 때, 방정식 (8.1)을 푼다고 가정하자. $\mathbb{D}$에서 Ω로의 등각사상 F가 원판 경계와 $\partial\Omega$ 사이의 연속인 일대일 대응으로 확장된다고 가정하면, $\tilde{f} = f \circ F$는 원 위에서 정의되고 따라서 경계에서의 정보가 $\tilde{f}$인 원판에 대한 디리클레 문제를 풀 수 있다. 이 해는 푸아송 적분 공식

$$\tilde{u}(re^{i\theta}) = \frac{1}{2\pi}\int_0^{2\pi} P_r(\theta-\varphi)\tilde{f}(e^{i\varphi})\,d\varphi$$

로 주어진다. 여기서 P_r은 푸아송 핵이다. 그러면 원래 문제의 해는 $u = \tilde{u} \circ F^{-1}$로 주어진다고 예상할 수 있다.

이러한 접근이 성공하려면 다음 두 가지 질문을 확실히 해결할 수 있어야 한다.

- Ω에서 $\mathbb{D}$로의 등각사상 $\Phi = F^{-1}$가 존재하는가?
- 등각사상 Φ가 존재한다면, 이 사상은 Ω의 경계에서 $\mathbb{D}$의 경계로의 일대일 연속함수로 확장되는가?

첫 번째는 존재성을 묻는 질문이며 다음 절에서 증명할 리만 사상 정리에 의해 해결된다. 이 정리는 완전히 일반적이며(Ω가 단순연결 영역이고 $\mathbb{C}$의 진부분집합이라고 가정할 뿐이다) Ω의 경계에 대한 조건은 필요하지 않다. 두 번째 질문에 긍정적으로 답하려면 $\partial\Omega$에 대한 조건이 필요하다. 특히, Ω가 다각형의 내부인 경우를 4.3절에서 다룬다. 이보다 일반적인 주장은 연습문제 18과 심화문제 6을 참고하라.

리만은 원래 사상 문제를 다룰 때 흥미롭게도 함의 방향을 반대로 두었다. 리만은 Ω에서 $\mathbb{D}$로의 등각사상 Φ가 존재하는 이유는 Ω에서 디리클레 문제를 해결할 수 있기 때문이라 생각했다. 리만은 다음과 같이 논증했다. 주어진 $z_0 \in \Omega$를 0으로 옮기는 성질을 가지며 위와 같은 등각사상 Φ를 찾고 싶다고 가정하자. 그러면 Φ는

$$\Phi(z) = (z - z_0)G(z)$$

와 같은 꼴이어야 한다. 여기서 G는 복소해석적이며 Ω에서 영점을 가지지 않는다. 따라서 적당한 H에 대해

$$\Phi(z) = (z - z_0)e^{H(z)}$$

과 같이 둘 수 있다. 이제 $u(z)$가 $u = \mathrm{Re}(H)$로 주어지는 조화함수라고 하면 $\partial\Omega$에서 $|\Phi(z)| = 1$

이라는 사실은 u가 경계조건 $u(z) = \log \frac{1}{|z - z_0|}$ (단, $z \in \partial\Omega$)을 만족함을 의미한다. 따라서 디리클레 문제에 대해 그러한 해 u를 찾을 수 있다면,[6] H를 구성할 수 있고 이로부터 사상 Φ를 구성할 수 있다.

이 방법에는 몇 가지 단점이 있다. 먼저 Φ가 일대일 대응인지 확인해야 한다. 또한 이 방법이 성공하려면 Ω의 경계에 대해 적절한 정칙성이 필요하다. 게다가 Ω에 대한 디리클레 문제부터 해결해야 한다. 리만은 이 단계에서 **디리클레 원리**를 사용하자고 제안했다. 그러나 이 아이디어를 적용하려면 극복해야 할 난관이 여럿 있다.[7]

그럼에도, 다른 방법을 이용하면 일반적인 경우에 사상이 존재함을 증명할 수 있다. 3절에서는 이러한 접근방식을 취한다.

2 슈바르츠 보조정리 : 원판과 상반평면의 자기동형사상

슈바르츠 보조정리(Schwarz lemma)의 서술과 증명은 모두 간단하지만 무척 광범위하게 응용된다. 회전변환은 $|c| = 1$, 즉 $c = e^{i\theta}$에 대해 $z \mapsto cz$ 꼴 사상임을 기억하자. 여기서 $\theta \in \mathbb{R}$는 회전각이라고 하며 2π의 정수배를 무시하면 잘 정의된다.

보조정리 2.1 $f : \mathbb{D} \to \mathbb{D}$를 $f(0) = 0$인 복소해석적 함수라고 하면 다음이 성립한다.

(1) 모든 $z \in \mathbb{D}$에 대해 $|f(z)| \leq |z|$이다.

(2) 적당한 $z_0 \neq 0$에 대해 $|f(z_0)| = |z_0|$이면 f는 회전변환이다.

(3) $|f'(0)| \leq 1$이며, 등호가 성립하는 경우 f는 회전변환이다.

증명

(1) 먼저 f를 0을 중심으로 하고 $\mathbb{D}$ 전체에서 수렴하는 멱급수로 전개한다.

6 조화함수 $u(z)$는 영역 Ω에 대한 원천(source) z_0를 가지는 그린 함수(Green's function)라고도 한다.

7 지금 다룬 2차원 상황에서 디리클레 원리를 구현하는 방법은 『Real Analysis : Measure Theory, Integration, and Hilbert Spaces』에서 다룬다.

$$f(z) = a_0 + a_1 z + a_2 z^2 + \cdots$$

$f(0) = 0$이므로 $a_0 = 0$이고, 따라서 $f(z)/z$는 (0에서 제거가능한 특이점을 가지므로) $\mathbb{D}$에서 복소해석적이다. $|z| = r < 1$이면 $|f(z)| \le 1$이므로

$$\left|\frac{f(z)}{z}\right| \le \frac{1}{r}$$

을 얻는다. 또한 최대절댓값원리(maximum modulus principle)에 의해 $|z| \le r$에 대해서도 위 부등식이 성립한다. $r \to 1$의 극한을 취하면 첫 번째 결과를 얻는다.

(2) $f(z)/z$는 $\mathbb{D}$의 내부에서 최댓값을 가지므로 상수함수여야 한다. $f(z) = cz$라고 하자. 이 식을 z_0에서 계산하고 절댓값을 취하면 $|c| = 1$임을 알 수 있다. 따라서 $c = e^{i\theta}$인 $\theta \in \mathbb{R}$이 존재하며, 이는 f가 회전변환인 이유를 설명한다.

(3) $g(z) = f(z)/z$이면 $\mathbb{D}$ 전체에서 $|g(z)| \le 1$이며

$$g(0) = \lim_{z \to 0} \frac{f(z) - f(0)}{z} = f'(0)$$

도 성립한다. 따라서 $|f'(0)| = 1$이면 $|g(0)| = 1$이고, 최대절댓값원리에 의해 g는 상수함수다. 이는 $|c| = 1$에 대해 $f(z) = cz$임을 의미한다. ◀

보조정리 2.1의 첫 번째 응용은 원판의 자기동형사상을 모두 찾는 것이다.

2.1 원판의 자기동형사상

열린 집합 Ω에서 **자기자신**으로의 등각사상을 Ω의 **자기동형사상(automorphism)**이라 한다. Ω의 모든 자기동형사상으로 이루어진 집합을 $\mathrm{Aut}(\Omega)$로 나타내며, 이 집합을 군(group)으로 생각할 수 있다. 이때 군의 연산은 사상의 합성이다. 항등원은 항등사상 $z \mapsto z$이고, 역원은 단순히 역사상이다. f와 g가 Ω의 자기동형사상이면 $f \circ g$도 모두 자기동형사상임은 분명하다. 사실, 합성의 역사상은

$$(f \circ g)^{-1} = g^{-1} \circ f^{-1}$$

과 같이 주어진다. 앞서 언급했듯이 항등사상은 항상 자기동형사상이다.

단위원판에서 또 다른 흥미로운 자기동형사상이 있다. 각 $\theta \in \mathbb{R}$만큼의 회전변환, 다시 말해 $r_\theta : z \mapsto e^{i\theta} z$는 단위원판에서 자기동형사상이다. 그 역사상은 각 $-\theta$만큼의 회전변환으로, $r_{-\theta} : z \mapsto e^{-i\theta} z$이다. 자기동형사상

$$\psi_\alpha(z) = \frac{\alpha - z}{1 - \overline{\alpha} z}$$

와 같은 꼴이면 더욱 흥미롭다(단, $\alpha \in \mathbb{C}$이며 $|\alpha| < 1$). 이러한 사상은 1장 연습문제 7에서 소개했으며, 유용한 성질이 여럿 있어 복소해석학 문제에서 여러 번 등장한다. 이와 같은 꼴의 사상이 $\mathbb{D}$의 자기동형사상이라는 증명은 꽤 간단하다. 먼저 $|\alpha| < 1$이므로 사상 ψ_α는 단위원판에서 복소해석적이다. $|z| = 1$이면 $z = e^{i\theta}$이고

$$\psi_\alpha(e^{i\theta}) = \frac{\alpha - e^{i\theta}}{e^{i\theta}(e^{-i\theta} - \overline{\alpha})} = e^{-i\theta}\frac{w}{\overline{w}}$$

가 성립한다. 여기서 $w = \alpha - e^{i\theta}$이며, 따라서 $|\psi_\alpha(z)| = 1$이다. 최대절댓값원리에 의해 모든 $z \in \mathbb{D}$에 대해 $|\psi_\alpha(z)| < 1$이다. 마지막으로

$$\begin{aligned}
(\psi_\alpha \circ \psi_\alpha)(z) &= \frac{\alpha - \frac{\alpha - z}{1 - \overline{\alpha} z}}{1 - \overline{\alpha}\frac{\alpha - z}{1 - \overline{\alpha} z}} \\
&= \frac{\alpha - |\alpha|^2 z - \alpha + z}{1 - \overline{\alpha} z - |\alpha|^2 + \overline{\alpha} z} \\
&= \frac{(1 - |\alpha|^2) z}{1 - |\alpha|^2} \\
&= z
\end{aligned}$$

와 같이 매우 간단한 관찰을 한다. 이로부터 ψ_α의 역함수는 자기자신이다! ψ_α의 또 다른 중요한 성질로 ψ_α가 $z = \alpha$에서 영점을 가진다는 점이 있다. 또한 이 함수는 0과 α를 서로 교환한다. 다시 말해

$$\psi_\alpha(0) = \alpha, \quad \psi_\alpha(\alpha) = 0$$

이다. 다음 정리에 따르면 원판의 자기동형사상은 모두 회전변환과 사상 ψ_α의 합성으로 나타난다.

정리 2.2 원판의 자기동형사상 f에 대하여 다음을 만족하는 $\theta \in \mathbb{R}$과 $\alpha \in \mathbb{D}$가 존재한다.

$$f(z) = e^{i\theta}\frac{\alpha - z}{1 - \overline{\alpha} z}$$

증명

f는 원판의 자기동형사상이므로 $f(\alpha) = 0$인 복소수 $\alpha \in \mathbb{D}$가 유일하게 존재한다. $g = f \circ \psi_\alpha$로 정의되는 자기동형사상 g를 생각하자. 그러면 $g(0) = 0$이며, 슈바르츠 보조정리에 의해 모든 $z \in \mathbb{D}$에 대해

$$|g(z)| \leq |z| \tag{8.2}$$

를 얻는다. 또한 $g^{-1}(0) = 0$이므로 g^{-1}에 슈바르츠 보조정리를 적용하여 모든 $w \in \mathbb{D}$에 대해

$$|g^{-1}(w)| \leq |w|$$

가 성립함을 알 수 있다. 각각의 $z \in \mathbb{D}$마다 $w = g(z)$에 대해 마지막 부등식을 이용하면 모든 $z \in \mathbb{D}$에 대해 부등식 (8.3)을 얻는다.

$$|z| \leq |g(z)| \tag{8.3}$$

두 부등식 (8.2), (8.3)을 결합하면 모든 $z \in \mathbb{D}$에 대해 $|g(z)| = |z|$이고, 슈바르츠 보조정리에 의해 적당한 $\theta \in \mathbb{R}$에 대해 $g(z) = e^{i\theta}z$임을 알 수 있다. z를 $\psi_\alpha(z)$로 바꾸고 $(\psi_\alpha \circ \psi_\alpha)(z) = z$라는 사실을 이용하면 주장한 바와 같이 $f(z) = e^{i\theta}\psi_\alpha(z)$를 도출한다. ◀

정리 2.2에서 $\alpha = 0$으로 두면 다음 결과를 얻는다.

따름정리 2.3 단위원판의 자기동형사상 중에 원점을 고정하는 것은 회전변환뿐이다.

사상 ψ_α를 이용하면 원판에 두 점 α와 β가 주어질 때 α를 β로 옮기는 자기동형사상 ψ가 존재한다는 점에서 원판의 자기동형군은 **추이적(transitively)**으로 작용한다. 이러한 ψ는 $\psi = \psi_\beta \circ \psi_\alpha$로 주어진다.

$\mathbb{D}$의 자기동형사상에 대한 구체적인 식은 군 $\text{Aut}(\mathbb{D})$에 대한 좋은 설명을 제시한다. 사실 이 자기동형군은 보통 $\text{SU}(1,1)$로 나타내는 2×2 복소행렬군과 **거의** 동형이다. $\text{SU}(1,1)$은 $\mathbb{C}^2 \times \mathbb{C}^2$에 $\langle Z, W\rangle = z_1\overline{w}_1 - z_2\overline{w}_2$로 주어지는 에르미트 형식을 보존하는 2×2 복소행렬의 집합이다. 여기서 $Z = (z_1, z_2)$이며 $W = (w_1, w_2)$이다. 이 주제에 대한 자세한 내용은 심화문제 4를 참고하라.

2.2 상반평면의 자기동형사상

$\mathbb{D}$의 자기동형사상에 대한 지식과 1.1절에서 찾은 등각사상 $F : \mathbb{H} \to \mathbb{D}$를 통해 $\mathbb{H}$의 자기동형군을 결정할 수 있으며, 이를 $\text{Aut}(\mathbb{H})$로 나타낸다.

사상 $\Gamma : \text{Aut}(\mathbb{D}) \to \text{Aut}(\mathbb{H})$를 생각하자. 이 사상은 F**의 켤레화**

$$\Gamma(\varphi) = F^{-1} \circ \varphi \circ F$$

로 주어진다. ϕ가 $\mathbb{D}$의 자기동형사상이면 $\Gamma(\varphi)$가 $\mathbb{H}$의 자기동형사상임은 분명하다. 또한 Γ는 일대일 대응이며 역함수는 $\Gamma^{-1}(\psi) = F \circ \psi \circ F^{-1}$로 주어진다. 사실 Γ는 대응되는 자기동형군의 연산을 보존한다. 이를 확인해 보자.

$\varphi_1, \varphi_2 \in \text{Aut}(\mathbb{D})$라고 가정하자. $F \circ F^{-1}$는 $\mathbb{D}$에서 항등사상이므로

$$\begin{aligned}\Gamma(\varphi_1 \circ \varphi_2) &= F^{-1} \circ \varphi_1 \circ \varphi_2 \circ F \\ &= F^{-1} \circ \varphi_1 \circ F \circ F^{-1} \circ \varphi_2 \circ F \\ &= \Gamma(\varphi_1) \circ \Gamma(\varphi_2)\end{aligned}$$

가 성립한다. Γ가 $\text{Aut}(\mathbb{D})$와 $\text{Aut}(\mathbb{H})$ 사이의 동형사상이므로, 두 집합 $\text{Aut}(\mathbb{D})$와 $\text{Aut}(\mathbb{H})$는 군(group)으로서 같다. $\text{Aut}(\mathbb{H})$의 원소를 구체적으로 나타내 보자. F를 통해 원판의 자기동형사상을 상반평면으로 끌어오는 일련의 계산을 수행하면 $\text{Aut}(\mathbb{H})$는 사상

$$z \mapsto \frac{az+b}{cz+d}$$

로 이루어진다. 여기서 a, b, c, d는 $ad - bc = 1$인 실수다. 다시, 행렬군(matrix group)이 배경에 숨어 있다. 행렬식이 1인 모든 2×2 실행렬으로 이루어진 군을 $\text{SL}_2(\mathbb{R})$이라 하면

$$\text{SL}_2(\mathbb{R}) = \left\{ M = \begin{pmatrix} a & b \\ c & d \end{pmatrix} : a,\ b,\ c,\ d \in \mathbb{R},\ \ \det(M) = ad - bc = 1 \right\}$$

과 같이 나타낼 수 있다. 이 군을 **특수선형군(special linear group)**이라고 한다.

행렬 $M \in \text{SL}_2(\mathbb{R})$에 대하여 사상 f_M을

$$f_M(z) = \frac{az+b}{cz+d}$$

라고 정의한다.

> **정리 2.4** $\mathbb{H}$의 모든 자기동형사상은 적당한 $M \in \text{SL}_2(\mathbb{R})$에 대해 f_M 꼴로 표현된다. 반대로 이런 꼴의 사상은 모두 $\mathbb{H}$의 자기동형사상이다.

증명

증명은 여러 단계로 이루어진다. 편의를 위해 군 $\text{SL}_2(\mathbb{R})$을 $\mathcal{G}$로 나타내자.

단계 1 $M \in \mathcal{G}$이면 f_M은 $\mathbb{H}$를 자기자신으로 옮긴다. 이는 $z \in \mathbb{H}$일 때

$$\operatorname{Im}(f_M(z)) = \frac{(ad-bc)\operatorname{Im}(z)}{|cz+d|^2} = \frac{\operatorname{Im}(z)}{|cz+d|^2} > 0 \tag{8.4}$$

임을 관찰할 수 있으므로 자명하다.

단계 2 M과 M'이 $\mathcal{G}$의 두 행렬이면 $f_M \circ f_{M'} = f_{MM'}$이다. 이는 간단한 계산으로 알 수 있는데, 계산은 생략한다. 따라서 정리의 처음 절반을 증명할 수 있다. 모든 f_M은 복소해석적인 역함수 $(f_M)^{-1}$(간단히 $f_{M^{-1}}$)를 가지므로 자기동형사상이다. 실제로 I가 항등행렬이면

$$(f_M \circ f_{M^{-1}})(z) = f_{MM^{-1}}(z) = f_I(z) = z$$

가 성립한다.

단계 3 $\mathbb{H}$의 두 점 z와 w가 주어지면 $f_M(z) = w$인 $M \in \mathcal{G}$가 존재하며 따라서 $\mathcal{G}$는 $\mathbb{H}$에 전이적으로 작용한다. 이를 증명하려면 모든 $z \in \mathbb{H}$를 i로 대응시킬 수 있음을 보이면 충분하다. 등식 (8.4)에서 $d = 0$으로 두면 $\operatorname{Im}(f_M(z)) = \dfrac{\operatorname{Im}(z)}{|cz|^2}$를 얻는다. 또한 $\operatorname{Im}(f_M(z)) = 1$이 되도록 실수 c를 택할 수 있다. 다음으로 행렬 M_1을

$$M_1 = \begin{pmatrix} 0 & -c^{-1} \\ c & 0 \end{pmatrix}$$

으로 택한다. 이로써 $f_{M_1}(z)$의 허수부가 1과 같게 한다. 그런 다음 행렬

$$M_2 = \begin{pmatrix} 1 & b \\ 0 & 1 \end{pmatrix} \qquad (\text{단}, \ \ b \in \mathbb{R})$$

이 평행이동에 해당함을 살펴본다. 그러므로 $b \in \mathbb{R}$를 적당히 선택하면 $M = M_2 M_1$에 대해 사상 f_M은 z를 i로 옮긴다.

단계 4 θ가 실수이면 행렬 $M_\theta = \begin{pmatrix} \cos\theta & -\sin\theta \\ \sin\theta & \cos\theta \end{pmatrix}$는 $\mathcal{G}$에 속한다. 또한 표준 등각사상을 $F : \mathbb{H} \to \mathbb{D}$로 나타내면 $F \circ f_{M_\theta} \circ F^{-1}$는 원판에서 -2θ만큼의 회전변환에 대응한다. 이는 $F \circ f_{M_\theta} = e^{-2i\theta} F(z)$라는 사실로부터 알 수 있으며, 이 사실은 쉽게 확인된다.

단계 5 이제 정리의 증명을 마무리할 수 있다. f가 $f(\beta) = i$를 만족시키는 $\mathbb{H}$의 자기동형사상이라고 가정하고, $f_N(i) = \beta$인 행렬 $N \in \mathcal{G}$를 생각하자. 그러면 $g = f \circ f_N$에 대해 $g(i) = i$이므로 $F \circ g \circ F^{-1}$는 원점을 고정하는 원판의 자기동형사상이다. 따라서 $F \circ g \circ F^{-1}$은 회전변환이며, 단계 4에 의해

$$F \circ g \circ F^{-1} = F \circ f_{M_\theta} \circ F^{-1}$$

를 만족하는 $\theta \in \mathbb{R}$이 존재한다. 따라서 $g = f_{M_\theta}$이며 $f = f_{M_\theta N^{-1}}$이다.

이렇게 단계 1~단계 5에 따라 진행한 정리의 증명이 끝났다. ◀

마지막으로 군 $\mathrm{Aut}(\mathbb{H})$가 $\mathrm{SL}_2(\mathbb{R})$과 완전히 동형은 아니라는 점에 주의하자. 두 행렬 M과 $-M$이 같은 함수 $f_M = f_{-M}$을 만들기 때문이다. 따라서 두 행렬 M과 $-M$을 동일시하면 **사영 특수선형군(projective special linear group)**이라고 하는 새로운 군 $\mathrm{PSL}_2(\mathbb{R})$을 얻는다. 이 군은 $\mathrm{Aut}(\mathbb{H})$와 동형이다.

3 리만 사상 정리

3.1 리만 사상 정리의 서술과 필요조건

드디어 이번 장 초입에서 약속한 중대 시점에 도달했다. 우선 등각사상 $F : \Omega \to \mathbb{D}$가 존재하기 위한 열린집합 Ω의 조건부터 생각해 보자.

일련의 관찰을 통해 Ω가 만족시켜야 하는 필요조건을 쉽게 찾을 수 있다. 먼저 $\Omega = \mathbb{C}$이면 리우빌 정리에 의해 F는 상수함수여야 하므로 등각사상 $F : \Omega \to \mathbb{D}$는 존재할 수 없다. 그러므로 $\Omega \neq \mathbb{C}$를 반드시 가정해야 한다. $\mathbb{D}$는 연결집합이므로 Ω도 연결집합이어야 한다. 또한 $\mathbb{D}$는 단순연결집합이므로 Ω도 단순연결집합이어야 한다(연습문제 3 참고). Ω에 대한 이 조건만으로 Ω에서 $\mathbb{D}$로의 등각사상이 존재함을 증명할 수 있다니 매우 놀랍다.

편의를 위해 공집합이 아니면서 $\mathbb{C}$ 전체가 아닌 $\mathbb{C}$의 부분집합 Ω를 **진부분집합(proper subset)**이라고 한다.

정리 3.1 리만 사상 정리(Riemann mapping theorem)
단순연결 영역이고 진부분집합인 Ω 및 $z_0 \in \Omega$에 대하여

$$F(z_0) = 0, \quad F'(z_0) > 0$$

을 만족하는 등각사상 $F : \Omega \to \mathbb{D}$가 유일하게 존재한다.

> **따름정리 3.2** $\mathbb{C}$의 단순연결집합인 진부분집합은 모두 등각동형이다.

단위원판을 중간 단계로 이용하면 정리 3.1로부터 쉽게 따름정리 3.2를 얻는다. 또한 정리 3.1에 의해 유일성도 바로 알 수 있다. F와 G가 정리 3.1의 두 조건을 만족하는 Ω에서 $\mathbb{D}$로의 등각사상이면 $H = F \circ G^{-1}$는 원점을 고정하는 원판의 자기동형사상이기 때문이다. 따라서 $H(z) = e^{i\theta}z$이며, $H'(0) > 0$이므로 $e^{i\theta} = 1$이어야 하고 이로써 $F = G$라는 결론을 얻는다.

이 절의 남은 부분에서는 조건을 만족하는 등각사상 F가 존재함을 증명한다. 증명의 아이디어는 다음과 같다. 복소해석적인 일대일함수 $f : \Omega \to \mathbb{D}$ 가운데 $f(z_0) = 0$을 만족시키는 것들의 집합을 생각한다. 이 집합의 구성원 중에서 $|f'(z_0)|$가 가장 큰 것의 상이 $\mathbb{D}$를 모두 채운다. 우리는 그러한 함수로 수렴하는 함수열을 찾고자 하며, 이 주제를 먼저 살펴본다.

3.2 몽텔 정리

$\mathbb{C}$의 열린 부분집합 Ω와 Ω에서 정의된 복소해석적 함수의 집합 $\mathcal{F}$를 생각하자. $\mathcal{F}$의 모든 함수열이 Ω의 모든 콤팩트 부분집합에서 균등 수렴하는 부분함수열을 가지는 경우에(극한함수가 $\mathcal{F}$에 속하지 않을 수도 있다) $\mathcal{F}$를 **정규(normal)** 집합이라고 한다.

주어진 함수 집합이 정규 집합임을 증명하려면 그 집합이 균등 유계이고 동등연속임을 각각 보여야 하는 경우가 많다. 이 두 성질은 서로 연관되어 있으며, 이렇게 정의한다.

함수 모임 $\mathcal{F}$가 **Ω의 콤팩트 부분집합에서 균등 유계(uniformly bounded on compact subsets of Ω)**인 것은 Ω에 포함되는 콤팩트 집합 K마다 양수 B가 존재하여 모든 $z \in K$, $f \in \mathcal{F}$에 대하여 부등식

$$|f(z)| \leq B$$

가 성립한다는 뜻이다. 또한 임의의 $\epsilon > 0$에 대하여 조건

$$|z - w| < \delta \text{인 } z, w \in K \text{와 모든 } f \in \mathcal{F} \text{에 대해 } |f(z) - f(w)| < \epsilon$$

을 만족하는 $\delta > 0$이 존재할 때, $\mathcal{F}$는 콤팩트 집합 $K \subset \Omega$에서 **동등연속(equicontinuous)**이라고 한다.

동등연속성은 균등 연속성이 집합의 모든 구성원에게 균등하게 성립함을 요구하는 강한 조건이다. 예를 들어 $[0, 1]$에서 도함수의 절댓값이 균등 유계인 함수 모임은 동등연속이다. 이는 평균값정리로부터

쉽게 알 수 있다. 한편 $f_n(x) = x^n$ 으로 두면 함수 모임 $\{f_n\}$은 동등연속이 아니다. $0 < x_0 < 1$ 이면 언제나 $n \to \infty$에 따라 $|f_n(1) - f_n(x_0)| \to 1$이 성립하기 때문이다.

다음 정리는 지금 다룬 새로운 개념을 결합하며, 리만 사상 정리를 증명할 때 중요하게 사용된다.

정리 3.3 몽텔 정리(Montel's theorem)
Ω에서 정칙인 함수 모임 $\mathcal{F}$가 Ω의 콤팩트 부분집합에서 균등 유계라고 가정하자. 다음이 성립한다.

(1) $\mathcal{F}$는 모든 Ω의 콤팩트 부분집합에서 동등연속이다.

(2) $\mathcal{F}$는 정규 집합이다.

정리 3.3은 개별적인 서술 두 개로 이루어져 있다. (1)은 $\mathcal{F}$가 Ω의 콤팩트 부분집합에서 균등 유계인 **복소해석적** 함수의 집합이라 가정하고 $\mathcal{F}$가 동등연속이라고 말한다. 코시 적분 공식을 응용하며 이를 증명할 수 있다. 즉, $\mathcal{F}$가 복소해석적 함수의 집합이라는 사실을 바탕으로 한다. 이 결론은 $(0, 1)$에서 $f_n(x) = \sin(nx)$라 정의된 실함수의 집합과 극명하게 대조된다. 이 함수 집합은 균등 유계이지만 동등연속이 아니고 따라서 $(0, 1)$의 모든 콤팩트 부분구간에서 수렴하는 부분함수열을 가지지 않는다.

(2)는 본질적으로 복소해석학 내용이 아니다. 실제로 $\mathcal{F}$가 정규 집합이라는 사실은 $\mathcal{F}$가 균등 유계이며 Ω의 콤팩트 부분집합에서 동등연속이라는 가정으로부터 유도할 수 있다. 이 결과를 아르젤라–아스콜리 정리(Arzela–Ascoli theorem)라 부르기도 한다. 주로 대각화 논증으로 증명한다.

Ω의 임의의 콤팩트 부분집합에 대한 수렴성을 증명하는 과정에서 다음 개념이 유용하게 사용된다. 다음을 만족하는 Ω의 콤팩트 부분집합렬 $\{K_\ell\}_{\ell=1}^{\infty}$을 고갈(exhaustion)이라고 부른다.

- 모든 $\ell = 1, 2, \ldots$에 대해 K_ℓ은 $K_{\ell+1}$의 내부에 포함된다.
- 임의의 콤팩트 집합 $K \subset \Omega$는 적당한 ℓ에 대해 K_ℓ에 포함된다. 특히,

$$\Omega = \bigcup_{\ell=1}^{\infty} K_\ell$$

  이다.

보조정리 3.4 복소평면에 속한 임의의 열린 집합 Ω에 대하여 고갈이 존재한다.

증명

Ω가 유계이면 Ω의 경계로부터 거리가 $1/\ell$ 이상인 Ω의 모든 점의 집합을 K_ℓ이라 한다. Ω가 유계가 아니면 Ω의 경계로부터 거리가 $1/\ell$ 이상이며 $|z| \le \ell$인 Ω의 모든 점의 집합을 K_ℓ로 나타낸다. ◀

이제 몽텔 정리를 증명해 보자.

(정리 3.3의 증명)

(1) K가 Ω의 콤팩트 부분집합이라고 하고 $r > 0$을 작게 택하여 모든 $z \in K$에 대해 $D_{3r}(z)$가 Ω에 포함되게 하자. $3r$이 K에서 Ω 경계까지의 거리보다 작도록 r을 택하면 충분하다. $\tilde{K}$를 K에 이르는 거리가 $\leq 2r$인 점들로 이루어진 집합이라 하면 $\tilde{K}$는 Ω에 포함되는 콤팩트 집합이다. 가정에 따라 양수 B가 존재하여 모든 $z \in \tilde{K}$, $f \in \mathcal{F}$에 대하여 부등식 $|f(z)| \leq B$가 성립한다. z, $w \in K$를 $|z - w| < r$가 되게 하고, 원판 $D_{2r}(w)$의 경계를 이루는 원을 γ로 나타내자. 그러면 코시 적분 공식에 의해

$$f(z) - f(w) = \frac{1}{2\pi i} \int_\gamma f(\zeta) \left[\frac{1}{\zeta - z} - \frac{1}{\zeta - w} \right] d\zeta$$

가 성립한다. $\zeta \in \gamma$이고 $|z - w| < r$이므로

$$\left| \frac{1}{\zeta - z} - \frac{1}{\zeta - w} \right| = \frac{|z - w|}{|\zeta - z|\,|\zeta - w|} \leq \frac{|z - w|}{2r^2}$$

임을 관찰하자. 그러면 부등식

$$|f(z) - f(w)| \leq \frac{1}{2\pi} \frac{2\pi r}{2r^2} B|z - w|$$

가 성립한다. $|f(z) - f(w)| < C|z - w|$이고, 이 부등식은 $|z - w| < r$인 모든 $z, w \in K$와 $f \in \mathcal{F}$에 대해 성립한다. 따라서 보이고자 한대로 이 함수 집합은 동등연속이다.

(2) 다음과 같이 논증한다. $\{f_n\}_{n=1}^{\infty}$을 $\mathcal{F}$의 함수열이라고 하고 K는 Ω의 콤팩트 부분집합이라고 하자. Ω에서 조밀한 수열 $\{w_j\}_{j=1}^{\infty}$를 택하자. $\{f_n\}$은 균등 유계이므로 부분함수열

$$\{f_{n,1}\} = \{f_{1,1},\ f_{2,1},\ f_{3,1},\ \cdots\}$$

이 있어 $f_{n,1}(w_1)$이 수렴한다.

$\{f_{n,1}\}$으로부터 $f_{n,2}(w_2)$가 수렴하는 부분함수열 $\{f_{n,2}\} = \{f_{1,2},\ f_{2,2},\ f_{3,2},\ \cdots\}$를 추출할 수 있다. 이 과정을 계속하여 $f_{n,j}(w_j)$가 수렴하는 $\{f_{n,j-1}\}$의 부분함수열 $\{f_{n,j}\}$를 추출할 수 있다.

마지막으로 $g_n = f_{n,n}$이라 하고 대각 부분함수열 $\{g_n\}$을 생각하자. 구성 과정에 따라 각 j에 대해 $g_n(w_j)$가 수렴하는데, 동등연속성의 결과로 g_n이 K에서 균등 수렴함을 보이려 한다. $\epsilon > 0$이 주어졌을 때 동등연속성의 정의에서와 같이 δ를 택하자. 집합 K가 원판 $D_\delta(w_1), \cdots, D_\delta(w_J)$의 합집합에 포함되게 하는 J가 존재한다.

N을 크게 택하여 $n, m > N$이면 모든 $j = 1, \ldots, J$에 대해

$$|g_m(w_j) - g_n(w_j)| < \epsilon$$

이 성립하도록 하자. 이제 $z \in K$ 이면 적당한 $1 \leq j \leq J$ 에 대해 $z \in D_\delta(w_j)$ 이다. 그러므로 n, $m > N$ 일 때

$$|g_n(z) - g_m(z)| \leq |g_n(z) - g_n(w_j)| + |g_n(w_j) - g_m(w_j)| + |g_m(w_j) - g_m(z)| < 3\epsilon$$

이 성립한다. 따라서 $\{g_n\}$ 은 K 에서 균등 수렴한다.

마지막으로 Ω 의 **모든** 콤팩트 부분집합에서 균등 수렴하는 부분함수열을 얻기 위해 대각선 논증을 한 번 더 써야 한다. $K_1 \subset K_2 \subset \cdots \subset K_\ell \subset \cdots$ 을 Ω 의 고갈이라고 하고, $\{g_{n,1}\}$ 을 K_1 에서 균등 수렴하는 원래 수열 $\{f_n\}$ 의 부분함수열이라고 가정하자. $\{g_{n,1}\}$ 으로부터 K_2 에서 균등 수렴하는 부분함수열 $\{g_{n,2}\}$ 를 추출하고, 이와 같이 계속한다. 이제 $\{g_{n,n}\}$ 은 모든 K_ℓ 에서 균등 수렴하는 $\{f_n\}$ 의 부분함수열이다. 또한 K_ℓ 이 Ω 의 고갈이므로 함수열 $\{g_{n,n}\}$ 은 Ω 의 모든 콤팩트 부분집합에서 균등 수렴한다. ◀

리만 사상 정리를 증명하기 전에 한 가지 결과가 더 필요하다.

명제 3.5 Ω 가 $\mathbb{C}$ 의 열린 연결집합이며 $\{f_n\}$ 이 Ω 에서 복소해석적인 일대일함수열이고, Ω 의 모든 콤팩트 부분집합에서 복소해석적 함수 f 로 균등 수렴하면 f 는 일대일함수이거나 상수함수다.

증명

귀류법을 사용한다. f 가 일대일함수가 아니라고 가정하자. 따라서 Ω 에 서로 다른 복소수 z_1 과 z_2 가 있어 $f(z_1) = f(z_2)$ 이다. 새로운 함수열을 $g_n(z) = f_n(z) - f_n(z_1)$ 으로 정의하여 g_n 은 z_1 이외에 어떠한 영점도 가지지 않도록 하자. 또한 함수열 $\{g_n\}$ 은 Ω 의 콤팩트 부분집합에서 $g(z) = f(z) - f(z_1)$ 으로 균등 수렴한다. g 가 항등적으로 0이 아니라면 (Ω 가 연결집합이므로) z_2 는 g 의 고립된 영점이다. 따라서 γ 를 z_2 를 중심으로 하는 작은 원으로 택하여 g 가 γ 또는 z_2 이외의 내부에서 0이 되지 않도록 하면

$$1 = \frac{1}{2\pi i} \int_\gamma \frac{g'(\zeta)}{g(\zeta)}\, d\zeta$$

가 성립한다. γ 에서 $1/g_n$ 은 균등하게 $1/g$ 로 수렴하며, γ 에서 g_n' 은 균등하게 g' 으로 수렴하므로

$$\frac{1}{2\pi i} \int_\gamma \frac{g_n'(\zeta)}{g_n(\zeta)}\, d\zeta \to \frac{1}{2\pi i} \int_\gamma \frac{g'(\zeta)}{g(\zeta)}\, d\zeta$$

이다. 하지만 이는 모순이다. g_n 이 γ 내부에서 영점을 가지지 않으므로 모든 n 에 대해

$$\frac{1}{2\pi i}\int_\gamma \frac{g_n'(\zeta)}{g_n(\zeta)}\,d\zeta = 0$$

이 성립하기 때문이다. ◀

3.3 리만 사상 정리의 증명

이전 결과가 다소 기술적이지만 온전히 이해하면 리만 사상 정리 증명의 다음 과정은 매우 우아하다. 이를 3단계로 나누어 다룬다.

단계 1 Ω를 $\mathbb{C}$의 단순연결집합인 열린 진부분집합이라고 가정하자. Ω가 단위원판에 포함되며 또한 원점을 포함하는 열린 부분집합과 등각동형임을 보인다. 실제로 Ω에 포함되지 않는 복소수 α를 택하고(Ω가 진부분집합임을 기억하자) $z-\alpha$가 단순연결집합 Ω에서 영점을 가지지 않음을 관찰한다. 따라서

$$f(z) = \log(z-\alpha)$$

처럼 원하는 로그함수의 성질을 가지는 복소해석적 함수를 정의할 수 있다. 이로부터

$$e^{f(z)} = z - \alpha$$

를 얻는데, 이는 특히 f가 일대일함수임을 증명한다. 점 $w \in \Omega$를 고르고 모든 $z \in \Omega$에 대해

$$f(z) \neq f(w) + 2\pi i$$

가 성립함을 관찰하자. 만약 그렇지 않다면 위 식의 양변에 지수를 취했을 때 $z = w$이고, $f(z) = f(w)$이다. 이는 모순이다. 사실 $f(w) + 2\pi i$를 중심으로 하는 열린 원판 가운데 $f(\Omega)$와 만나지 않는 것이 있다. 그렇지 않다면 Ω에는 $f(z_n) \to f(w) + 2\pi i$인 수열 $\{z_n\}$이 존재한다. 이 관계식의 양변에 지수를 취하면 지수함수는 연속이므로 $z_n \to w$여야 한다. 그러나 이는 $f(z_n) \to f(w)$임을 의미하며 이는 모순이다. 마지막으로 사상

$$F(z) = \frac{1}{f(z) - (f(w) + 2\pi i)}$$

을 생각하자. f가 일대일함수이므로 F도 일대일함수이고, 따라서 $F : \Omega \to F(\Omega)$는 등각사상이다. 또한 방금까지의 해석학적인 내용에 따라 $F(\Omega)$는 유계다. 따라서 Ω에서 원점을 포함하는 $\mathbb{D}$의 열린 부분집합으로의 등각사상을 얻기 위해 함수 F를 평행이동하고 재조정할 수 있다.

단계 2 단계 1에 의해 Ω가 $0 \in \Omega$인 $\mathbb{D}$의 열린 부분집합이라고 가정할 수 있다. 함수 집합 $\mathcal{F}$를

$$\mathcal{F} = \{f : \Omega \to \mathbb{D}\text{는 복소해석적이며 일대일함수이고, } f(0) = 0\text{이다.}\}$$

이라 두자. $\mathcal{F}$는 항등함수를 포함하므로 공집합이 아니다. 또한 이 집합은 정의에 따라 균등 유계인데, 집합의 모든 함수의 치역이 단위원판에 속하기 때문이다.

이제 $|f'(0)|$이 최대가 되도록 하는 함수 $f \in \mathcal{F}$를 찾는 질문으로 돌아오자. 먼저 $|f'(0)|$은 $f \in \mathcal{F}$이면 균등 유계다. 이는 원점을 중심으로 하는 작은 원판에서 f'에 대해 코시 부등식 (2장 따름정리 4.3)을 적용하여 알 수 있다.

다음으로 $s = \sup_{f \in \mathcal{F}} |f'(0)|$으로 두자. 또한 $n \to \infty$일 때 $|f_n'(0)| \to s$가 되도록 함수열 $\{f_n\} \subset \mathcal{F}$를 택한다. 몽텔 정리(정리 3.3)에 의해 이 함수열은 콤팩트 집합에서 Ω 위의 복소해석적 함수 f로 균등 수렴하는 부분함수열을 가진다. ($z \mapsto z$가 $\mathcal{F}$의 원소이기 때문에) $s \geq 1$이므로 f는 상수함수가 아니고, 따라서 명제 3.5에 의해 일대일함수다. 또한 연속성에 의해 모든 $z \in \Omega$에 대해 $|f(z)| \leq 1$이며 최대절댓값원리에 의해 $|f(z)| < 1$임을 알 수 있다. 분명히 $f(0) = 0$이므로 $f \in \mathcal{F}$이며 $|f'(0)| = s$이다.

단계 3 마지막 단계에서는 f가 Ω에서 $\mathbb{D}$로의 등각사상임을 보인다. f가 일대일함수임은 이미 보였으므로 $f(\Omega) = \mathbb{D}$를 증명하면 충분하다. 만약 이것이 사실이 아니라면 0에서의 미분값이 s보다 큰 $\mathcal{F}$의 함수를 정의할 수 있다. 이를 위해 $f(z) \neq \alpha$인 $\alpha \in \mathbb{D}$가 있다고 가정하고, 0과 α를 서로 교환하는 원판의 자기동형사상 ψ_α를 생각하자. 다시 말해

$$\psi_\alpha(z) = \frac{\alpha - z}{1 - \overline{\alpha} z}$$

를 생각하자. Ω가 단순연결집합이므로 $U = (\psi_\alpha \circ f)(\Omega)$도 단순연결집합이고, 또한 U는 원점을 포함하지 않는다. 따라서 U에서 제곱근 함수

$$g(w) = e^{\frac{1}{2}\log w}$$

을 정의할 수 있다. 다음으로 $F = \psi_{g(\alpha)} \circ g \circ \psi_\alpha \circ f$로 둔 다음 $F \in \mathcal{F}$를 보인다. 분명히 F는 복소해석적이며 0을 0으로 옮긴다. F의 치역은 단위원판에 속하는데, 합성하는 각 함수의 치역이 모두 단위원판에 속하기 때문이다. 마지막으로 F는 일대일함수인데, 그 이유는 자기동형사상 ψ_α와 $\psi_{g(\alpha)}$는 분명히 일대일함수이기 때문이다. 제곱근 함수 g도 일대일함수이며, 가정에 의해 함수 f도 일대일함수다. 제곱함수 $h(w) = w^2$을 h로 나타내면

$$f = \psi_\alpha^{-1} \circ h \circ \psi_{g(\alpha)}^{-1} \circ F = \Phi \circ F$$

가 성립해야 한다. 그런데 Φ는 $\mathbb{D}$를 $\mathbb{D}$로 옮기고 $\Phi(0) = 0$이지만, 일대일함수는 아니다. 왜냐하면 F는 일대일함수이지만 h는 일대일함수가 아니기 때문이다. 슈바르츠 보조정리

(3)에 의해 $|\Phi'(0)| < 1$임을 알 수 있다.

$f'(0) = \Phi'(0)F'(0)$이며 따라서 $|f'(0)| < |F'(0)|$인데, 이는 $\mathcal{F}$에서 $|f'(0)|$이 최대가 된다는 것에 모순이다. 이렇게 하여 $f(\Omega) = \mathbb{D}$를 보였다.

마지막으로 f에 절댓값이 1인 복소수를 곱하여 $f'(0) > 0$이 되게 하자. 이제 증명이 끝났다.

심화문제 7에서는 이 증명의 변형을 다룬다.

비고 증명에서 단순연결성에 대한 가정은 로그함수와 제곱근 함수를 이용하는 데에만 쓰였다는 점을 짚어둘 필요가 있다. 따라서 (Ω가 진부분집합이라는 가정에 더해) Ω가 **복소해석적으로 단순연결집합(holomorphically simply connected)**이라고 가정하기만 해도 충분했을 것이다. 여기서 복소해석적으로 단순연결집합은 Ω의 임의의 복소해석적 함수 f와 Ω의 임의의 폐곡선 γ에 대해 $\int_\gamma f(z)dz = 0$을 의미한다. 이와 관련한 추가 논의와 단순연결성의 다양한 동치인 성질은 [부록 B]에 나와있다.

4 다각형으로의 등각사상

리만 사상 정리에 의해 임의로 주어진 진부분집합이면서 단순연결 영역은 단위원판 또는 이와 등각동형인 상반평면과 등각동형이다. 하지만 리만 사상 정리만으로는 이에 해당하는 등각동형사상의 정확한 형태를 거의 알 수 없다. 1절에서는 대칭이 있는 영역에 대한 다양한 식을 제시했지만 당연히 일반적인 경우에 구체적인 식은 구하기 어렵다. 그러나 또 다른 종류의 열린 집합, 즉 다각형에 대해서는 멋진 식이 있다. 마지막 절의 목표는 원판(또는 상반평면)에서 다각형으로 가는 등각사상의 성질을 설명하는 슈바르츠-크리스토펠 공식을 증명하는 것이다.

4.1 몇 가지 예

동기부여를 위해 몇 가지 예를 확인해 보자. 처음 두 개의 예는 쉬운(하지만 무한하며 퇴화된) 경우다.

예제 1 먼저 1절에서 $f(z) = z^\alpha$으로 주어진 상반평면과 부채꼴 $\{z : 0 < \arg z < \alpha\pi\}$ (단, $0 < \alpha < 2$) 사이의 등각동형사상에 대해 알아본다. 슈바르츠-크리스토펠 공식을 기대하며

$$z^\alpha = f(z) = \int_0^z f'(\zeta)\, d\zeta = \alpha \int_0^z \zeta^{-\beta}\, d\zeta$$

와 같이 쓴다. 여기서 $\alpha+\beta=1$이며, 적분은 상반평면의 임의의 경로를 따라 취한다. 사실 연속성과 코시 정리에 의해 상반평면의 폐포에 놓이게끔 적분 경로를 택할 수 있다. f의 움직임은 원래 정의로부터 바로 알 수 있지만, 앞에 소개한 적분 표현의 관점에서 이를 살펴보자. 나중에 다룰 일반적인 경우에 대한 시사점을 얻을 수 있기 때문이다.

먼저 $\zeta^{-\beta}$은 $\beta<1$이므로 0 근방에서 적분가능하고, 따라서 $f(0)=0$이다. z가 양의 실수($z=x$)이면 $f'(x)=\alpha x^{\alpha-1}$도 양수다. 또한 이 함수는 ∞에서 유한한 적분값을 가지지 **않는다.** 따라서 x가 0에서 ∞까지 이동하는 동안 $f(x)$는 0에서 ∞까지 증가함을 알 수 있고, f는 $[0,\infty)$를 $[0,\infty)$로 옮긴다. 반면에 $z=x$가 음수이면

$$\begin{aligned} f'(z) &= \alpha|x|^{\alpha-1}e^{i\pi(\alpha-1)} \\ &= -\alpha|x|^{\alpha-1}e^{i\pi\alpha} \end{aligned}$$

이 성립한다. 따라서 f는 $(-\infty,0]$을 $(e^{i\pi\alpha}\infty,0]$으로 옮긴다. 그림 3은 이러한 상황을 묘사하는데, 그림 3에 표시된 이동방향을 따라 반직선 A는 A'으로 옮겨지고 반직선 B는 B'으로 옮겨진다.

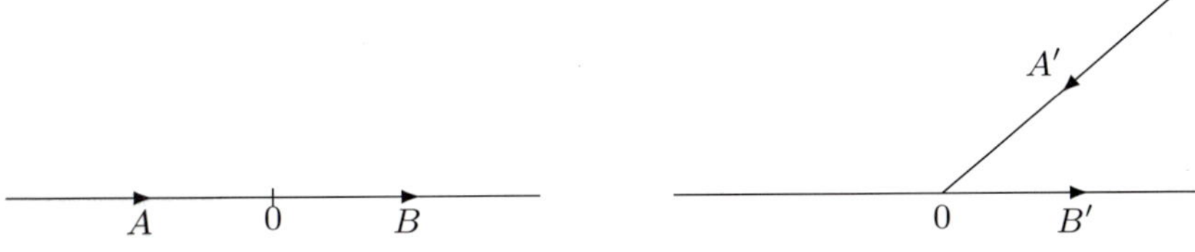

[그림 3] 등각사상 z^α

예제 2 $z\in\mathbb{H}$에 대해 함수

$$f(z)=\int_0^z \frac{d\zeta}{(1-\zeta^2)^{1/2}}$$

를 생각한다. 여기서 적분은 닫힌 상반평면에 놓여 있는 0부터 z까지의 임의의 경로를 따라 취한다. $(1-\zeta^2)^{1/2}$이 상반평면에서 복소해석적이며 $-1<\zeta<1$일 때 양수가 되도록 $(1-\zeta^2)^{1/2}$의 가지를 택한다. 그 결과 $\zeta>1$일 때 $(1-\zeta^2)^{-1/2}=i(\zeta^2-1)^{-1/2}$이 성립한다. f는 실수축을 그림 4에 그려진 반쪽 띠의 경계로 옮긴다.

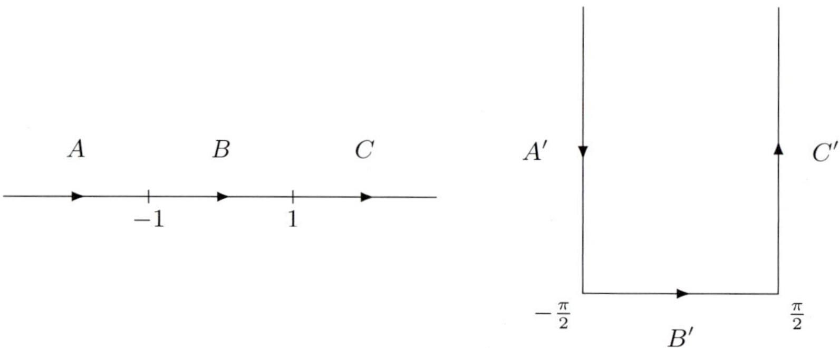

[그림 4] 예제 2의 경계에서의 사상

실제로 $f(\pm 1) = \pm\pi/2$이고 $-1 < x < 1$이면 $f'(x) > 0$이므로 f는 선분 B를 B'으로 옮김을 알 수 있다. 또한

$$f(x) = \frac{\pi}{2} + \int_1^x f'(x)\,dx \text{ (단, } x > 1), \quad \int_1^\infty \frac{dx}{(x^2-1)^{1/2}} = \infty$$

가 성립한다. 이제 x가 반직선 C를 따라 이동하는 동안 $f(x)$는 반직선 C'을 따라 이동한다. 비슷하게 반직선 A는 A'으로 옮겨진다.

이 예제와 1.2절의 예제 8 사이의 연관성에 주목하자. 사실 함수 $f(z)$는 함수 $\sin z$의 역함수임을 보일 수 있다. 따라서 f는 $\mathbb{H}$를 A', B', C'을 경계로 하는 반쪽 띠의 내부로 등각적으로 옮긴다.

예제 3 여기서는 $z \in \mathbb{H}$에 대해

$$f(z) = \int_0^z \frac{d\zeta}{[(1-\zeta^2)(1-k^2\zeta^2)]^{1/2}}$$

를 생각한다. 이때 k는 $0 < k < 1$인 고정된 실수다(상반평면에서 $[(1-\zeta^2)(1-k^2\zeta^2)]^{1/2}$의 가지는 ζ가 $-1 < \zeta < 1$인 실수일 때 양수가 되도록 택한다). 이런 종류의 적분을 **타원적분(elliptic integral)**이라 한다. 타원의 호의 길이를 구하는 문제에서 출발한 적분이기 때문이다. f가 실수축을 그림 5(b)에 보이는 직사각형으로 옮김을 관찰하려고 한다. 여기서 K와 K'은

$$K = \int_0^1 \frac{dx}{[(1-x^2)(1-k^2x^2)]^{1/2}}, \quad K' = \int_0^{1/k} \frac{dx}{[(x^2-1)(1-k^2x^2)]^{1/2}}$$

과 같이 결정된다.

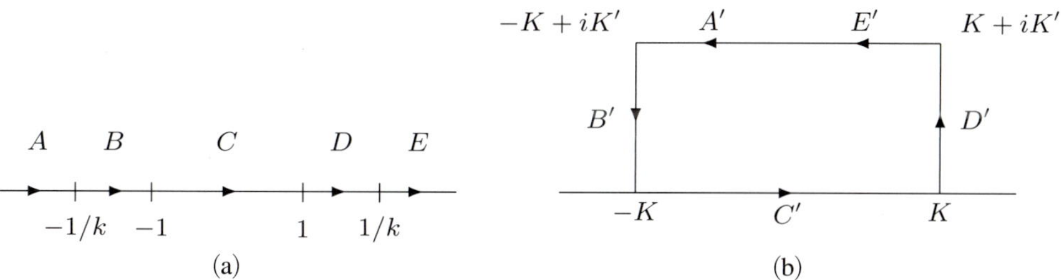

[그림 5] 예제 3의 경계에서의 사상

실수축을 $-1/k$, -1, 1, $1/k$로 구분하여 4개의 **선분**으로 나누자(그림 5(a) 참고). 각각의 선분은 $[-1/k,-1]$, $[-1,1]$, $[1,1/k]$, $[1/k,-1/k]$이며, 마지막 선분은 두 개의 반직선 $[1/k,\infty)$와 $(-\infty,-1/k]$의 합집합으로 이루어진다. $-1<x<1$일 때 $f'(x)>0$이므로 정의로부터 $f(\pm 1)=\pm K$임은 자명하고, 따라서 f는 선분 $[-1,1]$을 $[-K,K]$로 옮긴다. 또한 $1<x<1/k$일 때

$$f(z)=K+\int_1^x \frac{d\zeta}{[(1-\zeta^2)(1-k^2\zeta^2)]^{1/2}}$$

가 성립한다. 그러므로 f는 선분 $[1,1/k]$을 $[K,K+iK']$으로 옮김을 알 수 있다. 여기서 K'은 앞에서 정의했다. 비슷하게 f는 $[-1/k,-1]$을 $[-K+iK',-K]$로 옮긴다. 다음으로 $x>1/k$일 때

$$f'(x)=-\frac{1}{[(x^2-1)(k^2x^2-1)]^{1/2}}$$

과 같고, $f(x)$는

$$f(x)=K+iK'-\int_{1/k}^x \frac{dx}{[(x^2-1)(k^2x^2-1)]^{1/2}}$$

이다. 그런데 적분식에서 $x=1/ku$로 치환적분하면

$$\int_{1/k}^{\infty} \frac{dx}{[(x^2-1)(k^2x^2-1)]^{1/2}}=\int_0^1 \frac{dx}{[(1-x^2)(1-k^2x^2)]^{1/2}}$$

가 성립한다. 따라서 f는 반직선 $[1/k,\infty)$를 선분 $[K+iK',iK')$으로 옮긴다. 비슷하게 f는 $(-\infty,-1/k]$을 $[-K+iK',iK')$으로 옮긴다. 그러면 전체적으로 f는 실수축을 위의 직사각형으로 옮기는데, 여기서 무한원점은 직사각형 윗변의 중점에 대응된다.

지금까지 얻은 결과는 자연스럽게 두 가지 문제로 이어진다.

첫째, 이러한 예제의 일반화다. 정확하게는 슈바르츠-크리스토펠 적분을 정의하고, 이 함수가 실수축을 꺾은선으로 옮김을 증명한다.

둘째, 앞선 예제에서는 $\mathbb{H}$ 그 자체에서 f의 행동은 거의 추론하지 않았다. 특히 f가 $\mathbb{H}$를 해당 다각형의 내부로 등각적으로 옮김을 보이지 않았다. 등각사상 경계에서의 행동을 신중히 학습한 뒤에, 상반평면에서 꺾은선을 경계로 하는 단순연결 영역으로의 등각사상은 본질적으로 슈바르츠-크리스토펠 적분에 의해 주어짐을 증명한다.

4.2 슈바르츠-크리스토펠 적분

4.1절 예제를 염두에 두고 일반적인 **슈바르츠-크리스토펠 적분(Schwarz-Christoffel integral)**을

$$S(z) = \int_0^z \frac{d\zeta}{(\zeta - A_1)^{\beta_1} \cdots (\zeta - A_n)^{\beta_n}} \tag{8.5}$$

와 같이 정의한다. 여기서 $A_1 < A_2 < \cdots < A_n$을 가정한다. 지수 β_k는 각 k에 대해 $\beta_k < 1$이며 $1 < \sum_{k=1}^{n} \beta_k$라고 가정한다.[8]

식 (8.5)의 피적분함수는 다음과 같이 정의된다. $(z - A_k)^{\beta_k}$은 (복소평면에서 반직선 $\{A_k + iy : y \leq 0\}$을 제거한 영역에서 정의된) $z = x$가 $x > A_k$인 실수일 때 양수가 되는 가지다. 그 결과

$$(z - A_k)^{\beta_k} = \begin{cases} (x - A_k)^{\beta_k} & (x\text{는 } x > A_k\text{인 실수}) \\ |x - A_k|^{\beta_k} e^{i\pi\beta_k} & (x\text{는 } x < A_k\text{인 실수}) \end{cases}$$

이라고 나타낼 수 있다. 복소평면에서 반직선의 합집합 $\bigcup_{k=1}^{n} \{A_k + iy : y \leq 0\}$을 제거한 영역은 단순연결집합이므로(연습문제 19 참고) $S(z)$는 이 열린 집합에서 복소해석적이다. $\beta_k < 1$이라는 조건은 특이점을 갖는 $(\zeta - A_k)^{-\beta_k}$이 A_k 근방에서 적분가능함을 의미하므로, 함수 S는 점 A_k $(k = 1, \cdots, n)$을 포함하는 실수축까지 연속이다. 마지막으로 이 연속성 조건은 복소평면에서 $\bigcup_{k=1}^{n} \{A_k + iy : y < 0\}$을 제거한 영역에서 임의의 경로를 따라 적분을 취할 수 있음을 의미한다.

이제 큰 $|\zeta|$에 대해 $\left|\prod_{k=1}^{n} (\zeta - A_k)^{-\beta_k}\right| \leq c|\zeta|^{-\sum \beta_k}$이 성립하므로 $\sum \beta_k > 1$이라는 가정은 적분 (8.5)가 무한대에서 수렴함을 보장한다.

8 참고로 4.1절 예제 1과 예제 2에서 $\sum \beta_k \leq 1$인 경우는 제외한다. 이러한 경우를 고려하여 명제 4.1을 수정할 수 있다. 하지만 그렇게 수정하면 $S(z)$는 더 이상 상반평면에서 유계가 아니다.

이 사실과 코시 정리에 의해 $\lim_{r\to\infty} S(re^{i\theta})$은 각 θ $(0 \le \theta \le \pi)$에 무관하게 존재한다. 이 극한값은 a_∞라 하고, $k = 1, \cdots, n$에 대해 $a_k = S(A_k)$라고 하자.

명제 4.1 $S(z)$가 (8.5)와 같이 주어졌다고 가정하자.

(1) $\sum_{k=1}^{n} \beta_k = 2$이고 꼭짓점이 (순서대로) $a_1, \cdots, a_n$으로 주어진 다각형을 $\mathfrak{p}$로 나타내면, S는 실수축을 $\mathfrak{p} - \{a_\infty\}$ 위로 옮긴다. 점 a_∞는 선분 $[a_n, a_1]$ 위에 놓여 있으며 무한원점에서의 함숫값이다. 또한, 꼭짓점 a_k에서 각(내각)의 크기는 $\alpha_k \pi$ (단, $\alpha_k = 1-\beta_k$)이다.

(2) $1 < \sum_{k=1}^{n} \beta_k < 2$인 경우에도 비슷한 결론이 성립하는데, 이번에는 확장된 실수축의 상이 $a_1, a_2, \cdots, a_n, a_\infty$를 꼭짓점으로 하는 $(n+1)$각형이다. 꼭짓점 a_∞에서 각의 크기는 $\alpha_\infty \pi$ (단, $\alpha_\infty = 1 - \beta_\infty$이며 $\beta_\infty = 2 - \sum_{k=1}^{n} \beta_k$)이다.

그림 6은 명제 4.1을 설명한다. 증명의 아이디어는 이미 예제 1에 나와 있다.

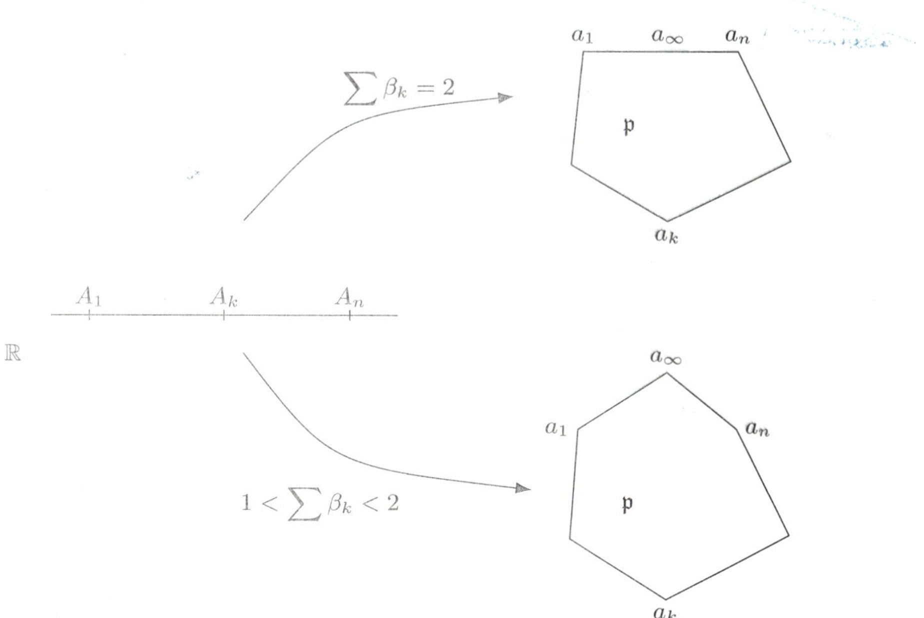

[그림 6] 적분 $S(z)$의 작용

증명

$\sum_{k=1}^{n} \beta_k = 2$라고 가정하자. $A_k < x < A_{k+1}$ (단, $1 \le k \le n-1$)이면

$$S'(x) = \prod_{j \le k} (x - A_j)^{-\beta_j} \prod_{j > k} (x - A_j)^{-\beta_j}$$

이다. 따라서

$$\arg S'(x) = \arg \left(\prod_{j>k} (x - A_j)^{-\beta_j} \right) = \arg \prod_{j>k} e^{-i\pi\beta_j} = -\pi \sum_{j>k} \beta_j$$

가 성립한다. 물론 x가 A_k에서 A_{k+1}까지 이동하는 동안 이 값은 상수다. 그리고 $S(x)$는

$$S(x) = S(A_k) + \int_{A_k}^{x} S'(y)\,dy$$

와 같다. 그러므로 x가 A_k에서 A_{k+1}까지 이동하는 동안 $S(x)$는 선분[9] $[a_k, a_{k+1}]$을 따라서 $S(A_k) = a_k$부터 $S(A_{k+1}) = a_{k+1}$까지 이동함을 알 수 있다. 그리고 이 선분은 실수축과 이루는 각이 $-\pi \sum_{j>k} \beta_j$이다. 비슷하게 $A_n < x$이면 $S'(x)$는 양수다.

한편, $x < A_1$이면 $S'(x)$의 편각은 $-\pi \sum_{k=1}^{n} \beta_k = -2\pi$이므로 $S'(x)$는 다시 양수다. x가 $[A_n, +\infty)$를 따라 이동하는 동안 $S(x)$는 (x축과 평행한) a_n과 a_∞ 사이의 선분을 따라 이동한다. 비슷하게 x가 $(-\infty, A_1]$을 따라 이동하는 동안 $S(x)$는 (x축과 평행한) a_∞와 a_1 사이의 선분을 따라 이동한다. 또한 $[a_n, a_\infty)$와 $(a_\infty, a_1]$의 합집합은 선분 $[a_n, a_1]$에서 점 a_∞를 제거한 것이다.

이제 $[a_{k-1}, a_k]$에서 $[a_{k+1}, a_k]$로 넘어갈 때, 각이 $\pi\beta_k$만큼 늘어난다. 이는 꼭짓점 a_k에서 각의 크기가 $\pi\alpha_k$임을 의미한다. $1 < \sum_{k=1}^{n} \beta_k < 2$인 경우의 증명도 유사하며, 이는 여러분에게 숙제로 남긴다. ◀

명제 4.1은 우아하지만 반평면에서 다각형으로 둘러싸인 영역 P로의 등각사상을 찾는 문제에는 답을 하지 못한다. 여기에는 두 가지 이유가 있다.

(1) 일반적인 n과 $A_1, \cdots, A_n$의 선택에 대해 (S에 대한 실수축의 상인) 다각형이 단순곡선(스스로 교차하지 않는 곡선)이 아닐 수 있다. 심지어 사상 S도 상반평면에서 등각이라는 보장이 없다.

(2) 명제 4.1은 다각형으로 둘러싸인 단순연결 영역 P가 주어질 때, $\mathbb{H}$에서 P로 가는 등각동

9 두 복소수 z와 w 사이의 닫힌 선분을 $[z, w]$로 나타낸다. 즉, $[z, w] = \{(1-t)z + tw : t \in [0, 1]\}$이다. $0 < t < 1$로 제한하면 (z, w)는 z와 w 사이의 열린 선분을 나타낸다. 비슷하게 $0 \le t < 1$과 $0 < t \le 1$로 제한하면 각각 반–열린 선분 $[z, w)$와 $(z, w]$이다.

형사상이 언제나 S 또는 S의 단순한 변형으로 주어진다는 것도 설명하지 못한다. 그러나 이것은 사실인데, 지금부터 그 증명을 알아본다.

4.3 경계에서의 행동

다음부터는 **다각형 영역(polygonal region)** P, 즉 경계가 꺾은선 $\mathfrak{p}$인 열린 단순연결집합을 생각할 것이다. 이러한 맥락에서 항상 꺾은선이 닫혀있다고 가정하고 종종 $\mathfrak{p}$를 **다각형(polygon)**이라고 부른다.

반평면 $\mathbb{H}$에서 P로의 등각사상을 학습하기 위해, 먼저 원판 $\mathbb{D}$에서 P로의 등각사상과 이 등각사상이 경계에서 어떻게 행동하는지 살펴본다.

정리 4.2 $F : \mathbb{D} \to P$가 등각사상이면 F는 원판의 폐포 $\overline{\mathbb{D}}$에서 다각형 영역의 폐포 $\overline{P}$ 사이의 연속 일대일 대응으로 확장된다. 특히 이 확장으로부터 원판의 경계와 다각형 $\mathfrak{p}$ 사이의 연속 일대일 대응을 얻을 수 있다.

요점은 z_0가 단위원판에 속하면 $\lim_{z \to z_0} F(z)$가 존재함을 보이는 것이다. 이를 증명하려면 준비 작업이 필요한데, 이는 등각사상 $f : U \to f(U)$에 대하여

$$\text{Area}(f(U)) = \iint_U |f'(z)|^2 \, dx \, dy$$

가 성립함을 이용한다. 위의 등식은 정의 $\text{Area}(f(U)) = \iint_{f(U)} dx \, dy$와 $w = f(z)$의 변수변환에서 야코비 행렬식이 단순히 $|f'(z)|^2$이라는 두 가지 사실로부터 성립함을 알 수 있다. 이때 야코비 행렬식의 계산은 1장 2.2절 등식 (1.4)에서 살펴보았다.

보조정리 4.3 각각의 $0 < r < \frac{1}{2}$에 대해 z_0를 중심으로 하고 반지름 길이가 r인 원을 C_r로 나타내자. 충분히 작은 모든 r에 대해 단위원판 내의 두 점 z_r과 z'_r이 주어졌다고 가정하자. 이 두 점은 C_r 위에도 놓여 있다고 하자. $\rho(r) = |f(z_r) - f(z'_r)|$이라고 하면 0으로 수렴하는 수열 $\{r_n\}$이 있어 $\lim_{n \to \infty} \rho(r_n) = 0$이다.

증명

귀류법으로 증명하겠다. 그러한 수열이 없다고 하자. 그러면 $0 < c$와 $0 < R < \frac{1}{2}$이 존재하여 모든 $0 < r \le R$에 대해 $c \le \rho(r)$이다.

$$f(z_r) - f(z_r') = \int_\alpha f'(\zeta)\, d\zeta$$

가 성립함을 관찰하자. 여기서 적분은 $\mathbb{D}$ 내의 z_r과 z_r'을 잇는 C_r 위의 호 α 위에서 취한다. 이 호를 $z_0 + r^{i\theta}$ (단, $\theta_1(r) \le \theta \le \theta_2(r)$)로 매개화하면 부등식

$$\rho(r) \le \int_{\theta_1(r)}^{\theta_2(r)} |f'(z)| r\, d\theta$$

가 성립한다. 이제 코시–슈바르츠 부등식을 적용하여

$$\rho(r) \le \left(\int_{\theta_1(r)}^{\theta_2(r)} |f'(z)|^2 r\, d\theta \right)^{1/2} \left(\int_{\theta_1(r)}^{\theta_2(r)} r\, d\theta \right)^{1/2}$$

을 보일 수 있다. 양변을 제곱하여 r로 나누면

$$\frac{\rho(r)^2}{r} \le 2\pi \int_{\theta_1(r)}^{\theta_2(r)} |f'(z)|^2 r\, d\theta$$

이다. 이제 양변을 r에 대해 0부터 R까지 적분할 수 있고, 이 영역에서 $c \le \rho(r)$이므로

$$c^2 \int_0^R \frac{dr}{r} \le 2\pi \int_0^R \int_{\theta_1(r)}^{\theta_2(r)} |f'(z)|^2 r\, d\theta dr \le 2\pi \iint_{\mathbb{D}} |f'(z)|^2\, dx dy$$

를 얻는다. $\dfrac{1}{r}$은 원점 근방에서 적분불가능하므로 좌변은 무한대로 발산한다. 또한 다각형 영역의 넓이는 유한하므로 우변은 유한값이다. 따라서 모순이며, 보조정리를 증명했다. ◀

보조정리 4.4 z_0를 단위원의 점이라고 하자. 그러면 z가 단위원판 내에서 z_0로 다가갈 때 $F(z)$는 극한값을 가진다.

증명

귀류법으로 증명하겠다. 보조정리의 결과가 성립하지 않는다고 하자. 그러면 단위원판 내부의 점들로 이루어져 있으며 z_0로 수렴하는 두 수열 $\{z_1, z_2, \cdots\}$와 $\{z_1', z_2', \cdots\}$가 존재하여 $F(z_n)$과 $F(z_n')$이 P의 폐포에 놓여 있는 서로 다른 두 점 ζ와 ζ'으로 수렴한다. F가 등각사상이므로 점 ζ와 ζ'은 반드시 P의 경계 $\mathfrak{p}$ 위에 놓여야 한다. 따라서 각각 ζ와 ζ'을 중심으로 하는 서로 다른 두 원판 D와 D'이 거리 $d > 0$만큼 떨어져 있도록 택할 수 있다. 충분히 큰 모든 n에 대해 $F(z_n) \in D$이고 $F(z_n') \in D'$이다. 따라서 $D \cap P$와 $D' \cap P$ 각각에 속하는 연속인 두 곡선[10] Λ와 Λ'이 존재하여, 충분히 큰 모든 n에 대해 $F(z_n) \in \Lambda$이고 $F(z_n') \in \Lambda'$이다. 또한 Λ, Λ'의 끝점은 각각 ζ, ζ'이다.

10 연속인 곡선은 (꼭 조각마다 매끄러울 필요는 없는) 닫힌 구간 $[a, b]$에서 $\mathbb{C}$로의 연속함수 상을 의미한다.

$\lambda = F^{-1}(\Lambda)$이고 $\lambda' = F^{-1}(\lambda')$라고 정의하자. 그러면 λ와 λ'은 $\mathbb{D}$ 내에서 연속인 두 곡선이다. 또한 λ와 λ'은 모두 수열 $\{z_n\}$과 $\{z'_n\}$의 각 점을 무한히 많이 포함한다. 이들 수열이 z_0로 수렴함을 기억하자. 연속성에 의해 z_0를 중심으로 하고 반지름 길이가 r인 원 C_r은 충분히 작은 모든 r에 대해 λ 및 λ'과 만날 것이다. 점 $z_r \in \lambda$과 $z'_r \in \lambda'$에서 만난다고 하자. $|F(z_r) - F(z'_r)| > d$이므로 이는 보조정리 4.4에 모순이다. 따라서 z가 단위원판 내에서 z_0로 다가갈 때 $F(z)$는 $\mathfrak{p}$ 위의 극한값으로 수렴하고, 증명을 완성한다. ◀

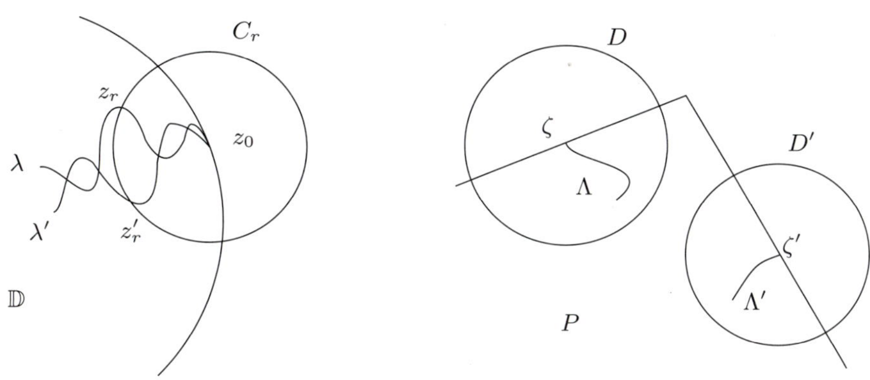

[그림 7] 보조정리 4.4 증명을 위한 예

보조정리 4.5 등각사상 F는 단위원판 폐포에서 다각형 영역의 폐포로 가는 연속함수로 확장된다.

증명

보조정리 4.4에 의해 극한값

$$\lim_{z \to z_0} F(z)$$

가 존재한다. $F(z_0)$를 이 극한값으로 정의하자. F가 단위원판의 폐포에서 연속임을 증명해야 한다. ϵ이 주어지면 δ가 있어 $z \in \mathbb{D}$이고 $|z - z_0| < \delta$이면 $|F(z) - F(z_0)| < \epsilon$이다. 이제 z가 $\mathbb{D}$의 경계에 속하고 $|z - z_0| < \delta$이면 $|F(z) - F(w)| < \epsilon$이고 $|w - z_0| < \delta$가 되도록 $w \in \mathbb{D}$를 택할 수 있다. 이제

$$|F(z) - F(z_0)| \le |F(z) - F(w)| + |F(w) - F(z_0)| < 2\epsilon$$

이 성립한다. 이로써 보조정리를 증명했다. ◀

이제 정리 4.2를 증명할 수 있다.

정리 4.2의 증명

F가 $\overline{\mathbb{D}}$에서 $\overline{P}$로 가는 연속함수로 확장됨을 보였다. 앞선 논증은 F의 역사상 G에도 적용할 수 있다. 단위원판의 기하학적 핵심 성질 중에서 z_0가 $\mathbb{D}$의 경계에 속하고 C가 z_0를 중심으로 하는 임의의 작은 원이라고 하면 $C \cap \mathbb{D}$는 호를 이룬다는 성질을 사용했다. 이 성질은 분명히 다각형 영역 P의 경계에 있는 점에 대해서도 성립한다. 따라서 G 또한 $\overline{P}$에서 $\overline{\mathbb{D}}$로의 연속함수로 확장된다. 이제 F와 G의 확장이 서로 역함수 관계임을 증명하면 충분하다. $z \in \partial\mathbb{D}$이고 $\{z_k\}$는 z로 수렴하는 원판 내의 수열이면 $G(F(z_k)) = z_k$이다. 따라서 극한을 취하고 F가 연속이라는 사실을 이용하여 모든 $z \in \overline{\mathbb{D}}$에 대해 $G(F(z)) = z$임을 알 수 있다. 비슷하게 모든 $w \in \overline{P}$에 대해 $F(G(w)) = w$이고, 따라서 정리를 증명했다. ◀

이 증명에 사용된 아이디어는 경계에서 등각사상의 연속성에 대한 더 일반적인 정리를 증명하는 데 사용할 수 있다. 연습문제 18과 심화문제 6을 참고하라.

4.4 사상을 나타내는 식

P가 꼭짓점이 $a_1, a_2, \cdots, a_n$ (단, $n \geq 3$)인 다각형 $\mathfrak{p}$를 경계로 하는 다각형 영역이라고 가정하자. a_k에서 내각의 크기를 $\pi\alpha_k$로 나타내고 외각의 크기 $\pi\beta_k$는 $\alpha_k + \beta_k = 1$이 되도록 정의한다. 간단한 기하학적 논증을 통해 $\sum_{k=1}^{n} \beta_k = 2$임을 알 수 있다.

반평면 $\mathbb{H}$에서 P로의 등각사상을 생각하고, 원판 $\mathbb{D}$에서 P로의 등각사상에 관한 4.3절 결과를 이용할 것이다. 표준대응관계 $w = (i-z)/(i+z)$, $z = i(1-w)/(1+w)$를 통해 $z \in \mathbb{H}$와 $w \in \mathbb{D}$ 사이를 오고 갈 수 있다. 원의 경계 위의 점 $w = -1$은 실수축 위의 무한원점에 대응하므로 $\mathbb{H}$에서 $\mathbb{D}$로의 등각사상은 $\mathbb{H}$의 경계에서 연속인 일대일 대응으로 확장된다. 이 논의의 목적을 위해 $\mathbb{H}$의 경계는 무한원점을 포함한다.

F를 $\mathbb{H}$에서 P로의 등각사상이라고 하자(F의 존재성은 리만 사상 정리와 이전의 논의로부터 보장된다). 먼저 $\mathfrak{p}$의 꼭짓점 중 무한원점에 대응하는 점이 없다고 가정한다. 따라서 모든 k에 대해 $F(A_k) = a_k$인 실수 $A_1, A_2, \cdots, A_n$이 존재한다. F는 연속이며 일대일함수이므로 꼭짓점에 번호를 연속으로 매길 수 있고, A_k는 오름차순 또는 내림차순으로 정렬되었다고 할 수 있다. 꼭짓점 a_k와 점 A_k에 이름을 다시 매겨서 $A_1 < A_2 < \cdots < A_n$이라고 가정할 수 있다. 이 점들은 $n-1$개의 선분 $[A_k, A_{k+1}]$ (단, $1 \leq k \leq n-1$)과 두 반직선 $(-\infty, A_1] \cup [A_n, \infty)$의 결합으로 이루어진 선분으로 실수축을 나눈다. 실직선의 이 선분들은 각각 P의 경계를 구성하는 선분들인 $[a_k, a_{k+1}]$ (단, $1 \leq k \leq n-1$) 및 $[a_n, a_1]$과 일대일 대응한다(그림 8 참고).

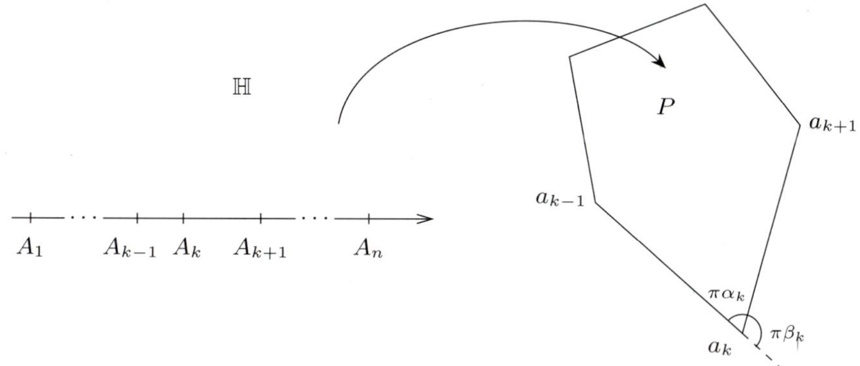

[그림 8] 사상 F

> **정리 4.6** F가 $\mathbb{H}$에서 P로 가는 등각동형사상이면 복소 상수 c_1, c_2가 존재하여
>
> $$F(z) = c_1 S(z) + c_2$$
>
> 를 만족한다. 여기서 S는 4.2절에서 소개한 슈바르츠-크리스토펠 적분이다.

증명

먼저 인접한 두 선분 $[A_{k-1}, A_k]$와 $[A_k, A_{k+1}]$ (단, $1 < k < n$) 위에 있는 상반평면의 점 z를 생각하자. F는 이 두 선분을 $a_k = F(A_k)$에서 $\pi\alpha_k$의 각도로 교차하는 두 선분으로 옮긴다.

로그함수의 가지를 택하여 두 직선 $\text{Re}(z) = A_{k-1}$ 및 $\text{Re}(z) = A_{k+1}$을 경계로 하는 상반평면의 반쪽 띠에 있는 모든 z에 대해

$$h_k(z) = (F(z) - a_k)^{1/\alpha_k}$$

을 정의할 수 있다. F는 $\mathbb{H}$의 경계까지 연속이므로 함수 h_k는 실제로 실수축 위의 선분 (A_{k-1}, A_{k+1})까지 연속이다. 정의에 따라 h_k는 선분 $[A_{k-1}, A_{k+1}]$을 복소평면의 선분 L_k로 옮기며, A_k를 0으로 옮긴다. 슈바르츠 반사 원리를 적용하여 h_k는 띠 $A_{k-1} < \text{Re}(z) < A_{k+1}$에서 복소해석적인 함수로, 해석적으로 확장될 수 있음을 보일 수 있다(그림 9 참고).

h_k'이 이 띠에서 영점을 갖지 않음을 보이려 한다. 먼저 z가 이 열린 상반띠에 속하면

$$\frac{F'(z)}{F(z) - F(A_k)} = \alpha_k \frac{h_k'(z)}{h_k(z)}$$

가 성립한다. F가 등각적이므로 $F'(z) \neq 0$이고 따라서 $h_k'(z) \neq 0$이다(명제 1.1 참고). 반사에 의해 이는 하반띠에서도 성립하며, 선분 (A_{k-1}, A_{k+1}) 위의 점에 대해 확인하는 일만 남았다.

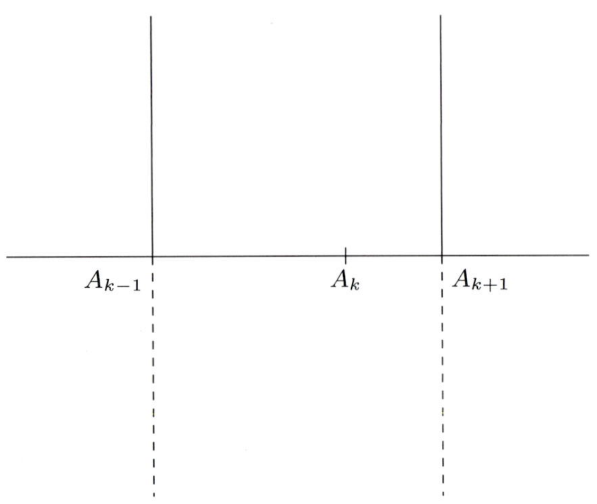

[그림 9] 슈바르츠 반사

$A_{k-1} < x < A_{k+1}$이면, $\mathbb{H}$에 속하면서 x를 중심으로 하는 작은 반원의 h_k에 의한 상은 선분 L_k의 한쪽에 놓인다. (F가 그렇기 때문에) h_k는 L_k까지 일대일함수이므로 슈바르츠 반사 원리에서의 대칭성은 h_k가 x를 중심으로 하는 전체 원판에서 일대일함수임을 보장한다. 여기서 띠 $A_{k-1} < \mathrm{Re}(z) < A_{k+1}$ 내의 모든 z에 대해 $h_k'(z) \neq 0$이다.

이제 $F' = \alpha_k h_k^{-\beta_k} h_k'$이고 $F'' = -\beta_k \alpha_k h_k^{-\beta_k - 1}(h_k')^2 + \alpha_k h_k^{-\beta_k} h_k''$이므로 $h_k'(z) \neq 0$은

$$\frac{F''(z)}{F'(z)} = \frac{-\beta_k}{z - A_k} + E_k(z)$$

임을 뜻한다. 여기서 E_k는 띠 $A_{k-1} < \mathrm{Re}(z) < A_{k+1}$ 내에서 복소해석적이다. 비슷한 결과가 $k = 1$과 $k = n$에 대해서도 성립한다. 다시 말해

$$\frac{F''(z)}{F'(z)} = -\frac{\beta_1}{z - A_1} + E_1, \quad \frac{F''(z)}{F'(z)} = -\frac{\beta_n}{z - A_n} + E_n$$

이 성립한다. 여기서 E_1은 띠 $-\infty < \mathrm{Re}(z) < A_2$ 내에서 복소해석적이며, E_n은 띠 $A_{n-1} < \mathrm{Re}(z) < \infty$ 내에서 복소해석적이다.

마지막으로 반사 원리를 적용하여 F가 큰 R에 대해($R > \max\limits_{1 \le k \le n} |A_k|$라고 하자) 원판 $|z| \le R$의 외부에서 연속임을 보인다. F를 두 선분의 합집합 $(-\infty, A_1) \cup (A_n, \infty)$를 가로질러서 해석적으로 확장할 수 있는데, F에 의한 그 집합의 상이 선분을 이루므로 슈바르츠 반사를 적용할 수 있기 때문이다. F가 상반평면을 유계영역으로 옮긴다는 사실은 큰 원판 외부에서 F의 해석적 연속 또한 유계임을 보여 주며, 따라서 무한대에서 복소해석적이다. 그러므로 F''/F'은 무한대에서 복소해석적이다. 그런데 $|z| \to \infty$일 때 F''/F'은 0으로 수렴한다. 실제로 $z = \infty$에서 F를

$$F(z) = c_0 + \frac{c_1}{z} + \frac{c_2}{z^2} + \cdots$$

와 같이 전개할 수 있다. 미분하면 이는 F''/F'이 $|z|$가 커짐에 따라 $1/z$과 같이 감쇄함을 보여 주고, 따라서 원하는 바를 증명했다.

이상의 논의를 종합하면 함수

$$\frac{F''(z)}{F'(z)} + \sum_{k=1}^{n} \frac{\beta_k}{z - A_k}$$

는 전체 평면에서 복소해석적이며 무한대에서 영점을 가진다. 그러므로 리우빌 정리에 의해 이 함수는 항등적으로 0이다. 따라서

$$\frac{F''(z)}{F'(z)} = -\sum_{k=1}^{n} \frac{\beta_k}{z - A_k}$$

이다. 이 식으로부터 $F'(z) = c(z - A_1)^{-\beta_1} \cdots (z - A_n)^{-\beta_n}$을 얻는다. 이 곱을 $Q(z)$로 나타내면

$$\frac{Q'(z)}{Q(z)} = -\sum_{k=1}^{n} \frac{\beta_k}{z - A_k}$$

가 성립한다. 그러므로

$$\frac{d}{dz}\left(\frac{F'(z)}{Q(z)}\right) = 0$$

이다. 마지막으로 적분하면 정리의 식을 얻는다. ◀

이제 F가 무한원점을 P의 꼭짓점으로 옮기지 않는다는 처음의 가정을 철회하고, 이 경우에 대한 식도 얻을 수 있다.

정리 4.7 F가 상반평면에서 다각형 영역 P로의 등각사상이며 점 $A_1, \cdots, A_{n-1}, \infty$를 $\mathfrak{p}$의 꼭짓점으로 옮기면

$$F(z) = C_1 \int_0^z \frac{d\zeta}{(\zeta - A_1)^{\beta_1} \cdots (\zeta - A_{n-1})^{\beta_{n-1}}} + C_2$$

를 만족시키는 상수 C_1과 C_2가 존재한다.

슈바르츠–크리스토펠 적분 (8.5)에서 마지막 항을 제거하여 위 식을 얻는다.

증명

필요하다면 적절히 평행이동하여 $j = 1, \cdots, n-1$에 대해 $A_j \neq 0$이라고 가정할 수 있다. 실수축

에서 $A_n^* > 0$인 점을 택하고 일차분수변환

$$\Phi(z) = A_n^* - \frac{1}{z}$$

을 생각하자. 그러면 Φ는 상반평면의 자기동형사상이다. $k = 1, \cdots, n-1$에 대해 $A_k^* = \Phi(A_k)$라 하고 $A_n^* = \Phi(\infty)$임에 유의한다. 이제 모든 $k = 1, 2, \cdots, n$에 대해

$$(F \circ \Phi^{-1})(A_k^*) = a_k$$

가 성립한다. 방금 증명한 슈바르츠-크리스토펠 공식을 적용하여

$$(F \circ \Phi^{-1})(z') = C_1 \int_0^{z'} \frac{d\zeta}{(\zeta - A_1^*)^{\beta_1} \cdots (\zeta - A_n^*)^{\beta_n}} + C_2$$

가 성립함을 알 수 있다. $\zeta = \Phi(w)$로 변수변환하면 $d\zeta = dw/w^2$이고, $2 = \beta_1 + \cdots + \beta_n$이라고 쓸 수 있으므로

$$\begin{aligned}(F \circ \Phi^{-1})(z') &= C_1 \int_0^{\Phi^{-1}(z')} \frac{dw}{(w(A_n^* - A_1^*) - 1)^{\beta_1} \cdots (w(A_n^* - A_{n-1}^*) - 1)^{\beta_{n-1}}} + C_2' \\ &= C_1' \int_0^{\Phi^{-1}(z')} \frac{dw}{(w - 1/(A_n^* - A_1^*))^{\beta_1} \cdots (w - 1/(A_n^* - A_{n-1}^*))^{\beta_{n-1}}} + C_2'\end{aligned}$$

을 얻는다. 마지막으로 $1/(A_n^* - A_k^*) = A_k$이며 위 등식에서 $\Phi^{-1}(z') = z$로 두면

$$F(z) = C_1' \int_0^z \frac{dw}{(w - A_1)^{\beta_1} \cdots (w - A_{n-1})^{\beta_{n-1}}} + C_2'$$

이다. 이제 보이고자 한 바를 보였다. ◀

4.5 다시 타원적분으로

다시 4.1절 예제 3에서 살펴본 타원적분을 생각하자.

$$I(z) = \int_0^z \frac{d\zeta}{[(1-\zeta^2)(1-k^2\zeta^2)]^{1/2}} \quad (\text{단, } 0 < k < 1)$$

이 사상은 실수축을 꼭짓점이 $-K$, K, $K + iK'$, $-K + iK'$인 직사각형 R로 옮김을 확인했다. 이제 이 사상이 $\mathbb{H}$에서 R의 내부로 가는 등각사상임을 확인할 것이다.

정리 4.6에 따르면 실수축 위 네 점을 R의 꼭짓점에 대응하여 $\mathbb{H}$에서 R로 가는 등각사상 F가 존재한다. 이 함수에다가 $\mathbb{H}$에서 적절한 자기동형사상을 먼저 합성하여 F가 -1, 0, 1을 각각 $-K$, 0, K로 옮긴다고 가정할 수 있다. 실제로 적절한 자기동형사상을 이용하여 $-K$, 0, K가 A_1, 0,

A_2 (단, $A_1 < 0 < A_2$)의 상이라고 가정할 수 있다. 그런 다음 추가로 $A_1 = -1$이고 $A_2 = 1$도 가정할 수 있다. 연습문제 15를 참고하라.

다음으로 $0 < \ell < 1$인 ℓ을 택하여 $1/\ell$이 F에 의해 $-K$와 K 다음에 오는 꼭짓점인 $K + iK'$으로 옮겨지는 실수축 위의 점이 되도록 한다. 이렇게 하면 $F(-1/\ell)$이 꼭짓점 $-K + iK'$이다. 실제로 $F^*(z) = -\overline{F}(-\overline{z})$이면 R의 대칭성에 의해 F^*도 $\mathbb{H}$에서 R로의 등각사상이다. 또한 $F^*(0) = 0$이고 $F^*(\pm 1) = \pm K$이다. 그러므로 $F^{-1} \circ F^*$는 점 -1, 0, 1을 고정하는 $\mathbb{H}$의 자기동형사상이다. 따라서 $F^{-1} \circ F^*$는 항등사상이고(연습문제 15 참고) $F = F^*$이다. 이로부터

$$F(-1/\ell) = -\overline{F}(1/\ell) = -K + iK'$$

임을 알 수 있다. 이제 정리 4.6에 의해

$$F(z) = c_1 \int_0^z \frac{d\zeta}{[(1-\zeta^2)(1-\ell^2\zeta^2)]^{1/2}} + c_2$$

가 성립한다. $z = 0$을 대입하여 $c_2 = 0$을 얻는다. 또한 $z = 1$ 및 $z = 1/\ell$을 대입하여

$$K(k) = c_1 K(\ell), \quad K'(k) = c_1 K'(\ell)$$

을 얻는다. 여기서 $K(k)$와 $K'(k)$는

$$K(k) = \int_0^1 \frac{dx}{[(1-x^2)(1-k^2x^2)]^{1/2}}, \quad K'(k) = \int_1^{1/k} \frac{dx}{[(x^2-1)(1-k^2x^2)]^{1/2}}$$

와 같다. 이제 $K(k)$는 분명히 $(0, 1)$에서 순증가한다. 변수변환하면 $\tilde{k}^2 = 1 - k^2$ 및 $\tilde{k} > 0$에 대해 항등식

$$K'(k) = K(\tilde{k})$$

를 얻는다. 이는 $K'(k)$가 순감소함을 보여 준다. 따라서 $K(k)/K'(k)$는 순증가한다. $K(k)/K'(k) = K(\ell)/K'(\ell)$이므로 $k = \ell$이어야 하고, 최종적으로 $c_1 = 1$이다. 이는 $I(z) = F(z)$임을 보여 주고, 따라서 증명하고자 한 바와 같이 I는 등각사상이다.

마지막 관찰이 중요하다. 타원적분으로 주어진 역사상을 통해 기본적인 시사점을 하나 얻는다. 따라서 $z \mapsto I(z)$의 역사상인 $z \mapsto \mathrm{sn}(z)$를 생각해 보겠다.[11] 이 역사상은 닫힌 직사각형을 닫힌 상반평면으로 옮긴다. 이제 아랫변을 따라 차례로 반사하여 얻은 직사각형렬 $R = R_0$, R_1, R_2, $\cdots$을 생각한다 (그림 10 참고).

11 다소 다른 형태인 $\mathrm{sn}(z)$는 야코비에 의한 표기법이며, $\sin z$와의 유사성 때문에 채택되었다.

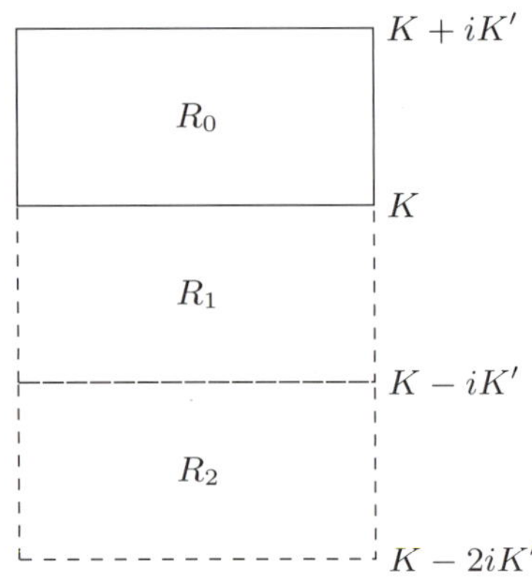

[그림 10] $R = R_0$ 의 반사

R_0 에서 정의된 $\mathrm{sn}(z)$에 대해 $z \in R_1$ 일 때(그러면 $\overline{z} \in R_0$ 이다) $\mathrm{sn}(z) = \overline{\mathrm{sn}(\overline{z})}$로 두어 반사 원리에 따라 R_1 으로 확장할 수 있다. 다음으로 $z \in R_2$ 이면 $\mathrm{sn}(z) = \overline{\mathrm{sn}(-iK' + \overline{z})}$로 두고 $z \in R_2$ 이면 $-iK' + \overline{z} \in R_1$ 임에 주목해서 $\mathrm{sn}(z)$를 R_2 로 확장할 수 있다. 이러한 방식으로 계속되는 반사를 결합하여 $\mathrm{sn}(z)$를 $\mathrm{sn}(z) = \mathrm{sn}(z + 2iK')$ 이 되도록 전체 띠 $-K < \mathrm{Re}(z) < K$ 에서 확장할 수 있다.

비슷하게 일련의 수평 직사각형에서 반사하고, 이를 이전 반사와 결합하면 $\mathrm{sn}(z)$를 복소평면으로 확장할 수 있다. 또한 $\mathrm{sn}(z) = \mathrm{sn}(z + 4K)$ 이다. 따라서 $\mathrm{sn}(z)$는 **주기가** $(4K$ 와 $2iK'$ 로$)$ **두 개인** 함수다. 추가 조사에 따르면 $\mathrm{sn}(z)$ 의 유일한 특이점은 극점이다. **타원함수**라고 부르는 이러한 유형의 함수는 다음 장에서 다루는 주제다.

연습문제

1. 모든 $z \in U$에 대해 z를 중심으로 하는 열린 원판 $D \subset U$가 있어 $f : D \to f(D)$가 일대일 대응이면 복소해석적 함수 $f : U \to V$가 U에서 **국소적 일대일 대응(local bijection)**이라고 한다.

복소해석적 함수 $f : U \to V$가 U에서 국소적 일대일 대응일 필요충분조건은 모든 $z \in U$에 대해 $f'(z) \neq 0$인 것임을 증명하라.

힌트 명제 1.1을 증명할 때처럼 루셰 정리를 이용한다.

2. $z = z_0$ 근방에서 복소해석적인 함수 $F(z)$에 대하여, $F(z_0) = F'(z_0) = 0$인 반면 $F''(z_0) \neq 0$이라 가정하자. z_0를 지나고 z_0에서 직교하며 다음 조건을 만족하는 두 곡선 Γ_1과 Γ_2가 존재함을 증명하라.

> F를 Γ_1으로 제한한 함수는 실숫값을 가지며 z_0에서 최소이고, F를 Γ_2로 제한한 함수 또한 실숫값을 가지며 z_0에서 최대다.

힌트 z_0 근방의 z에 대해 $F(z) = (g(z))^2$과 같이 쓰고 함수 $z \mapsto g(z)$와 그 역함수를 생각한다.

3. U와 V가 등각동형이라고 가정하자. U가 단순연결집합이면 V도 단순연결집합임을 증명하라. U와 V 사이에 연속인 일대일 대응이 있다고만 가정해도 이 결론이 성립한다.

4. 단위원판에서 $\mathbb{C}$로 가는 전사 복소해석적 함수가 존재하는가?

힌트 상반평면을 아래로 옮기고 이를 제곱하면 $\mathbb{C}$를 얻을 수 있다.

5. $f(z) = -\frac{1}{2}(z + 1/z)$가 반원판 $\{z = x + iy : |z| < 1,\ y > 0\}$에서 상반평면으로의 등각사상임을 증명하라.

힌트 방정식 $f(z) = w$를 이차방정식 $z^2 + 2wz + 1 = 0$으로 바꾼다. 이 이차방정식은 $w \neq \pm 1$이면 $\mathbb{C}$에서 서로 다른 두 근을 가진다. $w \in \mathbb{H}$인 경우 이 조건을 분명히 만족한다.

6. $u \circ F$에 대한 라플라스 작용소의 값이 0임을 직접 보여 보조정리 1.3을 다르게 증명하라.

힌트 F의 실수부와 허수부는 코시–리만 방정식을 만족한다.

7. 1.3절에서 다룬 띠에 대한 디리클레 문제의 해의 식에 관한 증명을 생각하자. 이 증명의 모든 세부사항을 채워라. $0 < y < 1$인 점 $z = iy$에서 해를 계산하는 것으로 충분하다.

(a) $re^{i\theta} = G(iy)$이면

$$re^{i\theta} = i\frac{\cos \pi y}{1 + \sin \pi y}$$

가 성립함을 보여라. 이로 인해 두 가지 경우가 발생한다. $0 < y \leq 1/2$ 및 $\theta = \pi/2$이거나 $1/2 \leq y < 1$ 및 $\theta = -\pi/2$이다. 어느 경우든지

$$r^2 = \frac{1 - \sin \pi y}{1 + \sin \pi y}, \quad P_r(\theta - \varphi) = \frac{\sin \pi y}{1 - \cos \pi y \sin \varphi}$$

가 성립함을 보여라.

(b) 적분식 $\frac{1}{2\pi}\int_0^\pi P_r(\theta - \varphi)\tilde{f}_0(\varphi)d\varphi$에서 $t = F(e^{i\varphi})$로 변수변환하자.

$$e^{i\varphi} = \frac{i - e^{\pi t}}{i + e^{\pi t}}$$

을 관찰하라. 허수부를 취하고 양변을 미분하여 두 항등식

$$\sin \varphi = \frac{1}{\cosh \pi t}, \quad \frac{d\varphi}{dt} = \frac{\pi}{\cosh \pi t}$$

를 보여라. 이제

$$\begin{aligned}\frac{1}{2\pi}\int_0^\pi P_r(\theta - \varphi)\tilde{f}_0(\varphi)\, d\varphi &= \frac{1}{2\pi}\int_0^\pi \frac{\sin \pi y}{1 - \cos \pi y \sin \varphi}\tilde{f}_0(\varphi)\, d\varphi \\ &= \frac{\sin \pi y}{2}\int_{-\infty}^{\infty} \frac{f_0(t)}{\cosh \pi t - \cos \pi y}\, dt\end{aligned}$$

가 성립함을 유도하라.

(c) 비슷한 논증을 이용하여 적분식 $\frac{1}{2\pi}\int_{-\pi}^{0} P_r(\theta - \varphi)\tilde{f}_1(\varphi)\, d\varphi$에 대한 식도 증명하라.

8. 열린 제1사분면에서 점 0과 1을 제외한 경계까지 연속적으로 확장되며, 경계에서 다음과 같은 함숫값을 가지는 조화함수 u를 찾아라.

> 반직선 $\{y = 0,\ x > 1\}$ 및 $\{x = 0,\ y > 0\}$에서 $u(x, y) = 1$이며 선분 $\{0 < x < 1,\ y = 0\}$에서 $u(x, y) = 0$이다.

힌트 그림 11에서 가리키는 등각사상 $F_1, F_2, \cdots, F_5$를 찾는다. $\frac{1}{\pi}\arg(z)$는 상반평면에서 조화함수이며 양의 실수축에서는 0과 같고 음의 실수축에서는 1과 같다.

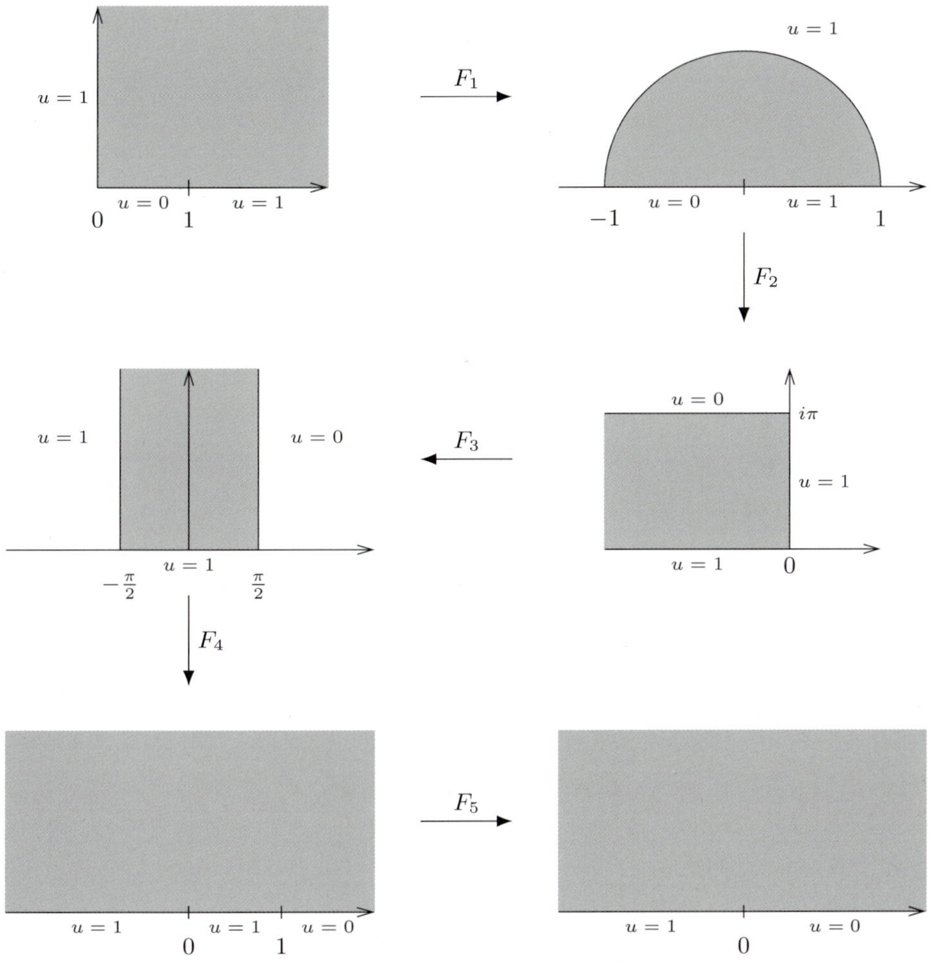

[그림 11] 연습문제 8의 계속되는 등각사상

9. 함수 u를

$$u(x,y) = \mathrm{Re}\left(\frac{i+z}{i-z}\right), \quad u(0,1) = 0$$

으로 정의하자. u는 단위원판 내에서 조화함수이며 원판의 경계에서 영점을 가짐을 증명하라. u는 $\mathbb{D}$에서 유계가 아님에 유의한다.

10. $F : \mathbb{H} \to \mathbb{C}$가 $|F(z)| \le 1$, $F(i) = 0$을 만족하는 복소해석적 함수라고 하자. 모든 $z \in \mathbb{H}$에 대해

$$|F(z)| \le \left|\frac{z-i}{z+i}\right|$$

가 성립함을 증명하라.

11. $f : D(0,R) \to \mathbb{C}$가 적당한 $M > 0$에 대해 $|f(z)| \le M$인 복소해석적 함수이면 부등식

$$\left|\frac{f(z)-f(0)}{M^2 - \overline{f(0)}f(z)}\right| \le \frac{|z|}{MR}$$

가 성립함을 보여라.

힌트 슈바르츠 보조정리를 이용한다.

12. $f(w) = w$일 때 복소수 $w \in \mathbb{D}$를 함수 $f : \mathbb{D} \to \mathbb{D}$에 대한 **고정점(fixed point)**이라 한다. 다음 물음에 답하라.

(a) $f : \mathbb{D} \to \mathbb{D}$가 해석적이고 두 개의 서로 다른 고정점을 가지면 f는 항등함수임을 증명하라. 다시 말해 모든 $z \in \mathbb{D}$에 대해 $f(z) = z$임을 증명하라.

(b) 모든 복소해석적 함수 $f : \mathbb{D} \to \mathbb{D}$는 고정점을 가져야 하는가?

힌트 상반평면을 생각한다.

13. 두 점 $z, w \in \mathbb{D}$ 사이의 **유사–쌍곡거리(pseudo-hyperbolic distance)**를

$$\rho(z,w) = \left|\frac{z-w}{1-\overline{w}z}\right|$$

라 정의한다. 다음 물음에 답하라.

(a) $f : \mathbb{D} \to \mathbb{D}$가 복소해석적이면 모든 $z, w \in \mathbb{D}$에 대해

$$\rho(f(z), f(w)) \le \rho(z,w)$$

가 성립함을 증명하라. 또한 f가 $\mathbb{D}$의 자기동형사상이면 f는 유사–쌍곡거리를 보존함을 증명하라. 다시 말해 모든 $z, w \in \mathbb{D}$에 대해 $\rho(f(z), f(w)) = \rho(z,w)$임을 증명하라.

힌트 자기동형사상 $\psi_\alpha(z) = (z-\alpha)/(1-\overline{\alpha}z)$를 생각하고 $\psi_{f(w)} \circ f \circ \psi_w^{-1}$에 슈바르츠 보조정리를 적용한다.

(b) 모든 $z \in \mathbb{D}$에 대해 부등식

$$\frac{|f'(z)|}{1-|f(z)|^2} \le \frac{1}{1-|z|^2}$$

을 증명하라. 이 결과를 **슈바르츠–픽 보조정리(Schwarz-Pick lemma)**라고 한다. 심화문제 3에서 이 보조정리의 중요한 응용을 다룬다.

14. 상반평면 $\mathbb{H}$에서 단위원판 $\mathbb{D}$로의 모든 등각사상은

$$e^{i\theta}\frac{z-\beta}{z-\overline{\beta}} \quad (\theta \in \mathbb{R},\ \beta \in \mathbb{H})$$

와 같은 꼴임을 증명하라.

15. 다음은 상반평면의 자기동형사상이 가지는 두 가지 성질이다.

(a) 상반평면 $\mathbb{H}$의 자기동형사상 Φ가 실수축에 놓인 서로 다른 세 점을 고정하면, Φ는 항등사상이다.

(b) 실수의 순서쌍 (x_1, x_2, x_3), (y_1, y_2, y_3)가

$$x_1 < x_2 < x_3, \quad y_1 < y_2 < y_3$$

를 만족한다고 가정하자. $\Phi(x_j) = y_j$ (단, $j = 1,\ 2,\ 3$)를 만족시키는 $\mathbb{H}$의 자기동형사상 Φ가 (유일하게) 존재함을 증명하라. $y_3 < y_1 < y_2$ 또는 $y_2 < y_3 < y_1$일 때에도 같은 결론이 성립한다.

16. f와 f^{-1}를 $f(z) = \dfrac{i-z}{i+z}$, $f^{-1}(w) = i\dfrac{1-w}{1+w}$와 같이 정의하자. 다음 물음에 답하라.

(a) $\theta \in \mathbb{R}$이 주어지면 $ad - bc = 1$이고 임의의 $z \in \mathbb{H}$에 대해

$$\frac{az+b}{cz+d} = f^{-1}\Big(e^{i\theta}f(z)\Big)$$

를 만족하는 실수 $a,\ b,\ c,\ d$를 구하라.

(b) $\alpha \in \mathbb{D}$가 주어지면 $ad - bc = 1$이고 임의의 $z \in \mathbb{H}$에 대해

$$\frac{az+b}{cz+d} = f^{-1}\left(\psi_\alpha(f(z))\right)$$

를 만족하는 실수 $a,\ b,\ c,\ d$를 구하라. ψ_α는 2.1절에서 정의했다.

(c) g가 단위원판의 자기동형사상이면 $ad - bc = 1$이고 임의의 $z \in \mathbb{H}$에 대해

$$\frac{az+b}{cz+d} = f^{-1} \circ g \circ f(z)$$

를 만족하는 실수 $a,\ b,\ c,\ d$가 존재함을 보여라.

힌트 (a)와 (b)를 이용한다.

17. $|\alpha| < 1$에 대해 $\psi_\alpha(z) = (\alpha - z)/(1 - \overline{\alpha}z)$이면

$$\frac{1}{\pi}\iint_{\mathbb{D}} |\psi'_\alpha|^2\, dxdy = 1, \quad \frac{1}{\pi}\iint_{\mathbb{D}} |\psi'_\alpha|\, dxdy = \frac{1-|\alpha|^2}{|\alpha|^2}\log\frac{1}{1-|\alpha|^2}$$

이 성립함을 증명하라. 여기서 $\alpha = 0$이면 우변의 식은 $|\alpha| \to 0$일 때의 극한값으로 이해한다.

힌트 첫 번째 적분은 계산 없이 적분값을 구할 수 있다. 두 번째 적분은 극좌표계를 이용하고 고정된 각 r에 대해 경로적분을 이용하여 θ에 대한 적분값을 구한다.

18. Ω가 단순연결집합이며 (1장에서 쓴 표현에 따르면) 조각마다 매끄러운 폐곡선 γ를 경계로 한다고 가정하자. 그러면 $\mathbb{D}$에서 Ω로 가는 등각동형사상 F는 언제나 $\overline{\mathbb{D}}$에서 $\overline{\Omega}$로의 연속 일대일 대응으로 확장된다. 증명은 단순히 정리 4.2에서 사용한 논증을 일반화한다.

19. 복소평면에서 반직선의 합집합 $\bigcup_{k=1}^{n}\{A_k + iy : y \le 0\}$을 제거한 영역은 단순연결집합임을 증명하라.

힌트 곡선이 주어지면 먼저 상반평면에 완전히 포함되도록 곡선을 올린다.

20. 상반평면과 직사각형 사이의 등각동형사상을 나타내는 타원적분의 또 다른 예를 소개하겠다.

(a) $\lambda \neq 1$인 $\lambda \in \mathbb{R}$에 대해 함수 $\displaystyle\int_0^z \frac{d\zeta}{\sqrt{\zeta(\zeta-1)(\zeta-\lambda)}}$는 상반평면에서 직사각형으로 가는 등각동형사상이다. 여기서 직사각형의 한 꼭짓점은 무한원점에서의 상이다.

(b) $\lambda = -1$이면 함수 $\displaystyle\int_0^z \frac{d\zeta}{\sqrt{\zeta(\zeta^2-1)}}$의 상은 한 변의 길이가 $\dfrac{\Gamma^2(1/4)}{2\sqrt{2\pi}}$인 정사각형이다.

21. 삼각형으로의 등각사상을 생각하고 다음 물음에 답하라.

(a) $0 < \beta_1 < 1$, $0 < \beta_2 < 1$, $1 < \beta_1 + \beta_2 < 2$에 대해 적분

$$\int_0^z z^{-\beta_1}(1-z)^{-\beta_2}\, dz$$

는 $\mathbb{H}$를 꼭짓점이 0, 1, ∞에서의 상이고, 내각의 크기가 $\alpha_1\pi$, $\alpha_2\pi$, $\alpha_3\pi$인 삼각형으로 옮김을 보여라. 여기서 $\alpha_j + \beta_j = 1$이며 $\beta_1 + \beta_2 + \beta_3 = 2$이다.

(b) $\beta_1 + \beta_2 = 1$이면 어떻게 되는가?

(c) $0 < \beta_1 + \beta_2 < 1$이면 어떻게 되는가?

(d) (a)에서 대각의 크기가 $\alpha_j\pi$인 변의 길이는 $\dfrac{\sin(\alpha_j\pi)}{\pi}\Gamma(\alpha_1)\Gamma(\alpha_2)\Gamma(\alpha_3)$이다.

22. P가 꼭짓점이 $a_1, \cdots, a_n$이고 내각의 크기가 $\alpha_1\pi, \cdots, \alpha_n\pi$인 다각형을 경계로 하는 단순연결 영역이고 F는 원판 $\mathbb{D}$에서 P로의 등각사상이라 하자. 그러면 단위원 위의 복소수 $B_1, \cdots, B_n$과 상수 c_1, c_2가 존재하여

$$F(z) = c_1 \int_1^z \frac{d\zeta}{(\zeta - B_1)^{\beta_1} \cdots (\zeta - B_n)^{\beta_n}} + c_2$$

를 만족한다.

힌트 $\mathbb{H}$와 $\mathbb{D}$ 사이의 표준대응 및 정리 4.7의 증명과 비슷한 논증으로부터 알 수 있다.

23. F를 $F(z) = \int_1^z \frac{d\zeta}{(1-\zeta^n)^{2/n}}$로 정의하면 F는 단위원판을 등각적으로 둘레가

$$2^{\frac{n-2}{n}} \int_0^\pi (\sin\theta)^{-2/n}\, d\theta$$

인 정n각형의 내부로 옮긴다.

24. $0 < k < 1$에 대해 정의된 타원적분 K와 K'이

$$K(k) = \int_0^1 \frac{dx}{((1-x^2)(1-k^2x^2))^{1/2}}, \quad K'(k) = \int_1^{1/k} \frac{dx}{((x^2-1)(1-k^2x^2))^{1/2}}$$

라고 하자. 두 타원적분은 다양한 흥미로운 항등식을 만족한다. 예를 들면 다음과 같다.

(a) $\tilde{k}^2 = 1 - k^2$이고 $0 < \tilde{k} < 1$이면 $K'(k) = K(\tilde{k})$가 성립함을 보여라.

힌트 $K'(k)$에 대한 적분식에서 $x = (1 - \tilde{k}^2y^2)^{-1/2}$로 치환적분한다.

(b) $\tilde{k}^2 = 1 - k^2$이고 $0 < \tilde{k} < 1$이면 $K(k) = \frac{2}{1+\tilde{k}} K\left(\frac{1-\tilde{k}}{1+\tilde{k}}\right)$가 성립함을 보여라.

힌트 $x = 2t/(1 + \tilde{k} + (1 - \tilde{k})t^2)$로 치환적분한다.

(c) $0 < k < 1$에 대해 $K(k) = \frac{\pi}{2} F(1/2, 1/2, 1; k^2)$이 성립함을 보여라. 여기서 F는 초기하급수다.

힌트 6장 연습문제 9에 주어진 F에 대한 적분 표현으로부터 알 수 있다.

심화문제

1. f가 $z_0 \in \mathbb{C}$의 근방에 정의된 복소함수인데, 실 이변수함수로 보면 z_0에서 미분가능하다고 가정하자. 이때, f가 z_0에서 **각의 크기를 보존(isogonal)**한다는 것은 z_0에서 교차하는 두 정규곡선(속도벡터가 연속이고 0이 아닌 곡선)에 대해 두 정규곡선이 z_0에서 이루는 각의 절댓값과 f에 의한 그들의 상이 $f(z_0)$에서 이루는 각의 절댓값이 언제나 일치함을 뜻한다. 또한 f가 z_0에서 나오는 모든 방향에 대해 길이를 적당한 배율로 확대할 때, 다시 말해 θ에 무관하며 0이 아닌 극한값

$$\lim_{r \to 0} \frac{|f(z_0 + re^{i\theta}) - f(z_0)|}{r}$$

가 존재할 때 f는 **등방성(isotropic)**을 가진다고 한다. 그러면 f가 z_0에서 각의 크기를 보존할 필요충분조건은 f가 z_0에서 등방성을 가지는 것이다. 게다가 f가 z_0에서 각의 크기를 보존할 필요충분조건은 f 또는 $g = \overline{f}$가 z_0에서 복소미분가능하고 미분계수가 0이 아닌 것이다.

2. 0이 아닌 두 복소수 z와 w 사이의 각은 (이 순서대로 취하는) 단순히 $(-\pi, \pi]$인 방향이 주어진 각이다. 이 각은 점 z와 w에 대응하는 $\mathbb{R}^2$의 두 벡터 사이의 각으로 이루어진다. 이 방향이 주어진 각 α는 두 값

$$\frac{(z, w)}{|z||w|}, \quad \frac{(z, -iw)}{|z||w|}$$

에 의해 유일하게 결정된다. 이는 단순히 각각 $\cos\alpha$와 $\sin\alpha$이다. 여기서 $(\cdot, \cdot)$라는 표기법은 $\mathbb{R}^2$에서 일반적인 유클리드 내적에 대응하며, 복소수 관점으로 표현하면 $(z, w) = \mathrm{Re}(z\overline{w})$이다.

특히, z_0에서 교차하는 매끄러운 두 곡선 $\gamma : [a, b] \to \mathbb{C}$, $\eta : [a, b] \to \mathbb{C}$를 생각할 수 있다. 적당한 $t_0 \in (a, b)$에 대해 $\gamma(t_0) = \eta(t_0) = z_0$라고 하자. $\gamma'(t_0)$와 $\eta'(t_0)$가 0이 아니라면, 이는 점 z_0에서 곡선 γ와 η에 대한 접벡터를 나타낸다. 두 곡선은 z_0에서 서로 만나며, 두 벡터 $\gamma'(t_0)$와 $\eta'(t_0)$가 이루는 각을 가진다고 한다.

z_0에서 서로 만나는 매끄러운 두 곡선 γ, η에 대해 곡선 γ와 η가 z_0에서 이루는 각의 크기가 곡선 $f \circ \gamma$와 $f \circ \eta$가 $f(z_0)$에서 이루는 각의 크기가 같다면, z_0 근방에서 정의된 함수 f가 z_0에서 **각을 보존한다(preserve angles)**고 한다(그림 12 참고). 특히, 점 z_0와 $f(z_0)$에서 곡선 γ, η, $f \circ \gamma$, $f \circ \eta$의 접벡터가 0이 아니라고 가정한다.

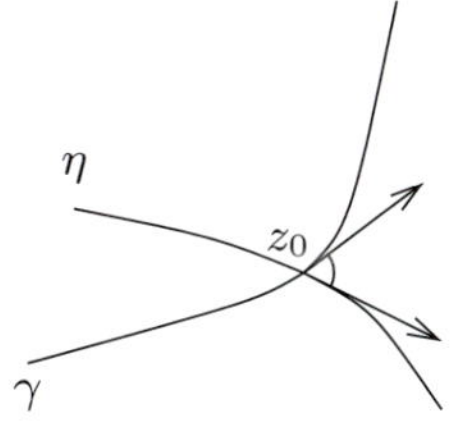

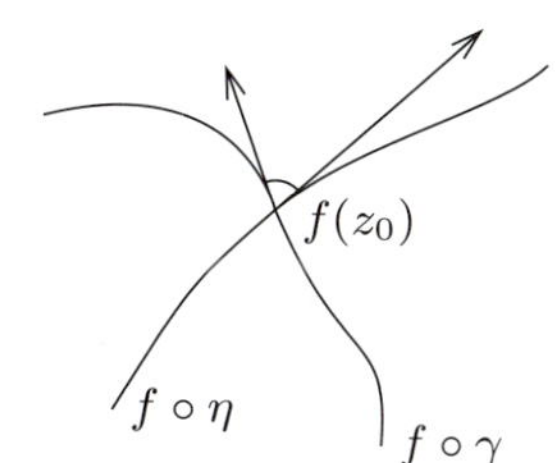

[그림 12] z_0에서의 각의 보존

(a) $f : \Omega \to \mathbb{C}$가 복소해석적이고 $f'(z_0) \neq 0$이면 f는 z_0에서 각을 보존함을 증명하라.

힌트 $(f'(z_0)\gamma'(t_0), f'(z_0)\eta'(t_0)) = |f'(z_0)|^2(\gamma'(t_0), \eta'(t_0))$가 성립함을 관찰하자.

(b) 역으로 다음을 증명하라.

> 복소함수 $f : \Omega \to \mathbb{C}$가 $z_0 \in \Omega$에서 실변수함수로서 미분가능하며 $J_f(z_0) \neq 0$이라고 가정하자. f가 z_0에서 각을 보존하면 f는 z_0에서 미분가능하며 $f'(z_0) \neq 0$이다.

*__3.__ 슈바르츠–픽 보조정리(연습문제 13 참고)는 복소해석학과 기하학에서 중요하게 사용되는 개념 가운데 하나를 무한소 형태로 나타낸다.

> 복소수 $w \in \mathbb{C}$와 $z \in \mathbb{D}$에 대해 z에서 w의 **쌍곡길이(hyperbolic length)**를
>
> $$\|w\|_z = \frac{|w|}{1 - |z|^2}$$
>
> 와 같이 정의한다. 여기서 $|w|$와 $|z|$는 일반적인 절댓값을 나타낸다. 이 길이는 종종 **푸앵카레 거리(Poincaré metric)**라고도 하며, 리만 거리처럼
>
> $$ds^2 = \frac{|dz|^2}{(1 - |z|^2)^2}$$
>
> 이라 쓴다.

이는 점 z에서 접벡터 w의 무한소 쌍곡길이를 나타낸다. 고정된 w에 대해 이 쌍곡길이는 z가 원판의 경계로 다가갈수록 무한대로 증가한다. 이렇게 주어진 접벡터의 무한소 쌍곡길이와 적분을 이용하여 두 점 사이의 대역적인 쌍곡거리를 정의한다.

(a) 원판의 두 복소수 z_1과 z_2에 대해 **쌍곡거리(hyperbolic distance)**를

$$d(z_1, z_2) = \inf_{\gamma} \int_0^1 \|\gamma'(t)\|_{\gamma(t)}\, dt$$

와 같이 정의한다. 여기서 하한은 z_1과 z_2를 잇는 모든 매끄러운 곡선 $\gamma : [0, 1] \to \mathbb{D}$에 대해 취한다.

슈바르츠–픽 보조정리를 이용하여 $f : \mathbb{D} \to \mathbb{D}$가 복소해석적이면 모든 $z_1, z_2 \in \mathbb{D}$에 대해

$$d(f(z_1), f(z_2)) \leq d(z_1, z_2)$$

가 성립함을 증명하라. 다시 말해 복소해석적 함수는 쌍곡거리에서 거리를 줄인다(distance–decreasing).

(b) 단위원판에서 자기동형사상은 쌍곡거리를 보존함을 증명하라. 다시 말해 모든 $z_1, z_2 \in \mathbb{D}$와 임의의 자기동형사상 φ에 대해

$$d(\varphi(z_1), \varphi(z_2)) = d(z_1, z_2)$$

가 성립함을 증명하라. 역으로, $\varphi : \mathbb{D} \to \mathbb{D}$가 쌍곡거리를 보존하면 φ 또는 $\overline{\varphi}$가 $\mathbb{D}$의 자기동형사상이다.

(c) 두 점 $z_1, z_2 \in \mathbb{D}$가 주어지면 실수축 위 선분 $[0, 1)$의 어떤 s에 대해 $\varphi(z_1) = 0$이고 $\varphi(z_2) = s$인 자기동형사상 φ가 존재함을 보여라.

(d) 0과 $s \in [0, 1)$ 사이의 쌍곡거리는

$$d(0, s) = \frac{1}{2} \log \frac{1+s}{1-s}$$

와 같음을 증명하라.

(e) 단위원판 내의 임의의 두 점 사이의 쌍곡거리를 식으로 나타내라.

***4.** 세 조건 (i), (ii), (iii)을 만족하며 $M = \begin{pmatrix} a & b \\ c & d \end{pmatrix}$ 꼴 행렬로 이루어진 군을 생각하자.

(i) $a, b, c, d \in \mathbb{C}$이다.
(ii) M의 행렬식은 1이다.
(iii) 행렬 M은 다음과 같이 주어진 $\mathbb{C}^2 \times \mathbb{C}^2$의 에르미트 형식을 보존한다.

$$\langle Z, W \rangle = z_1 \overline{w}_1 - z_2 \overline{w}_2$$

여기서 $Z = (z_1, z_2)$이며 $W = (w_1, w_2)$이다. 다시 말해 모든 $Z, W \in \mathbb{C}^2$에 대해

$$\langle MZ, MW \rangle = \langle Z, W \rangle$$

가 성립한다.

이 행렬군을 $\mathrm{SU}(1, 1)$로 나타낸다. 다음 물음에 답하라.

(a) $\mathrm{SU}(1, 1)$의 모든 행렬은 $\begin{pmatrix} a & b \\ \overline{b} & \overline{a} \end{pmatrix}$ 꼴임을 증명하라. 여기서 $|a|^2 - |b|^2 = 1$이다. 이를 보이기 위해, 행렬

$$J = \begin{pmatrix} 1 & 0 \\ 0 & -1 \end{pmatrix}$$

을 생각한다. 그리고 $\langle Z, W\rangle = {}^tWJZ$ 임을 관찰한다. 여기서 ${}^tW$ 는 W 의 켤레전치다.

(b) $\mathrm{SU}(1,1)$ 의 모든 행렬에 일차분수변환 $\dfrac{az+b}{cz+d}$ 를 대응시킨다. 군 $\mathrm{SU}(1,1)/\{\pm 1\}$ 은 원판의 자기동형군과 동형임을 증명하라.

힌트 대응관계

$$e^{2i\theta}\frac{z-\alpha}{1-\overline{\alpha}z} \longrightarrow \begin{pmatrix} \frac{e^{i\theta}}{\sqrt{1-|\alpha|^2}} & -\frac{\alpha e^{i\theta}}{\sqrt{1-|\alpha|^2}} \\ -\frac{\overline{\alpha}e^{-i\theta}}{\sqrt{1-|\alpha|^2}} & \frac{e^{-i\theta}}{\sqrt{1-|\alpha|^2}} \end{pmatrix}$$

을 이용한다.

5. 다음 결과는 모듈러함수를 다루는 10장 심화문제 4와 관련있다.

(a) $F : \mathbb{H} \to \mathbb{C}$ 가 복소해석적이며 유계라고 가정한다. 또한 $F(z)$ 는 $z = ir_n$ $(n = 1, 2, 3, \cdots)$ 에서 영점을 가진다고 가정하자. 여기서 $\{r_n\}$ 은 양수로 이루어진 유계수열이다. $\sum_{n=1}^{\infty} r_n = \infty$ 이면 $F = 0$ 임을 증명하라.

(b) $\sum r_n < \infty$ 이면 정확히 점 ir_n 에서 영점을 가지는 상반평면 위의 유계인 함수를 정의할 수 있다.

단위원판에서의 관련된 결과는 5장 심화문제 1, 심화문제 2를 참고하라.

*__6.__ 연습문제 18의 결과는 γ 가 단지 연속인 단순폐곡선이라고 가정하는 경우로까지 확장된다. 하지만 그 증명은 더 많은 아이디어가 필요하다.

*__7.__ 쾨베(Koebe)는 카라테오도리(Carathéodory)의 아이디어를 적용하여 원하는 등각사상으로 수렴하는 함수열을 (보다 명시적으로) 구성하여 리만 사상 정리를 증명했다.

전략은 쾨베 정의역, 즉 $\mathbb{D}$ 전체가 아니고 원점을 포함하는 단순연결 정의역 $\mathcal{K}_0 \subset \mathbb{D}$ 로 시작하여 $f_0(\mathcal{K}_0) = \mathcal{K}_1$ 이 $\mathcal{K}_0$ 보다 **더 큰** 쾨베 정의역이 되게 하는 일대일함수 f_0 를 찾는 것이다. 그런 다음, 이 과정을 반복하여 최종적으로 $F_n(\mathcal{K}_0) = \mathcal{K}_{n+1}$ 이고 $\lim F_n = F$ 가 $\mathcal{K}_0$ 에서 $\mathbb{D}$ 로의 등각사상인 함수 $F_n = f_n \circ \cdots \circ f_0 : \mathcal{K}_0 \to \mathbb{D}$ 를 얻는다.

원점을 포함하는 영역 $\mathcal{K} \subset \mathbb{D}$ 의 **내부 반지름(inner radius)**을 $r_{\mathcal{K}} = \sup\{\rho \geq 0 : D(0,\rho) \subset \mathcal{K}\}$ 로 정의한다. 또한 $f(0) = 0$ 이고 모든 $z \in \mathcal{K} - \{0\}$ 에 대해 $|f(z)| > |z|$ 이면 복소해석적 일대일함수 $f : \mathcal{K} \to \mathbb{D}$ 를 **팽창(expansion)**이라고 하자.

(a) f가 팽창이면 $r_{f(\mathcal{K})} \geq r_{\mathcal{K}}$이고 $|f'(0)| > 1$임을 증명하라.

힌트 $f(z) = zg(z)$라고 쓰고 최대절댓값원리를 이용하여 $|f'(0)| = |g(0)| > 1$임을 증명한다.

쾨베 정의역 $\mathcal{K}_0$와 팽창렬 $\{f_0, f_1, \cdots, f_n, \cdots\}$에서 시작하여 $\mathcal{K}_{n+1} = f_n(\mathcal{K}_n)$도 쾨베 정의역이라고 가정하자. 그런 다음 복소해석적 함수 $F_n : \mathcal{K}_0 \to \mathbb{D}$을 $F_n = f_n \circ \cdots \circ f_0$로 정의한다.

(b) 각 n에 대해 함수 F_n은 팽창임을 증명하라. 또한 $F_n'(0) = \prod_{k=0}^{n} f_k'(0)$이며, 따라서 $\lim_{n\to\infty} |f_n'(0)| = 1$이다.

힌트 수열 $\{|F_n'(0)|\}$이 위로 유계이고 단조증가함을 보여 극한값을 가짐을 증명하라. 슈바르츠 보조정리를 이용한다.

(c) 수열이 접촉하면, 다시 말해 $n \to \infty$일 때 $r_{\mathcal{K}_n} \to 1$이면 $\{F_n\}$은 $\mathcal{K}_0$의 콤팩트 부분집합에서 등각사상 $F : \mathcal{K}_0 \to \mathbb{D}$로 균등 수렴함을 보여라.

힌트 $r_{F(\mathcal{K}_0)} \geq 1$이면 F의 치역과 공역이 같다.

원하는 접촉수열을 구성하기 위해 자기동형사상 $\psi_\alpha = (\alpha - z)/(1 - \overline{\alpha} z)$를 이용한다.

(d) 쾨베 정의역 $\mathcal{K}$가 주어지면 $\mathcal{K}$의 경계에서 $|\alpha| = r_{\mathcal{K}}$가 되도록 점 $\alpha \in \mathbb{D}$를 택하고, 또한 $\beta^2 = \alpha$가 되도록 $\beta \in \mathbb{D}$를 택한다. $\mathcal{K}$에서 ψ_α의 제곱근함수를 S로 나타내자. 그러면 $S(0) = 0$을 만족한다. 이러한 함수가 잘 정의되는 이유는 무엇인가? $f(z) = \psi_\beta \circ S \circ \psi_\alpha$로 정의된 함수 $f : \mathcal{K} \to \mathbb{D}$는 팽창임을 증명하라. 또한 $|f'(0)| = (1 + r_{\mathcal{K}})/2\sqrt{r_{\mathcal{K}}}$임을 보여라.

힌트 $\mathcal{K} - \{0\}$에서 $|f(z)| > |z|$임을 증명하기 위해 역함수 $\psi_\alpha \circ g \circ \psi_\beta$ (단, $g(z) = z^2$)에 슈바르츠 보조정리를 적용한다.

(e) (d)를 이용하여 원하는 수열을 구성하라.

***8.** 비버바흐(Bieberbach)는 $f(z) = z + a_2 z^2 + a_3 z^3 \cdots$으로 주어진 함수가 단위원판에서 정칙이고 일대일이면 모든 $n \geq 2$에 대하여 $|a_n| \leq n$이 성립한다고 예상했다. 3장 심화문제 1은 $|a_2| \leq 2$임을 보여 준다. 이 증명은 드 브랑주(de Branges)가 했다. 이번 심화문제에서는 계수 a_n이 실수라는 추가 가정 하에 추측을 증명하기 위한 논증을 개략적으로 설명한다.

(a) $z = re^{i\theta}$ (단, $0 < r < 1$)이라 하자. $f(re^{i\theta})$의 허수부를 $v(r, \theta)$라고 하면

$$a_n r^n = \frac{2}{\pi} \int_0^\pi v(r, \theta) \sin n\theta \, d\theta$$

가 성립한다.

(b) $0 \leq \theta \leq \pi$ 및 $n = 1, 2, \cdots$에 대해 $|\sin n\theta| \leq n \sin\theta$임을 보여라.

(c) $a_n \in \mathbb{R}$이라는 사실을 이용하여 $f(\mathbb{D})$는 실수축에 대해 대칭임을 보여라. 또한 이 사실을 이용하여 f는 상반원판을 $f(\mathbb{D})$의 상반부 또는 하반부로 옮김을 보여라.

(d) 작은 r에 대해

$$v(r, \theta) = r \sin\theta[1 + O(r)]$$

을 보여라. 또한 앞의 결과를 이용하여 모든 $0 < r < 1$ 및 $0 \leq \theta \leq \pi$에 대해 $v(r, \theta)\sin\theta \geq 0$ 임을 보여라.

(e) $|a_n r^n| \leq nr$ 임을 증명하고, $r \to 1$의 극한을 취하여 $|a_n| \leq n$ 임을 보여라.

(f) 함수 $f(z) = z/(1-z)^2$가 모든 가정을 만족하며 모든 n에 대해 $|a_n| = n$ 임을 확인하라.

****9.** 가우스는 타원적분과 산술평균 및 기하평균을 만드는 익숙한 연산 사이의 연관성을 발견했다. $a \geq b > 0$인 임의의 실수쌍 (a, b)에서 시작하여 a와 b의 산술평균과 기하평균

$$a_1 = \frac{a+b}{2}, \quad b_1 = (ab)^{1/2}$$

을 생각한다. 그런 다음 a와 b를 a_1과 b_1으로 바꾸어 이 연산을 반복한다. 이 과정을 반복하면 두 수열 $\{a_n\}$과 $\{b_n\}$을 얻는다. 여기서 a_{n+1}과 b_{n+1}은 각각 a_n과 b_n의 산술평균과 기하평균이다.

(a) 두 수열 $\{a_n\}$과 $\{b_n\}$은 같은 극한값을 가짐을 증명하라. 이 극한값을 $M(a, b)$로 나타내며, a와 b의 **산술-기하 평균(arithmetic-geometric mean)**이라고 한다.

힌트 부등식 $a \geq a_1 \geq a_2 \geq \cdots \geq a_n \geq b_n \geq \cdots \geq b_1 \geq b$와 $a_n - b_n \leq (a-b)/2^n$을 보여라.

(b) 가우스 항등식(Gauss's identity)은

$$\frac{1}{M(a, b)} = \frac{2}{\pi}\int_0^{\pi/2} \frac{d\theta}{(a^2\cos^2\theta + b^2\sin^2\theta)^{1/2}}$$

이다. 이 관계식을 증명하기 위해, 우변의 적분을 $I(a, b)$로 나타낼 때 I의 불변성을 보이면 충분함을 보여라. 여기서 I의 불변성은

$$I(a, b) = I\left(\frac{a+b}{2}, (ab)^{1/2}\right) \tag{8.6}$$

과 같다. 그런 다음, 타원적분과는

$$I(a, b) = \frac{1}{a}K(k) = \frac{1}{a}\int_0^1 \frac{dx}{\sqrt{(1-x^2)(1-k^2x^2)}} \quad (\text{단, } k^2 = 1 - b^2/a^2)$$

와 같은 연관성이 있음을 살펴보아라. 그리고 관계식 (8.6)은 연습문제 24(b) 항등식의 결과임을 관찰하라.

9

타원함수 입문
An Introduction to Elliptic Functions

타원함수에 대한 야코비(Jacobi)의 이론은 완성도가 떨어지며, 명백한 결점이 있다. 야코비 이론에 등장하는 세 가지 기본 함수 sn, cn, dn의 주기가 서로 다르다. ……

바이어슈트라스(Weierstrass)의 시스템에서는 세 가지 기본 함수 대신 $\wp(u)$ 하나만 사용한다. 이 함수는 같은 주기를 가지는 함수 중에서 가장 간단하다. 함수 $\wp(u)$는 이중극을 오로지 한 개 가지며, 주어진 주기를 그와 대등한 다른 주기로 대치해도 함수 자체가 바뀌지 않도록 정의되었다.

H. **푸앵카레**(*H. Poincaré*), 1899

타원함수 이론은 수학의 여러 분야에서 중요하게 다루어지며, 타원적분에서 이론이 시작된다. 타원적분은 일반적으로 $\int R(x, \sqrt{P(x)})\,dx$ 꼴 적분을 가리킨다. 여기서 R은 유리함수이고 P는 3차 또는 4차 다항함수다.[1] 이러한 적분은 타원 또는 렘니스케이트(lemniscate)의 호 길이 계산을 비롯한 여러 문제에서 등장한다. 타원적분에 대한 초기 연구는 타원적분의 특수한 변환 성질 및 내재된 이중 주기성을 중심으로 이루어졌다. 이중 주기성의 예로 8장 4.5절에서 다룬 반평면에서 직사각형으로의 사상이 있다. (타원함수라고 부르는) 이중 주기함수에 대해 체계적인 연구를 시작하며 주제를 변환한 사람이 바로 야코비다. 이러한 과정에서 세타함수가 중요하게 사용되었다. 야코비의 뒤를 이어 바이어슈트라스는 또 다른 접근법을 개발했다. 바이어슈트라스 이론은 첫 단추부터 간결하고 우아하다. 그 이유는 $\wp$ 함수를 사용했기 때문인데, 이번 장에서 바이어슈트라스 이론의 앞부분을 간략히 살펴보겠다. 원점에서 함수 $\wp$에 대한 로랑 전개식의 계수는 아이젠슈타인 급수의 합으로 주어지는데, 그 합은 약수함수(divisor function)를 포함하는 식으로도 표현된다. 이 과정을 살펴봄으로써 타원함수와 정수론이 서로 관련있음을 알 수 있다. 10장에서는 조합론 및 정수론에 더 직접적인 관련이 있는 세타함수를 공부한다. 이를 통하여 타원함수, 아이젠슈타인 급수, 세타함수 등의 중요성을 알게 된다. 이 함수들의 역할을 고려할 때, 푸앵카레는 야코비 이론을 가혹하게 비평한 듯하다.

1 타원함수

이번 장에서는 주기가 두 개인 $\mathbb{C}$ 위의 유리형함수 f를 주로 다룬다.

두 개의 주기란 모든 $z \in \mathbb{C}$에 대해

1 P가 2차함수이면 본질적으로 **원함수**(circular function)이며, 삼각함수 $\sin x$, $\cos x$ 등으로 바꿀 수 있다.

$$f(z+\omega_1)=f(z), \quad f(z+\omega_2)=f(z)$$

를 만족하는 0이 아닌 두 복소수 ω_1, ω_2가 존재한다는 의미다. 이러한 함수를 **이중 주기(doubly periodic)**함수라고 한다.

ω_1과 ω_2가 $\mathbb{R}$에 대하여 일차종속, 즉 $\frac{\omega_2}{\omega_1} \in \mathbb{R}$인 경우는 큰 의미가 없다. 연습문제 1에서 이 경우 f는 ($\frac{\omega_2}{\omega_1}$가 유리수일 때) 단순 주기를 가지거나 ($\frac{\omega_2}{\omega_1}$가 무리수일 때) 상수함수임을 증명한다. 따라서 주기 ω_1과 ω_2는 $\mathbb{R}$ 위에서 일차독립이라고 가정하자.

이제 이 장에서 광범위하게 사용할 정규화에 대해 설명한다. $\tau = \frac{\omega_2}{\omega_1}$라고 하자. τ와 $\frac{1}{\tau}$은 허수부의 부호가 서로 반대이고, τ는 실수가 아니므로 (필요하다면 ω_1과 ω_2를 서로 바꾼 뒤) $\mathrm{Im}(\tau) > 0$이라고 가정할 수 있다. 이제 함수 f의 주기가 ω_1, ω_2로 두 개이기 위한 필요충분조건은 함수 $F(z) = f(\omega_1 z)$의 주기가 1, τ로 두 개인 것임을 알 수 있다. 함수 f가 유리형일 필요충분조건은 F가 유리형이라는 것이다. 또한 f의 성질은 F의 성질로부터 바로 유도할 수 있다. 따라서 일반성을 잃지 않고 f는 주기가 1과 τ인(단, $\mathrm{Im}(\tau) > 0$) $\mathbb{C}$ 위의 유리형함수라고 가정할 수 있다.

주기의 정의를 연달아 적용하면 모든 정수 n, m 및 모든 $z \in \mathbb{C}$에 대해

$$f(z+n+m\tau) = f(z) \tag{9.1}$$

를 얻는다. 따라서 자연스럽게 $\mathbb{C}$의 격자를

$$\Lambda = \{n + m\tau : \ n, m \in \mathbb{Z}\}$$

라고 정의하여 생각할 수 있다. 이때 1과 τ가 Λ를 **생성한다(generate)**고 한다(그림 1 참고).

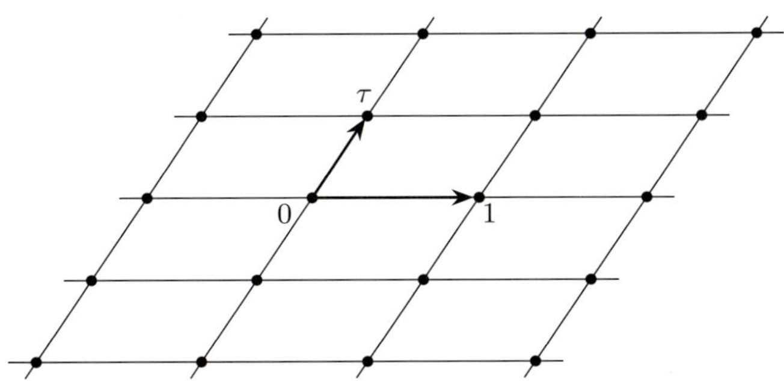

[그림 1] 1과 τ로 생성된 격자 Λ

등식 (9.1)은 Λ의 원소에 의한 평행이동에 의해 f의 함숫값이 변하지 않음을 나타낸다. **기본 평행사변형(fundamental parallelogram)**

$$P_0 = \{z \in \mathbb{C} : z = a + b\tau\} \quad (\text{단, } \ 0 \le a < 1 \text{ 이고 } 0 \le b < 1)$$

는 격자 Λ와 관련있다.

기본 평행사변형 P_0에서 f 값이 결정되면 복소평면 전체에서 f 값도 결정된다. 이를 확인하기 위해 다음과 같이 정의하자. 두 복소수 z와 w가 적당한 $n,\ m \in \mathbb{Z}$에 대해

$$z = w + n + m\tau$$

를 만족하면 z와 w가 **Λ에 대하여 합동(congruent modulo Λ)**이라고 한다. 이는 $z \sim w$라고 쓴다. 다시 말해 z와 w는 격자 위의 한 점만큼 차이가 나며, $z-w \in \Lambda$이다. 등식 (9.1)에 의해 $z \sim w$이면 $f(z) = f(w)$이다. 임의의 점 $z \in \mathbb{C}$가 P_0의 고유한 점과 합동이라면 f는 기본 평행사변형에서의 함숫값에 의해 완전히 결정됨이 증명된다. $\mathbb{C}$를 2차원 $\mathbb{R}$–벡터공간으로 보았을 때, 1과 τ가 기저를 이루므로 임의의 복소수 $z = x + iy$를 $z = a + b\tau$ (단, $a, b \in \mathbb{R}$)라 쓸 수 있다. 이제 n을 a 이하의 정수 중 가장 큰 수라 하고, m을 b 이하의 정수 중 가장 큰 수라 하자. $w = z - n - m\tau$라고 하면 정의에 의해 $z \sim w$, $w = (a-n) + (b-m)\tau$이다. 위 과정을 살펴보면 $w \in P_0$임은 분명하다. 유일성을 증명하기 위해, w와 w'이 합동인 P_0의 두 점이라고 가정하자. $w = a + b\tau$, $w' = a' + b'\tau$라고 쓰면 $w - w' = (a-a') + (b-b')\tau \in \Lambda$이고 따라서 $a - a'$과 $b - b'$이 모두 정수다. 그런데 $0 \le a, a' < 1$이므로 $-1 < a - a' < 1$이고 이는 $a - a' = 0$임을 의미한다. 유사하게 $b - b' = 0$이고, 따라서 $w = w'$이다.

이를 일반화 해보자. 기본 평행사변형을 평행이동하여 얻을 수 있는 평행사변형 P를 **주기 평행사변형(period parallelogram)**이라 한다. 즉, $h \in \mathbb{C}$에 대해 $P = P_0 + h$이다(그림 2 참고).

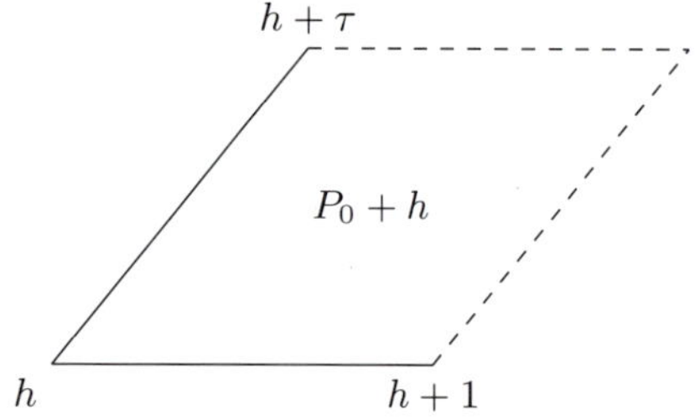

[그림 2] 주기 평행사변형

$z-h$에 대해 앞의 결과를 적용할 수 있으므로 $\mathbb{C}$의 각 점은 주어진 주기 평행사변형의 고유한 점과 합동임을 알 수 있다. 따라서 f는 임의의 주기 평행사변형에서의 행동에 의해 유일하게 결정된다.

마지막으로 확인할 개념이 있다. Λ와 P_0는

$$\mathbb{C} = \bigcup_{n,m\in\mathbb{Z}} (n + m\tau + P_0) \tag{9.2}$$

와 같이 복소평면의 덮개(coverging) 또는 타일(tiling)을 이루며, 덮개를 이루는 각 집합은 서로소다. 이는 방금 확인한 사실과 P_0의 정의에서 바로 알 수 있다. 지금까지 확인한 내용을 요약하면 다음과 같다.

명제 1.1 주기가 1과 τ로 두 개인 유리형함수 f를 생각하자. 1과 τ가 격자 Λ를 생성할 때, 다음이 성립한다.

(1) $\mathbb{C}$의 각 점은 기본 평행사변형의 고유한 점과 합동이다.
(2) $\mathbb{C}$의 각 점은 임의의 주어진 주기 평행사변형의 고유한 점과 합동이다.
(3) 격자 Λ는 식 (9.2)와 같이 복소평면을 서로소인 합집합으로 덮는다.
(4) 함수 f는 임의의 주어진 주기 평행사변형에서의 함숫값에 의해 완전히 결정된다.

1.1 리우빌 정리

다음 정리는 복소해석적인 함수가 아닌 유리형함수 f를 생각해야 하는 이유를 설명한다.

정리 1.2 이중 주기를 갖는 전해석함수는 상수함수다.

증명

함수는 P_0에서의 함숫값에 의해 완전히 결정된다. 또한 P_0의 폐포는 콤팩트하므로 함수는 $\mathbb{C}$에서 유계다. 따라서 2장 리우빌 정리에 의해 상수함수다. ◀

상수함수가 아닌 이중 주기의 유리형함수를 **타원함수(elliptic function)**라고 부른다. 유리형함수는 임의의 큰 원판에서 오직 유한개의 영점과 극을 가질 수 있으므로 타원함수는 임의의 주어진 주기 평행사변형에서 오직 유한개의 영점과 극을 가진다. 특히 기본 평행사변형에서도 같은 사실이 성립한다. 물론 f는 P_0의 경계에서 극이나 영점을 가질 수도 있다.

늘 그랬듯이 극과 영점은 중복된 만큼 반복하여 센다. 이를 유념하고 다음 정리를 이해하기 바란다.

정리 1.3 P_0에서 타원함수는 항상 둘 이상의 극을 가진다.

다시 말해 f가 오직 하나의 단극을 가질 수는 없다. f는 적어도 두 개의 극을 가지며, 여기에는 중복도가 2 이상인 하나의 극도 포함된다.

증명

먼저 f가 기본 평행사변형의 경계 ∂P_0에서 극을 가지지 않는다고 가정하자. 유수정리에 의해

$$\int_{\partial P_0} f(z)\,dz = 2\pi i \sum \operatorname{res} f$$

가 성립하며, 좌변의 적분값이 0이라고 주장한다. 이를 확인하기 위해 단순히 f의 주기성을 이용한다.

$$\int_{\partial P_0} f(z)\,dz = \int_0^1 f(z)\,dz + \int_1^{1+\tau} f(z)\,dz + \int_{1+\tau}^{\tau} f(z)\,dz + \int_{\tau}^{0} f(z)\,dz$$

가 성립하며 서로 반대 방향의 적분은 상쇄됨에 유의한다. 예를 들면

$$\begin{aligned}\int_0^1 f(z)\,dz + \int_{1+\tau}^{\tau} f(z)\,dz &= \int_0^1 f(z)\,dz + \int_1^0 f(s+\tau)\,ds \\ &= \int_0^1 f(z)\,dz + \int_1^0 f(s)\,ds \\ &= \int_0^1 f(z)\,dz - \int_0^1 f(z)\,dz \\ &= 0\end{aligned}$$

과 같다. 다른 변의 적분쌍도 비슷하다. 따라서 $\int_{\partial P_0} f = 0$이고 $\sum \operatorname{res} f = 0$이다. 그러므로 f는 P_0에서 적어도 두 개의 극을 가져야만 한다.

f가 ∂P_0에서 극을 가진다면 작은 $h \in \mathbb{C}$를 택하여 $P = h + P_0$에 대해 f가 ∂P에서 극을 가지지 않도록 한다. 방금과 같이 논증하면 f는 P에서 적어도 두 개의 극을 가져야 하며, 따라서 P_0에서도 적어도 두 개의 극을 가져야만 한다. ◀

타원함수의 극의 총 개수를 타원함수의 **차수(order)**라고 한다. 단, 중근은 중복도만큼 반복하여 센다. 다음 정리에 따르면 중복도만큼 반복하여 영점 개수를 셀 경우 타원함수는 영점을 극 개수만큼 가진다.

정리 1.4 차수가 m인 모든 타원함수는 P_0에서 m개의 영점을 가진다.

증명

먼저 f가 P_0의 경계에서 영점과 극을 모두 가지지 않는다고 가정하면 3장 편각 원리에 의해

$$\int_{\partial P_0} \frac{f'(z)}{f(z)}\, dz = 2\pi i(\mathcal{N}_{\mathfrak{z}} - \mathcal{N}_{\mathfrak{p}})$$

가 성립한다. 여기서 $\mathcal{N}_{\mathfrak{z}}$과 $\mathcal{N}_{\mathfrak{p}}$는 각각 P_0에서의 f의 영점과 극의 개수를 나타낸다. 주기성에 의해 정리 1.3의 증명과 같이 논증하여 $\int_{\partial P_0} f'/f = 0$임을 알 수 있고, 따라서 $\mathcal{N}_{\mathfrak{z}} = \mathcal{N}_{\mathfrak{p}}$이다.

f의 극이나 영점이 ∂P_0에 위치하는 경우에는 P를 적절히 평행이동하고 위의 논증을 적용하면 충분하다. ◀

정리 1.4에 의해 f가 타원함수이면 모든 $c \in \mathbb{C}$에 대해 방정식 $f(z) = c$는 f의 차수만큼 해를 가진다. $f - c$도 타원함수이며 f와 같은 수의 극을 가지기 때문이다.

앞의 두 정리가 서술하는 타원함수의 특성은 명쾌하다. 하지만 타원함수는 과연 존재할까? 이제 그 물음에 대한 답으로 타원함수를 구성해 보겠다.

1.2 바이어슈트라스 $\wp$ 함수

차수가 2인 타원함수

이번 절에서는 타원함수의 대표적인 예를 다룬다. 앞서 확인했듯이 모든 타원함수는 극을 최소한 두 개 가져야 한다. 실제로 특이점이 주기에 의해 생성된 격자점에 놓인 이중극만 있는 함수를 정의할 것이다.

이중 주기함수의 경우를 살펴보기 전에 먼저 주기가 하나뿐인 함수를 간단히 살펴보자. 주기가 1이고 모든 정수에서 극을 가지는 함수를 구성하려는 경우, 급수를

$$F(z) = \sum_{n=-\infty}^{\infty} \frac{1}{z+n}$$

과 같이 선택하면 간단하다. z를 $z+1$로 바꾸더라도 이 급수는 변하지 않으며, 여전히 정수에서 극을 가진다. 그런데 F를 정의하는 급수는 절대수렴하지 않으므로 이 문제를 해결하기 위해 대칭적으로 합한다. 다시 말해

$$F(z) = \lim_{N \to \infty} \sum_{|n| \leq N} \frac{1}{z+n} = \frac{1}{z} + \sum_{n=1}^{\infty} \left[\frac{1}{z+n} + \frac{1}{z-n} \right]$$

과 같이 정의한다. 맨 오른쪽 식에서는 n과 $-n$에 해당하는 항을 짝지었다. 이는 $O(1/n^2)$만큼의 양을 만드는 기법이며, 따라서 마지막 합은 절대수렴한다. 결과적으로 F는 정확히 정수에서 극을 가지는 유리형함수다. 사실 5장에서 일찍이 $F(z) = \pi \cot \pi z$임을 증명했다.

급수 $\sum_{-\infty}^{\infty} \frac{1}{z+n}$을 다루는 두 번째 방법은

$$\frac{1}{z} + \sum_{n \neq 0} \left[\frac{1}{z+n} - \frac{1}{n} \right]$$

과 같이 쓰는 것이다. 여기서 급수는 모든 0이 아닌 정수에 대해 취한다. $1/(z+n) - 1/n = O(1/n^2)$이므로 이 급수는 절대수렴한다.

$$\frac{1}{z+n} + \frac{1}{z-n} = \left(\frac{1}{z+n} - \frac{1}{n} \right) + \left(\frac{1}{z-n} - \frac{1}{-n} \right)$$

과 같이 나타내 보자. 그러면 앞의 급수와 같다.

이 예를 모방하여 타원함수의 첫 번째 예를 만들어 보자. 우선

$$\sum_{\omega \in \Lambda} \frac{1}{(z+\omega)^2}$$

과 같이 쓰고 싶지만 아쉽게도 이 급수는 절대수렴하지 않는다. 이 급수가 잘 정의되도록 하는 여러 접근법(심화문제 1 참고)이 있지만 앞의 코탄젠트 급수를 다루었던 두 번째 방법을 따르는 것이 가장 쉽다.

급수가 절대수렴하지 않는 문제를 해결하기 위해 원점을 뺀 격자를 Λ^*로 나타내자. 즉, $\Lambda^* = \Lambda - \{(0,0)\}$이다. 그리고 원래 급수 대신

$$\frac{1}{z^2} + \sum_{\omega \in \Lambda^*} \left[\frac{1}{(z+\omega)^2} - \frac{1}{\omega^2} \right]$$

과 같은 급수를 생각한다. 여기서 급수가 수렴하도록 $1/\omega^2$만큼을 뺐다. 괄호 안의 항은 이제 $|\omega| \to \infty$일 때

$$\frac{1}{(z+\omega)^2} - \frac{1}{\omega^2} = \frac{-z^2 - 2z\omega}{(z+\omega)^2 \omega^2} = O\left(\frac{1}{\omega^3} \right)$$

과 같다.

다음 보조정리를 증명하고 나면 새로운 급수를 통해 원하는 극을 가지는 유리형함수를 정의할 수 있다.

보조정리 1.5 $r > 2$이면 두 급수

$$\sum_{(n,m)\neq(0,0)} \frac{1}{(|n|+|m|)^r}, \qquad \sum_{n+m\tau\in\Lambda^*} \frac{1}{|n+m\tau|^r}$$

은 수렴한다.

증명

7장 3절에 소개한 '이중급수에 대한 참고사항'에 따르면 이중급수의 절대수렴 여부는 더하는 순서와 무관하다. 지금과 같은 경우라면 먼저 m에 대해 더한 다음에 n에 대해 더할 것이다.

첫 번째 급수에 적분 판정법을 적용하여 수렴함을 보일 수 있다.[2] 모든 $n \neq 0$에 대해

$$\begin{aligned}\sum_{m\in\mathbb{Z}} \frac{1}{(|n|+|m|)^r} &= \frac{1}{|n|^r} + 2\sum_{m\geq 1} \frac{1}{(|n|+|m|)^r} \\ &= \frac{1}{|n|^r} + 2\sum_{k\geq|n|+1} \frac{1}{k^r} \\ &\leq \frac{1}{|n|^r} + 2\int_{|n|}^{\infty} \frac{dx}{x^r} \\ &\leq \frac{1}{|n|^r} + C\frac{1}{|n|^{r-1}}\end{aligned}$$

인 관계가 성립한다. 따라서 $r > 2$이면[3]

$$\begin{aligned}\sum_{(n,m)\neq(0,0)} \frac{1}{(|n|+|m|)^r} &= \sum_{|m|\neq 0} \frac{1}{|m|^r} + \sum_{|n|\neq 0}\sum_{m\in\mathbb{Z}} \frac{1}{(|n|+|m|)^r} \\ &\leq \sum_{|m|\neq 0} \frac{1}{|m|^r} + \sum_{|n|\neq 0} \left(\frac{1}{|n|^r} + C\frac{1}{|n|^{r-1}}\right) \\ &< \infty\end{aligned}$$

가 성립한다. 두 번째 급수도 수렴함을 증명하려면 모든 $n, m \in \mathbb{Z}$에 대해

$$|n| + |m| \leq c|n + \tau m|$$

을 만족하는 상수 c가 존재함을 보이면 충분하다. $x \leq ay$를 만족하는 양의 상수 a가 존재하면 $x \lesssim y$

2 간단히 $k-1 \leq x \leq k$일 때 $1/k^r \leq 1/x^r$임을 이용한다. 또한 『STEIN 푸리에 해석학』 8장 그림 8.1을 참고하라.

3 (감수자) 다음 식에서 $=$와 $\leq$ 뒤에 등장하는 $\sum_{|m|\neq 0} \frac{1}{|m|^r}$을 $\sum_{|n|\neq 0} \frac{1}{|n|^r}$로 바꾸어 보아도 무방하다.

로 표시한다. 또한 $x \lesssim y$이면서 $y \lesssim x$가 성립하면 $x \approx y$라고 쓴다. 임의의 두 양수 A와 B에 대해

$$(A^2 + B^2)^{1/2} \approx A + B$$

가 성립함에 주목한다. 한쪽 부등식은 $A \leq (A^2 + B^2)^{1/2}$이고 $B \leq (A^2 + B^2)^{1/2}$이므로 $A + B \leq 2(A^2 + B^2)^{1/2}$이 성립한다. 또 다른 쪽 부등식은 양변을 제곱하여 $(A^2 + B^2)^{1/2} \leq A + B$임을 확인하면 충분하다.

보조정리 1.5의 두 번째 급수는

$$|n| + |m| \approx |n + m\tau|$$

에 의해 수렴한다(단, $\tau \in \mathbb{H}$). 실제로 $\tau = s + it$ (단, $s, t \in \mathbb{R}$이고 $t > 0$)이면 앞의 관찰에 의해

$$|n + m\tau| = [(n + ms)^2 + (mt)^2]^{1/2} \approx |n + ms| + |mt| \approx |n + ms| + |m|$$

이 성립한다. 그런 다음에 $|n| \leq 2|m|\,|s|$인 경우와 $|n| \geq 2|m|\,|s|$의 경우를 따로 생각하여 $|n + ms| + |m| \approx |n| + |m|$임을 알 수 있다. ◀

비고 보조정리 1.5의 증명은 $r > 2$일 때 급수 $\sum |n + m\tau|^{-r}$이 모든 반평면 $\mathrm{Im}(\tau) \geq \delta > 0$에서 균등수렴함을 보여 준다. 이와 대조적으로 $r = 2$일 때는 급수가 수렴하지 않는다. 연습문제 3을 참고하라.

이렇게 기술적인 부분을 바탕으로 이제 **바이어슈트라스 $\wp$ 함수(Weierstrass $\wp$ function)**의 정의로 돌아갈 수 있다. 바이어슈트라스 $\wp$ 함수는 급수

$$\begin{aligned}\wp(z) &= \frac{1}{z^2} + \sum_{\omega \in \Lambda^*} \left[\frac{1}{(z+\omega)^2} - \frac{1}{\omega^2}\right] \\ &= \frac{1}{z^2} + \sum_{(n,m) \neq (0,0)} \left[\frac{1}{(z+n+m\tau)^2} - \frac{1}{(n+m\tau)^2}\right]\end{aligned}$$

로 주어진다. 이렇게 정의된 함수 $\wp$는 격자점에서 이중극을 가지는 유리형함수다. 이를 보이기 위해 $|z| < R$이라고 가정하고

$$\wp(z) = \frac{1}{z^2} + \sum_{|\omega| \leq 2R} \left[\frac{1}{(z+\omega)^2} - \frac{1}{\omega^2}\right] + \sum_{|\omega| > 2R} \left[\frac{1}{(z+\omega)^2} - \frac{1}{\omega^2}\right]$$

과 같이 쓴다. 두 번째 급수의 항은 $|z| < R$에 균등하게 $O(1/|\omega|^3)$이므로 보조정리 1.5에 의해 이 두 번째 급수는 $|z| < R$에서 복소해석적 함수를 정의한다. 마지막으로 첫 번째 급수는 원판 $|z| < R$의 격자점에서의 이중극을 나타낸다.

항 $-1/\omega^2$이 삽입되었기에 $\wp$가 이중 주기인지 아닌지는 더 이상 명확하지 않다. 그럼에도 $\wp$는 이중 주기함수이며, $\wp$는 차수가 2인 타원함수의 모든 성질을 가지고 있다. 지금까지의 결과를 종합하여 다음 정리를 얻을 수 있다.

정리 1.6 함수 $\wp$는 주기가 1 및 τ이며 격자점에서 중극을 가지는 타원함수다.

증명

$\wp$가 올바른 주기를 가지는 주기함수인 것만 증명하면 된다. 우선 $\wp$의 도함수는 다음과 같이 $\wp$에 대한 급수를 항별로 미분하여 얻을 수 있다.

$$\wp'(z) = -2 \sum_{n,m \in \mathbb{Z}} \frac{1}{(z+n+m\tau)^3}$$

이를 바탕으로 두 가지 사실을 알 수 있다. 첫째, 미분한 급수는 보조정리 1.5에서 $r=3$인 경우에 의해 z가 격자점에 놓여 있지 않으면 절대수렴한다. 둘째, 미분은 항 $1/\omega^2$도 제거한다. 따라서 $\wp'$에 대한 급수는 z를 $z+1$ 또는 $z+\tau$로 바꾸더라도 변하지 않으므로, 주기가 1과 τ인 주기함수임이 분명하다.

따라서 $\wp(z+1) = \wp(z) + a$, $\wp(z+\tau) = \wp(z) + b$를 만족하는 두 상수 a, b가 존재한다.

그런데 정의로부터 $\wp$가 짝함수임은 분명하다. 즉, $\omega \in \Lambda$를 더하는 것은 $-\omega \in \Lambda$를 더하는 것으로 바꿀 수 있으므로 $\wp(z) = \wp(-z)$이다. 따라서 $\wp(-1/2) = \wp(1/2)$이고 $\wp(-\tau/2) = \wp(\tau/2)$이므로 위의 두 식에서 각각 $z = -1/2$ 및 $z = -\tau/2$로 두면 $a = b = 0$임이 증명된다. ◀

미분을 사용하지 않고 $\wp$의 주기성을 직접 증명할 수도 있다. 연습문제 4를 참고하라.

$\wp$의 성질

몇 가지 언급할 내용이 있다. $\wp$가 짝함수임을 이미 관찰했으므로 $\wp'$은 홀함수다. $\wp'$ 또한 주기가 1 및 τ인 주기함수이므로

$$\wp'(1/2) = \wp'(\tau/2) = \wp'\left(\frac{1+\tau}{2}\right) = 0$$

임을 알 수 있다. 예를 들면

$$\wp'(1/2) = -\wp'(-1/2) = -\wp'(-1/2+1) = -\wp'(1/2)$$

이 성립한다. $\wp'$은 3차 타원함수이므로 세 점 $1/2$, $\tau/2$, (**반-주기(half-periods)**라고 불리는) $(1+\tau)/2$가 기본 평행사변형에서 $\wp'$이 가지는 유일한 영점이며, 중복도는 모두 1이다. 따라서

$$\wp(1/2) = e_1, \qquad \wp(\tau/2) = e_2, \qquad \wp\left(\frac{1+\tau}{2}\right) = e_3$$

와 같이 정의하면 방정식 $\wp(z) = e_1$은 $1/2$에서 이중근을 가진다. $\wp$의 차수가 2이므로 기본 평행사변형에서 방정식 $\wp(z) = e_1$의 다른 해는 존재하지 않는다. 비슷하게 방정식 $\wp(z) = e_2$, $\wp(z) = e_3$는 각각 $\tau/2$와 $(1+\tau)/2$에서만 근을 가지며, 중복도는 2다. 특히 세 수 e_1, e_2, e_3는 서로 다르다. 만약 그렇지 않다면 $\wp$는 기본 평행사변형에서 근이 적어도 4개이고, 이는 $\wp$의 차수가 2라는 사실에 모순이다. 이러한 관찰로부터 다음 정리를 증명할 수 있다.

정리 1.7 함수 $(\wp')^2$은 $\wp$에 대한 3차다항식 $(\wp')^2 = 4(\wp - e_1)(\wp - e_2)(\wp - e_3)$이다.

증명

기본 평행사변형에서 $F(z) = (\wp(z) - e_1)(\wp(z) - e_2)(\wp(z) - e_3)$가 0인 곳은 세 점 $1/2$, $\tau/2$, $(1+\tau)/2$뿐이며, 중복도는 모두 2다. 또한 $(\wp')^2$은 이들 점에서 중근을 가진다. 게다가 F는 격자점에서 중복도가 6인 극을 가지는데, ($\wp'$이 그곳에서 중복도가 3인 극을 가지므로) $(\wp')^2$도 마찬가지다. 결과적으로 $(\wp')^2/F$는 전해석함수이며 여전히 이중 주기함수이므로 따라서 상수함수다. 이 상숫값을 찾기 위해 0 근방의 z에 대해

$$\wp(z) = \frac{1}{z^2} + \cdots, \qquad \wp'(z) = \frac{-2}{z^3} + \cdots$$

가 성립함에 유의한다. 여기서 줄임표는 더 높은 차수의 항을 나타낸다. 따라서 상수는 4이며, 이로써 정리를 증명했다. ◀

다음으로 모든 타원함수가 $\wp$와 $\wp'$의 간단한 조합으로 이루어짐을 보임으로써 $\wp$의 보편성을 설명한다.

정리 1.8 주기가 1 및 τ인 모든 타원함수 f는 $\wp$와 $\wp'$에 대한 유리함수다.

정리 1.8은 다음 보조정리로부터 금방 유도된다.

보조정리 1.9 주기가 1 및 τ이며 짝함수인 모든 타원함수 F는 $\wp$에 대한 유리함수다.

증명

F가 짝함수이므로 이 함수가 원점에서 영점 또는 극을 가지면 중복도가 짝수여야 한다. 그 결과 $F\wp^m$이 격자점에서 영점이나 극을 가지지 않게 하는 정수 m이 존재한다. 따라서 F 자기 자신이 Λ에서 영점이나 극을 가지지 않는다고 가정할 수 있다.

우선 $\wp$를 사용하여 F와 정확히 같은 영점과 극을 갖는 이중 주기함수 G를 정의하자. 이를 위해 $\wp(z) - \wp(a)$는 a가 반–주기이면 a에서만 영점을 가지고 중복도가 2인 반면, 그렇지 않은 경우는 a와 $-a$에서 두 개의 서로 다른 영점을 가진다는 사실을 이용한다. 따라서 F의 영점과 극을 주의 깊게 계산해야 한다.

F가 짝함수이므로 a가 F의 영점이면 $-a$도 F의 영점이다. 또한 a가 $-a$와 합동일 필요충분조건은 a가 반–주기인 것이며, 이 경우 영점은 짝수 중복도를 가진다. 따라서 F의 모든 영점을 중복도를 포함하여 나열한 것이 a_1, $-a_1$, $\cdots$, a_m, $-a_m$이라면[4] 함수

$$[\wp(z) - \wp(a_1)] \cdots [\wp(z) - \wp(a_m)]$$

은 정확히 F와 같은 근을 가진다. 비슷한 논증으로 (중복도를 고려한) F의 모든 극을 b_1, $-b_1$, $\cdots$, b_m, $-b_m$으로 나타내면 함수

$$G(z) = \frac{[\wp(z) - \wp(a_1)] \cdots [\wp(z) - \wp(a_m)]}{[\wp(z) - \wp(b_1)] \cdots [\wp(z) - \wp(b_m)]}$$

이 이중 주기함수이며 F와 같은 영점과 극을 가짐을 보일 수 있다. 따라서 F/G는 전해석함수이고 이중 주기함수이므로 상수함수다. 따라서 보조정리가 증명되었다. ◀

정리 1.8의 증명

먼저 $\wp$는 짝함수인 반면에 $\wp'$은 홀함수임을 기억한다. 그런 다음 f를 짝함수와 홀함수의 합

$$f(z) = f_{\text{even}}(z) + f_{\text{odd}}(z)$$

로 나타낸다. 여기서 f_{even}과 f_{odd}는

$$f_{\text{even}}(z) = \frac{f(z) + f(-z)}{2}, \quad f_{\text{odd}}(z) = \frac{f(z) - f(-z)}{2}$$

와 같다. 그러면 $f_{\text{odd}}/\wp'$은 짝함수이므로 f_{even} 및 $f_{\text{odd}}/\wp'$에 보조정리 1.9를 적용하면 f가 $\wp$ 및 $\wp'$에 대한 유리함수임이 분명하다. ◀

4 a_j가 반–주기가 아닌 경우, a_j와 $-a_j$의 중복도는 F가 이들 점에서 가지는 중복도와 같다. a_j가 반–주기인 경우, a_j와 $-a_j$는 합동이며 중복도는 F가 이 점에서 가지는 중복도의 절반이다.

2 타원함수의 모듈러성과 아이젠슈타인 급수

이제 타원함수의 모듈러성이라고도 하는 τ에 대한 의존성을 학습하고자 한다.

이 장의 서두에서 살펴본 정규화를 떠올리자. $\mathbb{R}$에 대하여 일차독립인 두 주기 ω_1과 ω_2에서 시작하여 $\tau = \dfrac{\omega_2}{\omega_1}$를 정의했다. 그런 다음 $\text{Im}(\tau) > 0$이고, 두 주기는 1과 τ라고 가정할 수 있다. 다음으로 1과 τ에 의해 생성된 격자를 생각하고 주기가 1과 τ인 2차 타원함수인 함수 $\wp$를 정의했다. $\wp$의 정의가 τ에 의존하므로 $\wp$ 대신 $\wp_\tau$라고 쓸 수 있다. 이는 관점을 바꾸어 $\wp_\tau(z)$를 τ에 대한 함수로 생각하게 한다. 이 접근법은 다수의 흥미롭고 새로운 시사점을 제공한다.

우선 다음을 살펴보자. 첫째, 1과 τ가 $\wp_\tau(z)$의 주기를 생성하므로 1과 $\tau+1$도 같은 주기를 생성하며, $\wp_\tau(z)$ 및 $\wp_{\tau+1}(z)$ 사이의 밀접한 관계를 예상할 수 있다. 사실 두 함수가 동일한 함수임을 쉽게 알 수 있다. 둘째, $\tau = \dfrac{\omega_2}{\omega_1}$이므로 1절 서두에서 도입한 정규화에 의해 $-\dfrac{1}{\tau} = -\dfrac{\omega_1}{\omega_2}$ (단, $\text{Im}\left(-\dfrac{1}{\tau}\right) > 0$)임을 알 수 있다. 이는 본질적으로 두 주기 ω_1, ω_2를 맞바꾼 것에 해당하므로 $\wp_\tau$와 $\wp_{-1/\tau}$ 사이에도 밀접한 관련이 있음을 예상할 수 있다. 실제로 항등식 $\wp_{-1/\tau}(z) = \tau^2\wp_\tau(\tau z)$를 쉽게 확인할 수 있다.

따라서 두 변환 $\tau \mapsto \tau+1$ 및 $\tau \mapsto -\dfrac{1}{\tau}$로 생성된 상반평면 $\text{Im}(\tau) > 0$의 변환군을 생각하게 된다. 이 군을 **모듈러 군(modular group)**이라고 한다. 지금까지 살펴본 내용에 기초하여 $\wp_\tau(z)$에 내재된 모든 양적 정보가 위의 변환을 반영한다고 예상할 수 있다. 아이젠슈타인 급수를 다루면서 이를 분명히 알게 된다.

2.1 아이젠슈타인 급수

차수가 k인 **아이젠슈타인 급수(Eisenstein series)**를

$$E_k(\tau) = \sum_{(n,m)\neq(0,0)} \frac{1}{(n+m\tau)^k}$$

과 같이 정의한다. 여기서 k는 3 이상의 정수이며 τ는 $\text{Im}(\tau) > 0$인 복소수다. Λ를 1과 τ로 생성된 격자라고 하고, $\omega = n + m\tau$로 쓰면 아이젠슈타인 급수를

$$\sum_{\omega\in\Lambda^*} \frac{1}{\omega^k}$$

로 나타낼 수 있다.

정리 2.1 아이젠슈타인 급수에 대하여 다음이 성립한다.

(1) $k \geq 3$이면 아이젠슈타인 급수 $E_k(\tau)$는 수렴하며 상반평면에서 복소해석적이다.

(2) k가 홀수이면 $E_k(\tau) = 0$이다.

(3) $E_k(\tau)$에 대해 두 관계식 $E_k(\tau+1) = E_k(\tau)$, $E_k(\tau) = \tau^{-k}E_k(-1/\tau)$가 성립한다.

성질 (3)을 종종 아이젠슈타인 급수의 **모듈러(modular)**성이라고 한다. 이 항등식과 세타함수가 만족시키는 다른 형태의 모듈러 항등식을 다음 장에서 다시 만날 것이다.

증명

(1) 보조정리 1.5와 302쪽 비고에 따르면 $k \geq 3$일 때, 아이젠슈타인 급수 $E_k(\tau)$는 모든 반평면 $\mathrm{Im}(\tau) \geq \delta > 0$에서 절대수렴하며 균등 수렴한다. 따라서 $E_k(\tau)$는 상반평면 $\mathrm{Im}(\tau) > 0$에서 복소해석적이다.

(2) 대칭성에 의해, n과 m을 $-n$과 $-m$으로 바꾸면 k가 홀수일 때 아이젠슈타인 급수가 항등적으로 0임을 알 수 있다.

(3) $n + m(\tau+1) = n + m + m\tau$이고 $n+m$을 n으로 바꾸어 합을 재배열할 수 있다는 사실로부터 $E_k(\tau)$는 주기가 1인 주기함수임이 분명하다. 또한

$$(n + m(-1/\tau))^k = \tau^{-k}(n\tau - m)^k$$

이 성립하므로 이번에는 $(-m, n)$을 (n, m)으로 바꾸어 합을 다시 재배열할 수 있다. 그러면 증명이 끝난다. ◀

비고 정리 2.1(2) 때문에 일부 책에서는 k차 아이젠슈타인 급수를 $\displaystyle\sum_{(n,m)\neq(0,0)} 1/(n+m\tau)^{2k}$으로 정의한다. 또한 앞에 상수가 곱해져 있을 수 있다.

0 근방에서 $\wp$의 급수 전개를 관찰하면 E_k와 바이어슈트라스 $\wp$ 함수의 연결 고리가 드러난다.

정리 2.2 0 근방의 z에 대해

$$\begin{aligned}\wp(z) &= \frac{1}{z^2} + 3E_4 z^2 + 5E_6 z^4 + \cdots \\ &= \frac{1}{z^2} + \sum_{k=1}^{\infty}(2k+1)E_{2k+2}z^{2k}\end{aligned}$$

이 성립한다.

증명

$\wp$의 정의에서 합을 바꾸지 않고 ω를 $-\omega$로 바꾸면

$$\wp(z) = \frac{1}{z^2} + \sum_{\omega\in\Lambda^*}\left[\frac{1}{(z+\omega)^2} - \frac{1}{\omega^2}\right] = \frac{1}{z^2} + \sum_{\omega\in\Lambda^*}\left[\frac{1}{(z-\omega)^2} - \frac{1}{\omega^2}\right]$$

이 성립한다. 여기서 $\omega = n + m\tau$이다. 등비급수를 미분하면 $|w| < 1$에 대해 항등식

$$\frac{1}{(1-w)^2} = \sum_{\ell=0}^{\infty}(\ell+1)w^\ell$$

을 얻는다. 충분히 작은 모든 z에 대해

$$\frac{1}{(z-\omega)^2} = \frac{1}{\omega^2}\sum_{\ell=0}^{\infty}(\ell+1)\left(\frac{z}{\omega}\right)^\ell = \frac{1}{\omega^2} + \frac{1}{\omega^2}\sum_{\ell=1}^{\infty}(\ell+1)\left(\frac{z}{\omega}\right)^\ell$$

이 성립하므로

$$\begin{aligned}\wp(z) &= \frac{1}{z^2} + \sum_{\omega\in\Lambda^*}\sum_{\ell=1}^{\infty}(\ell+1)\frac{z^\ell}{\omega^{\ell+2}} \\ &= \frac{1}{z^2} + \sum_{\ell=1}^{\infty}(\ell+1)\left(\sum_{\omega\in\Lambda^*}\frac{1}{\omega^{\ell+2}}\right)z^\ell \\ &= \frac{1}{z^2} + \sum_{\ell=1}^{\infty}(\ell+1)E_{\ell+2}z^\ell \\ &= \frac{1}{z^2} + \sum_{k=1}^{\infty}(2k+1)E_{2k+2}z^{2k}\end{aligned}$$

이다. 여기서 ℓ이 홀수이면 $E_{\ell+2} = 0$이라는 사실을 이용했다. ◀

정리 2.2로부터 0 근방의 z에 대해 전개식을 세 가지 얻는다.

$$\begin{aligned}\wp'(z) &= \frac{-2}{z^3} + 6E_4 z + 20E_6 z^3 + \cdots \\ (\wp'(z))^2 &= \frac{4}{z^6} - \frac{24E_4}{z^2} - 80E_6 + \cdots \\ (\wp(z))^3 &= \frac{1}{z^6} + \frac{9E_4}{z^2} + 15E_6 + \cdots\end{aligned}$$

이 세 가지 식으로부터 $(\wp'(z))^2 - 4(\wp(z))^3 + 60E_4\wp(z) + 140E_6$는 0 근방에서 복소해석적이며, 실제로 원점에서 0과 같다. 이 함수는 이중 주기함수이기도 하므로 정리 1.2에 의해 상수함수이고, 따라서 항등적으로 0이다. 이제 다음 따름정리가 성립한다.

따름정리 2.3 $g_2 = 60E_4$ 및 $g_3 = 140E_6$에 대해

$$(\wp')^2 = 4\wp^3 - g_2\wp - g_3$$

이다.

이 항등식은 정리 1.7을 다르게 나타낸 형태이며, 이로써 e_j에 대한 대칭함수를 아이젠슈타인 급수로 표현할 수 있다.

2.2 아이젠슈타인 급수와 약수함수

이제 아이젠슈타인 급수와 특정 정수론적 양 사이의 연결 고리를 설명하겠다. 이 관계는 주기함수 $E_k(\tau)$의 푸리에 전개에서 푸리에 계수를 생각하면 알 수 있다. 이는 $z = e^{2\pi i\tau}$에 대해 $\mathcal{E}(z) = E_k(\tau)$로 둔 다음, z의 함수 $\mathcal{E}$의 로랑 급수를 살펴보는 것과 같다.

다음 보조정리로 시작한다.

보조정리 2.4 $k \geq 2$이고 $\mathrm{Im}(\tau) > 0$이면

$$\sum_{n=-\infty}^{\infty} \frac{1}{(n+\tau)^k} = \frac{(-2\pi i)^k}{(k-1)!} \sum_{\ell=1}^{\infty} \ell^{k-1} e^{2\pi i\tau\ell}$$

이 성립한다.

증명

이 항등식은 $f(z) = 1/(z+\tau)^k$에 푸아송 합 공식을 적용하여 얻는다. 4장 연습문제 7을 참고하라.

또 다른 증명은 $k > 2$일 때 항별로 미분하여 얻을 수 있으므로 $k = 2$에 대해 위 식을 확인하면 충분하다. 이 특수한 경우를 증명하기 위해 5장에서 유도한 코탄젠트에 대한 식

$$\sum_{n=-\infty}^{\infty} \frac{1}{n+\tau} = \pi \cot \pi\tau$$

를 미분해서

$$\sum_{n=-\infty}^{\infty} \frac{1}{(n+\tau)^2} = \frac{\pi^2}{\sin^2(\pi\tau)}$$

을 얻는다. 이제 사인함수에 대한 오일러 공식과 $w = e^{2\pi i\tau}$에 대해

$$\sum_{r=1}^{\infty} rw^r = \frac{w}{(1-w)^2}$$

가 성립한다는 사실을 이용하여 원하는 결과를 얻는다. ◀

이 보조정리에 의해 아이젠슈타인 급수과 제타함수 및 약수함수 사이의 연관성을 찾을 수 있다. 여기서 등장하는 **약수함수(divisor function)** $\sigma_\ell(r)$은 r의 약수의 ℓ 거듭제곱을 더하는 것으로 정의한다. 약수함수를 식으로 나타내면

$$\sigma_\ell(r) = \sum_{d|r} d^\ell$$

과 같다.

정리 2.5 $k \geq 4$가 짝수이고 $\operatorname{Im}(\tau) > 0$이면

$$E_k(\tau) = 2\zeta(k) + \frac{2(-1)^{k/2}(2\pi)^k}{(k-1)!} \sum_{r=1}^{\infty} \sigma_{k-1}(r) e^{2\pi i \tau r}$$

이 성립한다.

증명

먼저 $\sigma_{k-1}(r) \leq r r^{k-1} = r^k$임을 관찰한다. $\operatorname{Im}(\tau) = t$이면 $t \geq t_0$일 때 $|e^{2\pi i r \tau}| \leq e^{-2\pi r t_0}$이다. 또한 $\sum_{r=1}^{\infty} r^k e^{-2\pi r t_0}$과 비교하여 정리의 급수는 임의의 반평면 $t \geq t_0$에서 절대수렴함을 알 수 있다. 이 식을 확인하기 위해 E_k의 정의와 ζ의 정의 및 k가 짝수라는 사실과 (τ를 $m\tau$로 바꾸고) 보조정리 2.4를 이용하자.

$$\begin{aligned}
E_k(\tau) &= \sum_{(n,m)\neq(0,0)} \frac{1}{(n+m\tau)^k} \\
&= \sum_{n\neq 0} \frac{1}{n^k} + \sum_{m\neq 0} \sum_{n=-\infty}^{\infty} \frac{1}{(n+m\tau)^k} \\
&= 2\zeta(k) + \sum_{m\neq 0} \sum_{n=-\infty}^{\infty} \frac{1}{(n+m\tau)^k} \\
&= 2\zeta(k) + 2\sum_{m>0} \sum_{n=-\infty}^{\infty} \frac{1}{(n+m\tau)^k} \\
&= 2\zeta(k) + 2\sum_{m>0} \frac{(-2\pi i)^k}{(k-1)!} \sum_{\ell=1}^{\infty} \ell^{k-1} e^{2\pi i m \tau \ell}
\end{aligned}$$

$$= 2\zeta(k) + \frac{2(-1)^{k/2}(2\pi)^k}{(k-1)!} \sum_{m>0} \sum_{\ell=1}^{\infty} \ell^{k-1} e^{2\pi i \tau m \ell}$$

$$= 2\zeta(k) + \frac{2(-1)^{k/2}(2\pi)^k}{(k-1)!} \sum_{r=1}^{\infty} \sigma_{k-1}(r) e^{2\pi i \tau r}$$

이로써 원하는 식을 증명했다. ◀

마지막으로 **금지된** $k = 2$의 경우로 전환한다. 염두에 둔 급수 $\displaystyle\sum_{(n,m)\neq(0,0)} \frac{1}{(n+m\tau)^2}$은 더 이상 절대수렴하지 않지만, 어쨌든 의미를 부여하려고 한다. $(n, m) \neq (0, 0)$에 대해

$$F(\tau) = \sum_m \left(\sum_n \frac{1}{(n+m\tau)^2} \right)$$

과 같이 표시된 순서로 더하여 함수 F를 정의한다. 정리 2.5와 같은 방식으로 위의 이중급수가 수렴함을 증명할 수 있는데, 실제로 그 극한은 정리 2.5의 우변에 $k = 2$를 대입한 것과 같다.

따름정리 2.6 F를 정의하는 이중급수는 표시된 순서로 더했을 때 수렴하며,

$$F(\tau) = 2\zeta(2) - 8\pi^2 \sum_{r=1}^{\infty} \sigma(r) e^{2\pi i r \tau}$$

이 성립한다. 여기서 $\sigma(r) = \sum_{d|r} d$는 r의 약수의 합이다.

한편 $F(-1/\tau)\tau^{-2}$은 $F(\tau)$와 같지 **않음**을 보일 수 있는데, 이는 m에 대해 먼저 더한 결과를 n에 대해 더하면 $F(\tau)$와 다른 값($F(\tau)$의 전도(reverse)인 $\tilde{F}(\tau)$)으로 수렴함을 뜻한다. 그럼에도 **금지된 아이젠슈타인 급수(forbidden Eisenstein series)** $F(\tau)$는 정수를 네 제곱수의 합으로 나타내는 유명한 정리를 증명할 때 중요하게 사용할 수 있다. 다음 장에서 이 문제를 살펴볼 예정이다.

연습문제

1. 주기가 ω_1, ω_2로 두 개인(단, $\frac{\omega_2}{\omega_1} \in \mathbb{R}$) 유리형함수 f를 생각하자. 다음 물음에 답하라.

(a) $\frac{\omega_2}{\omega_1}$가 유리수이고 $\frac{p}{q}$ (단, p와 q는 서로소인 정수)라 쓸 수 있다고 가정하자. 두 주기성에 대한 가정은 f가 $\omega_0 = \frac{1}{q}\omega_1$의 단순 주기를 가지는 주기함수라고 가정하는 것과 동치임을 증명하라.

힌트 p와 q가 서로소이므로 $mq + np = 1$을 만족하는 정수 m과 n이 존재한다(『STEIN 푸리에 해석학』 8장 따름정리 1.3 참고).

(b) $\frac{\omega_2}{\omega_1}$가 무리수이면 f는 상수함수다. 이를 증명하기 위해 τ가 무리수이고 m, n이 정수 위에서 움직일 때 $\{m - n\tau\}$가 $\mathbb{R}$에서 조밀하다는 사실을 이용한다.

2. $a_1, \cdots, a_r$ 및 $b_1, \cdots, b_r$을 각각 기본 평행사변형에서 타원함수 f의 영점과 극이라고 가정하자. 적당한 정수 n과 m에 대해 다음을 보여라.

$$a_1 + \cdots + a_r - b_1 - \cdots - b_r = n\omega_1 + m\omega_2$$

힌트 두 가지 경우로 나누어 생각한다. 첫 번째로 평행사변형의 경계에 영점이나 극이 놓여 있지 않으면 단순히 $\frac{zf'(z)}{f(z)}$를 경계에서 적분하여 변 위에서 $\frac{f'(z)}{f(z)}$를 적분한 값이 $2\pi i$의 정수배임을 관찰하라. 두 번째로 평행사변형의 한 변에 영점이나 극이 있다면 문제를 첫 번째 경우로 바꾸기 위해 살짝 평행이동한다.

3. 보조정리 1.5의 결과와 대조적으로 $\tau \in \mathbb{H}$일 때 급수

$$\sum_{n+m\tau\in\Lambda^*} \frac{1}{|n+m\tau|^2}$$

이 수렴하지 않음을 증명하라. 실제로 $R \to \infty$일 때

$$\sum_{1\le n^2+m^2\le R^2} 1/(n^2+m^2) = 2\pi \log R + O(1)$$

이 성립함을 보여라.

4. 급수 $\dfrac{1}{z^2} + \displaystyle\sum_{\omega\in\Lambda^*}\left[\dfrac{1}{(z+\omega)^2} - \dfrac{1}{\omega^2}\right]$ 을 재배열하여 $\omega \in \Lambda$에 대해 $\wp(z+\omega) = \wp(z)$ 임을 미분없이 바로 보여라.

힌트 충분히 큰 R에 대해 $\wp(z) = \wp^R(z) + O(1/R)$임에 주목한다. 여기서

$$\wp^R(z) = z^{-2} + \sum_{0<|\omega|<R}((z+\omega)^{-2} - \omega^{-2})$$

이다. 다음으로 $\wp^R(z+1) - \wp^R(z)$ 및 $\wp^R(z+\tau) - \wp^R(z)$이 모두 $O\left(\displaystyle\sum_{R-c<|\omega|<R+c}|\omega|^{-2}\right) = O\left(\dfrac{1}{R}\right)$ 임을 관찰하라.

5. $\sigma(z)$를 표준곱 $\sigma(z) = z\displaystyle\prod_{j=1}^{\infty}E_2(z/\tau_j)$ 라고 하자. 여기서 τ_j는 $(n,m) \neq (0,0)$인 주기 $\{n+m\tau\}$의 나열이고, $E_2(z) = (1-z)e^{z+z^2/2}$ 이다.

(a) $\sigma(z)$는 증가지수가 2인 전해석함수이고 모든 주기 $n + m\tau$에서 단근을 가지며 그 밖의 어디에서도 영점을 가지지 않음을 보여라.

(b) 다음을 보여라.

$$\frac{\sigma'(z)}{\sigma(z)} = \frac{1}{z} + \sum_{(n,m)\neq(0,0)}\left[\frac{1}{z-n-m\tau} + \frac{1}{n+m\tau} + \frac{z}{(n+m\tau)^2}\right]$$

또한 이 급수가 격자점을 구성하지 않는 모든 z에 대해 수렴함을 보여라.

(c) $L(z) = -\sigma'(z)/\sigma(z)$라 두고

$$L'(z) = \frac{(\sigma'(z))^2 - \sigma(z)\sigma''(z)}{(\sigma(z))^2} = \wp(z)$$

가 성립함을 보여라.

6. $\wp''$은 $\wp$에 대한 2차식임을 증명하라.

7. 등식 $\displaystyle\sum_{m=-\infty}^{\infty}\frac{1}{(m+\tau)^2} = \frac{\pi^2}{\sin^2(\pi\tau)}$ 에서 $\tau = \dfrac{1}{2}$로 두자.

$$\sum_{m\geq 1,\ m\text{은 홀수}}\frac{1}{m^2} = \frac{\pi^2}{8}, \quad \sum_{m\geq 1}\frac{1}{m^2} = \frac{\pi^2}{6} = \zeta(2)$$

를 유도하라. 유사하게 $\displaystyle\sum\frac{1}{(m+\tau)^4}$ 을 이용하여

$$\sum_{m\geq 1,\ m\text{은 홀수}} \frac{1}{m^4} = \frac{\pi^4}{96}, \quad \sum_{m\geq 1} \frac{1}{m^4} = \frac{\pi^4}{90} = \zeta(4)$$

를 유도하라. 이러한 결과는 이미 『STEIN 푸리에 해석학』의 2장과 3장 연습문제에서 푸리에 급수를 이용하여 얻은 바 있다.

8. E_4를 4차 아이젠슈타인 급수 $E_4(\tau) = \sum_{(n,m)\neq(0,0)} \frac{1}{(n+m\tau)^4}$이라고 하자. 다음 물음에 답하라.

(a) $\mathrm{Im}(\tau) \to \infty$일 때 $E_4(\tau) \to \frac{\pi^4}{45}$임을 보여라.

(b) 더 정확하게, $\tau = x + it$이고 $t \geq 1$이면

$$\left| E_4(\tau) - \frac{\pi^4}{45} \right| \leq ce^{-2\pi t}$$

이 성립함을 보여라.

(c) $\tau = it$이고 $0 < t \leq 1$이면

$$\left| E_4(\tau) - \tau^{-4}\frac{\pi^4}{45} \right| \leq ct^{-4}e^{-2\pi/t}$$

이 성립함을 유도하라.

심화문제

1. 1.2절 접근법 외에도 $\sum \frac{1}{(z+\omega)^2}$ (단, $\omega = n + m\tau$)의 합을 다루는 여러 다른 방법이 있다. 예를 들어 **(a)** 원 위에서 더할 수도 있고, **(b)** n에 대해 먼저 더한 뒤에 m에 대해 더할 수도 있으며, **(c)** m에 대해 먼저 더한 뒤에 n에 대해 더할 수도 있다.

(a) $z \notin \Lambda$이면 극한값

$$\lim_{R\to\infty} \sum_{n^2+m^2\leq R^2} \frac{1}{(z+n+m\tau)^2} = S_1(z)$$

가 존재하고 $S_1(z) = \wp(z) + c_1$임을 증명하라.

힌트 이를 증명하려면 $\lim_{R\to\infty} \sum_{1\leq n^2+m^2\leq R^2} 1/(n+m\tau)^2 = c_1$이 존재함을 보이면 충분하다. 이는 $\int_{1\leq x^2+y^2\leq R^2} \frac{dx}{(x+y\tau)^2} = I(R)$과 비교하여 증명한다. $(x+y\tau)^{-2} = -(\partial/\partial x)(x+y\tau)^{-1}$이므로

$I(R) = 0$임을 보일 수 있다.

(b) 유사한 방법으로, 급수

$$\sum_m \left(\sum_n \frac{1}{(z+n+m\tau)^2} \right) = S_2(z)$$

가 수렴하며 $S_2(z) = \wp(z) + c_2$ 임을 증명하라. 여기서 $c_2 = F(\tau)$이고 F는 금지된 아이젠슈타인 급수다.

(c) 또한 급수

$$\sum_n \left(\sum_m \frac{1}{(z+n+m\tau)^2} \right) = S_3(z)$$

가 수렴하며 $S_3(z) = \wp(z) + c_3$ 임을 증명하라. 여기서 $c_3 = \tilde{F}(\tau)$는 F의 역이다.

2. $\wp(z)$에 대하여

$$\wp(z) = c + \pi^2 \sum_{m=-\infty}^{\infty} \frac{1}{\sin^2((z+m\tau)\pi)}$$

임을 보여라. 여기서 c는 적절한 상수다. 사실 심화문제 1(b)에 의해 $c = -F(\tau)$이다.

***3.** Ω가 다항함수 $4z^3 - g_2 z - g_3$의 세 근을 포함하지 않는 단순연결집합이라고 가정하자. 고정된 $\omega_0 \in \Omega$에 대해 Ω 위의 함수 I를

$$I(\omega) = \int_{\omega_0}^{\omega} \frac{dz}{\sqrt{4z^3 - g_2 z - g_3}} \quad (\text{단, } \omega \in \Omega)$$

와 같이 정의하라. 그러면 함수 I는 적당한 상수 α에 대해 $\wp(z+\alpha)$에 의해 주어지는 역함수를 가진다. 다시 말해 적절한 α에 대해

$$I(\wp(z+\alpha)) = z$$

가 성립한다.

힌트 $(I(\wp(z+\alpha)))' = \pm 1$임을 증명하고 $\wp$가 짝함수라는 사실을 이용한다.

*4. τ가 순허수라고 가정하고 $t > 0$에 대해 $\tau = it$라고 하자. 정수 n과 m에 대해 직선 $x = \frac{n}{2}$, $y = \frac{tm}{2}$을 생각하여 복소평면을 합동인 직사각형으로 나누는 것을 생각하자. 한 가지 예로 꼭짓점이 $0, \frac{1}{2}, \frac{1}{2} + \frac{\tau}{2}, \frac{\tau}{2}$인 직사각형이 있다.

(a) 이러한 모든 직선에서 $\wp$의 함숫값이 실수이고, 따라서 이러한 모든 직사각형의 경계에서 함숫값이 실수임을 보여라.

(b) $\wp$가 각 직사각형의 내부에서 상반평면(또는 하반평면)으로 가는 등각사상임을 증명하라.

10

세타함수의 응용
Applications of Theta Functions

> 정수 n을 제곱수 k개의 합으로 나타내는 문제(단, k는 자연수)는 정수론에서 매우 유명한 문제 중 하나다. 이 문제는 오래전 디오판토스 시절부터 언급되었지만 지라르 정리(Girard's theorem) 또는 페르마 정리(Fermat's theorem)인 "$4m+1$ 꼴 소수는 두 정수 제곱의 합이다."에 이르러서야 비로소 효과적으로 연구되기 시작했다. 페르마 이후 거의 모든 저명한 정수론자들이 이 문제를 해결하는 데 기여했지만, 아직 맞춰야 할 퍼즐 조각이 남아 있다.
>
> *G. H.* **하디**(*G. H. Hardy*), 1940

이 장에서는 세타함수의 이론 및 조합론과 정수론에서의 응용에 대해 자세히 살펴본다.

모든 $z \in \mathbb{C}$ 및 상반평면의 τ에 대해 수렴하는 급수

$$\Theta(z|\tau) = \sum_{n=-\infty}^{\infty} e^{\pi i n^2 \tau} e^{2\pi i n z}$$

을 세타함수라 한다. 세타함수를 다룰 때는 쌍대성(dual nature)에 주목해야 한다. 세타함수를 z의 함수로 보면 Θ는 주기 1과 **준주기**(quasi-period) τ를 갖는 함수이므로 타원함수의 일종으로 볼 수 있다. 반면에 세타함수를 τ의 함수로 간주하면 Θ의 모듈러 성질을 발견할 수 있으며, 정수를 제곱의 합으로 나타내는 문제와 분할함수에 긴밀히 연관되어 있음을 알아차릴 수 있다.

이러한 연결 고리를 탐구할 수 있게 해주는 두 가지 주요 도구로 Θ에 대한 삼중곱(triple product)과 변환법칙(transformation law)이 있다. 이에 대한 정리를 증명하고, 분할과의 연관성을 간략히 소개한 다음 정수를 두 제곱수의 합 또는 네 제곱수의 합으로 나타내는 유명한 정리를 증명한다.

1 야코비 세타함수에 대한 곱 공식

가장 일반적인 야코비 **세타함수(theta function)**는 $z \in \mathbb{C}$ 및 $\tau \in \mathbb{H}$에 대해

$$\Theta(z|\tau) = \sum_{n=-\infty}^{\infty} e^{\pi i n^2 \tau} e^{2\pi i n z} \tag{10.1}$$

과 같이 정의한다. 세타함수의 특별한 형태 중에 중요한 함수가 두 가지 있다. $\theta(\tau)$와 $\vartheta(t)$라 하며

$$\theta(\tau) = \sum_{n=-\infty}^{\infty} e^{\pi i n^2 \tau} \quad (\text{단}, \ \ \tau \in \mathbb{H})$$

$$\vartheta(t) = \sum_{n=-\infty}^{\infty} e^{-\pi n^2 t} \quad (\text{단}, \ \ t > 0)$$

과 같이 정의한다. 다시 말하자면 $t > 0$에 대하여 $\theta(\tau) = \Theta(0|\tau)$, $\vartheta(t) = \theta(it)$이다.

이러한 함수들은 이미 여러 번 다룬 바 있다. 『STEIN 푸리에 해석학』 4장에서 단위원 위의 열 확산 방정식(heat diffusion equation for the circle)을 공부하며 열 핵(heat kernel)이

$$H_t(x) = \sum_{n=-\infty}^{\infty} e^{-4\pi^2 n^2 t} e^{2\pi i n x}$$

과 같음을 확인했다. 따라서 $H_t(x) = \Theta(x|4\pi i t)$이다.

다른 일례로 제타함수를 공부할 때 이미 ϑ를 다루었다. 6장에서 ϑ에 대한 함수방정식이 ζ의 함수방정식을 함의한다는 사실과 이를 바탕으로 제타함수의 해석적 연속을 증명할 수 있음을 설명했다.

τ를 고정하고 z에 대한 함수로서 Θ를 자세히 살펴보겠다. 다음 명제는 Θ의 기본적인 구조적 성질인데, 세타함수를 거의 결정한다.

명제 1.1 함수 Θ는 다음 성질을 만족한다.

(1) Θ는 $z \in \mathbb{C}$에 대해 전해석적이며 $\tau \in \mathbb{H}$에 대해 복소해석적이다.

(2) $\Theta(z+1|\tau) = \Theta(z|\tau)$

(3) $\Theta(z+\tau|\tau) = \Theta(z|\tau)e^{-\pi i \tau}e^{-2\pi i z}$

(4) $z = 1/2 + \tau/2 + n + m\tau$(단, $n, m \in \mathbb{Z}$)이면 $\Theta(z|\tau) = 0$이다.

증명

(1) $\text{Im}(\tau) = t \geq t_0 > 0$이며 $z = x + iy$는 $\mathbb{C}$의 유계 집합에 속한다고 가정하자. 즉, $|z| \leq M$이다.

$$\sum_{n=-\infty}^{\infty} |e^{\pi i n^2 \tau} e^{2\pi i n z}| \leq C \sum_{n \geq 0} e^{-\pi n^2 t_0} e^{2\pi n M} < \infty$$

이므로 Θ를 정의하는 급수는 절대수렴하며 균등 수렴한다.

따라서 각 고정된 $\tau \in \mathbb{H}$에 대해 함수 $\Theta(\cdot|\tau)$는 전해석함수이며, 각 고정된 $z \in \mathbb{C}$에 대해 함수 $\Theta(z|\cdot)$는 상반평면에서 복소해석적이다.

(2) 지수함수 $e^{2\pi inz}$ 은 주기가 1인 주기함수이므로 성질 (2)는 Θ의 정의로부터 바로 알 수 있다.

(3) $\Theta(z+\tau|\tau)$에 대한 식에서 완전제곱식을 만들 수 있다. 구체적으로

$$\begin{aligned}\Theta(z+\tau|\tau) &= \sum_{n=-\infty}^{\infty} e^{\pi in^2\tau}e^{2\pi in(z+\tau)} \\ &= \sum_{n=-\infty}^{\infty} e^{\pi i(n^2+2n)\tau}e^{2\pi inz} \\ &= \sum_{n=-\infty}^{\infty} e^{\pi i(n+1)^2\tau}e^{-\pi i\tau}e^{2\pi inz} \\ &= \sum_{n=-\infty}^{\infty} e^{\pi i(n+1)^2\tau}e^{-\pi i\tau}e^{2\pi i(n+1)z}e^{-2\pi iz} \\ &= \Theta(z|\tau)e^{-\pi i\tau}e^{-2\pi iz}\end{aligned}$$

이 성립한다. 따라서 $\Theta(z|\tau)$는 z에 대한 함수로 볼 때 주기가 1인 주기함수이고, 준주기가 τ인 **준주기함수**다.

(4) 직전 결과에 의해 $\Theta(1/2+\tau/2|\tau)=0$임을 증명하면 충분하다. 다시 n과 n^2의 위치를 바꾸어

$$\begin{aligned}\Theta(1/2+\tau/2|\tau) &= \sum_{n=-\infty}^{\infty} e^{\pi in^2\tau}e^{2\pi in(1/2+\tau/2)} \\ &= \sum_{n=-\infty}^{\infty} (-1)^n e^{\pi i(n^2+n)\tau}\end{aligned}$$

을 얻는다. 마지막 합이 항등적으로 0임을 보이려면 n (단, $n\geq 0$)을 $-n-1$과 짝짓고, n과 $-n-1$의 홀짝이 반대이며 $(-n-1)^2+(-n-1)=n^2+n$임을 관찰하면 충분하다. ◀

다음으로 곱 $\Pi(z|\tau)$를 생각해 보자. 이 함수는 z에 대한 함수로 보면 $\Theta(z|\tau)$와 같은 구조적 성질을 발견할 수 있다. $z\in\mathbb{C}$, $\tau\in\mathbb{H}$에 대해 곱 $\Pi(z|\tau)$는

$$\Pi(z|\tau)=\prod_{n=1}^{\infty}(1-q^{2n})(1+q^{2n-1}e^{2\pi iz})(1+q^{2n-1}e^{-2\pi iz})$$

과 같이 정의한다. 여기서 표준 표기법인 $q=e^{\pi i\tau}$을 사용했다. 때때로 함수 $\Pi(z|\tau)$를 **삼중곱(triple product)**이라 부르기도 한다.

명제 1.2 함수 $\Pi(z|\tau)$는 다음 성질을 만족한다.

(1) $\Pi(z|\tau)$는 $z \in \mathbb{C}$에 대해 전해석적이며 $\tau \in \mathbb{H}$에 대해 복소해석적이다.

(2) $\Pi(z+1|\tau) = \Pi(z|\tau)$이다.

(3) $\Pi(z+\tau|\tau) = \Pi(z|\tau)e^{-\pi i\tau}e^{-2\pi iz}$이다.

(4) $z = \frac{1}{2} + \frac{\tau}{2} + n + m\tau (n, m \in \mathbb{Z})$이면 $\Pi(z|\tau) = 0$이다. 또한 $\Pi(\cdot|\tau)$는 이들 점에서 단근을 가지며, 그 외의 다른 영점을 가지지 않는다.

증명

(1) $\text{Im}(\tau) = t \geq t_0 > 0$이고 $z = x + iy$이면 $|q| \leq e^{-\pi t_0} < 1$이며

$$(1-q^{2n})(1+q^{2n-1}e^{2\pi iz})(1+q^{2n-1}e^{-2\pi iz}) = 1 + O\left(|q|^{2n-1}e^{2\pi|z|}\right)$$

이 성립한다. 급수 $\sum |q|^{2n-1}$은 수렴하므로 5장 무한곱에 대한 결과를 바탕으로 $\tau \in \mathbb{H}$를 고정하면 $\Pi(z|\tau)$는 z에 대한 전해석함수이고, $z \in \mathbb{C}$를 고정하면 $\Pi(z|\tau)$는 $\tau \in \mathbb{H}$에 대한 복소해석적 함수임을 알 수 있다.

(2) 정의로부터 $\Pi(z|\tau)$는 변수 z에 대해 주기가 1인 주기함수임이 분명하다.

(3) $q^2 = e^{2\pi i\tau}$이므로

$$\begin{aligned}\Pi(z+\tau|\tau) &= \prod_{n=1}^{\infty}(1-q^{2n})(1+q^{2n-1}e^{2\pi i(z+\tau)})(1+q^{2n-1}e^{-2\pi i(z+\tau)}) \\ &= \prod_{n=1}^{\infty}(1-q^{2n})(1+q^{2n+1}e^{2\pi iz})(1+q^{2n-3}e^{-2\pi iz})\end{aligned}$$

이 성립함을 확인한다. 마지막 곱을 $\Pi(z|\tau)$와 비교해서 빠지거나 추가된 인수를 분리하면

$$\Pi(z+\tau|\tau) = \Pi(z|\tau)\left(\frac{1+q^{-1}e^{-2\pi iz}}{1+qe^{2\pi iz}}\right)$$

을 얻는다. 따라서 $x \neq -1$일 때 $(1+x)/(1+x^{-1}) = x$이므로 성질 (3)이 성립함을 알 수 있다.

(4) $\Pi(z|\tau)$의 영점을 찾기 위해 곱이 0으로 수렴하면 적어도 하나의 인수가 0임을 이용하자. $|q| < 1$이므로 인수 $1-q^n$은 0이 아님이 명확하다. 두 번째 인수 $1+q^{2n-1}e^{2\pi iz}$은 $q^{2n-1}e^{2\pi iz} = -1 = e^{\pi i}$일 때 0이다. $q = e^{\pi i\tau}$이므로

$$(2n-1)\tau + 2z = 1 \pmod 2$$

을 얻는다.[1] 따라서

$$z = 1/2 + \tau/2 - n\tau \pmod 1$$

이며 이는 $\frac{1}{2} + \frac{\tau}{2} - n\tau + m$ (단, $n \geq 1$이고 $m \in \mathbb{Z}$)으로 주어지는 영점에 해당한다. 비슷하게 세 번째 인수는

$$(2n-1)\tau - 2z = 1 \pmod 2$$

과 같을 때 0이다. 이 식은

$$\begin{aligned} z &= -\frac{1}{2} - \frac{\tau}{2} + n\tau \pmod 1 \\ &= \frac{1}{2} + \frac{\tau}{2} + n'\tau \pmod 1 \end{aligned}$$

를 의미한다. 여기서 $n' \geq 0$이다. 이로써 $\Pi(\cdot|\tau)$의 가능한 모든 영점을 조사했다. 마지막으로 이러한 영점은 단근인데, 함수 $e^w - 1$이 원점에서 단근을 가지기 때문이다. 이는 멱급수 전개를 하거나 단순히 미분하여 쉽게 확인할 수 있다. ◀

세타함수에 대한 곱 공식이라고 불리는 다음 정리를 보면 곱 Π가 왜 중요한지 알 수 있다. $\Theta(z|\tau)$와 $\Pi(z|\tau)$의 성질이 유사하다는 사실로부터 두 개념이 밀접하게 연결되어 있음을 추측할 수 있다. 실제로 그러하다.

정리 1.3 곱 공식

모든 $z \in \mathbb{C}$, $\tau \in \mathbb{H}$에 대해 항등식 $\Theta(z|\tau) = \Pi(z|\tau)$가 성립한다.

증명

$\tau \in \mathbb{H}$를 고정하자. 먼저 식

$$\Theta(z|\tau) = c(\tau)\Pi(z|\tau) \tag{10.2}$$

를 만족하는 상수 $c(\tau)$가 존재한다고 주장한다. $F(z) = \Theta(z|\tau)/\Pi(z|\tau)$로 두면 명제 1.1과 명제 1.2에 의해 함수 F는 전해석함수이며 주기가 1, τ로 2개인 이중 주기함수다. 따라서 F는 상수함수다.

1 표준 표기법 $a = b \pmod c$를 써서 $a - b$가 c의 정수배임을 나타낸다.

이제 모든 τ에 대해 $c(\tau) = 1$임을 증명해야 한다. 요점은 $c(\tau) = c(4\tau)$임을 확인하는 것이다. 식 (10.2)에 $z = \dfrac{1}{2}$을 대입하여 $e^{2i\pi z} = e^{-2i\pi z} = -1$이 되도록 하면

$$\begin{aligned}\sum_{n=-\infty}^{\infty}(-1)^n q^{n^2} &= c(\tau)\prod_{n=1}^{\infty}(1-q^{2n})(1-q^{2n-1})(1-q^{2n-1})\\ &= c(\tau)\prod_{n=1}^{\infty}\left[(1-q^{2n-1})(1-q^{2n})\right](1-q^{2n-1})\\ &= c(\tau)\prod_{n=1}^{\infty}(1-q^{n})(1-q^{2n-1})\end{aligned}$$

을 얻는다. 따라서 $c(\tau)$는

$$c(\tau) = \frac{\displaystyle\sum_{n=-\infty}^{\infty}(-1)^n q^{n^2}}{\displaystyle\prod_{n=1}^{\infty}(1-q^{n})(1-q^{2n-1})} \tag{10.3}$$

과 같다. 이번에는 식 (10.2)에 $z = \dfrac{1}{4}$을 대입하여 $e^{2i\pi z} = i$가 되도록 한다. 한편

$$\Theta(1/4|\tau) = \sum_{n=-\infty}^{\infty} q^{n^2} i^n$$

이 성립하는데, $\dfrac{1}{i} = -i$이므로 $n =$ 짝수 $= 2m$에 해당하는 항만 상쇄되지 않는다. 따라서

$$\Theta(1/4|\tau) = \sum_{m=-\infty}^{\infty} q^{4m^2}(-1)^m$$

이다. 그리고

$$\begin{aligned}\Pi(1/4|\tau) &= \prod_{m=1}^{\infty}(1-q^{2m})(1+iq^{2m-1})(1-iq^{2m-1})\\ &= \prod_{m=1}^{\infty}(1-q^{2m})(1+q^{4m-2})\\ &= \prod_{n=1}^{\infty}(1-q^{4n})(1-q^{8n-4})\end{aligned}$$

이 성립한다. 마지막 줄은 첫 번째 인수를 $2m = 4n$인 경우와 $2m = 4n-2$인 경우로 나누어 얻는다. 따라서

$$c(\tau) = \frac{\displaystyle\sum_{n=-\infty}^{\infty} (-1)^n q^{4n^2}}{\displaystyle\prod_{n=1}^{\infty} (1-q^{4n})(1-q^{8n-4})} \tag{10.4}$$

이다. $c(\tau)$에 대한 두 식 (10.3), (10.4)를 결합하면 $c(\tau) = c(4\tau)$임이 확인된다. 이 항등식을 연달아 적용하면 $c(\tau) = c(4^k\tau)$를 얻는다. 또한 $k \to \infty$일 때 $q^{4^k} = e^{i\pi 4^k \tau} \to 0$이므로 (10.2)로부터 $c(\tau) = 1$이다. 이로써 정리를 증명했다. ◀

함수 Θ에 대한 곱 공식을 $z = 0$인 특수한 경우 $\theta(\tau) = \Theta(0|\tau)$에 적용하여 θ가 상반평면에서 영점을 가지지 않음을 알 수 있다.

따름정리 1.4 $\mathrm{Im}(\tau) > 0$이고 $q = e^{\pi i \tau}$이면

$$\theta(\tau) = \prod_{n=1}^{\infty} (1-q^{2n})(1+q^{2n-1})^2$$

이 성립한다. 따라서 $\tau \in \mathbb{H}$에 대해 $\theta(\tau) \neq 0$이다.

다음 따름정리는 함수 Θ의 성질을 이용하여 타원함수를 정의하는 방법을 설명한다. 사실 이는 바이어슈트라스 $\wp$ 함수와 밀접하게 관련되어 있다.

따름정리 1.5 각 고정된 $\tau \in \mathbb{H}$에 대해 함수

$$(\log \Theta(z|\tau))'' = \frac{\Theta(z|\tau)\Theta''(z|\tau) - (\Theta'(z|\tau))^2}{\Theta(z|\tau)^2}$$

은 주기가 1 및 τ인 2차 타원함수이며, $z = 1/2 + \tau/2$에서 이중극을 가진다.

여기서 $'$은 변수 z에 대한 미분을 나타낸다.

증명

$F(z) = (\log \Theta(z|\tau))' = \Theta(z|\tau)'/\Theta(z|\tau)$이라 하자. 명제 1.1의 항등식 (2)와 (3)을 각각 미분하면 $F(z+1) = F(z)$, $F(z+\tau) = F(z) - 2\pi i$를 얻고, 한 번 더 미분하면 $F'(z)$가 이중 주기함수임을 보일 수 있다. $\Theta(z|\tau)$는 기본 평행사변형에서 $z = 1/2 + \tau/2$에서만 영점을 가지므로 함수 $F(z)$는 단극만 가진다. 따라서 $F'(z)$는 $z = 1/2 + \tau/2$에서만 이중극을 가진다. ◀

연습문제 1에서는 $(\log \Theta(z|\tau))''$과 $\wp_\tau(z)$의 연관성을 보다 구체적으로 다룬다. Θ와 바이어슈트라스 σ 함수 사이의 유사성은 9장 연습문제 5를 참고하라.

1.1 변환법칙 더 보기

이제 변수 τ에 대한 변환 관계인 Θ의 모듈러성(modular character)에 대해 공부해 보자.

9장에서 바이어슈트라스 $\wp$ 함수와 아이젠슈타인 급수 E_k의 모듈러성이 두 변환

$$\tau \mapsto \tau + 1, \quad \tau \mapsto -1/\tau$$

에 의한 결과임을 상기하자. 이 두 변환은 상반평면을 보존한다. 지금부터 이 두 변환을 각각 T_1, S로 나타낼 것이다. 그런데 함수 Θ를 생각하면 다음 두 변환

$$T_2 : \tau \mapsto \tau + 2, \qquad S : \tau \mapsto -1/\tau$$

을 대신 생각하는 게 자연스러울 것이다. 이는 $\Theta(z|\tau + 2) = \Theta(z|\tau)$이지만 $\Theta(z|\tau + 1) \neq \Theta(z|\tau)$이기 때문이다.

우선 사상 $\tau \mapsto -1/\tau$ 아래에서 $\Theta(z|\tau)$의 변환에 대해 다룬다.

정리 1.6 $\tau \in \mathbb{H}$이면 모든 $z \in \mathbb{C}$에 대해

$$\Theta(z| - 1/\tau) = \sqrt{\frac{\tau}{i}} e^{\pi i \tau z^2} \Theta(z\tau|\tau) \tag{10.5}$$

가 성립한다.

여기서 $\sqrt{\tau/i}$는 $\tau = it$ (단, $t > 0$)일 때 양수가 되도록 상반평면에서 정의된 제곱근의 가지(branch)를 의미한다.

증명

실수 $z = x$와 $\tau = it$ (단, $t > 0$)에 대해 식 (10.5)를 증명하면 충분하다. 왜냐하면 각각 고정된 $x \in \mathbb{R}$에 대해 식 (10.5)의 양변은 상반평면에서 복소해석적 함수이기 때문에, $\tau = it\,(t > 0)$에 대해 증명하면 양의 허수축에서 함숫값이 같다. 따라서 상반평면 전체에서 두 함수는 같아야만 한다. 고정된 $\tau \in \mathbb{H}$에 대해 양변은 z에 대해 전해석함수이며 실수축 위에서 함숫값이 같으므로 복소평면 전체에서 함숫값이 같아야 한다.

실수 x 및 $\tau = it$에 대해 정리의 식을 나타내면

$$\sum_{n=-\infty}^{\infty} e^{-\pi n^2/t} e^{2\pi i n x} = t^{1/2} e^{-\pi t x^2} \sum_{n=-\infty}^{\infty} e^{-\pi n^2 t} e^{-2\pi n x t}$$

과 같다. x를 a를 바꾸면

$$\sum_{n=-\infty}^{\infty} e^{-\pi t(n+a)^2} = \sum_{n=-\infty}^{\infty} t^{-1/2} e^{-\pi n^2/t} e^{2\pi i n a}$$

을 증명해야 함을 알 수 있다. 이는 정확히 4장 푸아송 합 공식에서부터 유도한 등식 (4.3)이다. ◀

특히 정리 1.6에서 $z = 0$으로 두면 다음을 얻는다.

따름정리 1.7 $\mathrm{Im}(\tau) > 0$이면 $\theta(-1/\tau) = \sqrt{\tau/i}\,\theta(\tau)$이다.

$\tau = it$이면 $\theta(\tau) = \vartheta(t)$이므로 위 관계식은 정확히 4장에 등장한 ϑ에 대한 함수방정식이다.

변환법칙 $\theta(-1/\tau) = (\tau/i)^{1/2}\theta(\tau)$는 $\tau \to 0$일 때의 행동에 대한 매우 정확한 정보를 제공한다. 다음 따름정리는 추후 $\tau \to 1$일 때 $\theta(\tau)$의 행동을 분석하며 사용할 것이다.

따름정리 1.8 $\tau \in \mathbb{H}$이면

$$\begin{aligned}\theta(1 - 1/\tau) &= \sqrt{\frac{\tau}{i}} \sum_{n=-\infty}^{\infty} e^{\pi i (n+1/2)^2 \tau} \\ &= \sqrt{\frac{\tau}{i}} \left(2e^{\pi i \tau/4} + \cdots\right)\end{aligned}$$

이 성립한다. 두 번째 항등식은 $\mathrm{Im}(\tau) \to \infty$일 때 $\theta(1-1/\tau) \sim \sqrt{\tau/i}\,2e^{i\pi\tau/4}$임을 의미한다.

증명

먼저 n과 n^2의 홀짝이 같으므로

$$\theta(1+\tau) = \sum_{n=-\infty}^{\infty} (-1)^n e^{i\pi n^2 \tau} = \Theta(1/2|\tau)$$

가 성립한다. 따라서 $\theta(1 - 1/\tau) = \Theta(1/2| - 1/\tau)$이다. 다음으로 $z = 1/2$로 두고 정리 1.6을 이용하면

$$\begin{aligned}\theta(1 - 1/\tau) &= \sqrt{\frac{\tau}{i}} e^{\pi i \tau/4} \Theta(\tau/2|\tau) \\ &= \sqrt{\frac{\tau}{i}} e^{\pi i \tau/4} \sum_{n=-\infty}^{\infty} e^{\pi i n^2 \tau} e^{\pi i n \tau} \\ &= \sqrt{\frac{\tau}{i}} \sum_{n=-\infty}^{\infty} e^{\pi i (n+1/2)^2 \tau}\end{aligned}$$

을 얻는다. $n=0$, $n=-1$에 해당하는 항의 합은 $2e^{\pi i\tau/4}$으로 절댓값의 크기는 $2e^{-\pi t/4}$ (단, $\tau=\sigma+it$)이다. 마지막으로 $n\neq 0,-1$인 항의 합은 크기가

$$O\left(\sum_{k=1}^{\infty} e^{-(k+1/2)^2\pi t}\right)=O(e^{-9\pi t/4})$$

과 같다. ◀

정리 1.6에 따른 마지막 따름정리는 $\text{Im}(\tau)>0$에 대해

$$\eta(\tau)=e^{\frac{\pi i\tau}{12}}\prod_{n=1}^{\infty}(1-e^{2\pi in\tau})$$

과 같이 정의된 **데데킨트 에타함수(Dedekind eta function)**와 관련있다. 다음 명제에 주어진 η에 대한 함수방정식은 네 제곱수 정리 및 분할 이론과 관련있다.

명제 1.9 $\text{Im}(\tau)>0$이면 $\eta(-1/\tau)=\sqrt{\tau/i}\,\eta(\tau)$이다.

이 항등식은 정리 1.6의 관계식을 미분하고 $z_0=1/2+\tau/2$에서의 함숫값을 계산하여 유도할 수 있다. 자세한 계산은 다음과 같다.

증명

세타함수에 대한 곱 공식에서 $q=e^{\pi i\tau}$라고 하면

$$\Theta(z|\tau)=(1+qe^{-2\pi iz})\prod_{n=1}^{\infty}(1-q^{2n})(1+q^{2n-1}e^{2\pi iz})(1+q^{2n+1}e^{-2\pi iz})$$

과 같이 쓸 수 있다. 그리고 첫 번째 인수가 $z_0=1/2+\tau/2$에서 영점을 가지므로

$$\Theta'(z_0|\tau)=2\pi iH(\tau)\qquad\left(\text{단, } H(\tau)=\prod_{n=1}^{\infty}(1-e^{2\pi in\tau})^3\right)$$

임을 알 수 있다. 식 (10.5)에서 $-1/\tau$를 τ로 바꾸면

$$\Theta(z|\tau)=\sqrt{i/\tau}e^{-\pi iz^2/\tau}\Theta(-z/\tau|-1/\tau)$$

이다. 이 식을 미분하여 $z_0=1/2+\tau/2$에서의 함숫값을 계산하면

$$2\pi iH(\tau)=\sqrt{i/\tau}e^{-\frac{\pi i}{4\tau}}e^{-\frac{\pi i}{2}}e^{-\frac{\pi i\tau}{4}}\left(\frac{-2\pi i}{\tau}\right)H(-1/\tau)$$

이다. 따라서

$$e^{\frac{\pi i \tau}{4}} H(\tau) = \left(\frac{i}{\tau}\right)^{3/2} e^{-\frac{\pi i}{4\tau}} H(-1/\tau)$$

가 성립한다. $\tau = it$ (단, $t > 0$)일 때 함수 $\eta(\tau)$는 양수이므로 위 식에 세제곱근을 취하면 $\eta(\tau) = \sqrt{i/\tau}\,\eta(-1/\tau)$을 얻는다. 항등정리에 의해 모든 $\tau \in \mathbb{H}$에 대해 이 항등식이 성립한다. ◀

함수 η와 타원함수 이론 사이의 연관성은 심화문제 5에서 확인할 수 있다.

2 생성함수

점화식으로 정의되는 수열 $\{F_n\}$ 또는 조합론, 수론 등과 관련된 수열 $\{F_n\}$이 주어질 때, 많은 경우

$$F(x) = \sum_{n=0}^{\infty} F_n x^n$$

으로 정의된 **생성함수(generating function)**를 살펴봄으로써 수열에 관한 정보를 얻을 수 있다. 수열 $\{F_n\}$을 정의하는 성질은 종종 함수 $F(x)$의 흥미로운 대수적 성질이나 해석적 성질을 함의한다. 이를 바탕으로 수열 $\{F_n\}$에 대해 새로운 깨달음을 얻을 수 있다. 피보나치 수열이 이러한 경우의 대표적인 예다(연습문제 2 참고). 쉽지는 않지만 함수 Θ도 이러한 방식으로 접근해보자.

먼저 분할 이론을 매우 간략히 다뤄보겠다.

자연수 n에 대하여 n을 자연수의 합으로 나타낼 수 있는 방법의 수를 **분할함수(partition function)**라 하고 $p(n)$이라 쓴다. 예를 들어 $p(1) = 1$이며 $2 = 2 + 0 = 1 + 1$이므로 $p(2) = 2$이다. $3 = 3 + 0 = 2 + 1 = 1 + 1 + 1$이므로 $p(3) = 3$이다. $p(0) = 1$로 두고 $p(n)$ 값을 조금 더 구하면 다음 표와 같다.

n	0	1	2	3	4	5	6	7	8	$\cdots$	12
$p(n)$	1	1	2	3	5	7	11	15	22	$\cdots$	77

분할 수열 $\{p(n)\}$의 생성함수에 대한 오일러 항등식을 생각해 보자. 이 항등식은 제타함수에 대한 곱 공식을 연상시킨다.

정리 2.1 $|x| < 1$이면 $\sum_{n=0}^{\infty} p(n)x^n = \prod_{k=1}^{\infty} \frac{1}{1-x^k}$이다.

증명

분수를 각각 형식적으로

$$\frac{1}{1-x^k} = \sum_{m=0}^{\infty} x^{km}$$

과 같이 쓰자. 이를 서로 곱하여 x^n에 대한 계수로 $p(n)$을 얻을 수 있다. 실제로 n에 대한 분할에서 동일한 정수를 같이 묶으면 이 분할은 다음과 같이 쓸 수 있다.

$$n = m_1k_1 + \cdots + m_rk_r$$

여기서 $k_1, \cdots, k_r$은 서로 다른 자연수다. 이 분할은 위의 곱에서 등장하는 항 $(x^{k_1})^{m_1} \cdots (x^{k_r})^{m_r}$에 대응한다. 이 형식적인 논증은 제타함수에 대한 곱 공식을 증명한 방식과 비슷하게 접근하여 엄밀히 증명할 수 있다(7장 1절 참고). 각각 고정된 $|x| < 1$에 대해 식

$$\frac{1}{1-x^k} = 1 + O(x^k)$$

이 수렴하므로, 곱 $\prod 1/(1-x^k)$도 수렴한다. 비슷한 방식으로 곱 $\prod 1/(1-x^{2n-1})$은 n을 홀수로 분할하는 방법의 수 $p_o(n)$에 대한 생성함수와 같음을 보일 수 있다. 또한 $\prod(1+x^n)$은 n을 서로 다른 정수로 분할하는 방법의 수 $p_u(n)$에 대한 생성함수다. 놀랍게도 모든 n에 대해 $p_o(n) = p_u(n)$이며, 이는 항등식

$$\prod_{n=1}^{\infty}\left(\frac{1}{1-x^{2n-1}}\right) = \prod_{n=1}^{\infty}(1+x^n)$$

으로 나타낼 수 있다. 이를 증명할 때 $(1+x^n)(1-x^n) = 1-x^{2n}$임에 유의하자. 따라서

$$\prod_{n=1}^{\infty}(1+x^n)\prod_{n=1}^{\infty}(1-x^n) = \prod_{n=1}^{\infty}(1-x^{2n})$$

이 성립한다. 정수의 홀짝을 고려하면

$$\prod_{n=1}^{\infty}(1-x^{2n})\prod_{n=1}^{\infty}(1-x^{2n-1}) = \prod_{n=1}^{\infty}(1-x^n)$$

을 얻는다. 이를 위의 식과 결합하면 원하는 항등식을 증명한다. ◀

이어지는 명제는 더 심오하며, 실제로 함수 Θ를 직접적으로 포함한다. n을 서로 다른 정수 짝수개로 분할하는 방법의 수를 $p_{e,u}(n)$으로 나타내고, n을 서로 다른 정수 홀수개로 분할하는 방법의 수를 $p_{o,u}(n)$으로 나타내자. 오일러는 n이 오각수가 아니면 $p_{e,u}(n) = p_{o,u}(n)$임을 증명했다. **오각수(pentagonal numbers)**[2]는 $k(3k+1)/2$ 꼴 정수 n을 말한다(단, $k \in \mathbb{Z}$). 처음 오각수를 몇 개 나열하면 1, 2, 5, 7, 12, 15, 22, 26, ...이다. 사실 n이 오각수이면 $n = k(3k+1)/2$에 대해

$$p_{e,u}(n) - p_{o,u}(n) = (-1)^k$$

이 성립한다. 이 결과를 증명하기 위해 먼저

$$\prod_{n=1}^{\infty}(1-x^n) = \sum_{n=1}^{\infty}[p_{e,u}(n) - p_{o,u}(n)]x^n$$

을 관찰하자. 이 식은 곱의 항들을 곱하면 $(-1)^r x^{n_1+\cdots+n_r}$ 꼴 항을 얻기 때문에 참이다. 여기서 $n_1, \cdots, n_r$은 서로 다른 정수다. 따라서 x^n의 계수에서 n이 서로 다른 정수 짝수개로 이루어진 분할 $n_1 + \cdots + n_r$일 때마다 (r이 짝수이므로) $+1$을 얻고, n이 서로 다른 정수 홀수개로 이루어진 분할일 때마다 (r이 홀수이므로) -1을 얻는다. 이는 정확히 계수 $p_{e,u}(n) - p_{o,u}(n)$이다.

위 항등식에 따르면 오일러 정리는 다음 명제의 결과임을 알 수 있다.

명제 2.2 $\displaystyle\prod_{n=1}^{\infty}(1-x^n) = \sum_{k=-\infty}^{\infty}(-1)^k x^{\frac{k(3k+1)}{2}}$

증명

$x = e^{2\pi i u}$으로 두자.

$$\prod_{n=1}^{\infty}(1-x^n) = \prod_{n=1}^{\infty}(1-e^{2\pi i n u})$$

위 등식은 $q = e^{3\pi i u}$, $z = 1/2 + u/2$로 두어 삼중곱 관점에서 다음과 같이 쓸 수 있다.

$$\prod_{n=1}^{\infty}(1-q^{2n})(1+q^{2n-1}e^{2\pi i z})(1+q^{2n-1}e^{-2\pi i z})$$

과 같이 쓸 수 있다. 왜냐하면

2 $k \in \mathbb{Z}$일 때 삼각수, 사각수, 오각수는 전통적으로 다음과 같이 정의한다. $n = k(k-1)/2$ 꼴 정수를 **삼각수**라고 하고, $n = k^2$ 꼴 정수를 **사각수**라고 하며, $k(3k+1)/2$ 꼴 정수를 **오각수**라고 한다. 일반적으로 $(k/2)((\ell-2)k+\ell-4)$ 꼴 정수를 ℓ각수라고 한다.

$$\prod_{n=1}^{\infty}(1-e^{2\pi i3nu})(1-e^{2\pi i(3n-1)u})(1-e^{2\pi i(3n-2)u})=\prod_{n=1}^{\infty}(1-e^{2\pi inu})$$

이 성립하기 때문이다. 정리 1.3에 의해 이 곱은

$$\sum_{n=-\infty}^{\infty} e^{3\pi in^2u}(-1)^n e^{2\pi inu/2} = \sum_{n=-\infty}^{\infty}(-1)^n e^{\pi in(3n+1)u}$$
$$= \sum_{n=-\infty}^{\infty}(-1)^n x^{n(3n+1)/2}$$

과 같고, 증명하려는 식을 보였다. ◀

분할함수 $p(n)$에 대해 한 마디만 더 하겠다. $n \to \infty$일 때 $p(n)$의 증가 특성은 $|x| \to 1$일 때 $1/\prod_{n=1}^{\infty}(1-x)^n$의 행동의 관점으로 분석할 수 있다. 사실, 간단한 고찰만 해도 $x \to 1$일 때 생성함수가 증가하는 것으로부터 $p(n)$의 증가지수를 대략적으로 얻을 수 있다. 연습문제 5와 연습문제 6을 참고하라. 보다 정교하게 분석하려면 생성함수의 변환 성질이 필요하며, η에 대한 명제 1.9로 거슬러 올라가야 한다. 이는 $p(n)$에 대한 매우 좋은 점근식으로 이어진다. [부록 A]에서 확인해 보자.

3 제곱수의 합에 대한 정리

고대 그리스인들은 직각삼각형의 세 변의 길이가 되는 세 정수쌍 (a,b,c)에 매료되었다. $a^2+b^2=c^2$을 만족하는 이 세 정수쌍은 **피타고라스 세 쌍**(Pythagorean triples)이다. (서기 250년 경) 알렉산드리아(Alexandria)의 디오판토스(Diophantus)에 따르면 c가 위와 같은 정수이고 a와 b가 공약수를 가지지 않으면(이러한 경우로 쉽게 바꿀 수 있다) c는 두 제곱수의 합이다. 즉, $m,n \in \mathbb{Z}$에 대해 $c=m^2+n^2$이다. 역으로 이러한 c는 각 변의 길이가 피타고라스 세 쌍 (a,b,c)인 삼각형의 빗변이다(연습문제 8 참고). 따라서 자연스레 다음과 같은 질문을 생각하게 된다. 두 제곱수의 합으로 나타낼 수 있는 정수는 무엇인가? $4k+3$ 꼴 정수는 그렇게 나타낼 수 없음을 쉽게 확인할 수 있지만 어떤 정수를 이와 같은 식으로 표현할 수 있는지 판단하기란 결코 쉽지 않다.

질문을 조금 더 정량적인 형태로 바꾸어 보자. n을 두 제곱수의 합으로 나타내는 방법의 수를 (자명한 반복까지 모두 세어서) $r_2(n)$이라 정의하자. 다시 말해 $r_2(n)$은

$$n = x^2 + y^2$$

을 만족하는 순서쌍 (x, y) (단, $x, y \in \mathbb{Z}$)의 수다. 예를 들어 $r_2(3) = 0$이고, $5 = (\pm 2)^2 + (\pm 1)^2$, $5 = (\pm 1)^2 + (\pm 2)^2$이므로 $r_2(5) = 8$이다. 따라서 첫 번째 문제는 다음과 같이 기술할 수 있다.

두 제곱수의 합 두 제곱수의 합으로 나타낼 수 있는 정수는 무엇인가? 정확하게는 $r_2(n)$에 대한 표현식을 결정할 수 있을까?

모든 자연수를 두 제곱수의 합으로 나타낼 수는 없다. 그렇다면 세 제곱수 또는 네 제곱수의 합이라면 가능할까? 그런데 세 제곱수의 합으로 나타낼 수 없는 정수가 무한히 많다. 쉬운 예로 $8k + 7$ 꼴 정수는 세 제곱수의 합으로 나타낼 수 없다. 이제 네 제곱수에 대한 질문으로 돌아가서 $r_2(n)$과 유사하게 n을 네 제곱수의 합으로 나타내는 방법의 수를 함수 $r_4(n)$으로 정의하자. 이제 두 번째 문제를 서술할 수 있다.

네 제곱수의 합 모든 양의 정수를 네 제곱수의 합으로 나타낼 수 있는가? 정확하게는 $r_4(n)$에 대한 식을 결정하라.

두 제곱수 문제와 네 제곱수 문제는 3세기에 처음 제기되었고, 약 1500년 동안 해결되지 않았다. 두 문제는 야코비 세타함수의 이론을 이용함으로써 완전한 해답이 처음 제시되었다.

3.1 두 제곱수 정리

정수를 두 제곱수의 합으로 표현하는 문제는 본질적으로 가법적(additive)이지만, 곱셈적인 측면도 있다. 두 제곱수의 합으로 나타낼 수 있는 정수 n과 m에 대하여, 곱 nm도 두 제곱수의 합으로 나타낼 수 있다. 실제로 $n = a^2 + b^2$, $m = c^2 + d^2$이라 가정하고 복소수

$$x + iy = (a + ib)(c + id)$$

를 생각하자. $a, b, c, d \in \mathbb{Z}$이므로 x와 y는 분명히 정수다. 식의 양변에 절댓값을 취하면

$$x^2 + y^2 = (a^2 + b^2)(c^2 + d^2)$$

이다. 따라서 $nm = x^2 + y^2$이다.

이러한 이유로 n의 약수와 배수는 $r_2(n)$을 결정하는 데 중요한 역할을 한다. 기본 결과를 설명하기 위해 두 가지 **약수함수(divisor function)**를 새로 정의한다. n의 약수 중에 $4k+1$ 꼴인 약수의 개수를

$d_1(n)$이라 하고, $4k+3$ 꼴인 약수의 개수를 $d_3(n)$이라 하자. 이번 절의 주된 목표는 두 제곱수 문제에 대한 완전한 해답을 얻는 것이다.

정리 3.1 $n \geq 1$이면 $r_2(n) = 4(d_1(n) - d_3(n))$이다.

$r_2(n)$에 대한 위 식의 직접적인 결과를 다음과 같이 기술할 수 있다. $n = p_1^{a_1} \cdots p_r^{a_r}$을 n의 소인수분해라고 하면 (단, $p_1, \cdots, p_r$은 서로 다른 소수) 다음이 성립한다.

양의 정수 n을 두 제곱수의 합으로 나타낼 수 있는 필요충분조건은 n를 소인수분해할 때 등장하는 모든 $4k+3$ 꼴 소수 p_j가 짝수 지수 a_j를 가지는 것이다.

연습문제 9에 이 결과의 증명이 소개되어 있다.

정리를 증명하기 위해, 먼저 수열 $\{r_2(n)\}_{n=1}^{\infty}$의 생성함수와 함수 θ의 제곱 사이의 중요한 항등식을 확인한다. 다시 말해 $\tau \in \mathbb{H}$에 대해 $q = e^{\pi i \tau}$이면 항등식

$$\theta(\tau)^2 = \sum_{n=0}^{\infty} r_2(n) q^n \tag{10.6}$$

이 성립함을 확인한다. 이 항등식은 단순히 r_2와 θ의 정의로부터 바로 얻는다. 먼저 $\theta(\tau) = \sum_{-\infty}^{\infty} q^{n^2}$ 임을 기억하면

$$\begin{aligned}\theta(\tau)^2 &= \left(\sum_{n_1=-\infty}^{\infty} q^{n_1^2}\right)\left(\sum_{n_2=-\infty}^{\infty} q^{n_2^2}\right)\\ &= \sum_{(n_1,n_2)\in\mathbb{Z}\times\mathbb{Z}} q^{n_1^2+n_2^2}\\ &= \sum_{n=0}^{\infty} r_2(n) q^n\end{aligned}$$

을 얻는다. 이는 $r_2(n)$이 $n_1^2 + n_2^2 = n$을 만족하는 순서쌍 (n_1, n_2)의 수를 세기 때문이다.

명제 3.2 항등식 $r_2(n) = 4(d_1(n) - d_3(n))$ (단, $n \geq 1$)은 항등식

$$\theta(\tau)^2 = 2\sum_{n=-\infty}^{\infty} \frac{1}{q^n + q^{-n}} = 1 + 4\sum_{n=1}^{\infty} \frac{q^n}{1+q^{2n}} \tag{10.7}$$

과 동치다. 여기서 $\tau \in \mathbb{H}$에 대해 $q = e^{\pi i \tau}$이다.

증명

먼저 $|q| < 1$ 이므로 (10.7)의 두 급수는 모두 절대수렴한다. 또한 $\dfrac{1}{q^n + q^{-n}} = \dfrac{q^{|n|}}{1+q^{2|n|}}$ 이므로 첫 번째 급수와 두 번째 급수는 같다.

$(1+q^{2n})^{-1} = \dfrac{1-q^{2n}}{1-q^{4n}}$ 이므로 (10.7)의 우변은

$$1 + 4\sum_{n=1}^{\infty}\left(\frac{q^n}{1-q^{4n}} - \frac{q^{3n}}{1-q^{4n}}\right)$$

과 같다. 그런데 $\dfrac{1}{1-q^{4n}} = \sum_{m=0}^{\infty} q^{4nm}$ 이고, $d_1(k)$는 $4m+1$ 꼴인 k의 약수 개수를 세기 때문에

$$\sum_{n=1}^{\infty}\frac{q^n}{1-q^{4n}} = \sum_{n=1}^{\infty}\sum_{m=0}^{\infty} q^{n(4m+1)} = \sum_{k=1}^{\infty} d_1(k)q^k$$

을 얻는다. $d_1(k) \le k$ 이므로 급수 $\sum d_1(k)q^k$ 이 수렴한다.

유사한 논증을 이용하여

$$\sum_{n=1}^{\infty}\frac{q^{3n}}{1-q^{4n}} = \sum_{k=1}^{\infty} d_3(k)q^k$$

을 보일 수 있다. 이로써 주어진 명제를 증명했다. ◀

사실상 항등식 (10.6)이 산술에서 제시된 처음 문제를 관계식 (10.7)로 표현되는 복소해석학의 문제로 바꾸어 놓았음을 알 수 있다.

이제 편의를 위해 아래에 소개하는 급수를 $\mathcal{C}(\tau)$로 나타내자.[3]

$$\mathcal{C}(\tau) = 2\sum_{n=-\infty}^{\infty}\frac{1}{q^n + q^{-n}} = \sum_{n=-\infty}^{\infty}\frac{1}{\cos(n\pi\tau)} \tag{10.8}$$

여기서 $q = e^{\pi i\tau}$ 이고 $\tau \in \mathbb{H}$ 이다. 그러면 이제 항등식 $\theta(\tau)^2 = \mathcal{C}(\tau)$를 증명해야 한다.

함수 θ와 $\mathcal{C}$는 등장하는 방식이 다르지만 매우 유사하다는 점이 정말 놀랍다. 함수 θ의 기원은 실수축 위의 열 확산 방정식으로 생각할 수 있다. 대응하는 열 핵은 가우스 함수 $e^{-\pi x^2}$ 이며, 이 함수의 푸리에 변환은 자기 자신과 같다. 그리고 마지막으로 θ에 대한 변환 규칙은 푸아송 합 공식의 결과다.

$\mathcal{C}$가 θ와 유사한 점이 또 있다. 두 함수는 모두 미분방정식에서 등장하는데, 바로 띠에서의 안정상태 열 방정식이다. 대응하는 핵은 $1/\cosh \pi x$ 으로(8장 1.3절 참고) 이 함수의 푸리에 변환은 자기 자신이다

3 코사인에 대한 급수이므로 함수를 $\mathcal{C}$로 나타낸다.

(3장 예제 3 참고). $\mathcal{C}$에 대한 변환법칙은 다시 한번 푸아송 합 공식에서 나온다.

항등식 $\theta^2 = \mathcal{C}$를 증명하기 위해 먼저 두 함수가 같은 구조적 성질을 가짐을 보일 것이다. θ^2의 경우 $\theta(\tau)^2 = (i/\tau)\theta(-1/\tau)^2$의 변환법칙을 알고 있다(따름정리 1.7 참고).

동일한 변환법칙이 $\mathcal{C}(\tau)$에 대해서도 성립한다! 실제로 4장 관계식 (4.5)에서 $a = 0$으로 두면

$$\sum_{n=-\infty}^{\infty} \frac{1}{\cosh(\pi n t)} = \frac{1}{t} \sum_{n=-\infty}^{\infty} \frac{1}{\cosh(\pi n/t)}$$

을 얻는다. 이는 정확히 $\tau = it$ (단, $t > 0$)에 대해 항등식

$$\mathcal{C}(\tau) = (i/\tau)\mathcal{C}(-1/\tau)$$

과 같다. 따라서 항등정리에 의해 모든 $\tau \in \mathbb{H}$에 대해서도 성립한다.

또한 각각의 정의에 따르면 $\theta(\tau)^2$과 $\mathcal{C}(\tau)$가 모두 $\mathrm{Im}(\tau) \to \infty$일 때 1로 수렴함이 자명하다. 마지막으로 **뾰족점**(cusp) $\tau = 1$에서 두 함수의 행동을 알아보겠다.[4]

θ^2의 경우 따름정리 1.8로부터 $\mathrm{Im}(\tau) \to \infty$일 때 $\theta(1 - 1/\tau)^2 \sim 4(\tau/i)e^{\pi i \tau/2}$을 얻는다.

$\mathcal{C}$의 경우 다시 푸아송 합 공식을 이용하여 똑같이 할 수 있다. 사실 4장 등식 (4.5)에서 $a = 1/2$로 두면

$$\sum_{n=-\infty}^{\infty} \frac{(-1)^n}{\cosh(\pi n/t)} = t \sum_{n=-\infty}^{\infty} \frac{1}{\cosh(\pi(n + 1/2)t)}$$

이 성립함을 알 수 있다. 따라서 항등정리에 의해

$$\mathcal{C}(1 - 1/\tau) = \left(\frac{\tau}{i}\right) \sum_{n=-\infty}^{\infty} \frac{1}{\cos(\pi(n + 1/2)\tau)}$$

을 얻는다. 이 급수에서 주요항은 $n = -1$ 및 $n = 0$일 때의 항이다. 이로부터 $t \to \infty$일 때

$$\mathcal{C}(1 - 1/\tau) = 4\left(\frac{\tau}{i}\right) e^{\pi i \tau/2} + O(|\tau| e^{-3\pi t/2})$$

을 쉽게 얻는다. 여기서 $\tau = \sigma + it$이다. 이상의 결론을 다음 명제에서 요약한다.

4 점 $\tau = 1$을 뾰족점이라고 부르는 이유와 이 점이 중요한 이유는 모두 추후에 밝혀질 것이다.

명제 3.3 상반평면에서 정의된 함수 $\mathcal{C}(\tau) = \sum \frac{1}{\cos(\pi n \tau)}$ 은 다음 성질을 만족한다.

(1) $\mathcal{C}(\tau+2) = \mathcal{C}(\tau)$

(2) $\mathcal{C}(\tau) = (i/\tau)\mathcal{C}(-1/\tau)$

(3) $\text{Im}(\tau) \to \infty$ 일 때 $\mathcal{C}(\tau) \to 1$ 이다.

(4) $\text{Im}(\tau) \to \infty$ 일 때 $\mathcal{C}(1-1/\tau) \sim 4(\tau/i)e^{\pi i \tau/2}$ 이다.

$\theta(\tau)^2$ 도 마찬가지로 같은 성질을 만족한다.

명제 3.3과 함께 정리 3.4의 도움을 받아 항등식 $\theta(\tau)^2 = \mathcal{C}(\tau)$ 를 증명한다. 이제 최종적으로 $f = \mathcal{C}/\theta^2$ 라 하자.

정리 3.4 f가 상반평면에서 복소해석적인 함수로 조건 (i)~(iii)을 만족한다고 가정하자.

(i) $f(\tau+2) = f(\tau)$

(ii) $f(-1/\tau) = f(\tau)$

(iii) $f(\tau)$는 유계다.

그러면 f는 상수함수다.

이 정리를 증명하기 위해 닫힌 상반평면의 부분집합

$$\mathcal{F} = \{\tau \in \overline{\mathbb{H}} : |\text{Re}(\tau)| \le 1 \text{ 이고 } |\tau| \ge 1\}$$

을 도입한다. 그림 1에 이 집합이 묘사되어 있다.

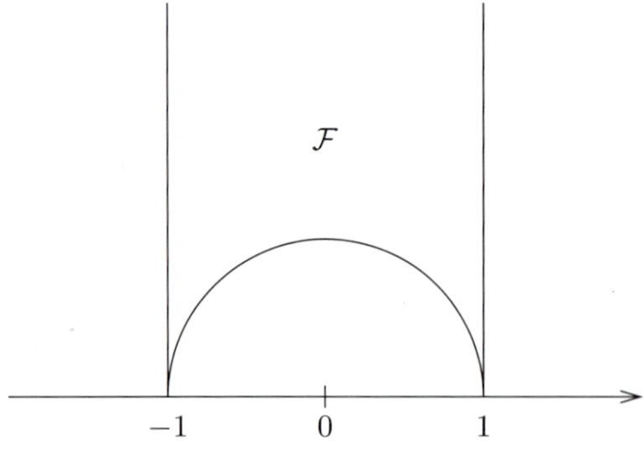

[그림 1] 정의역 $\mathcal{F}$

$\tau = \pm 1$ 에 대응하는 점을 **뾰족점(cusp)**이라고 한다. 이 뾰족점은 사상 $\tau \mapsto \tau+2$ 에 대하여 동등하다.

보조정리 3.5 상반평면의 각 점은 일차분수변환

$$T_2 : \tau \mapsto \tau + 2, \quad S : \tau \mapsto -1/\tau$$

또는 그 역변환을 유한번 반복하여 $\mathcal{F}$로 옮겨질 수 있다.

이러한 이유로 $\mathcal{F}$를 T_2 및 S로 생성된 변환군에 대한 **기본 정의역(fundamental domain)**이라고 한다.[5]

실제로 T_2 및 S로 생성된 군을 G라고 하자. T_2 및 S는 일차분수변환이므로 원소 $g \in G$를 $g(\tau) = (a\tau + b)/(c\tau + d)$로 이해하여 행렬

$$g = \begin{pmatrix} a & b \\ c & d \end{pmatrix}$$

로 나타낼 수 있다. T_2 및 S를 나타내는 행렬의 각 성분은 정수이며 행렬식이 1이므로 G의 원소를 나타내는 모든 행렬도 마찬가지다. 특히, $\tau \in \mathbb{H}$이면

$$\mathrm{Im}(g(\tau)) = \frac{\mathrm{Im}(\tau)}{|c\tau + d|^2} \tag{10.9}$$

가 성립한다.

보조정리 3.5의 증명

$\tau \in \mathbb{H}$라고 하자. $g(\tau) = (a\tau + b)/(c\tau + d)$인 $g \in G$라면 c와 d는 정수이며, 식 (10.9)에 의해 $\mathrm{Im}(g_0(\tau))$가 최대가 되도록 $g_0 \in G$를 택할 수 있다. 변환 T_2와 그 역변환은 허수부를 바꾸지 않으므로 T_2와 역변환을 유한 번 적용하여 $|\mathrm{Re}(g_1(\tau))| \leq 1$이면서 $\mathrm{Im}(g_1(\tau))$가 최대가 되는 $g_1 \in G$이 존재함을 알 수 있다. 이제 $g_1(\tau) \in \mathcal{F}$임을 보이기 위해 $|g_1(\tau)| \geq 1$을 증명하면 충분하다. 만약 이것이 참이 아니라면, 다시 말해 $|g_1(\tau)| < 1$이라면

$$\mathrm{Im}(Sg_1(\tau)) = \mathrm{Im}(-1/g_1(\tau)) = -\frac{\mathrm{Im}(\overline{g_1(\tau)})}{|g_1(\tau)|^2} > \mathrm{Im}(g_1(\tau))$$

와 같은 이유로 $\mathrm{Im}(Sg_1(\tau))$는 $\mathrm{Im}(g_1(\tau))$보다 커진다. 이는 $\mathrm{Im}(g_1(\tau))$가 최대라는 사실에 모순이다. ◀

이제 정리 3.4를 증명할 수 있다. f가 상수함수가 아니라고 가정하고, $z = e^{\pi i \tau}$에 대해 $g(z) = f(\tau)$라고 하자. f는 주기가 2인 주기함수이므로 함수 g는 구멍난 단위원판에서 z에 대해 잘 정의된다.

5 엄밀히 말하면 모든 점이 정의역에서 유일한 대표원소를 가져야 기본 정의역이라 한다. 지금 같은 경우는 $\mathcal{F}$의 경계에 있는 점만 대표원소가 모호하다.

또한 정리 3.4의 조건 (iii)에 의해 g는 원점 근방에서 유계다. 그러므로 0은 g의 제거가능한 특이점이며, $\lim_{z\to 0} g(z) = \lim_{\mathrm{Im}(\tau)\to\infty} f(\tau)$의 극한값이 존재한다. 최대절댓값원리에 의해

$$\lim_{\mathrm{Im}(\tau)\to\infty} |f(\tau)| < \sup_{\tau\in\mathcal{F}} |f(\tau)|$$

가 성립한다. 이제 점 $\tau = \pm 1$에서 f의 행동을 조사해야 한다. $f(\tau+2) = f(\tau)$이므로 점 $\tau = 1$을 생각하면 충분하다. 이제 $\lim_{\mathrm{Im}(\tau)\to\infty} f(1-1/\tau)$의 극한값이 존재하며 더 나아가 부등식

$$\lim_{\mathrm{Im}(\tau)\to\infty} |f(1-1/\tau)| < \sup_{\tau\in\mathcal{F}} |f(\tau)|$$

가 성립함을 보이자. 이를 보이는 방법은 먼저 무한원점과 $\tau = 1$을 바꿔야 한다는 점만 제외하면 본질적으로 위 경우와 같다. 다시 말해 ∞ 근방에서 τ에 대한 $F(\tau) = f(1-1/\tau)$의 행동을 조사하고자 한다. F가 주기함수임을 증명하는 단계가 중요하다. 이를 위해 행렬

$$U_n = \begin{pmatrix} 1-n & n \\ -n & 1+n \end{pmatrix}$$

에 해당하는 일차분수변환

$$\tau \mapsto \frac{(1-n)\tau + n}{-n\tau + (1+n)}$$

을 생각한다. 이 변환은 1을 1로 옮긴다. 이제 $\mu(\tau) = 1/(1-\tau)$이라 하면 이는 1을 ∞로 옮기며 역변환 $\mu^{-1}(\tau) = 1 - 1/\tau$는 ∞를 1로 옮긴다. 또한 U_n은

$$U_n = \mu^{-1} T_n \mu$$

와 같다. 여기서 T_n은 평행이동 $T_n(\tau) = \tau + n$이다. 이제

$$U_n U_m = U_{n+m}, \quad U_{-1} = \begin{pmatrix} 2 & -1 \\ 1 & 0 \end{pmatrix} = T_2 S$$

이다. 그러므로 모든 U_n은 T_2, S와 두 변환의 역변환을 유한번 적용하여 얻을 수 있다. f는 T_2 및 S에 대하여 변하지 않으므로 U_m에 대해서도 변하지 않는다. 따라서

$$f(\mu^{-1} T_n \mu(\tau)) = f(\tau)$$

가 성립한다. $F(\tau) = f(\mu^{-1}(\tau)) = f(1-1/\tau)$라고 하면 F는 주기가 1인 주기함수임을 알 수 있다. 즉, 모든 정수 n에 대해

$$F(T_n \tau) = F(\tau)$$

이다. 앞의 논증에 의해 $z = e^{2\pi i\tau}$에 대해 $h(z) = F(\tau)$라고 두면 h는 $z = 0$에서 제거가능한 특이점을 가진다. 따라서 최대절댓값원리에 의해 원하는 부등식을 얻는다.

이렇게 하여 f가 상반평면의 내부에서 최댓값을 가진다는 결론에 이르는데, 이는 최대절댓값원리에 모순된다.

이제 두 제곱수 정리(two squares theorem)의 증명이 코앞으로 다가왔다.

함수 $f(\tau) = \mathcal{C}(\tau)/\theta(\tau)^2$를 생각하자. 곱 공식에 의해 $\theta(\tau)$는 상반평면에서 영점을 가지지 않으므로 (따름정리 1.4 참고) f는 $\mathbb{H}$에서 복소해석적이다. 또한 명제 3.3에 의해 f는 두 변환 T_2, S 아래에서 변하지 않는다. 다시 말해 $f(\tau+2) = f(\tau)$이며 $f(-1/\tau) = f(\tau)$이다. 마지막으로 기본 정의역 $\mathcal{F}$에서 함수 $f(\tau)$는 유계이며, 사실 $\mathrm{Im}(\tau)$가 무한대로 다가갈 때나 혹은 τ가 뾰족점 ± 1로 다가갈 때 $f(\tau)$는 1로 수렴한다. 이는 $\mathcal{C}$와 θ^2이 공유하는 명제 3.3의 두 성질 (3), (4) 때문이다. 따라서 f는 $\mathbb{H}$에서 유계다. 정리 3.4로부터 f는 상수함수인데 함숫값이 1이어야 하고, 이는 항등식 $\theta(\tau)^2 = \mathcal{C}(\tau)$와 두 제곱수 정리를 의미한다.

3.2 네 제곱수 정리

정리의 서술

이 장의 나머지 부분에서는 네 제곱수의 경우를 다룬다. 정확하게 말하면 모든 자연수는 네 제곱수의 합으로 주어짐을 증명한 뒤, 네 제곱수의 합으로 나타낼 수 있는 방법의 수인 $r_4(n)$에 대한 식을 구할 것이다.

또 다른 약수함수가 필요하다. 이 약수함수는 $\sigma_1^*(n)$으로 나타내며, n의 약수 중에서 4로 나누어 떨어지지 않는 약수의 합이다. 증명하고자 하는 주요 정리는 다음과 같다.

정리 3.6 모든 자연수는 네 제곱수의 합이다. 또한 모든 $n \geq 1$에 대해

$$r_4(n) = 8\sigma_1^*(n)$$

이 성립한다.

이전과 같이 수열 $\{r_4(n)\}$의 생성함수를 함수 θ의 네 제곱과 연관 짓는다. 그렇다면 $q = e^{\pi i\tau}$인 $\tau \in \mathbb{H}$에 대해

$$\theta(\tau)^4 = \sum_{n=0}^{\infty} r_4(n) q^n$$

이 성립한다. 다음 단계는 모듈러함수를 하나 정의하여 이 모듈러함수가 $\theta(\tau)^4$과 일치함을 보임으로써 항등식 $r_4(n) = 8\sigma_1^*(n)$을 증명한다. 불행하게도 여기서는 두 제곱수 정리에서 등장한 함수 $\mathcal{C}(\tau)$만큼 간단한 함수가 없다. 대신 9장에서 다룬 아이젠슈타인 급수를 다소 미묘하게 변형하여 사용하겠다. 실제로 $\tau \in \mathbb{H}$에 대해

$$E_2^*(\tau) = \sum_m \sum_n \frac{1}{\left(\frac{m\tau}{2} + n\right)^2} - \sum_m \sum_n \frac{1}{\left(m\tau + \frac{n}{2}\right)^2}$$

을 정의한다. 이 급수는 절대수렴하지 않으므로 반드시 표시된 순서를 따라 더해야 한다. 다음 명제는 네 제곱수 정리(정리 3.6)를 E_2^*의 모듈러 성질에 대한 문제로 바꾸어 준다.

명제 3.7 $r_4(n) = 8\sigma_1^*(n)$은 $\tau \in \mathbb{H}$에 대해 항등식

$$\theta(\tau)^4 = \frac{-1}{\pi^2} E_2^*(\tau)$$

와 동치다.

정리 3.6의 증명

$q = e^{\pi i \tau}$일 때,

$$\frac{-1}{\pi^2} E_2^*(\tau) = 1 + \sum_{k=1}^{\infty} 8\sigma_1^*(k) q^k$$

이 성립함을 증명하면 충분하다. 먼저 9장 2절 마지막에 다룬 금지된 아이젠슈타인 급수는

$$F(\tau) = \sum_m \left[\sum_n \frac{1}{(m\tau + n)^2} \right]$$

과 같이 정의되었음을 기억하자. 여기서 $n = m = 0$인 항은 빠져 있다. 위 급수는 절대수렴하지 않으므로 반드시 n에 대해 먼저 더한 다음 m에 대해 더해야 한다. 이를 염두에 두면 E_2^* 및 F의 정의로부터 바로

$$E_2^*(\tau) = F\left(\frac{\tau}{2}\right) - 4F(2\tau) \tag{10.10}$$

를 얻는다. 9장 따름정리 2.6과 연습문제 7에서

$$F(\tau) = \frac{\pi^2}{3} - 8\pi^2 \sum_{k=1}^{\infty} \sigma_1(k) e^{2\pi i k \tau}$$

을 증명했다. 여기서 $\sigma_1(k)$는 k의 약수의 합이다. 이제

$$\sigma_1^*(n) = \begin{cases} \sigma_1(n) & (n\text{이 4로 나누어떨어지지 않는 경우}) \\ \sigma_1(n) - 4\sigma_1(n/4) & (n\text{이 4로 나누어떨어지는 경우}) \end{cases}$$

을 관찰하자. 실제로 n이 4로 나누어떨어지지 않으면 n의 어느 약수도 4로 나누어떨어지지 않는다. $n = 4\tilde{n}$이고 d가 4로 나누어떨어지는 n의 약수이면($d = 4\tilde{d}$라고 하자) $\tilde{d}$는 $\tilde{n}$를 나눈다. 이로부터 두 번째 식을 얻는다. 따라서 이 관찰과 식 (10.10)으로부터

$$E_2^*(\tau) = -\pi^2 - 8\pi^2 \sum_{k=1}^{\infty} \sigma_1^*(k) e^{\pi i k \tau}$$

을 알 수 있다. ◀

따라서 정리 3.6은 항등식 $\theta^4 = -\pi^{-2} E_2^*$으로 바뀌며, 이 관계식이 성립하는 핵심은 E_2^*이 $\theta(\tau)^4$과 같은 모듈러 성질을 가진다는 데 있다.

명제 3.8 상반평면에서 정의된 함수 $E_2^*(\tau)$는 다음 성질을 가진다.

(1) $E_2^*(\tau + 2) = E_2^*(\tau)$

(2) $E_2^*(\tau) = -\tau^{-2} E_2^*(-1/\tau)$

(3) $\mathrm{Im}(\tau) \to \infty$일 때 $E_2^*(\tau) \to -\pi^2$이다.

(4) $\mathrm{Im}(\tau) \to \infty$일 때 $|E_2^*(1 - 1/\tau)| = O(|\tau^2 e^{\pi i \tau}|)$이다.

$-\pi^2\theta^4$도 마찬가지로 같은 성질을 가진다.

E_2^*의 주기성 (1)은 정의로부터 바로 알 수 있다. E_2^*의 다른 성질은 증명하기 복잡하므로 몇 가지를 먼저 살펴보자.

금지된 아이젠슈타인 급수 F와 더하는 순서를 바꾸어서 얻는 전도(reverse) $\tilde{F}$를 생각하자.

$$F(\tau) = \sum_m \sum_n \frac{1}{(m\tau + n)^2}, \quad \tilde{F}(\tau) = \sum_n \sum_m \frac{1}{(m\tau + n)^2}$$

두 경우 모두 $n = m = 0$인 항은 빠져 있다.

보조정리 3.9 함수 F 및 $\tilde{F}$는 다음을 만족한다.

(1) $F(-1/\tau) = \tau^2 \tilde{F}(\tau)$

(2) $F(\tau) - \tilde{F}(\tau) = 2\pi i/\tau$

(3) $F(-1/\tau) = \tau^2 F(\tau) - 2\pi i\tau$

증명

(1) F, $\tilde{F}$의 정의와 항등식 $(n + m(-1/\tau))^2 = \tau^{-2}(-m + n\tau)^2$으로부터 바로 알 수 있다.

(2) 데데킨트 에타함수에 대하여 함수방정식 $\eta(-1/\tau) = \sqrt{\tau/i}\,\eta(\tau)$가 성립함을 확인한 바 있다. 여기서 $\eta(\tau) = q^{1/12}\prod_{n=1}^{\infty}(1 - q^{2n})$이며 $q = e^{\pi i\tau}$이다. 먼저 변수 τ에 대해 η의 로그도함수를 취하면 (5장 명제 3.2에 의해)

$$(\eta'/\eta)(\tau) = \frac{\pi i}{12} - 2\pi i\sum_{n=1}^{\infty}\frac{nq^{2n}}{1 - q^{2n}}$$

임을 알 수 있다. 그런데 k의 약수의 합을 $\sigma_1(k)$로 나타내면

$$\begin{aligned}\sum_{n=1}^{\infty}\frac{nq^{2n}}{1 - q^{2n}} &= \sum_{n=1}^{\infty}\sum_{\ell=0}^{\infty} nq^{2n}q^{2\ell n}\\ &= \sum_{n=1}^{\infty}\sum_{m=1}^{\infty} nq^{2nm}\\ &= \sum_{k=1}^{\infty}\sigma_1(k)q^{2k}\end{aligned}$$

을 알 수 있다. $F(\tau) = \pi^2/3 - 8\pi^2\sum_{k=1}^{\infty}\sigma_1(k)q^{2k}$임을 기억하자.

$$(\eta'/\eta)(\tau) = \frac{i}{4\pi}F(\tau)$$

이 성립한다. 연쇄법칙에 의해 $\eta(-1/\tau)$의 로그도함수는 $\tau^{-2}(\eta'/\eta)(-1/\tau)$이며, 성질 (1)에 의해 $\eta(-1/\tau)$의 로그도함수는 $(i/4\pi)\tilde{F}(\tau)$와 같다. 따라서 η에 대한 함수방정식에 로그도함수를 취하면

$$\frac{i}{4\pi}\tilde{F}(\tau) = \frac{1}{2\tau} + \frac{i}{4\pi}F(\tau)$$

가 성립한다. 이로부터 원하던 대로 $\tilde{F}(\tau) = -2\pi i/\tau + F(\tau)$를 얻는다.

(3) 이 성질은 (1)과 (2)의 결과다. ◀

명제 3.8의 증명

(2) $\tau \mapsto -1/\tau$에 대한 E_2^*의 변환 공식인 명제 3.8(2)를 증명하기 위해 식

$$E_2^*(\tau) = F(\tau/2) - 4F(2\tau)$$

에서 시작한다. 그러면 바라던 대로

$$\begin{aligned} E_2^*(-1/\tau) &= F(-1/(2\tau)) - 4F(-2/\tau) \\ &= [4\tau^2 F(2\tau) - 4\pi i\tau] - 4[(\tau/2)^2 F(\tau/2) - \pi i\tau] \\ &= 4\tau^2 F(2\tau) - 4(\tau^2/4)F(\tau/2) \\ &= -\tau^2(F(\tau/2) - 4F(2\tau)) \\ &= -\tau^2 E_2^*(\tau) \end{aligned}$$

가 성립한다.

(3) 식 $F(\tau) = \dfrac{\pi^2}{3} - 8\pi^2 \displaystyle\sum_{k=1}^{\infty} \sigma_1(k) e^{2\pi i k\tau}$을 떠올리자. 여기서 급수는 $\mathrm{Im}(\tau) \to \infty$일 때 0으로 수렴한다. 이번에는

$$E_2^*(\tau) = F(\tau/2) - 4F(2\tau)$$

를 이용하자. 그러면 $\mathrm{Im}(\tau) \to \infty$일 때 $E_2^*(\tau) \to -\pi^2$임을 알 수 있다.

(4) 관계식

$$E_2^*(1 - 1/\tau) = \tau^2 \left[F\left(\frac{\tau - 1}{2}\right) - F(\tau/2) \right] \tag{10.11}$$

가 성립함을 보이며 시작하자. F에 대한 변환 공식으로부터

$$\begin{aligned} F(1/2 - 1/2\tau) &= F\left(\frac{\tau - 1}{2\tau}\right) \\ &= \left(\frac{2\tau}{\tau - 1}\right)^2 F\left(\frac{2\tau}{1 - \tau}\right) - 2\pi i \frac{2\tau}{1 - \tau} \end{aligned}$$

를 얻는다. 마찬가지로 관계식

$$\begin{aligned} F\left(\frac{2\tau}{1 - \tau}\right) &= F(-2 + 2/(1 - \tau)) = F(2/(1 - \tau)) \\ &= \left(\frac{1 - \tau}{2}\right)^2 F\left(\frac{\tau - 1}{2}\right) - 2\pi i \left(\frac{\tau - 1}{2}\right) \end{aligned}$$

도 얻는다. 따라서

$$F(1/2-1/2\tau)=\tau^2F\left(\frac{\tau-1}{2}\right)-\frac{2\pi i2\tau}{1-\tau}-2\pi i\frac{(2\tau)^2}{(\tau-1)^2}\left(\frac{\tau-1}{2}\right)$$

이 성립한다. 그런데 $F(2-2/\tau)=F(-2/\tau)=(\tau^2/4)F(\tau/2)-2\pi i\tau/2$이므로

$$\begin{aligned}E_2^*(1-1/\tau)&=F(1/2-1/2\tau)-4F(2-2/\tau)\\&=\tau^2\left[F\left(\frac{\tau-1}{2}\right)-F(\tau/2)\right]-2\pi i\left(\frac{2\tau}{1-\tau}+\frac{2\tau^2}{\tau-1}\right)+4\pi i\tau\\&=\tau^2\left[F\left(\frac{\tau-1}{2}\right)-F(\tau/2)\right]\end{aligned}$$

가 성립한다. 이는 식 (10.11)을 증명한다. 그러면 식 (10.11)과

$$F(\tau)=\frac{\pi^2}{3}-8\pi^2\sum_{k=1}^{\infty}\sigma_1(k)e^{2\pi ik\tau}$$

으로부터 (4)를 이끌 수 있다. 따라서 명제 3.8을 증명했다. ◀

이제 $f(\tau)=\dfrac{E_2^*(\tau)}{\theta(\tau)^4}$를 생각하고 정리 3.4를 적용하여 두 제곱수 정리에서와 같은 방식으로 네 제곱수 정리의 증명을 마무리하겠다. $\mathrm{Im}(\tau)\to\infty$일 때 $\theta(\tau)^4\to 1$이며 $\theta(1-1/\tau)^4\sim 16\tau^2e^{\pi i\tau}$임을 기억하자. 따라서 $f(\tau)$는 상수함수이며, 명제 3.8에 의해 이는 $-\pi^2$과 같다. 네 제곱수 정리가 증명되었다.

연습문제

1. 다음을 증명하라.

$$\frac{(\Theta'(z|\tau))^2 - \Theta(z|\tau)\Theta''(z|\tau)}{\Theta(z|\tau)^2} = \wp_\tau(z - 1/2 - \tau/2) + c_\tau$$

여기서 c_τ는 $z = 1/2 + \tau/2$에서 $\Theta(z|\tau)$의 z에 대한 일계, 이계, 삼계 미분계수로 나타낼 수 있다. 이 식을 9장 연습문제 5의 결과와 비교하라.

2. 두 개의 초깃값 $F_0 = 0$, $F_1 = 1$과 $n \geq 2$에 대하여 점화식

$$F_n = F_{n-1} + F_{n-2}$$

으로 정의되는 **피보나치 수(Fibonacci numbers)** $\{F_n\}_{n=0}^{\infty}$을 생각하자. 다음 물음에 답하라.

(a) $\{F_n\}$의 생성함수 $F(x) = \sum_{n=0}^{\infty} F_n x^n$을 생각하고 0 근방의 모든 x에 대해

$$F(x) = x^2 F(x) + xF(x) + x$$

를 증명하라.

(b) 다항식 $q(x) = 1 - x - x^2$을 $q(x) = (1 - \alpha x)(1 - \beta x)$와 같이 인수분해할 수 있음을 보여라. 여기서 α, β는 다항함수 $p(x) = x^2 - x - 1$의 근이다.

(c) F에 대한 표현식을 부분분수로 전개하여 관계식

$$F(x) = \frac{x}{1 - x - x^2} = \frac{x}{(1 - \alpha x)(1 - \beta x)} = \frac{A}{1 - \alpha x} + \frac{B}{1 - \beta x}$$

를 얻어라. 여기서 $A = \dfrac{1}{\alpha - \beta}$이며 $B = \dfrac{1}{\beta - \alpha}$이다.

(d) $n \geq 0$에 대해 $F_n = A\alpha^n + B\beta^n$을 증명하라. p의 두 근은 각각

$$\alpha = \frac{1 + \sqrt{5}}{2}, \quad \beta = \frac{1 - \sqrt{5}}{2}$$

이다. 따라서 $A = \dfrac{1}{\sqrt{5}}$이고 $B = -\dfrac{1}{\sqrt{5}}$이다.

황금비(golden mean)로 알려진 수 $\frac{1}{\alpha} = \frac{\sqrt{5}-1}{2}$은 다음 성질을 만족한다. 단위 길이인 선분 AC가 주어지면 비

$$\frac{AC}{AB} = \frac{AB}{BC}$$

가 성립하는 점 B가 이 선분 위에 유일하게 존재한다(그림 2 참고).

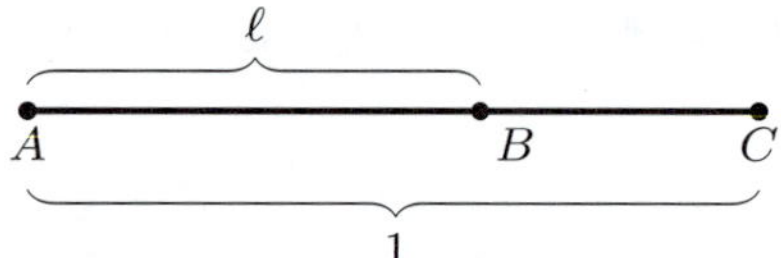

[그림 2] 황금비의 등장

$\ell = AB$라 두면 $\ell^2 + \ell - 1 = 0$이며 이 방정식의 유일한 양의 해가 황금비다. 이 비율은 정오각형을 작도할 때에도 등장한다. 고대 그리스 시대까지 거슬러 올라가는 황금비는 건축과 예술에서 중요한 역할을 해왔다.

3. 좀 더 일반화해서 초깃값 u_0, u_1과 $n \geq 2$에 대한 점화식 $u_n = au_{n-1} + bu_{n-2}$로 주어지는 차분방정식을 생각하자. $\{u_n\}_{n=0}^{\infty}$에 연관된 생성함수를 $U(x) = \sum_{n=0}^{\infty} u_n x^n$으로 정의한다. 점화식으로부터 원점 근방에서 $U(x)(1 - ax - bx^2) = u_0 + (u_1 - au_0)x$임을 알 수 있다. 다항함수 $p(x) = x^2 - ax - b$의 두 근을 α, β로 나타내면

$$U(x) = \frac{u_0 + (u_1 - au_0)x}{(1-\alpha x)(1-\beta x)} = \frac{A}{1-\alpha x} + \frac{B}{1-\beta x} = A\sum_{n=0}^{\infty} \alpha^n x^n + B\sum_{n=0}^{\infty} \beta^n x^n$$

과 같이 쓸 수 있다. 여기서 A와 B는 구하기 쉽다. 이로부터 $u_n = A\alpha^n + B\beta^n$을 얻는다. 이 접근법은 p의 근이 서로 다른 경우($\alpha \neq \beta$) 이 문제의 해답을 얻게 해 준다. $\alpha = \beta$인 경우에는 이 식의 변형이 성립한다.

4. $p(n)$의 생성함수에 대한 식을 이용하여 점화식

$$\begin{aligned} p(n) &= p(n-1) + p(n-2) - p(n-5) - p(n-7) - \cdots \\ &= \sum_{k \neq 0} (-1)^{k+1} p\left(n - \frac{k(3k+1)}{2}\right) \end{aligned}$$

을 증명하라. 여기서 우변은 $k \neq 0$이며 $k(3k+1)/2 \leq n$인 $k \in \mathbb{Z}$에 대해 더하는 유한합이다. 이 식을 이용하여 $p(5)$, $p(6)$, $p(7)$, $p(8)$, $p(9)$, $p(10)$을 계산하라. $p(10) = 42$임을 확인하라.

연습문제 5, 연습문제 6은 분할함수의 점근식과 관련된 기초적인 결과를 제시한다. [부록 A]에서 이보다 더 정확한 공식을 확인할 수 있다.

5. F를 분할함수에 대한 생성함수

$$F(x) = \sum_{n=0}^{\infty} p(n)x^n = \prod_{n=1}^{\infty} \frac{1}{1-x^n}$$

이라고 하자. $0 < x < 1$이면서 $x \to 1$일 때

$$\log F(x) \sim \frac{\pi^2}{6(1-x)}$$

임을 보여라.

힌트 $\log F(n) = \sum \log \frac{1}{1-x^n}$이고 $\log \frac{1}{1-x^n} = \sum \frac{1}{m} x^{nm}$이므로

$$\log F(x) = \sum \frac{1}{m} \frac{x^m}{1-x^m}$$

이 성립함을 이용한다. 또한 $mx^{m-1}(1-x) < 1-x^m < m(1-x)$를 이용한다.

6. 연습문제 5의 결과로서 부등식

$$e^{c_1 n^{1/2}} \leq p(n) \leq e^{c_2 n^{1/2}}$$

을 만족하는 양의 상수 c_1, c_2가 존재함을 보여라.

힌트 $y \to 0$일 때 $F(e^{-y}) = \sum p(n)e^{-ny} \leq Ce^{c/y}$이다. 따라서 $p(n)e^{-ny} \leq ce^{c/y}$이다. $y = 1/n^{1/2}$을 대입하여 $p(n) \leq c'e^{c'n^{1/2}}$을 얻는다. 반대 방향 부등식에서는

$$\sum_{n=0}^{m} p(n)e^{-ny} \geq C(e^{c/y} - \sum_{n=m+1}^{\infty} e^{cn^{1/2}} e^{-ny})$$

이 성립한다. 큰 상수 A에 대해 $y = Am^{-1/2}$이라 두고, 수열 $p(n)$이 증가수열이라는 사실을 이용하면 충분하다.

7. Θ에 대한 곱 공식을 이용하여 $|x| < 1$에 대해 다음을 증명하라.

(a) **삼각수 항등식** : $\displaystyle\prod_{n=0}^{\infty}(1+x^n)(1-x^{2n+2}) = \sum_{n=-\infty}^{\infty} x^{n(n+1)/2}$

(b) **칠각수 항등식** : $\displaystyle\prod_{n=0}^{\infty}(1-x^{5n+1})(1-x^{5n+4})(1-x^{5n+5}) = \sum_{n=-\infty}^{\infty} (-1)^n x^{n(5n+3)/2}$

8. $a, b, c \in \mathbb{Z}$이면서 $a^2 + b^2 = c^2$인 피타고라스 세 쌍 (a, b, c)를 생각하자. 또한 a와 b는 공약수를 가지지 않는다고 가정한다. 다음 물음에 답하라.

(a) a와 b의 홀짝이 반드시 다름을 보여라.

(b) 이 경우 (a는 홀수고 b는 짝수라고 가정하여) $a = m^2 - n^2$, $b = 2mn$, $c = m^2 + n^2$이 되게 하는 정수 m, n이 존재함을 보여라.

힌트 $b^2 = (c-a)(c+a)$임에 유의하여 $(c-a)/2$와 $(c+a)/2$가 서로소임을 증명한다.

(c) 역으로 c가 두 제곱수의 합일 때 $a^2 + b^2 = c^2$이 되게 하는 두 정수 a, b가 존재함을 보여라.

9. $r_2(n)$에 대한 식을 이용하여 다음을 증명하라.

(a) $4k+1$ 꼴 소수 p에 대하여 $n = p$이면 $r_2(n) = 8$이다. 이는 n_1, n_2의 부호 및 재정렬을 제외하면 n을 $n = n_1^2 + n_2^2$과 같이 쓰는 방법이 유일하다는 뜻이다.

(b) $4k+3$ 꼴 소수 q와 자연수 a에 대하여 $n = q^a$이면 $r_2(n) > 0$일 필요충분조건은 a가 짝수인 것이다.

(c) 일반적으로 n을 두 제곱수의 합으로 나타낼 수 있을 필요충분조건은 n을 소인수분해할 때 등장하는 $4k+3$ 꼴인 모든 소수가 짝수 지수를 가지는 것이다.

10. n이 커질 때 다음과 같은 함수 $r_2(n)$와 $r_4(n)$의 불규칙성을 관찰하라.

(a) 무한히 많은 n에 대해 $r_2(n) = 0$인 반면에 $\displaystyle\limsup_{n\to\infty} r_2(n) = \infty$이다.

힌트 $n = 5^k$을 생각한다.

(b) 무한히 많은 n에 대해 $r_4(n) = 24$인 반면에 $\displaystyle\limsup_{n\to\infty} r_4(n)/n = \infty$이다.

힌트 $n = 2^k$와 $n = q^k$ (단, q는 큰 홀수)를 생각한다.

11. 2장 심화문제 2에서 $|z| < 1$에 대해

$$\sum_{n=1}^{\infty} d(n) z^n = \sum_{n=1}^{\infty} \frac{z^n}{1-z^n}$$

이 성립했음을 기억하자. 여기서 $d(n)$은 n의 약수의 개수를 나타낸다. 이제 일반적으로 $|z| < 1$에 대해

$$\sum_{n=1}^{\infty} \sigma_\ell(n) z^n = \sum_{n=1}^{\infty} \frac{n^\ell z^n}{1-z^n}$$

임을 보여라. 여기서 $\sigma_\ell(n)$은 n의 약수의 ℓ 거듭제곱의 합이다.

12. 이 연습문제에서는 θ^4을 포함하는 또 다른 항등식을 소개하며, 이는 네 제곱수 정리와 동치다. 다음 물음에 답하라.

(a) $|q| < 1$에 대해

$$\sum_{n=1}^{\infty} \frac{nq^n}{1-q^n} = \sum_{n=1}^{\infty} \frac{q^n}{(1-q^n)^2}$$

을 보여라.

힌트 좌변은 $\sum \sigma_1(n) q^n$이다. $\frac{x}{(1-x)^2} = \sum_{n=1}^{\infty} nx^n$을 이용한다.

(b) (a)의 결과로

$$\sum_{n=1}^{\infty} \frac{nq^n}{1-q^n} - \sum_{n=1}^{\infty} \frac{4nq^{4n}}{1-q^{4n}} = \sum_{n=1}^{\infty} \frac{q^n}{(1-q^n)^2} - 4\sum_{n=1}^{\infty} \frac{q^{4n}}{(1-q^{4n})^2} = \sigma_1^*(n) q^n$$

이 성립함을 보여라. 여기서 $\sigma_1^*(n)$은 4로 나누어떨어지지 않는 d의 약수의 합이다.

(c) 네 제곱수 정리가 항등식

$$\theta(\tau)^4 = 1 + 8\sum_{n=1}^{\infty} \frac{q^n}{(1+(-1)^n q^n)^2} \quad (\text{단, } q = e^{\pi i \tau})$$

과 동치임을 보여라.

심화문제

*1. n을 $n = 4^a(8k+7)$ 꼴 수라고 가정하자. 여기서 a, k는 양의 정수다. n은 세 제곱수의 합으로 쓸 수 없음을 보여라. 이 명제의 역인 "$n = 4^a(8k+7)$ 꼴이 **아닌** 모든 n은 세 제곱수의 합으로 쓸 수 **있다**."는 증명하기 상당히 까다로운데, 르장드르와 가우스가 증명했다.

2. 성분이 모두 정수이며 행렬식이 1인 2×2 행렬의 집합을

$$\mathrm{SL}_2(\mathbb{Z}) = \left\{ g = \begin{pmatrix} a & b \\ c & d \end{pmatrix} : a, b, c, d \in \mathbb{Z} \text{ 이고 } ad - bc = 1 \right\}$$

이라고 하자. 이 군은 일차분수변환 $g(\tau) = (a\tau + b)/(c\tau + d)$에 의해 상반평면에서 작용한다. 이 작용과 함께 복소평면에서

$$\mathcal{F}_1 = \{\tau \in \mathbb{C} : |\tau| \geq 1, \quad |\mathrm{Re}(\tau)| \leq 1/2 \text{ 이고 } |\mathrm{Im}(\tau)| \geq 0\}$$

과 같이 정의되는, 소위 기본 정의역 $\mathcal{F}_1$이 등장한다. 그림 3에서 이 집합을 묘사했다.

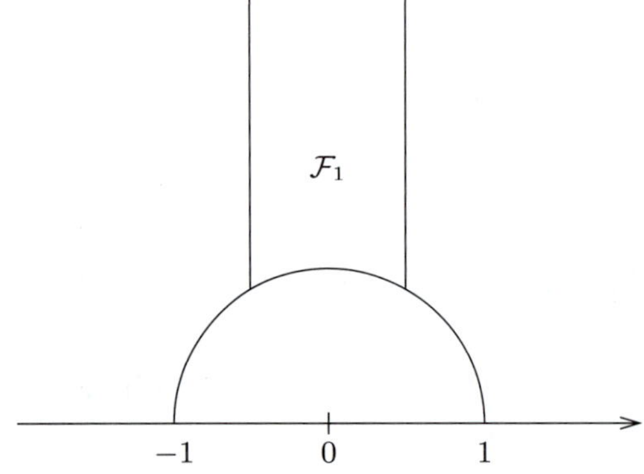

[그림 3] 기본 정의역 $\mathcal{F}_1$

$\mathrm{SL}_2(\mathbb{Z})$의 두 원소 $S(\tau) = -1/\tau$ 및 $T_1(\tau) = \tau + 1$을 생각하자. (예를 들면) 대응하는 행렬은 각각

$$\begin{pmatrix} 0 & -1 \\ 1 & 0 \end{pmatrix}, \quad \begin{pmatrix} 1 & 1 \\ 0 & 1 \end{pmatrix}$$

과 같다. S와 T_1에 의해 생성되는 $\mathrm{SL}_2(\mathbb{Z})$의 부분군을 $\mathfrak{g}$라고 하자. 다음 물음에 답하라.

(a) 각 $\tau \in \mathbb{H}$에 대해 $g(\tau) \in \mathcal{F}_1$이 되게 하는 $g \in \mathfrak{g}$가 존재함을 보여라.

(b) $g(\tau) = \tau'$인 $g \in \mathrm{SL}_2(\mathbb{Z})$가 존재하면 두 점 τ와 τ'은 합동이라고 한다. $\tau, \tau' \in \mathcal{F}_1$이 합동이면 $\mathrm{Re}(\tau) = \pm 1/2$ 및 $\tau' = \tau \mp 1$이거나 $|\tau| = 1$ 및 $\tau' = -1/\tau$임을 증명하라.

힌트 $\tau' = g(\tau)$라고 하자. $\mathrm{Im}(\tau') \geq \mathrm{Im}(\tau)$라고 가정할 수 있고, 따라서 $|c\tau + d| \leq 1$인 이유는 무엇인가? 이제 $c = -1$, $c = 0$, $c = 1$일 가능성을 별도로 고려한다.

(c) $g \in \mathrm{SL}_2(\mathbb{Z})$에 대응하는 모든 일차분수변환은 S, T_1와 두 변환의 역변환을 유한번 합성했다는 점에서 S, T_1은 모듈러 군을 생성함을 증명하라. 엄밀히 말하면 S, T_1에 대응하는 행렬은 사영 특수선형군 $\mathrm{PSL}_2(\mathbb{Z})$를 생성하며, 이는 법 $\pm I$에 대하여 $\mathrm{SL}_2(\mathbb{Z})$와 같다.

힌트 $2i$는 $\mathcal{F}_1$의 내부에 있음을 관찰한다. 이제 (a)를 이용하여 $g(2i)$를 $\mathcal{F}_1$으로 다시 옮긴다. (b)를 이용하여 마무리한다.

3. 행렬 $\begin{pmatrix} a & b \\ c & d \end{pmatrix}$로 이루어진 군 G를 생각해 보자. 이때 G의 원소인 행렬 $\begin{pmatrix} a & b \\ c & d \end{pmatrix}$는 성분이 정수이고 행렬식이 1이며, a와 d는 홀짝이 같고, b와 c도 홀짝이 같으며 c와 d의 홀짝은 반대다. 이 군 또한 일차분수변환에 의해 상반평면에 작용한다. 군 G에 대해 대응하는 기본 정의역 $\mathcal{F}$는 $|\tau| \geq 1$, $|\mathrm{Re}(\tau)| \leq 1$ 및 $\mathrm{Im}(\tau) \geq 0$인 집합으로 정의된다(그림 1 참고). 또한 S와 T_2를

$$S(\tau) = -1/\tau \leftrightarrow \begin{pmatrix} 0 & -1 \\ 1 & 0 \end{pmatrix}, \quad T_2(\tau) = \tau + 2 \leftrightarrow \begin{pmatrix} 1 & 2 \\ 0 & 1 \end{pmatrix}$$

과 같이 정의한다. 심화문제 2와 유사하게 $g \in G$에 대응하는 모든 일차분수변환은 S, T_2와 둘의 역변환을 유한번 합성한 것임을 증명하라.

4. 심화문제 3에 주어진 행렬군을 G라고 하자. 여기서는 정리 3.4를 다른 방식으로 증명한다. 정리 3.4를 다시 기술하면 $\mathbb{H}$에서 복소해석적이고 유계이며, G에 대하여 불변인 함수는 상수함수여야 한다는 것이다.

(a) $f : \mathbb{H} \to \mathbb{C}$가 복소해석적이며 유계이고,

$$f(\tau_k) = 0, \quad \sum_{k=1}^{\infty} y_k = \infty, \quad 0 < y_k \leq 1, \quad |x_k| \leq 1$$

을 만족하는 복소수열 $\tau_k = x_k + iy_k$가 존재한다고 가정하자. 그러면 $f = 0$이다.

힌트 $x_k = 0$인 경우는 8장 심화문제 5를 참고하라.

(b) 홀짝이 반대이고 서로소인 두 정수 c, d에 대해 $\begin{pmatrix} a & b \\ c & d \end{pmatrix} \in G$이도록 하는 두 정수 a, b가 존재함을 보여라.

힌트 $xc + dy = 1$의 모든 해는 $x_0 + dt$와 $y_0 - ct$ 꼴이다. 여기서 x_0, y_0는 특수해이며 $t \in \mathbb{Z}$이다.

(c) $\sum \frac{1}{c^2+d^2} = \infty$ 임을 증명하라. 여기서 홀짝이 반대이고 서로소인 모든 c와 d에 대해 합을 취한다.

힌트 그렇지 않다고 가정하고 $\sum_{(a,b)=1} \frac{1}{a^2+b^2} < \infty$를 증명한다. 여기서 서로소인 모든 a, b에 대해 합을 취한다. 이를 증명하기 위해 a, b가 모두 홀수이면서 서로소라면 $c = (a+b)/2$ 및 $d = (a-b)/2$로 정의되는 두 수 c, d는 서로소이며 홀짝이 반대임에 유의한다. 또한 적당한 보편상수 A에 대해 $c^2 + d^2 \le A(a^2+b^2)$이다. 따라서

$$\sum_{n \neq 0} \frac{1}{n^2} \sum_{(a,b)=1} \frac{1}{a^2+b^2} < \infty$$

가 성립한다. 그러므로 $\sum \frac{1}{k^2+\ell^2} < \infty$이다. 여기서 k, $\ell \neq 0$인 모든 정수 k와 ℓ에 대해 합을 취한다. 이것이 모순인 이유는 무엇인가?

(d) $F : \mathbb{H} \to \mathbb{C}$가 복소해석적이고 유계이며, G에 대하여 불변이면 F는 상수함수임을 증명하라.

힌트 $F(\tau)$를 $F(\tau) - F(i)$로 바꾼다. 서로소이며 홀짝이 반대인 각각의 c, d에 대해 $g(i) = x_{c,d} + \frac{i}{c^2+d^2}$와 $|x_{c,d}| \le 1$을 만족하도록 하는 $g \in G$를 택한다.

***5.** 9장에서는 바이어슈트라스 $\wp$ 함수가 세제곱식

$$(\wp')^2 = 4\wp^3 - g_2\wp - g_3$$

를 만족함을 증명했다. 여기서 $g_2 = 60E_4$, $g_3 = 140E_6$이며 E_k는 k차 아이젠슈타인 급수다. $y^2 = 4x^3 - g_2x - g_3$의 판별식을 $\triangle = g_2^3 - 27g_3^2$으로 정의한다. 모든 $\tau \in \mathbb{H}$에 대해

$$\triangle(\tau) = (2\pi)^{12}\eta^{24}(\tau)$$

를 증명하라.

힌트 $\triangle$와 η^{24}은 $\tau \mapsto \tau + 1$와 $\tau \mapsto -1/\tau$ 아래에서 같은 변환법칙을 만족한다. 심화문제 2에서 설명한 기본 정의역으로 인해 오직 뾰족점(즉, 무한대)에서의 행동을 조사하면 충분하다.

***6.** $r_8(n)$에 대한 식을 유도해 보자. $r_8(n)$은 n을 8제곱수의 합으로 나타내는 방법의 수다. 방법은 $r_4(n)$인 경우와 유사하지만 세부 내용은 덜 까다롭다.

정리 $r_8(n) = 16\sigma_3^*(n)$

n이 홀수이면 $\sigma_3^*(n) = \sigma_3(n) = \sum_{d|n} d^3$이다. 또한 n이 짝수이면

$$\sigma_3^*(n) = \sum_{d|n} (-1)^d d^3 = \sigma_3^e(n) - \sigma_3^o(n)$$

다음과 같다. 여기서 $\sigma_3^e(n) = \sum_{d|n,\ d\text{는 짝수}} d^3$이고 $\sigma_3^o(n) = \sum_{d|n,\ d\text{는 홀수}} d^3$이다.

적절한 아이젠슈타인 급수

$$E_4^*(\tau) = \sum \frac{1}{(n+m\tau)^4}$$

을 생각하자. 여기서 홀짝이 반대인 정수 n과 m에 대해 합을 취한다. 표준 아이젠슈타인 급수는

$$E_4(\tau) = \sum_{(n,m)\neq(0,0)} \frac{1}{(n+m\tau)^4}$$

과 같음을 기억하자. E_4^*를 정의하는 급수는 $r_4(n)$을 생각할 때 등장한 $E_2^*(\tau)$와 달리 절대수렴한다. 이는 다음 내용의 일부를 훨씬 간단하게 만든다.

(a) $r_8(n) = 16\sigma_3^*(n)$은 항등식 $\theta(\tau)^8 = 48\pi^{-4}E_4^*(\tau)$와 동치임을 증명하라.

힌트 $E_4(\tau) = 2\zeta(4) + \frac{(2\pi)^4}{3}\sum_{k=1}^{\infty}\sigma_3(k)e^{2\pi ik\tau}$ 및 $\zeta(4) = \pi^4/90$이라는 사실을 이용한다.

(b) $E_4^*(\tau) = E_4(\tau) - 2^{-4}E_4((\tau-1)/2)$

(c) $E_4^*(\tau+2) = E_4^*(\tau)$

(d) $E_4^*(\tau) = \tau^{-4}E_4^*(-1/\tau)$

(e) $\tau \to \infty$일 때 $(48/\pi^4)E_4^*(\tau) \to 1$이다.

(f) $\text{Im}(\tau) \to \infty$일 때 $|E_4^*(1-1/\tau)| \approx |\tau|^4|e^{2\pi i\tau}|$이다.

힌트 $E_4^*(1-1/\tau) = \tau^4(E_4(\tau) - E_4(2\tau))$임을 확인한다.

$\theta(\tau)^8$도 위의 (c), (d), (e), (f)와 유사한 성질을 만족하므로 불변 함수 $48\pi^{-4}E_4^*(\tau)/\theta(\tau)^8$은 유계이며 따라서 상수함수이고, 그 함숫값은 1이어야 한다. 이로써 원하는 결과를 얻는다.

부록 A

점근적 추정
Asymptotics

「0에서 $\frac{1}{0}$까지 적분 $\int_w \cos\frac{\pi}{2}(w^3 - m.w)$의 수치적 계산에 관하여」[1]

처음엔 주어진 미분계수의 꼴이 단순하기 때문에 적분표에 수록된 함수를 적절히 사용해 이 적분값을 계산할 수 있으리라 예상했다. 그러나 시도를 수없이 해도 이 적분을 잘 알려진 적분 꼴로 표현하는 데 실패했다. 나는 결국 이 적분값을 어느 정도 상당한 구간까지는 실제로 계산하고, 나머지는 급수를 통해 계산했다.

G. B. **에어리**(*G. B. Airy*), 1838

해석학의 여러 문제에서 해가 구체적으로 계산하기 어려운 함수로 주어질 때가 있다. 이때 유용한 방법은(사실 이 방법이 거의 유일하다) 관심 지점 근처에서 이 함수의 점근적 행태를 살펴보는 것이다. [부록 A]에서는 복소해석학 개념들이 결정적인 역할을 하는 몇몇 사례를 다룰 것이다. 이들은 대체로 변수 s의 큰 값에 대해 아래와 같이 주어진 적분의 행동에 관련되어 있다.

$$I(s) = \int_a^b e^{-s\Phi(x)}\,dx \tag{A.1}$$

앞으로 다룰 내용은 다음과 같은 세 가지 기본 원리에 의거한다.

(1) **경로 변형**(deformation of contour) : 함수 Φ는 일반적으로 복소수 값을 가지므로, 큰 s에 대해 (A.1)의 피적분함수는 빠르게 진동할 수 있으며, 그로 인한 상쇄가 $I(s)$의 실제 행태를 가릴 수 있다. Φ가 복소해석적(holomorphic)일 때 (자주 이러하다) 새로운 경로에서 Φ가 본질적으로 실숫값을 가지도록 적분 경로를 바꿀 수 있다면 참 좋을 것이다. 만약 경로를 바꾸는 데 성공하고, 또 운이 좋다면 $I(s)$의 행태를 다소 직접적으로 읽어낼 수 있다. 베셀 함수의 사례를 통해 해당 내용을 자세히 설명하겠다.

(2) **라플라스 방법**(Laplace's method) : 경로에서 Φ의 함숫값이 실수고 s가 양수일 때, Φ의 최솟값 근방에서의 적분이 $I(s)$ 값에 가장 큰 영향을 미친다. 이 경우 이계 미분계수(quadratic behavior)를 이용하여 최솟값 근방에서 Φ를 점근적으로 전개할 수 있다. 이러한 아이디어를 이용하여 감마함수의 점근식(스털링 공식)과 에어리 함수의 점근식을 구할 수 있다.

(3) **생성함수**(generating function) : $\{F_n\}$이 수론적 또는 조합론적 수열일 때, 생성함수 $F(u) = \sum F_n u^n$의 해석적 성질을 활용하여 $\{F_n\}$에 관한 흥미로운 결론을 얻을 수 있음을 이미 여러 번 확인했다. 실제로 $n \to \infty$일 때 F_n의 점근적 행태도

1 **(감수자)** 당시 영국은 대륙과 다른 표기법을 사용했다. 이 식을 현대 표기법으로 바꾸면 $\int_0^\infty \cos\left[\frac{\pi}{2}(w^3 - mw)\right]dw$이다.

$$F_n = \int_\gamma F(e^{2\pi iz})e^{-2\pi inz}\,dz$$

를 통해 분석할 수 있다. 이때 γ는 상반평면에 놓인 단위 길이의 적절한 곡선이다. 이 식은 적분 (A.1)의 변주(variant)로 이해할 수 있다. 이 아이디어가 n의 분할수 $p(n)$에 대한 점근식을 얻는 과정에서 어떻게 사용되는지 살펴볼 것이다.

1 베셀 함수

베셀 함수(Bessel function)는 회전 대칭을 포함하는 많은 문제에 자연스럽게 나타난다. 예를 들어 $\mathbb{R}^d$에서 구면함수의 푸리에 변환은 $(d/2)-1$차 베셀 함수로 깔끔하게 표현된다. 『STEIN 푸리에 해석학』 6장을 참고하라.

베셀 함수는 다양한 식으로 정의할 수 있다. 식

$$J_\nu(s) = \frac{(s/2)^\nu}{\Gamma(\nu+1/2)\Gamma(1/2)}\int_{-1}^{1} e^{isx}(1-x^2)^{\nu-1/2}\,dx \tag{A.2}$$

는 $\nu > -1/2$인 모든 차수에서 정의되는데, 이를 베셀 함수 식으로 하자.

정리 1.1 $s\to\infty$일 때, $J_\nu(s) = \sqrt{\frac{2}{\pi s}}\cos\left(s - \frac{\pi\nu}{2} - \frac{\pi}{4}\right) + O(s^{-3/2})$이다.

$J_\nu(s)$의 식을 고려하면 적분

$$I(s) = \int_{-1}^{1} e^{isx}(1-x^2)^{\nu-1/2}\,dx \tag{A.3}$$

를 조사하는 것으로 충분하다. 적분식 (A.3)을 조사하기 위해 복소평면에서 두 반직선의 합집합 $(-\infty,-1)\cup(1,\infty)$를 제거한 나머지 부분에서 해석적 함수

$$f(z) = e^{isz}(1-z^2)^{\nu-1/2}$$

을 생각하자. 이때 $z=x\in(-1,1)$에서 $(1-z^2)^{\nu-1/2}$ 값이 양수가 되도록 가지(branch)를 택한다.

$s > 0$을 고정하고 코시 정리를 적용하면

$$I(s) = -I_-(s) - I_+(s)$$

를 알 수 있다. 이때 $I(s)$, $I_-(s)$, $I_+(s)$는 그림 1에 표시된 선 위에서 적분을 취한다. 이는 $\int_{\gamma_{\epsilon,R}} f(z)\,dz = 0$이라는 식에 극한 $\epsilon \to 0$과 $R \to \infty$를 취해 확인할 수 있다. 이때 $\gamma_{\epsilon,R}$은 그림 1의 두 번째 경로다.

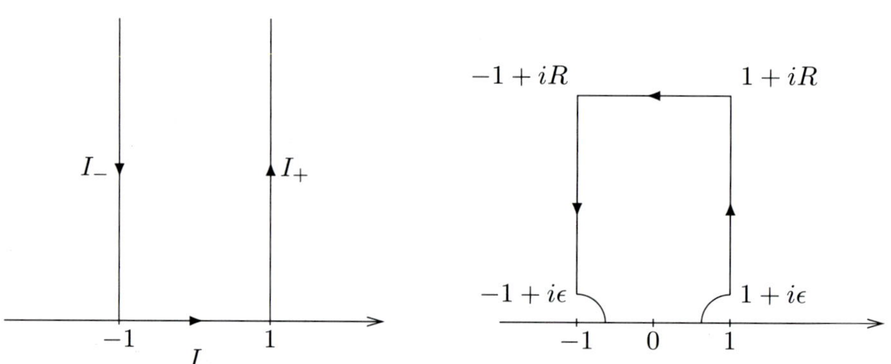

[그림 1] $I(s)$, $I_-(s)$, $I_+(s)$의 적분에 대한 경로와 경로 $\gamma_{\epsilon,R}$

$I_+(s)$에 대한 경로에서 $z = 1 + iy$이므로

$$I_+(s) = ie^{is} \int_0^\infty e^{-sy}(1 - (1+iy)^2)^{\nu-1/2}\,dy \tag{A.4}$$

가 성립한다. $I_-(s)$도 비슷하게 나타낼 수 있다.

$I(s)$를 왜 $-(I_-(s) + I_+(s))$로 나타냈을까? 큰 양수 s에 대해 식 (A.3)의 지수함수 e^{isx}은 빠르게 진동하므로 언뜻 보면 해당 적분값을 추정하기가 쉽지 않았다. 하지만 식 (A.4)에서의 지수함수는 e^{-sy}이며 $y = 0$일 때를 제외하면 $s \to \infty$일 때 빠르게 감소한다. 따라서 이 경우 $y = 0$ 근처에서의 적분값이 전체 적분을 거의 결정함을 바로 알아차릴 수 있으며, 이를 통해 적분을 쉽게 근사할 수 있다. 이 아이디어를 정확하게 서술하면 다음 관찰과 같다.

명제 1.2 고정된 $a > 0$과 $m > -1$ 그리고 적절한 양수 c에 대해 $s \to \infty$일 때,

$$\int_0^a e^{-sx}x^m\,dx = s^{-m-1}\Gamma(m+1) + O(e^{-cs}) \tag{A.5}$$

이 성립한다.

증명

$m > -1$이므로 $\int_0^a e^{-sx}x^m\,dx = \lim_{\epsilon\to 0}\int_\epsilon^a e^{-sx}x^m\,dx$가 존재한다. 이때

$$\int_0^a e^{-sx}x^m\,dx = \int_0^\infty e^{-sx}x^m\,dx - \int_a^\infty e^{-sx}x^m\,dx$$

와 같이 쓰자. 우변의 첫 번째 적분은 $x \mapsto x/s$로 변수변환하면 $s^{-m-1}\Gamma(m+1)$과 같다. 두 번째 적분에서 $c < a$이면

$$\int_a^\infty e^{-sx}x^m\,dx = e^{-cs}\int_a^\infty e^{-s(x-c)}x^m\,dx = O(e^{-cs}) \tag{A.6}$$

이 성립함을 주목하자. 따라서 명제가 증명되었다. ◀

적분 (A.4)로 돌아가서 다음 두 사실에 주목하자.

$$0 \le y \le 1\text{일 때,}\quad (1-(1+iy)^2)^{\nu-1/2} = (-2iy)^{\nu-1/2} + O(y^{\nu+1/2})$$
$$1 \le y\text{일 때,}\quad (1-(1+iy)^2)^{\nu-1/2} = O(y^{\nu-1/2} + y^{2\nu-1})$$

따라서 $a = 1$, $m = \nu \mp 1/2$로 두고 명제 1.2와 (A.6)을 적용하면 $I_+(s)$는

$$I_+(s) = i(-2i)^{\nu-1/2}e^{is}s^{-\nu-1/2}\Gamma(\nu+1/2) + O(s^{-\nu-3/2})$$

이다. 비슷하게 $I_-(s)$에 대해

$$I_-(s) = -i(2i)^{\nu-1/2}e^{-is}s^{-\nu-1/2}\Gamma(\nu+1/2) + O(s^{-\nu-3/2})$$

이 성립한다. $\Gamma(1/2) = \sqrt{\pi}$라는 사실과

$$J_\nu(s) = \frac{(s/2)^\nu}{\Gamma(\nu+1/2)\Gamma(1/2)}[-I_-(s) - I_+(s)]$$

를 기억하자. 이로써 정리 1.1을 증명했다.

특정한 조건 하에서 명제 1.2의 결론을 복소평면의 반평면 $\text{Re}(s) \ge 0$으로까지 확장할 수 있다. 이후에 요긴하게 쓰일 사실이니 잘 기억해 두자.

명제 1.3 $a > 0$과 $-1 < m < 0$을 고정하자. $\text{Re}(s) \ge 0$에서 $|s| \to \infty$일 때,

$$\int_0^a e^{-sx}x^m\,dx = s^{-m-1}\Gamma(m+1) + O(1/|s|)$$

가 성립한다. 여기서 s^{-m-1}은 $s > 0$에서 양수가 되도록 가지(branch)를 택한다.

증명

증명의 첫 단계는 $\mathrm{Re}(s) \geq 0$, $s \neq 0$일 때, 극한값

$$\int_0^\infty e^{-sx} x^m \, dx = \lim_{N \to \infty} \int_0^N e^{-sx} x^m \, dx$$

가 존재하고 그 값이 $s^{-m-1}\Gamma(m+1)$과 같음을 보이는 것이다. N이 클 때,

$$\int_0^N e^{-sx} x^m \, dx = \int_0^a e^{-sx} x^m \, dx + \int_a^N e^{-sx} x^m \, dx$$

와 같이 쓴다. $m > -1$이므로 우변의 첫 번째 적분은 전체에서 해석적 함수다. 두 번째 적분은 $-\frac{1}{s}\frac{d}{dx}(e^{-sx}) = e^{-sx}$을 염두에 두고 부분적분해서

$$\int_a^N e^{-sx} x^m \, dx = \frac{m}{s}\int_a^N e^{-sx} x^{m-1} \, dx - \left[\frac{e^{-sx}}{s} x^m\right]_a^N \tag{A.7}$$

을 얻는다. 적분 $\int_a^\infty x^{m-1} \, dx$의 수렴성과 항등식 (A.7)로부터 $\int_a^\infty e^{-sx} x^m \, dx$는 $\mathrm{Re}(s) > 0$에서 해석적이고 $\mathrm{Re}(s) \geq 0$, $s \neq 0$에서 연속임을 알 수 있다. 따라서 $\int_0^\infty e^{-sx} x^m \, dx$는 $\mathrm{Re}(s) > 0$에서 해석적이며 $\mathrm{Re}(s) \geq 0$, $s \neq 0$에서 연속이다. s가 양수일 때, 이 적분값은 $s^{-m-1}\Gamma(m+1)$과 같으므로 $\mathrm{Re}(s) \geq 0$, $s \neq 0$일 때 $\int_0^\infty e^{-sx} x^m \, dx = s^{-m-1}\Gamma(m+1)$임을 알 수 있다.

한편

$$\int_0^a e^{-sx} x^m \, dx = \int_0^\infty e^{-sx} x^m \, dx - \int_a^\infty e^{-sx} x^m \, dx$$

가 성립한다. $m < 0$, $\mathrm{Re}(s) \geq 0$, $s \neq 0$일 때 (A.7)에서 $N \to \infty$에 따른 극한을 취하면

$$\int_a^\infty e^{-sx} x^m dx = \frac{m}{s}\int_a^\infty e^{-sx} x^{m-1} dx + \frac{e^{-as}}{s} a^m$$

을 얻는다. 이제 $m < 0$이므로 $\int_a^\infty e^{-sx} x^m \, dx = O(1/|s|)$임은 분명하다. 이로써 증명이 끝났다. ◀

노트 명제 1.3에서 더 좋은 오차항을 얻거나, m의 범위를 확장하려면 끝점 $x = a$의 영향을 완화해야 한다. 적절한 매끄러운 절단함수를 도입하면 된다. 심화문제 1을 참고하라.

2 라플라스 방법 : 스털링 공식

이미 언급했듯이 Φ 값이 실수일 때, Φ가 최솟값을 가지는 $s \to \infty$에서 $\int_a^b e^{-s\Phi(x)}\,dx$ 값이 거의 결정된다. 끝점 a 또는 b에서 이 최솟값을 가지는 상황은 식 (A.6)에서 다루었다. 이제 최솟값이 $[a, b]$의 내부에서 생기는 상황을 생각해 보자.

적분

$$\int_a^b e^{-s\Phi(x)}\psi(x)\,dx$$

를 생각하자. 이때 **위상함수(phase function)** Φ의 함숫값은 실수이며, 상황을 단순히 하기 위해 위상함수와 **진폭함수(amplitude function)** ψ는 모두 무한 번 미분가능하다고 가정한다. Φ의 최솟값은 다음과 같이 가정한다(그림 2는 이 상황을 묘사한다). $\Phi'(x_0) = 0$인 $x_0 \in (a, b)$가 존재하며, $[a, b]$ 전체에서 $\Phi''(x) > 0$이다.

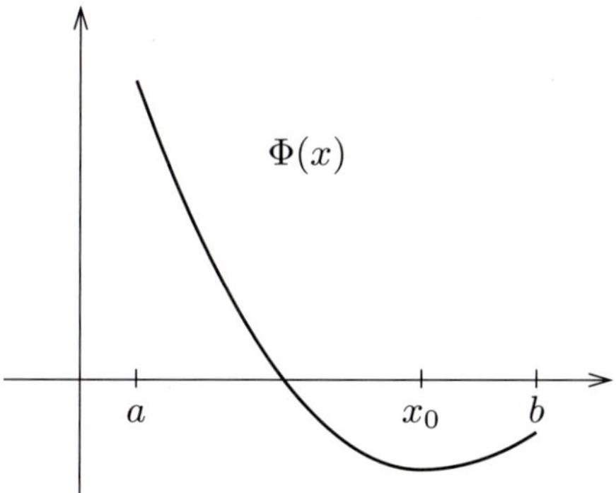

[그림 2] x_0에서 최솟값을 가지는 함수 Φ

명제 2.1 앞선 내용과 같이 가정할 때, $s > 0$이고 $s \to \infty$이면

$$\int_a^b e^{-s\Phi(x)}\psi(x)\,dx = e^{-s\Phi(x_0)}\left[\frac{A}{s^{1/2}} + O\left(\frac{1}{s}\right)\right] \tag{A.8}$$

이 성립한다. 이때,

$$A = \sqrt{2\pi}\frac{\psi(x_0)}{(\Phi''(x_0))^{1/2}}$$

이다.

증명

$\Phi(x)$ 대신 $\Phi(x) - \Phi(x_0)$를 생각하자. 이제 $\Phi(x_0) = 0$이라 가정할 수 있다. $\Phi'(x_0) = 0$이므로

$$\frac{\Phi(x)}{(x-x_0)^2} = \frac{\Phi''(x_0)}{2}\varphi(x)$$

가 성립한다. 이때 φ는 매끄러운 함수이며 $x \to x_0$일 때 $\varphi(x) = 1+O(x-x_0)$이다. 따라서 $x = x_0$의 작은 근방에서 매끄러운 변수변환 $x \mapsto y = (x-x_0)(\varphi(x))^{1/2}$을 할 수 있다. $dy/dx|_{x_0} = 1$이므로 $y \to 0$일 때 $dx/dy = 1 + O(y)$이다. 그뿐만 아니라 $\psi(x) = \tilde{\psi}(y)$라 두면 $y \to 0$일 때, $\tilde{\psi}(y) = \psi(x_0) + O(y)$이다. 따라서 $[a', b']$이 x_0를 내부에 포함하는 충분히 작은 구간이라고 하면, 앞서 도입한 변수변환을 통해

$$\int_{a'}^{b'} e^{-s\Phi(x)}\psi(x)\,dx = \psi(x_0)\int_\alpha^\beta e^{-s\frac{\Phi''(x_0)}{2}y^2}\,dy + O\left(\int_\alpha^\beta e^{-s\frac{\Phi''(x_0)}{2}y^2}|y|\,dy\right) \qquad \text{(A.9)}$$

를 얻는다. 이때 $\alpha < 0 < \beta$이다. 이제 $y^2 = X$로 한 번 더 변수변환하면 $dy = \frac{1}{2}X^{-1/2}\,dX$이다. 식 (A.5)에 의해 식 (A.9)의 우변에서 첫 번째 적분은 적당한 $\delta > 0$에 대해

$$\int_0^{a_0} e^{-s\frac{\Phi''(x_0)}{2}X}X^{-1/2}\,dX + O(e^{-\delta s}) = s^{-1/2}\left(\frac{2\pi}{\Phi''(x_0)}\right)^{1/2} + O(e^{-\delta s})$$

과 같다. 같은 논법을 이용하면 두 번째 적분은 $O(1/s)$이다. 이제 $[a, a']$과 $[b', b]$에서 $e^{-s\Phi(x)}\psi(x)$를 적분하는 과정이 남았다. 하지만 이 두 부분구간에서 $\Phi(x) \geq c > 0$이므로 이들 적분은 $s \to \infty$일 때 지수적으로 감쇄한다. 종합하면 식 (A.8)을 얻고, 따라서 명제를 증명했다. ◀

점근 관계 (A.8)은 $\text{Re}(s) \geq 0$인 모든 복소수 s로 확장된다. 이 사실은 매우 중요하지만, 증명하려면 직전과는 다른 기술을 사용해야 한다. $|s|$는 크지만 $\text{Re}(s)$는 작을 때 $e^{-s\Phi(x)}$의 진동을 고려해야 하며, 이는 간단한 부분적분으로 처리한다.

명제 2.2 Φ와 ψ에 대한 같은 가정하에서 점근 관계 (A.8)은 $\text{Re}(s) \geq 0$이면서 $|s| \to \infty$일 때도 여전히 성립한다.

증명

이전과 같이 등식 (A.9)로 진행하며, $m = -\frac{1}{2}$로 두고 명제 1.3을 이용하여 첫 번째 적분에 대한 적절한 점근식을 얻는다. 나머지를 다루기 위해 다음 사실을 관찰해 보자. 구간 $[\overline{a}, \overline{b}]$에서 주어진 Ψ와 ψ가 무한 번 미분가능하며, $\Psi(x) \geq 0$이고 $|\Psi'(x)| \geq c > 0$이라고 하자. 그러면 $\text{Re}(s) \geq 0$일 때

$$|s| \to \infty \text{일 때} \quad \int_{\bar{a}}^{\bar{b}} e^{-s\Psi(x)}\psi(x)\,dx = O\left(\frac{1}{|s|}\right) \tag{A.10}$$

이 성립한다. 실제로 이 적분은

$$-\frac{1}{s}\int_{\bar{a}}^{\bar{b}} \frac{d}{dx}\left(e^{-s\Psi(x)}\right)\frac{\psi(x)}{\Psi'(x)}\,dx$$

와 같다. 부분적분하면

$$\frac{1}{s}\int_{\bar{a}}^{\bar{b}} e^{-s\Psi(x)}\frac{d}{dx}\left(\frac{\psi(x)}{\Psi'(x)}\right)dx - \frac{1}{s}\left[e^{-s\Psi(x)}\frac{\psi(x)}{\Psi'(x)}\right]_{\bar{a}}^{\bar{b}}$$

이다. 식 (A.10)은 $\mathrm{Re}(s) \geq 0$일 때 $\left|e^{-s\Psi(x)}\right| \leq 1$이므로 바로 확인할 수 있다. 이를 통해 남은 구간인 $[a, a']$과 $[b', b]$에서 $e^{-s\Phi(x)}\psi(x)$의 적분을 다룰 수 있다. 왜냐하면 $\Phi'(x_0) = 0$이고 $\Phi''(x) \geq c_1 > 0$이므로 각 구간에서 $|\Phi'(x)| \geq c > 0$이기 때문이다.

마지막으로 (A.9)의 우변에서 두 번째 적분은 실제로

$$\int_{\alpha}^{\beta} e^{-s\frac{\Phi''(x_0)}{2}y^2} y\eta(y)\,dy$$

와 같은 꼴의 적분이다. 이때 $\eta(y)$는 무한 번 미분가능하다. 이제 이 적분을

$$-\frac{1}{s\Phi''(x_0)}\int_{\alpha}^{\beta}\frac{d}{dy}\left(e^{-s\frac{\Phi''(x_0)}{2}y^2}\right)\eta(y)\,dy$$

와 같이 쓰면 다시 부분적분으로 계산할 수 있고, 그 크기는 $O(1/|s|)$이다. ◀

s가 순허수고 $s = it$, $t \to \pm\infty$일 때는 명제 2.2의 특수한 경우인데, 보통 따로 다룬다. 이러한 상황에서의 논법을 **정지 위상 방법(method of stationary phase)**이라고 한다. $\Phi'(x_0) = 0$인 점 x_0는 **임계점(critical point)**이라고 한다.

이 결과를 응용하면 감마함수 Γ의 점근적 행태를 묘사하는 스털링 공식을 유도할 수 있다. 이 공식은 복소평면에서 음의 실수축을 포함하지 않는 모든 부채꼴 영역에서 유효하다. 임의의 $\delta > 0$에 대해 $S_\delta = \{s : |\arg s| \leq \pi - \delta\}$라 두자. 음의 실수축을 제거한 복소평면에서 정의된 로그함수의 주요 가지(principal branch)를 $\log s$로 나타낸다.

정리 2.3 $s \in S_\delta$ 이면서 $|s| \to \infty$ 일 때,

$$\Gamma(s) = e^{s \log s} e^{-s} \frac{\sqrt{2\pi}}{s^{1/2}} \left(1 + O\left(\frac{1}{|s|^{1/2}}\right)\right) \tag{A.11}$$

이 성립한다.

비고 조금 더 노력하면 오차항을 $O\left(\frac{1}{|s|}\right)$ 로 개선할 수 있으며, 실제로 $\frac{1}{s}$ 의 거듭제곱으로 표현되는 완전한 점근적 전개를 얻을 수 있다. 심화문제 2를 참고하라. 식 (A.11)은 $\Gamma(s) \sim \sqrt{2\pi} s^{s-1/2} e^{-s}$ 을 함의하며 스털링 공식(Stirling's formula)은 주로 이 결과를 가리킨다.

증명

먼저 오른쪽 반평면에서 식 (A.11)이 성립함을 확인하자. 일단 원점 근방($|s| < 1$이라 하자)을 제외한 $\text{Re}(s) > 0$에서 이 식이 항상 성립함을 보일 것이다. 또한, 닫힌 반평면에서 오차항의 추정이 고르다는 것을 보인다. 이를 확인하기 위해 $s > 0$에서 시작하여

$$\Gamma(s) = \int_0^\infty e^{-x} x^s \frac{dx}{x} = \int_0^\infty e^{-x + s \log x} \frac{dx}{x}$$

와 같이 쓴다. $x \mapsto sx$ 로 변수변환하면 위 적분은

$$\int_0^\infty e^{-sx + s \log sx} \frac{dx}{x} = e^{s \log s} e^{-s} \int_0^\infty e^{-s\Phi(x)} \frac{dx}{x}$$

와 같다. 이때 $\Phi(x) = x - 1 - \log x$ 이다. 항등정리에 의해 이 항등식은 성립하며, $\text{Re}(s) > 0$ 일 때

$$\Gamma(s) = e^{s \log s} e^{-s} I(s)$$

를 얻는다. 이때

$$I(s) = \int_0^\infty e^{-s\Phi(x)} \frac{dx}{x}$$

이다.

이제 (A.12)를 보이면 충분하다.

$$\text{Re}(s) > 0\text{일 때,} \qquad I(s) = \frac{\sqrt{2\pi}}{s^{1/2}} + O\left(\frac{1}{|s|}\right) \tag{A.12}$$

$\Phi(1) = \Phi'(1) = 0$ 이고 $0 < x < \infty$ 에서 $\Phi''(x) = \frac{1}{x^2} > 0$ 이며 $\Phi''(1) = 1$ 임을 관찰하라. 이 Φ 는 볼록함수고 $x = 1$ 에서 양수인 최솟값을 가진다.

이 상황에서 복소해석적으로 표현한 라플라스 방법인 명제 2.2를 적용한다. 이때 극점은 $x_0 = 1$ 이며

$\psi(x) = \dfrac{1}{x}$ 이다. 편의를 위해 구간 $[a, b]$는 $[1/2, 2]$가 되도록 택한다. 그러면 $\displaystyle\int_a^b e^{-s\Phi(x)}\psi(x)\,dx$ 에 대해 점근식 (A.12)를 얻는다. 오차항의 크기를 조사하는 일이 남았는데, 이는 $[0, 1/2]$과 $[2, \infty)$ 에서의 적분에 해당한다. 지금까지 많은 도움을 준 부분적분을 다시 수행할 수 있다.

실제로 $\Phi'(x) = 1 - \dfrac{1}{x}$ 이므로

$$\begin{aligned}\int_\epsilon^{1/2} e^{-s\Phi(x)}\frac{dx}{x} &= -\frac{1}{s}\int_\epsilon^{1/2}\frac{d}{dx}\left(e^{-s\Phi(x)}\right)\frac{dx}{\Phi'(x)x} \\ &= -\frac{1}{s}\left[\frac{e^{-s\Phi(x)}}{x-1}\right]_\epsilon^{1/2} - \frac{1}{s}\int_\epsilon^{1/2} e^{-s\Phi(x)}\frac{dx}{(x-1)^2}\end{aligned}$$

가 성립한다. $\epsilon \to 0$일 때 $\Phi(\epsilon) \to +\infty$인 것과 $|e^{-s\Phi(x)}| \le 1$임에 주목하여 극한값

$$\int_0^{1/2} e^{-s\Phi(x)}\frac{dx}{x} = \frac{2}{s}e^{-s\Phi(1/2)} - \frac{1}{s}\int_0^{1/2} e^{-s\Phi(x)}\frac{dx}{(x-1)^2}$$

를 구한다. 따라서 좌변의 식은 반평면 $\mathrm{Re}(s) \ge 0$에서 $O(1/|s|)$이다.

$\displaystyle\int_2^\infty (x-1)^{-2}\,dx$가 수렴함에 주목하면 $\displaystyle\int_2^\infty e^{-s\Phi(x)}\frac{dx}{x}$도 유사하게 다룰 수 있다.

이 계산이 모두 균등 추정이기 때문에 $\mathrm{Re}(s) \ge 0$, $|s| \to \infty$일 때 식 (A.12)가 증명되었고, 식 (A.11)도 증명되었다.

$\mathrm{Re}(s) \ge 0$에서 $\mathrm{Re}(s) \le 0$, $s \in S_\delta$로 넘어가기 위해 $\log s$의 주요 가지에 대한 사실을 다음과 같이 기록한다. $\mathrm{Re}(s) \ge 0$, $s = \sigma + it$, $t \ne 0$이면

$$\log(-s) = \begin{cases}\log s - i\pi & (t > 0)\\ \log s + i\pi & (t < 0)\end{cases}$$

가 성립한다. 따라서 $\mathrm{Re}(s) \ge 0$, $t \ne 0$에서 $G(s) = e^{s\log s}e^{-s}$이라 두면

$$G(-s)^{-1} = \begin{cases}e^{s\log s}e^{-s}e^{-si\pi} & (t > 0)\\ e^{s\log s}e^{-s}e^{si\pi} & (t < 0)\end{cases} \tag{A.13}$$

이다. 식 (A.14)는 $\Gamma(s)\Gamma(1-s) = \pi/\sin\pi s$와 $\Gamma(1-s) = -s\Gamma(-s)$로부터 알 수 있다(6장 정리 1.4와 보조정리 1.2 참고).

$$\Gamma(s)\Gamma(-s) = \frac{\pi}{-s\sin\pi s} \tag{A.14}$$

큰 s에 대해 $\left(1 + O(1/|s|^{1/2})\right)^{-1} = 1 + O(1/|s|^{1/2})$라는 사실을 함수 (A.13)과 식 (A.14)와 결합하면 식 (A.11)을 전체 부채꼴 S_δ로 확장할 수 있다. 따라서 정리의 증명이 완성되었다. ◀

3 에어리 함수

에어리 함수는 광학에서 처음 사용되었다. 정확히는 무지개에서 발생하는 커스틱(caustic) 근처에서 빛의 세기를 분석하기 위해서였다. 에어리 함수는 적분으로 주어진 함수의 점근적 특성에 관한 연구 가운데 중요한 초기 사례이며, 응용 범위가 지속적으로 확대되고 있다. **에어리 함수(Airy function)**는

$$\mathrm{Ai}(s) = \frac{1}{2\pi}\int_{-\infty}^{\infty} e^{i(x^3/3+sx)}\,dx \quad (s \in \mathbb{R}) \tag{A.15}$$

와 같이 정의한다. 먼저 이 적분은 수렴하며 s에 대한 연속함수임을 확인하자. $|x| \to \infty$일 때 피적분함수가 빠르게 진동하기 때문이다. 실제로 식

$$\frac{1}{i(x^2+s)}\frac{d}{dx}\left(e^{i(x^3/3+sx)}\right) = e^{i(x^3/3+sx)}$$

이 성립함에 주목하자. 그러면 $a \geq |s|^{1/2}$일 때 적분 $\int_a^R e^{i(x^3/3+sx)}\,dx$를

$$\int_a^R \frac{1}{i(x^2+s)}\frac{d}{dx}\left(e^{i(x^3/3+sx)}\right)dx \tag{A.16}$$

와 같이 쓸 수 있다. 이제 부분적분하고 R을 ∞로 보내는 극한을 취하여 이 적분이 균등 수렴함을 보일 수 있다. 이로부터 $\int_a^{\infty} e^{i(x^3/3+sx)}\,dx$는 $|s| \leq a^2$에서도 연속임을 안다. $-\infty$에서 $-a$까지의 적분도 같은 식으로 보일 수 있다. 그러므로 $\mathrm{Ai}(s)$에 대한 주장이 성립한다.

식 (A.15)에서의 적분 경로를 변형하여 $\mathrm{Ai}(s)$를 더 잘 이해할 수 있다. 최적의 경로 선택은 아래에서 제시하겠지만, (A.15)에서의 적분 경로를 x축에서 x축과 평행한 직선 $L_\delta = \{x + i\delta,\ x \in \mathbb{R}\}$ $(\delta > 0)$으로 바꾸는 즉시 문제가 크게 개선됨을 확인할 수 있다.

실제로 그림 3에 나타난 직사각형 γ_R 위에서 $f(z) = e^{i(z^3/3+sz)}$에 대해 코시 정리를 적용할 것이다.

[그림 3] 직선 L_δ와 경로 γ_R

L_δ 에서 $f(z) = O(e^{-\delta x^2})$ 이지만, 직사각형의 세로변에서는 $f(z) = O(e^{-yR^2})$ 이다. 따라서 $R \to \infty$ 일 때 $\int_0^\delta e^{-yR^2}\,dy \to 0$ 이므로

$$\text{Ai}(s) = \frac{1}{2\pi}\int_{L_\delta} e^{i(z^3/3+sz)}\,dz$$

를 알 수 있다. 위 적분은 (급격히) 수렴하므로 임의의 복소수 s 에 대해 $f(z) = O(e^{-\delta x^2})$ 이 여전히 성립한다. 즉 $\text{Ai}(s)$ 는 s 에 대해 전해석함수(entire function)로 확장할 수 있다.

다음으로 $\text{Ai}(s)$ 는 미분방정식

$$\text{Ai}''(s) = s\text{Ai}(s) \tag{A.17}$$

를 만족함을 확인하자. 이 단순하고 자연스러운 방정식은 에어리 함수의 편재성을 설명하는 데 도움이 된다. 방정식 (A.17)을 증명하기 위해

$$\text{Ai}''(s) - s\text{Ai}(s) = \frac{1}{2\pi}\int_{L_\delta}(-z^2-s)e^{i(z^3/3+sz)}\,dz$$

임을 관찰한다. 그런데 $-(z^2+s)e^{i(z^3/3+sz)} = i\frac{d}{dz}(e^{i(z^3/3+sz)})$ 이므로

$$\text{Ai}''(s) - s\text{Ai}(s) = \frac{i}{2\pi}\int_{L_\delta}\frac{d}{dz}(f(z))\,dz = 0$$

이 성립한다. 왜냐하면 $|z| \to \infty$ 일 때 $f(z) = e^{i(z^3/3+sz)}$ 이 L_δ 를 따라 0이 되기 때문이다.

이제 주요 문제인 큰 (실수) s 에 대한 $\text{Ai}(s)$ 의 점근식으로 돌아오자. 미분방정식 (A.17)을 바탕으로 s 가 양수인지 음수인지에 따라 $|s|$ 가 클 때 에어리 함수의 행태가 다를 것임을 예상할 수 있다. 이를 확인하기 위해 단순하고 유사한 미분방정식

$$y''(s) = Ay(s) \tag{A.18}$$

와 비교한다. 이때 A 는 큰 상수이며, s 가 양수이면 A 는 양수고 s 가 음수이면 A 는 음수다. 방정식 (A.18)의 해는 물론 $e^{\sqrt{A}s}$ 과 $e^{-\sqrt{A}s}$ 이다. $A > 0$ 이면 $s \to \infty$ 일 때 첫 번째 해는 매우 빠르게 증가하고 두 번째 해는 매우 빠르게 (0으로) 감소한다. 적분 (A.16) 다음에 오는 부분적분 계산을 살펴보면 $s \to \infty$ 일 때 $\text{Ai}(s)$ 는 여전히 유계다. 따라서 $e^{\sqrt{A}s}$ 과 비교해도 의미가 없고, 이 경우 $\text{Ai}(s)$ 가 빠르게 (0으로) 감소한다고 추측하는 것이 합리적이다. 방정식 (A.18)에서 $s < 0$ 일 때는 $A < 0$ 으로 둔다. 지수함수 $e^{\sqrt{A}s}$ 과 $e^{-\sqrt{A}s}$ 은 이제 진동하므로, $s \to -\infty$ 일 때 $\text{Ai}(s)$ 는 진동하는 항을 가져야 한다고 가정할 수 있다.

정리 3.1 $u>0$이라고 가정하자. $u\to\infty$일 때 다음이 성립한다.

(1) $\mathrm{Ai}(-u)=\pi^{-1/2}u^{-1/4}\cos\left(\frac{2}{3}u^{3/2}-\frac{\pi}{4}\right)(1+O(1/u^{3/4}))$

(2) $\mathrm{Ai}(u)=\frac{1}{2\pi^{1/2}}u^{-1/4}e^{-\frac{2}{3}u^{3/2}}(1+O(1/u^{3/4}))$

증명

(1) 에어리 함수를 정의하는 적분식에서 $s=-u$로 두고 $x\mapsto u^{1/2}x$와 같이 변수변환하면

$$\mathrm{Ai}(-u)=u^{1/2}I_{-}(u^{3/2})$$

을 얻는다. 이때 I_{-}는

$$I_{-}(t)=\frac{1}{2\pi}\int_{-\infty}^{\infty}e^{it(x^3/3-x)}\,dx \tag{A.19}$$

와 같다. 이제 $\Phi(x)=\Phi_{-}(x)=\frac{x^3}{3}-x$로 두고

$$I_{-}(s)=\frac{1}{2\pi}\int_{-\infty}^{\infty}e^{-s\Phi(x)}\,dx$$

와 같이 써서 명제 2.2를 적용할 것이다. 이 경우 s는 순허수이므로 정지 위상 방법을 적용한다. $\Phi'(x)=x^2-1$이므로 $x_0=\pm1$에서 두 개의 극점을 가진다. $\Phi''(x)=2x$이므로 $\Phi(\pm1)=\mp2/3$임을 관찰하자.

(A.19)에서 적분 범위를 두 구간 $[-2,0]$과 $[0,2]$로 나누는데, 각각은 하나의 극점을 가지며 두 구간 밖의 영역은 $(-\infty,-2]$와 $[2,\infty)$이다.

이제 $s=-it$, $x_0=1$, $\psi=1/2\pi$, $\Phi(1)=-2/3$, $\Phi''(1)=2$로 두고 구간 $[0,2]$에서 명제 2.2를 적용하여 식 (A.8)의 관점에서 점근식

$$\frac{1}{2\sqrt{\pi}}e^{-i\frac{2}{3}t}\left(\frac{1}{(-it)^{1/2}}+O\left(\frac{1}{|t|}\right)\right)$$

을 얻는다. 비슷하게 $[-2,0]$에서의 적분에 대해 점근식

$$\frac{1}{2\sqrt{\pi}}e^{i\frac{2}{3}t}\left(\frac{1}{(it)^{1/2}}+O\left(\frac{1}{|t|}\right)\right)$$

을 얻는다. 마지막으로 남은 구간에서의 적분을 생각한다. 처음 적분은

$$\begin{aligned}\int_{-\infty}^{-2} e^{it\Phi(x)}\,dx &= \lim_{N\to\infty}\int_{-N}^{-2} e^{it\Phi(x)}\,dx \\ &= \lim_{N\to\infty}\frac{1}{it}\int_{-N}^{-2}\frac{d}{dx}\left(e^{it\Phi(x)}\right)\frac{dx}{\Phi'(x)}\end{aligned}$$

와 같다. 이때 $\Phi'(x) = x^2 - 1$이다. 따라서 부분적분하면 이 적분은 $O(1/|t|)$와 같음을 보일 수 있다. $[2, \infty)$에서의 적분도 비슷하게 처리한다. 이 네 개의 점근식을 모두 더해 $\mathrm{Ai}(-u) = u^{1/2} I_-(u^{3/2})$에 대입하면 정리 3.1(1)이 증명된다.[2]

(2) 에어리 함수 (A.15)에서 $s = u$로 두고 $x \mapsto u^{1/2}x$와 같이 변수변환한다. $u > 0$일 때

$$\mathrm{Ai}(u) = u^{1/2} I_+(u^{3/2})$$

을 얻는다. 이때 I_+는

$$I_+(s) = \frac{1}{2\pi}\int_{-\infty}^{\infty} e^{-sF(x)}\,dx \tag{A.20}$$

와 같다. 그리고 $F(x) = -i(x^3/3 + x)$이다. 이제 $s \to \infty$일 때 (A.20)의 피적분함수는 다시 매우 빠르게 진동하지만, 정리 3.1(1)과 달리 $x^3/3 + x$의 도함수가 0이 되지 않으므로 실수축에서 극점을 갖지 않는다. (이전에 사용한 것처럼) 반복되는 부분적분 계산에 따르면 $s \to \infty$일 때 적분 $I_+(s)$는 실제로 빠른 감쇄를 보인다. 하지만 이러한 감소의 정확한 특성은 무엇이며 어느 정도의 속도로 감소하는가? 이 질문에 답하기 위해, 식 (A.20)에 내재된 상쇄를 정밀하게 사용해야 하는데 위의 방법으로는 쉽지 않아 보인다.

더 좋은 방법은 베셀 함수의 점근식에서 사용된 기본 철학에 따라 $F(z)$의 허수부가 0이 되도록 (A.20)의 경로를 변형하는 것이다. 이렇게 하면 $s \to \infty$일 때 $I_+(s)$의 정확한 점근적 행태를 알기 위해 라플라스 방법(명제 2.1)을 적용할 수 있다.

오로지 $F(z)$가 복소해석적 함수라고 가정하고 더 일반적인 상황에서의 아이디어를 설명하겠다. 제안된 접근 방법을 따르기 위해 다음과 같은 방법으로 경로 Γ를 택한다.

(1) Γ 위에서 $\mathrm{Im}(F) = 0$이다.

(2) $\mathrm{Re}(F)$는 Γ 위의 한 점 z_0에서 최솟값을 가진다. 또한 이 함수는 Γ 방향으로 $\mathrm{Re}(F)$의 이계도함수가 z_0에서 양의 함숫값을 가진다는 점에서 비퇴화적(non–degenerate)이다.

물론 조건 (1)과 (2)는 $F'(z_0) = 0$임을 함의한다. 앞에서와 같이 $F''(z_0) \neq 0$이라면 z_0를 지나면서 서로 수직인 두 곡선 Γ_1과 Γ_2가 있어 $F|_{\Gamma_i}(i = 1, 2)$가 실함숫값을 가진다. 또 $\mathrm{Re}(F)$는 Γ_1으로

2 에어리 함수와 베셀 함수 사이의 관계를 이용하여 유도하는 방법도 있다. 심화문제 3을 참고하라.

제한하면 z_0에서 최솟값을 가지고 Γ_2로 제한하면 z_0에서 최댓값을 가진다(8장 연습문제 2 참고). 따라서 원래 적분 경로를 $\Gamma = \Gamma_1$이 되도록 변형하려고 한다. 이러한 접근 방법을 보통 **최급강하법(steepest descent)**이라고 하는데, z_0에서 함수 $-\mathrm{Re}(F(z))$는 안장점을 가지며 이 지점에서 시작하여 Γ_1의 경로를 따라 가장 크게 감소하기 때문에 붙여진 이름이다.

다시 특수한 경우인 $F(z) = -i(z^3/3 + z)$로 돌아오자. $F(z)$에 대하여

$$\begin{cases} \mathrm{Re}(F) = x^2y - y^3/3 + y \\ \mathrm{Im}(F) = -x^3/3 + xy^2 - x \end{cases}$$

가 성립함에 주목한다. 또한 $F'(z) = -i(z^2 + 1)$이므로 $F'(z_0) = 0$인 두 개의 실수가 아닌 극점 $z_0 = \pm i$를 가진다. $z_0 = i$로 택하면 이 점을 지나면서 $\mathrm{Im}(F) = 0$인 두 곡선은

$$\Gamma_1 = \{(x, y) : y^2 = x^2/3 + 1\}, \quad \Gamma_2 = \{(x, y) : x = 0\}$$

과 같다. Γ_2에서는, 함수 $\mathrm{Re}(F)$가 점 $z_0 = i$에서 최댓값을 가지는 것이 자명하므로 이 곡선을 버린다. $\Gamma = \Gamma_1$을 택하는데, 이는 쌍곡선의 가지이며 $y = (x^2/3 + 1)^{1/2}$과 같이 쓸 수 있다. 이 곡선은 무한대에서 반직선 $z = re^{i\pi/6}$과 $z = re^{i5\pi/6}$으로 점근한다. 그림 4를 보라.

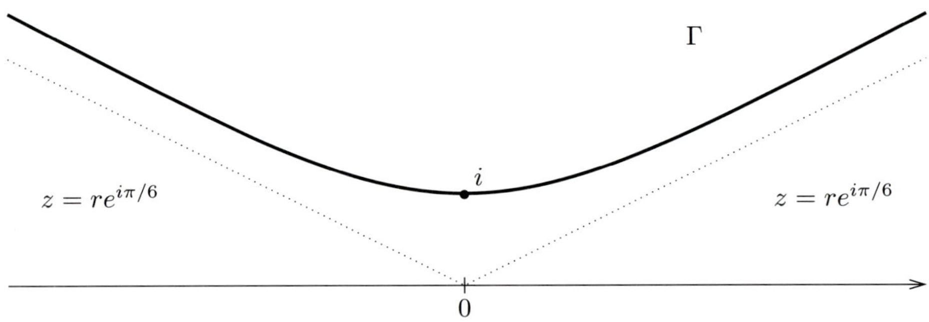

[그림 4] 급강하하는 곡선

이제 식

$$\frac{1}{2\pi}\int_{-\infty}^{\infty} e^{-sF(x)}\,dx = \frac{1}{2\pi}\int_{\Gamma} e^{-sF(z)}\,dz \tag{A.21}$$

를 보자. 이 등식은 경로 Γ_R에서 $e^{-sF(z)}$에 대해 코시 정리를 적용하여 확인할 수 있다. 이때 경로 Γ_R은 총 4조각으로 이루어진다. 즉, 반지름이 R인 원 내부에 놓인 실수축과 Γ의 일부, 실수축과 Γ를 잇는 이 원의 두 개의 호가 경로 Γ_R을 구성한다. 이 영역에서 $x \to \pm\infty$일 때 $e^{-sF(z)} = O(e^{-cyx^2})$이므로 원의 두 호에서 적분값은 $O\left(\int_0^{\pi} e^{-cR^2\sin\theta}\,d\theta\right) = O(1/R^2)$이다. $R \to \infty$을 취하면

(A.21)을 얻는다.

이제 Γ 위에서 Φ가

$$\Phi(x) = \mathrm{Re}(F) = y(x^2 - y^2/3 + 1) = \left(\frac{8}{9}x^2 + \frac{2}{3}\right)(x^2/3+1)^{1/2}$$

과 같음을 관찰한다. 여기서 $y^2 = x^2/3 + 1$임을 사용했다. 또한 Γ에서 $dz = dx + idy = dx + i(x/3)(x^2/3+1)^{-1/2}\,dx$이다. 따라서

$$\frac{1}{2\pi}\int_{\Gamma} e^{-sF(z)}\,dz = \frac{1}{2\pi}\int_{-\infty}^{\infty} e^{-s\Phi(x)}\,dx \tag{A.22}$$

가 성립한다. 위 계산에서 $\Phi(x)$는 짝함수(even function)이고, $x(x^2/3+1)^{-1/2}$은 홀함수(odd function)임을 이용했다.

다음으로 $u \to 0$일 때 $(1+u)^{1/2} = 1 + u/2 + O(u^2)$이므로 Φ는

$$\Phi(x) = \left(\frac{8}{9}x^2 + \frac{2}{3}\right) + \frac{2}{3}\frac{1}{2}\frac{x^2}{3} + O(x^4) = x^2 + \frac{2}{3} + O(x^4)$$

과 같다. $\Phi''(0) = 2$라는 사실에 주목한다. 다음 식에 명제 1.2를 적용하여 (A.22)의 우변에서 주가 되는 부분을 추정하자.

$$\frac{1}{2\pi}\int_{-c}^{c} e^{-s\Phi(x)}\,dx$$

이때 c는 작은 양의 상수다. $\Phi(0) = 2/3$, $\Phi''(0) = 2$, $\psi(0) = 1/2\pi$이므로 이 적분의 점근식은

$$e^{-\frac{2}{3}s}\left[\frac{1}{2\pi^{1/2}}\frac{1}{s^{1/2}} + O\left(\frac{1}{s}\right)\right]$$

은 다음과 같다. $\displaystyle\int_c^{\infty} e^{-s\Phi(x)}\,dx$는 $e^{-2s/3}\displaystyle\int_c^{\infty} e^{-c_1 s x^2}\,dx$가 지배하는데, 이는 $c > 0$일 때 적절한 $\delta > 0$에 대해 $O(e^{-2s/3}e^{-\delta s})$이다. $\displaystyle\int_{-\infty}^{-c} e^{-s\Phi(x)}\,dx$에 대해서도 비슷한 추정이 성립한다. 이제 모두 합치면 $s \to \infty$일 때

$$I_+(s) = e^{-\frac{2}{3}s}\left[\frac{1}{2\pi^{1/2}}\frac{1}{s^{1/2}} + O\left(\frac{1}{s}\right)\right]$$

을 얻었다. 이로써 에어리 함수에 대한 정리 3.1(2)의 점근식을 얻었다. ◀

4 분할함수

끝으로, [부록 A]에서 배운 기법들을 10장에서 소개한 바 있는 분할함수 $p(n)$에 적용하여 하디와 라마누잔이 얻은 유명한 점근공식(asymptotic formula)에서 으뜸항을 유도한다.

정리 4.1 분할함수를 p라고 하면 다음이 성립한다.

(1) $n \to \infty$일 때, $p(n) \sim \frac{1}{4\sqrt{3}n} e^{Kn^{1/2}}$이다(단, $K = \pi\sqrt{\frac{2}{3}}$).

(2) 더 정확한 점근식은 $p(n) = \frac{1}{2\pi\sqrt{2}} \frac{d}{dn} \left(\frac{e^{K(n-\frac{1}{24})^{1/2}}}{(n-\frac{1}{24})^{1/2}} \right) + O(e^{\frac{K}{2}n^{1/2}})$이다.

노트 평균값정리에 의해 $(n-\frac{1}{24})^{1/2} - n^{1/2} = O(n^{-1/2})$임을 관찰하라. 따라서 $e^{K(n-\frac{1}{24})^{1/2}} = e^{Kn^{1/2}}(1 + O(n^{-1/2}))$이므로 $n \to \infty$일 때 $e^{K(n-\frac{1}{24})^{1/2}} \sim e^{Kn^{1/2}}$이다. 물론 분명히 $\left(n - \frac{1}{24}\right)^{1/2} \sim n^{1/2}$이고, 특히 (2)는 (1)을 함의한다.

본격적으로 증명하기에 앞서, 주어진 수열 $\{F_n\}$의 점근적 성질과 생성함수 $F(w) = \sum_{n=0}^{\infty} F_n w^n$의 해석적 성질 사이에 일반적으로 어떤 관계가 있을까 생각해 보자. 상황을 단순하게 만들기 위해서 생성함수 $\sum F_n w^n$이 단위원판의 모든 점에서 해석적이라고 가정하자. 또한 단위원 위에 F의 특이점들이 존재한다고 하자. 그러면 몇몇 단순한 관찰을 통하여 다음과 같은 보편적 원리에 이르게 된다.

$\{F_n\}$의 점근적 행동은 단위원에 놓여 있는 F의 **특이점**들에 의해 결정되며, 각 특이점이 (수열의 점근적 행동에) 끼치는 영향력은 그 특이점의 **크기**를 따른다.

생성함수가 (단위원판보다) 조금 더 큰 원판에서 유리형(meromorphic)이고 특이점, 다시 말해 극을 정확히 하나 가지는데 극의 중복도가 r이고 점 $w = 1$에 있으면 이 원리를 쉽고 분명하게 확인할 수 있다. 이 경우는 차수가 $r-1$인 다항식 P와 양수 ϵ이 존재하여 $n \to \infty$에 대하여 $F_n = P(n) + O(e^{-\epsilon n})$이 성립한다. 실제로, $\sum_{n=0}^{\infty} P(n)w^n$은 극 $w = 1$에서 F의 으뜸부분(pricnipal part)이며 $w = 1$ 근방에서 $F(w)$의 좋은 근사식을 제공한다(심화문제 4 참고). 분할함수의 경우, 앞선 보기처럼 상황이 단순하지는 않지만 상술한 원리를 적절히 해석하여 적용할 수 있다. 이제부터 그 작업에 들어간다.

10장 정리 2.1에서 확인한 등식

$$\sum_{n=0}^{\infty} p(n)w^n = \prod_{n=1}^{\infty} \frac{1}{1-w^n}$$

을 기억하자. 이 항등식은 생성함수가 단위원 안에서 복소해석적임을 함의한다. 다음으로 $w = e^{2\pi iz}$, $z = x + iy$라 쓰고 $y > 0$으로 취하여 단위원을 상반평면으로 옮기면 편리하다. 따라서

$$\sum_{n=0}^{\infty} p(n)e^{2\pi inz} = f(z)$$

를 얻는다. 단, $f(z) = \prod_{n=1}^{\infty} \frac{1}{1-e^{2\pi inz}}$ 이며 p는

$$p(n) = \int_{\gamma} f(z)e^{-2\pi inz}\,dz \tag{A.23}$$

와 같다. 여기서 γ는 $\delta > 0$에 대해 상반평면에서 $-1/2 + i\delta$와 $1/2 + i\delta$를 잇는 선분이다. 높이 δ는 나중에 n으로 나타낼 것이다.

더 나아가기 위해, 먼저 $y \to 0$일 때 $f(x+iy)$의 상대적인 크기 측면에서 적분 (A.23)에 크게 영향을 미칠 수 있는 곳을 살펴보자. f는 $z = 0$ 근방에서 가장 크다. 왜냐하면 $|f(x + iy)| \le f(iy)$이며, 계수 $p(n)$이 양수라는 점에서 y가 감소할 때 $f(iy)$는 증가하기 때문이다. 다른 이유로는 f에 대한 곱에서 등장하는 각 인수 $1 - e^{2\pi inz}$은 $z \to 0$일 때 0이 되지만, 실수축에서 법 1 (mod 1)에 대해 합동인 모든 점에서 같은 값을 가지기 때문이다. 따라서 앞에서 설명한 간단한 예와 유사하게 $z = 0$에서 f와 거의 같은 행태를 보이는 초등함수 f_1을 찾고 식 (A.23)에서 f를 f_1으로 대체하고자 한다.

다행히 우리의 생성함수는 데데킨트 에타함수의 변형으로,

$$\eta(z) = e^{i\pi z/12} \prod_{n=1}^{\infty} (1 - e^{2\pi inz})$$

과 같다. 이로부터 $f(z) = e^{\frac{i\pi z}{12}}(\eta(z))^{-1}$가 자명하게 성립한다. 덧붙여 말하자면 $p(n)$에 대한 점근식에서 분수 1/24가 나왔기 때문에 위 식에서 분수 1/12가 나타났다.

η는 함수방정식 $\eta(-1/z) = \sqrt{z/i}\,\eta(z)$를 만족하므로(10장 명제 1.9 참고)

$$f(z) = \sqrt{z/i}\, e^{\frac{i\pi}{12z}} e^{\frac{i\pi z}{12}} f(-1/z) \tag{A.24}$$

가 성립한다. 또한 z를 적절히 제한하고 $z \to 0$일 때, $\mathrm{Im}(-1/z) \to \infty$이므로 $f(-1/z)$는 1로 빠르게 수렴한다는 점에 주목하라.

이는 점근식

$$f(z) = 1 + O(e^{-2\pi y}) \quad (z = x + iy,\ y \geq 1) \tag{A.25}$$

때문에 성립한다. 따라서 ($z = 0$에서) 생성함수 $f(z)$에 잘 근사하는 함수로 $f_1(z) = \sqrt{z/i}\, e^{\frac{i\pi}{12z}} e^{\frac{i\pi z}{12}}$을 선택하고 (식 (A.24)로부터) 당연하게

$$p(n) = p_1(n) + E(n)$$

이라 쓸 수 있다. 여기서 p_1과 E는 각각

$$\begin{cases} p_1(n) &= \displaystyle\int_\gamma \sqrt{z/i}\, e^{\frac{i\pi}{12z}} e^{\frac{i\pi z}{12}} e^{-2\pi i n z}\, dz \\ E(n) &= \displaystyle\int_\gamma \sqrt{z/i}\, e^{\frac{i\pi}{12z}} e^{\frac{i\pi z}{12}} e^{-2\pi i n z}(f(-1/z) - 1)\, dz \end{cases}$$

와 같다. 먼저 오차항 $E(n)$을 처리하고 싶다. 그러려면 높이를 n에 대한 식으로 정하여 γ를 지정한다. $E(n)$을 추정할 때 피적분함수를 피적분함수의 절댓값으로 바꾸고 $z \in \gamma$일 때

$$\left| \sqrt{z/i}\, e^{\frac{i\pi}{12z}} e^{\frac{i\pi z}{12}} e^{-2\pi i n z} \right| \leq c e^{2\pi n \delta} e^{\frac{\pi}{12} \frac{\delta}{\delta^2 + x^2}} \tag{A.26}$$

이 성립함을 주목하자. 이는 $z = x + iy$이고 $\mathrm{Re}(i/z) = \delta/(\delta^2 + x^2)$이기 때문이다.

한편 $f(-1/z) - 1$에 대해 두 가지 추정을 할 수 있다. 먼저 (A.25)에서 z를 $-1/z$로 바꾸면 $\dfrac{\delta}{\delta^2 + x^2} \geq 1$일 때

$$|f(-1/z) - 1| \leq c e^{-2\pi \frac{\delta}{\delta^2 + x^2}} \tag{A.27}$$

을 얻는데, 우변은 c보다 작다. 두 번째로 함수방정식 (A.24)로부터 $y \leq 1$일 때 $|f(z)| \leq f(iy) \leq C e^{\frac{\pi}{12y}}$ 임을 관찰한다. $|x| \leq 1/2$이므로 $\dfrac{\delta}{\delta^2 + x^2} \leq 1$이면 $\delta \to 0$에 대해

$$|f(-1/z) - 1| \leq O\left(e^{\frac{\pi}{12} \frac{\delta^2 + x^2}{\delta}} \right) = O(e^{\frac{\pi}{48\delta}}) \tag{A.28}$$

이 성립한다. 따라서 $E(n)$을 정의하는 적분에서 $\dfrac{\delta}{\delta^2 + x^2} \geq 1$일 때는 부등식 (A.26)과 (A.27)을 사용하고, $\dfrac{\delta}{\delta^2 + x^2} \leq 1$일 때는 부등식 (A.26)과 (A.28)을 사용한다. $2\pi > \pi/12$이므로 첫 번째 추정에서 $O(e^{2\pi n \delta})$의 점근식을 얻는다. 두 번째 추정에서는 $O(e^{2\pi n \delta} e^{\frac{\pi}{48\delta}})$의 점근식을 얻는다. 따라서 $E(n) = O(e^{2\pi n \delta} e^{\frac{\pi}{48\delta}})$이다. 그리고 우변을 최소화하도록, 다시 말해 $2\pi n \delta = \dfrac{\pi}{48\delta}$가 되도록 δ를 택한다. $\delta = \dfrac{1}{4\sqrt{6} n^{1/2}}$이라 두면

$$E(n) = O\left(e^{\frac{4\pi}{4\sqrt{6}}n^{1/2}}\right) = O\left(e^{\frac{K}{2}n^{1/2}}\right)$$

을 얻는다. 이는 원하던 크기의 오차항이다.

이제 으뜸항 $p_1(n)$으로 넘어가자. 이후 계산을 단순화하기 위해 두 개의 짧은 선분을 추가하여 경로 γ를 **개선한다**. 추가한 두 개의 선분은 $-1/2$와 $-1/2 + i\delta$를 잇는 선분과 $1/2 + i\delta$와 $1/2$를 잇는 선분이다. 이 새로운 경로를 γ'이라고 부르자(그림 5 참고).

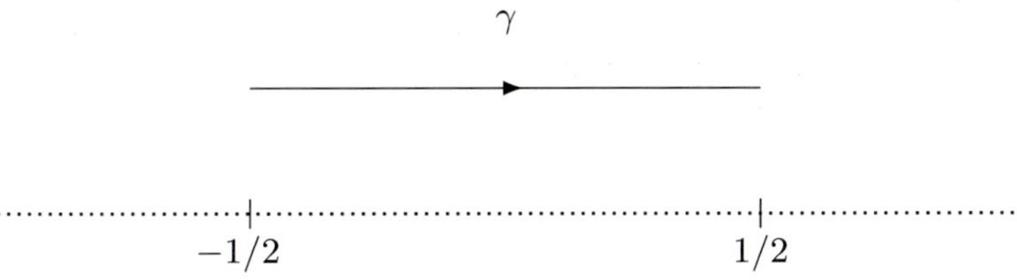

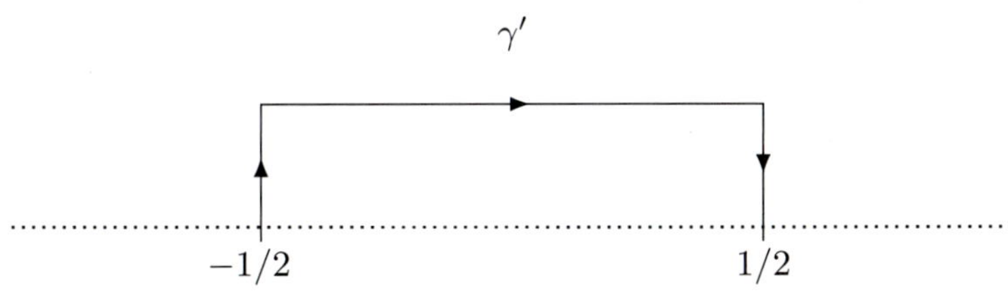

[그림 5] γ와 개선된 경로 γ'

$p_1(n)$을 정의하는 적분에서 $\sqrt{z/i}\, e^{\frac{i\pi}{12z}}$은 추가된 두 선분에서 $O(1)$이므로, 두 선분에서 적분값은 $O(e^{2\pi n\delta}) = O(e^{\frac{2\pi}{4\sqrt{6}}n^{1/2}}) = O(e^{\frac{K}{4}n^{1/2}})$이다. 이는 허용된 오차보다도 작으므로 $E(n)$으로 포함할 수 있다. 따라서 표기법을 추가하지 않고 p_1을 정의하는 적분에서 경로 γ를 γ'으로 대체하여 $p_1(n)$을

$$p_1(n) = \int_{\gamma'} \sqrt{z/i}\, e^{\frac{i\pi}{12z}} e^{\frac{i\pi z}{12}} e^{-2\pi i n z}\, dz \tag{A.29}$$

와 같이 다시 쓴다. 다음으로 $z \mapsto \mu z$와 같이 변수변환하여 (A.29)에서 지수함수 세 개의 곱을

$$e^{Ai\left(\frac{1}{z} - z\right)}$$

과 같은 꼴로 단순화한다. 이 작업이 가능한 이유는 $A = 2\pi\mu\left(n - \frac{1}{24}\right)$이고 $A = \frac{\pi}{12\mu}$라는 조건이 있기 때문이다. 즉, A와 μ는 각각

$$A = \frac{\pi}{\sqrt{6}}\left(n - \frac{1}{24}\right)^{1/2}, \quad \mu = \frac{1}{2\sqrt{6}}\left(n - \frac{1}{24}\right)^{-1/2}$$

과 같다. 변수변환하여 적분을 계산하면

$$p_1(n) = \mu^{3/2} \int_\Gamma e^{-sF(z)} \sqrt{z/i}\, dz \tag{A.30}$$

를 얻는다. 이때 $F(z) = i(z - 1/z)$, $s = \frac{\pi}{\sqrt{6}}\left(n - \frac{1}{24}\right)^{1/2}$ 이다. 곡선 Γ는 이제 세 선분 $[-a_n, -a_n + i\delta']$, $[-a_n + i\delta', a_n + i\delta']$, $[a_n + i\delta', a_n]$의 합집합이다(그림 6 참고). 그러면 곡선 Γ를 $\Gamma = \mu^{-1}\gamma'$과 같이 쓸 수 있다.

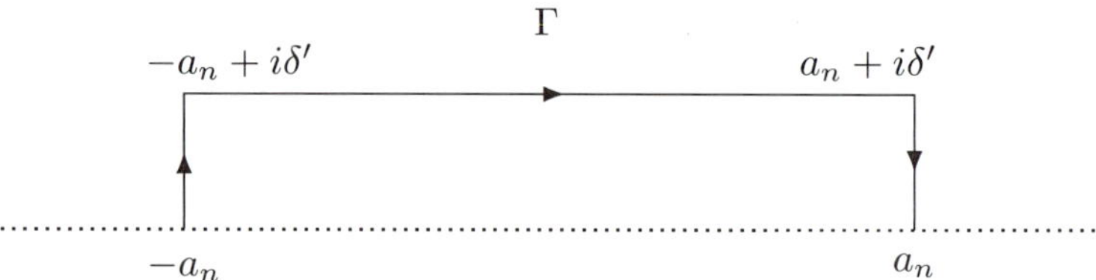

[그림 6] 곡선 Γ

$n \to \infty$일 때 $a_n = \frac{1}{2}\mu^{-1} = \sqrt{6}\left(n - \frac{1}{24}\right)^{1/2} \approx n^{1/2}$이고 $\delta' = \delta\mu^{-1} = \frac{2\sqrt{6}}{4\sqrt{6}n^{1/2}}\left(n - \frac{1}{24}\right)^{1/2}$ $\sim \frac{1}{2}$이다.

적분 (A.30)에 최급강하법을 적용하자. 이 과정에서 $F(z) = i(z - 1/z)$는 상반평면에서 하나의 (복소수) 극점 $z = i$를 가짐을 알 수 있다. 또한 i를 지나면서 F가 실함숫값을 갖게 하는 두 곡선은 허수축과 단위원이다. 허수축에서 F는 $z = i$일 때 최댓값을 가지므로 제외한다. 단위원에서는 F는 $z = i$일 때 최솟값을 가진다. 따라서 코시 정리를 사용하여 Γ에서의 적분을 최종 곡선 Γ^*에서의 적분으로 대체한다. 이때 Γ^*는 선분 $[-a_n, -1]$, $[1, a_n]$과 -1에서 1을 잇는 위쪽 반원으로 이루어진다.

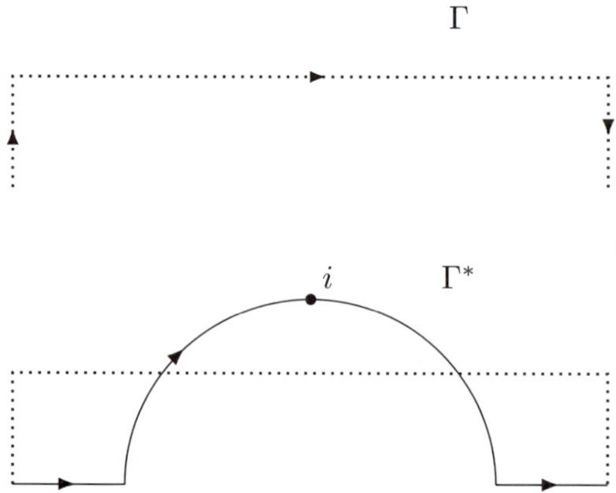

[그림 7] 최종 곡선 Γ^*

따라서 $p_1(n)$은

$$p_1(n) = \mu^{3/2} \int_{\Gamma^*} e^{-sF(z)} \sqrt{z/i}\, dz$$

이다. 선분 $[-a_n, -1]$과 $[1, a_n]$에서의 적분이 미치는 영향은 상대적으로 매우 작다. 실수축에서 지수함수의 절댓값은 1이기 때문에 피적분함수의 크기는 $\sup_{|z| \leq a_n} |z|^{1/2}$을 넘지 못한다. 이로부터 두 선분에서의 적분의 크기는 $O(a_n^{3/2}\mu^{3/2}) = O(1)$이다.

마지막으로 주요 부분에 도달한다. 이는 반원 위에서의 적분이며 그림 7과 같은 방향을 취한다. 여기서 $z = e^{i\theta}$, $dz = ie^{i\theta}\, d\theta$라고 둔다. $i(z - 1/z) = -2\sin\theta$이므로 구하는 적분은

$$-\mu^{3/2} \int_0^{\pi} e^{2s\sin\theta} e^{i3\theta/2} \sqrt{i}\, d\theta = \mu^{3/2} \int_{-\pi/2}^{\pi/2} e^{2s\cos\theta} (\cos(3\theta/2) + i\sin(3\theta/2))\, d\theta$$

와 같다. 라플라스 방법(명제 1.2)을 적용하면서 $\Phi(\theta) = -\cos\theta$, $\theta_0 = 0$으로 두어 $\Phi(\theta_0) = -1$, $\Phi''(\theta_0) = 1$이 되도록 하고, $\psi(\theta) = \cos(3\theta/2) + i\sin(3\theta/2)$로 택하여 $\psi(\theta_0) = 1$이 되게 한다. 따라서 위 적분의 점근식은

$$\mu^{3/2} e^{2s} \frac{\sqrt{2\pi}}{(2s)^{1/2}} (1 + O(s^{-1/2}))$$

이다. 이제 $s = \frac{\pi}{\sqrt{6}} \left(n - \frac{1}{24}\right)^{1/2}$, $\frac{2\pi}{\sqrt{6}} = \pi\sqrt{\frac{2}{3}} = K$이고 $\mu = \frac{\sqrt{6}}{12} \left(n - \frac{1}{24}\right)^{-1/2}$이므로

$$p(n) = \frac{1}{4n\sqrt{3}} e^{Kn^{1/2}} (1 + O(n^{-1/4}))$$

이다. 이로써 정리 4.1(1)을 증명했다.

더 정확한 점근식(정리 4.1(2))을 얻기 위해, 앞의 단계를 역추적하고 추가 장치를 사용하여 핵심 적분을 보다 정밀하게 계산할 수 있다. $\gamma = \gamma'_n$에서의 적분인 (A.29)로 정의된 $p_1(n)$에 대해

$$p_1(n) = \frac{d}{dn} q(n) + e(n)$$

과 같이 쓴다. 이때 $q(n)$은

$$q(n) = \frac{1}{2\pi} \int_{\gamma'} (z/i)^{-1/2} e^{\frac{i\pi}{12z}} e^{\frac{i\pi z}{12}} e^{-2\pi i n z}\, dz$$

와 같다. 또 $e(n)$은 n에 대해 미분할 때 경로 $\gamma' = \gamma'_n$의 변형으로 생긴 항이다. 코시 정리에 따르면 이 항은 $O(e^{2\pi n\delta})$으로 지배됨을 쉽게 보일 수 있다. 이는 $O(e^{\frac{K}{4} n^{1/2}})$이며 오차항에 포함시킬 수 있다. $q(n)$을 분석하기 위해 이전과 같이 진행할 건데, 먼저 $z \mapsto \mu z$로 변수변환한 다음 경로 Γ를

Γ^*로 대체한다. 그 결과

$$q(n) = \frac{\mu^{1/2}}{2\pi} \int_{\Gamma^*} e^{-sF(z)} (z/i)^{-1/2} \, dz \tag{A.31}$$

를 얻는다. 이때 $F(z) = i(z - 1/z)$, $s = \frac{\pi}{\sqrt{6}} \left(n - \frac{1}{24}\right)^{1/2}$이고, $\mu = \frac{1}{2\sqrt{6}} \left(n - \frac{1}{24}\right)^{-1/2}$이다.

F는 실수축에서 함숫값이 순허수이기 때문에 이제 경로 Γ^*의 두 선분 $[-a_n, -1]$, $[1, a_n]$에서의 적분은 $\frac{d}{dn}q(n)$에 딱히 큰 기여를 하지 않는다. 실제로 두 선분에서 적분 크기는 $O(a_n^{1/2}\mu^{1/2}) = O(1)$이다.

식 (A.31)의 주요 부분은 반원에서의 적분으로 생기는 항이다. 따라서 $z = e^{i\theta}$, $dz = ie^{i\theta}\,d\theta$이고 $i(z - 1/z) = -2\sin\theta$라 두면 식 (A.31)은

$$\begin{aligned} -\frac{\mu^{1/2}}{2\pi} \int_0^{\pi} e^{2s\sin\theta} e^{i\theta/2} i^{3/2} \, d\theta &= \frac{\mu^{1/2}}{2\pi} \int_{-\pi/2}^{\pi/2} e^{2s\cos\theta} (\cos(\theta/2) + i\sin(\theta/2)) \, d\theta \\ &= \frac{\mu^{1/2}}{2\pi} \int_{-\pi/2}^{\pi/2} e^{2s\cos\theta} \cos(\theta/2) \, d\theta \end{aligned}$$

와 같다. 여기서 $\int_{-\pi/2}^{\pi/2} e^{2s\cos\theta} \sin(\theta/2)\,d\theta$는 피적분함수가 홀함수이므로 적분값이 0이 된다는 사실을 사용했다. $\cos\theta = 1 - 2(\sin(\theta/2))^2$이므로 $x = \sin(\theta/2)$라 두면 위 적분은

$$\frac{\mu^{1/2} e^{2s}}{\pi} \int_{-\frac{\sqrt{2}}{2}}^{\frac{\sqrt{2}}{2}} e^{-4sx^2} \, dx$$

와 같이 바뀐다. 한편, 적분은

$$\begin{aligned} \int_{-\frac{\sqrt{2}}{2}}^{\frac{\sqrt{2}}{2}} e^{-4sx^2} \, dx &= \int_{-\infty}^{\infty} e^{-4sx^2} \, dx + O\left(\int_{\frac{\sqrt{2}}{2}}^{\infty} e^{-4sx^2} \, dx \right) \\ &= \frac{\sqrt{\pi}}{2s^{1/2}} + O(e^{-2s}) \end{aligned}$$

과 같이 구할 수 있다. 이 적분을 미분하면

$$\frac{d}{ds} \left(\int_{-\frac{\sqrt{2}}{2}}^{\frac{\sqrt{2}}{2}} e^{-4sx^2} \, dx \right) = \frac{d}{ds} \left(\frac{\sqrt{\pi}}{2s^{1/2}} \right) + O(e^{-2s})$$

이다.

모든 오차항을 모으면

$$p(n) = \frac{d}{dn}\left(\mu^{1/2}\frac{e^{2s}}{\pi}\frac{\sqrt{\pi}}{2s^{1/2}}\right) + O(e^{\frac{K}{2}n^{1/2}})$$

과 같다. $s = \frac{\pi}{\sqrt{6}}\left(n - \frac{1}{24}\right)^{1/2}$, $\mu = \frac{\sqrt{6}}{12}(n - \frac{1}{24})^{-1/2}$ 이고 $K = \pi\sqrt{\frac{2}{3}}$ 이므로 $p(n)$은

$$p(n) = \frac{1}{2\pi\sqrt{2}}\frac{d}{dn}\left(\frac{e^{K(n-\frac{1}{24})^{1/2}}}{(n - \frac{1}{24})^{1/2}}\right) + O(e^{\frac{K}{2}n^{1/2}})$$

과 같다. 이로써 정리 4.1을 증명했다.

심화문제

1. η는 무한 번 미분가능하며 유한 구간에서 지지되는 함수로 0 근방의 x에 대해 $\eta(x) = 1$이라고 하자. 또한 $m > -1$이고 N이 양의 정수라고 가정하자. 그러면 $\mathrm{Re}(s) \geq 0$, $|s| \to \infty$에 대해

$$\int_0^\infty e^{-sx} x^m \eta(x)\, dx = s^{-m-1}\Gamma(m+1) + O(s^{-N})$$

이 성립한다. 아래의 절차에 따라 이 사실을 증명하라.

(a) 우선 $-1 < m \leq 0$인 경우는

$$\int_0^\infty e^{-sx} x^m (1 - \eta(x))\, dx = O(s^{-N})$$

을 보이면 충분하다. 그런데 $e^{-sx} = (-1)^N s^{-N} \left(\frac{d}{dx}\right)^N (e^{-sx})$이므로, 이것은 부분적분을 반복하여 얻을 수 있다.

(b) 일반적인 경우 $k - 1 < m \leq k$인 정수 k를 찾고

$$\int \left[\left(\frac{d}{dx}\right)^k (x^m)\right] e^{-sx} \eta(x)\, dx = c_{k,m} s^{-m+k-1} + O(s^{-N})$$

과 같이 써서 부분적분을 k번 한다.

2. 다음은 더 정밀하게 표현한 스털링 공식이다. 실수인 상수 $a_1 = 1/12$, $a_2, \cdots, a_n, \cdots$이 있어 모든 $N > 0$에 대해

$$\Gamma(s) = e^{s \log s} e^{-s} \frac{\sqrt{2\pi}}{s^{1/2}} \left(1 + \sum_{j=1}^{N} a_j s^{-j} + O(s^{-N})\right) \quad (s \in S_\delta)$$

이 성립한다. 이는 명제 1.3 대신 심화문제 1의 결과를 사용하여 증명할 수 있다.

3. 베셀 함수와 에어리 함수의 멱급수 전개는 각각

$$J_\nu(x) = \left(\frac{x}{2}\right)^\nu \sum_{m=0}^{\infty} \frac{(-1)^m \left(\frac{x^2}{4}\right)^m}{m!\Gamma(\nu+m+1)}$$

$$\mathrm{Ai}(-x) = \frac{1}{\pi}\sum_{n=0}^{\infty} \frac{x^n}{n!} \sin(2\pi(n+1)/3)3^{n/3-2/3}\Gamma(n/3+1/3)$$

과 같다. 다음 물음에 답하라.

(a) $x > 0$일 때

$$\mathrm{Ai}(-x) = \frac{x^{1/2}}{3}\left(J_{1/3}\left(\frac{2}{3}x^{3/2}\right) + J_{-1/3}\left(\frac{2}{3}x^{3/2}\right)\right)$$

이 성립함을 확인하라.

(b) 함수 $\mathrm{Ai}(x)$는 증가지수(order)가 $\dfrac{3}{2}$인 전해석함수로 확장한다.

힌트 (a)를 이용하거나 Ai에 대한 멱급수에 5장 심화문제 4를 적용한다. 또한 4장 심화문제 1과 비교하라.

4. $F(z) = \sum_{n=0}^{\infty} F_n w^n$이 닫힌 단위원판을 포함하는 영역에서 유리형(meromorphic)이고, F는 단위원 위의 점 $\alpha_1, \cdots, \alpha_k$에서만 위수가 각각 $r_1, \cdots, r_k$인 극(pole)을 가진다고 가정하자. 그러면 적당한 $\epsilon > 0$에 대해 $n \to \infty$일 때

$$F_n = \sum_{j=1}^{k} P_j(n) + O(e^{-\epsilon n})$$

이 성립한다. 이때 P_j는

$$P_j(n) = \frac{1}{(r_j-1)!}\left(\frac{d}{dw}\right)^{r_j-1}\left[(w-\alpha_j)^{r_j} w^{-n-1} F(w)\right]_{w=\alpha_j}$$

와 같다. 각 P_j는 $P_j(n) = A_j(\alpha_j^{-1}n)^{r_j-1} + O(n^{r_j-2})$ 꼴임을 주목하라. 유수정리(3장 정리 1.4)를 이용하여 이를 증명하라.

*5. $p(n)$에 대한 점근식을 유도할 때 한 가지 결점은 $f_1(z) = \sqrt{z/i}\, e^{\frac{i\pi}{12z}} e^{\frac{i\pi z}{12}}$이 $z = 0$ 근방에서 생성함수 $f(z)$에 대한 좋은 근사이지만, 실수축의 다른 점에서는 그렇지 않다는 것이다. 그 이유는 f_1은 실수축의 다른 점에서 정칙이지만 f는 정칙이 아니기 때문이다.

하지만 변환법칙 (A.24)와 항등식 $f(z+1) = f(z)$를 사용하면 다음과 같이 (A.24)의 일반화를 유도할 수 있다. p/q가 기약분수 꼴의 유리수라면(즉 p와 q는 서로소)

$$f\left(z - \frac{p}{q}\right) = \omega_{p/q}\sqrt{\frac{zq}{i}}\, e^{\frac{i\pi}{12zq^2}} e^{-\frac{i\pi z}{12}} f\left(-\frac{1}{zq^2} - \frac{p'}{q}\right)$$

이 성립한다. 이때 $pp' = 1 \pmod{q}$이다. 여기서 $\omega_{p/q}$는 1의 24 거듭제곱근 가운데 하나다. 이 식은 $z = p/q$에서 f를 근사하는 유사한 $f_{p/q}$로 이어진다. 이를 통해 각 p/q에 대해

$$c_{p/q}\frac{1}{2\pi\sqrt{2}}\frac{d}{dn}\left(\frac{e^{\frac{K}{q}(n-\frac{1}{24})^{1/2}}}{(n-\frac{1}{24})^{1/2}}\right)$$

과 같은 꼴의 항을 얻을 수 있다. 여기서 $p = 0$, $q = 1$, $c_0 = 1$에 해당하는 항이 정리 4.1(2)에 등장하며, $p(n)$에 대한 하디–라마누잔의 점근식에서 으뜸항이다. $[0,1)$의 모든 진분수 p/q에 대하여 계수 $c_{p/q}$를 적절히 정의하면, 으뜸항 및 나머지 잉여항들로 이루어진 급수가 $p(n)$의 참값으로 수렴한다.

부록 B

단순연결성과 조르당 곡선 정리

Simple Connectivity and Jordan Curve Theorem

조르당(Jordan)은 실변수함수 이론의 선구자이며, 이 분야의 중요 개념인 유계변동(bounded variation)을 처음 도입한 인물이다. 흔히 조르당 곡선(Jordan curve)이라 부르는 평면을 서로 다른 두 영역으로 나누는 곡선에 대한 그의 연구도 유계변동 못지 않게 유명하다. 또한 조르당은 집합의 측도에 관하여 중요한 명제들을 남겼는데, 이로부터 현대 수학의 많은 이론이 생겨났다.

E. **피카르**(*E. Picard*), 1922

복소해석학의 여러 기본 결과는 단순연결성(simple connectivity)이라는 개념에 근거한다. [부록 B]에서는 이 중요한 개념의 뜻을 명확하게 이해하기 위해 단순연결집합의 성질을 여러 측면에서 살펴본다. 단순연결성의 개념과 단순폐곡선의 **내부영역**, 즉 단순폐곡선으로 둘러싸인 영역이라는 개념은 서로 밀접한 관계에 있다. 조르당 곡선 정리(Jordan curve theorem)에 따르면 이러한 영역은 잘 정의되어 있으며 단순연결이다. 이 부록에서는 주어진 곡선이 조각마다 매끄럽다는 가정 하에 조르당 곡선 정리를 증명한다.

3장에 주어진 정의에 따르면, 영역 Ω가 단순연결이라는 것은 Ω에 포함되며 양 끝점을 공유하는 임의의 두 곡선이 Ω에서 연속변형동치(homotopic)[1] 임을 뜻한다. 이 정의를 이용하여 코시 정리를 다음과 같이 기술할 수 있다. Ω가 단순연결집합이고 $\gamma \subset \Omega$가 임의의 폐곡선일 때, f가 Ω에서 복소해석적(holomorphic)이면

$$\int_{\gamma} f(\zeta)\, d\zeta = 0 \tag{B.1}$$

이 성립한다. 코시 정리를 이렇게 표현하는 게 중요한 이유는, 우리가 곧 알게 되겠지만 역도 성립하기 때문이다. 따라서 (1)~(3)이 성립한다.

(1) 영역 Ω가 단순연결집합이기 위한 필요충분조건은 Ω가 복소해석적으로 단순연결집합인 것, 즉 Ω에 포함되는 임의의 폐곡선 γ와 Ω에서 해석적인 모든 함수 f에 대해 식 (B.1)이 성립하는 것이다.

이상의 기본적인 필요충분조건은 해석학 용어로 서술했다. 한편 위상수학 용어를 사용해 단순연결성을 기술할 수도 있다. 사실, 연속변형으로 주어진 정의는 단순연결 영역이 **구멍**을 가지지 않음을 시사한다. 다시 말해 Ω에 속하지 않는 점을 둘러싸는 폐곡선은 Ω에 존재하지 않는다. [부록 B]의 1절에서는 이러한 직관적인 서술을 구체적인 형태의 정리로 나타내기도 할 것이다.

1 (옮긴이) 다른 복소해석학 교과서에서는 homotopic을 '호모토픽'으로 기술하기도 한다.

(2) 유계영역 Ω가 단순연결집합이기 위한 필요충분조건은 그 여집합이 연결집합임을 보인다.

(3) 어떤 점에 대한 곡선의 회전수(winding number)를 정의하고, Ω가 단순연결집합이기 위한 필요충분조건은 Ω에 포함되는 폐곡선의 Ω^c에 속한 점에 대한 회전수는 언제나 0임을 증명한다.

[부록 B]의 2절에서는 곡선과 곡선 내부의 문제로 돌아간다. 주요 질문은 다음과 같다. 스스로 교차하지 않는 폐곡선(단순폐곡선) Γ가 주어질 때, **Γ로 둘러싸인 영역**이란 개념은 타당한가? 다시 말해 Γ의 **내부영역**은 무엇인가? 당연히 내부영역은 열린 집합이고 유계이며 단순연결집합이고 Γ를 경계로 할 것이라 예상할 수 있다. 이 문제를 해결하기 위해, 곡선이 조각마다 매끄럽다면 그러한 조건을 모두 만족시키는 집합이 유일하게 존재함을 증명한다. 이는 조르당 곡선 정리의 특수한 경우이며, 일반적으로는 단순폐곡선이 연속함수이기만 해도 이 결과가 성립한다. 특히 이러한 결과는 2장에서 다룬 장난감 경로에 대한 코시 정리의 일반화로 이어진다.

3장에서 언급했듯이 달리 명시하지 않는 한 **곡선**을 **조각마다 매끄러운 곡선**과 동의어로 사용하겠다.

1 단순연결성과 동치인 명제

우선 384쪽 (1)을 증명한다.

정리 1.1 영역 Ω가 복소해석적으로 단순연결집합이기 위한 필요충분조건은 Ω가 단순연결집합인 것이다.

증명

3장 따름정리 5.3은 모든 단순연결 영역이 복소해석적으로 단순연결임을 의미한다. 이제 Ω가 복소해석적으로 단순연결집합이라고 가정하자. $\Omega = \mathbb{C}$라면 분명하게 단순연결집합이다. 만약 Ω가 $\mathbb{C}$ 전체가 아니라면 리만 사상 정리(Riemann mapping theorem)을 여전히 적용할 수 있다(8장 리만 사상 정리의 증명 바로 뒤에 있는 비고(262쪽) 참고). 따라서 Ω는 단위원판과 등각동형(conformally equivalent)이다. 단위원판은 단순연결집합이므로 Ω도 단순연결집합이어야 한다. ◀

그 다음으로 384쪽 (2)와 385쪽 (3)을 생각해 보자. 앞서 언급했듯이 두 명제는 단순연결영역은 **구멍**을 가질 수 없다는 사실을 정확히 표현한다.

정리 1.2 Ω가 $\mathbb{C}$에서 유계영역일 때, Ω가 단순연결집합이기 위한 필요충분조건은 Ω의 여집합이 연결집합인 것이다.

정리 1.2에서 Ω가 유계라는 가정에 주목하라. 이 가정이 없으면 정리 1.2는 더이상 성립하지 않는다. 예를 들어 무한히 긴 띠는 단순연결집합이지만 그 여집합은 두 영역으로 구분된다. 그러나 확장된 복소평면인 리만 구면에서 여집합을 취하면 Ω의 유계 여부에 관계없이 정리 1.2가 항상 성립한다.

증명

증명의 첫걸음은 Ω^c가 연결집합이면 Ω는 단순연결집합임을 보이는 것이다. Ω가 복소해석적으로 단순연결집합임을 보여 이를 확인할 수 있다. 따라서 Ω의 폐곡선 γ와 Ω에서 복소해석적인 함수 f를 생각하자. Ω는 유계이므로 집합

$$K = \{z \in \Omega : d(z, \Omega^c) \geq \epsilon\}$$

은 콤팩트하다.[2] 또한 충분히 작은 ϵ에 대해 집합 K는 γ를 포함한다. 룽게 정리(2장 정리 5.7)를 적용하려면 먼저 K의 여집합 K^c가 연결집합임을 보여야 한다.

만약 연결집합이 아니라면 K^c는 공집합이 아니면서 서로소인 두 열린 집합의 합집합이다. 이를 $K^c = \mathcal{O}_1 \cup \mathcal{O}_2$라고 하자. F_1과 F_2를

$$F_1 = \mathcal{O}_1 \cap \Omega^c, \quad F_2 = \mathcal{O}_2 \cap \Omega^c$$

과 같이 쓰자. 분명하게 $\Omega^c = F_1 \cup F_2$이므로 F_1과 F_2가 공집합이 아니면서 서로소인 닫힌 집합임을 보일 수 있다면 Ω^c이 연결집합이 아니라 결론내릴 수 있다. 이는 정리의 가정에 모순이다. $\mathcal{O}_1$과 $\mathcal{O}_2$는 서로소이므로 F_1과 F_2도 서로소다. F_1이 닫힌 집합인 이유를 확인하기 위해, $\{z_n\}$이 z로 수렴하는 F_1의 점으로 이루어진 수열이라고 하자. Ω^c가 닫힌 집합이므로 $z \in \Omega^c$여야 하고, Ω^c는 K에서 유한 거리만큼 떨어져 있으므로 $z \in \mathcal{O}_1 \cup \mathcal{O}_2$이다. 이제 $z \in \mathcal{O}_2$일 수 없다. 만약 그렇지 않다면 $\mathcal{O}_2$가 열린 집합이므로 충분히 큰 n에 대해 $z_n \in \mathcal{O}_2$인데, 이는 $z_n \in F_1$이며 $\mathcal{O}_1 \cap \mathcal{O}_2 = \emptyset$라는 사실에 모순된다. 따라서 $z \in \mathcal{O}_1$이고 바라던 대로 F_1은 닫힌 집합이다.

마지막으로 F_1이 공집합이 아님을 보인다. 만약 그렇지 않다면 Ω는 $\mathcal{O}_1$을 포함한다. 임의의 점 $w \in \mathcal{O}_1$을 택한다. $w \notin K$이므로 $|w - z| < \epsilon$인 $z \in \Omega^c$가 존재하며 w에서 z까지의 전체 선분은 K^c에 속한다. $z \in \mathcal{O}_2$이므로($\mathcal{O}_1 \subset \Omega$이기 때문) 선분 $[z, w]$ 위의 어떤 점은 $\mathcal{O}_1$과 $\mathcal{O}_2$ 어디에도 속하지 않는데 이는 모순이다.

2 여기서 $d(z, \Omega^c) = \inf\{|z - w| : w \in \Omega^c\}$는 z에서 Ω^c까지의 거리를 나타낸다.

더 정확히는

$$t^* = \sup\{0 \le t \le 1 : (1-t)z + tw \in \mathcal{O}_2\}$$

처럼 두면 $0 < t^* < 1$이다. 점 $(1-t^*)z + t^*w$는 K에 속하지 않으며 $\mathcal{O}_1$과 $\mathcal{O}_2$가 열린 집합이므로 이 두 집합 어디에도 속하지 않는다.

비슷하게 F_2에 대해서도 같은 결론을 이끌 수 있으며, 원하는 모순에 도달했다. 따라서 K^c는 연결집합이다.

이제 룽게 정리에 의해 f는 K에서 다항함수로 균등하게 근사할 수 있고, 따라서 γ에서 다항함수로 균등하게 근사할 수 있다. 그런데 P가 다항함수일 때 항상 $\int_\gamma P(z)\,dz = 0$이므로 극한을 취하면 바라던 대로 $\int_\gamma f(z)\,dz = 0$임을 알 수 있다. ◀

역으로 Ω가 유계 단순연결집합이면 Ω^c가 연결집합이란 사실은 회전수를 사용하여 증명할 수 있다.

회전수

γ가 $\mathbb{C}$에 놓인 폐곡선이고 z가 γ 위에 있지 않은 점이라고 하자. ζ가 γ를 따라 움직일 때 $\zeta - z$의 편각 변화를 보고 곡선 γ가 z를 몇 번 감는지 계산할 수 있다. γ가 z 주위를 한 번 회전할 때마다(z를 한 번 감을 때마다), $(1/2\pi)\arg(\zeta - z)$ 값은 1씩 증가하거나 감소한다. $\log w = \log|w| + i\arg w$임을 기억하며 γ의 시작점과 끝점을 각각 ζ_1과 ζ_2라고 하면 아래의 값은 정확히 γ가 ζ 주위를 회전하는 횟수를 계산한다고 추측할 수 있다.

$$\frac{1}{2\pi i}[\log(\zeta_1 - z) - \log(\zeta_2 - z)] \quad (\text{이는 } \frac{1}{2\pi i}\int_\gamma \frac{d\zeta}{\zeta - z} \text{ 와 같다})$$

이러한 내용을 바탕으로 회전수를 정의할 수 있다. 점 $z \notin \gamma$에 대한 폐곡선 γ의 **회전수(winding number)**는

$$W_\gamma(z) = \frac{1}{2\pi i}\int_\gamma \frac{d\zeta}{\zeta - z}$$

라고 둔다. 때때로 $W_\gamma(z)$를 γ에 대한 z의 **인덱스**(index) 또는 **지표**라고 한다.

예를 들어 $\gamma(t) = e^{ikt}$ $(0 \le t \le 2\pi)$은 단위원을 따라 반시계방향으로 원점을 k번 둘러싸는 곡선을 매개화한 것이므로 $W_\gamma(0) = k$이다(단, $k \in \mathbb{N}$). 실제로 $W_\gamma(z)$는

$$W_\gamma(z) = \begin{cases} k & (|z| < 1) \\ 0 & (|z| > 1) \end{cases}$$

이다. 비슷한 방식으로 $\gamma(t) = e^{-ikt}$ $(0 \le t \le 2\pi)$일 때 원판 내부에서는 $W_\gamma(z) = -k$이고 외부에서는 $W_\gamma(z) = 0$임을 확인할 수 있다.

γ가 양의 방향을 갖는 장난감 경로면 $W_\gamma(z)$가

$$W_\gamma(z) = \begin{cases} 1 & (z \in (\gamma\text{의 내부})) \\ 0 & (z \in (\gamma\text{의 외부})) \end{cases}$$

임을 확인하라. 일반적으로 회전수에 대해 다음과 같은 사실이 자연스럽게 성립한다.

보조정리 1.3 γ를 $\mathbb{C}$에 놓인 폐곡선이라고 하자.

(1) $z \notin \gamma$이면 $W_\gamma(z) \in \mathbb{Z}$이다.

(2) z와 w가 γ의 여집합에서 같은 연결단위(connected component)에 속하면 $W_\gamma(z) = W_\gamma(w)$이다.

(3) z가 γ의 여집합에서 유계가 아닌 연결단위에 속하면 $W_\gamma(z) = 0$이다.

증명

(1) $\gamma : [0,1] \to \mathbb{C}$를 곡선에 대한 매개화라고 가정하고 G를

$$G(t) = \int_0^t \frac{\gamma'(s)}{\gamma(s) - z}\, ds$$

라 정의하자. 그러면 G는 연속이며 미분가능하고 $G'(t) = \gamma'(t)/(\gamma(t) - z)$이다. 이는 연속함수 $H(t) = (\gamma(t) - z)e^{-G(t)}$의 도함수가 0임을 의미하고(유한개 점에서는 그렇지 않을 수 있다), 따라서 H는 상수함수여야 한다. $t = 0$으로 두고, γ가 폐곡선이므로 $\gamma(0) = \gamma(1)$임을 기억하면

$$1 = e^{G(0)} = c(\gamma(0) - z) = c(\gamma(1) - z) = e^{G(1)}$$

임을 알 수 있다. 바라던 대로 $G(1)$은 $2\pi i$의 정수배다.

(2) $W_\gamma(z)$는 정숫값만을 가지는 $z \notin \gamma$에 대한 연속함수이므로 γ의 여집합의 모든 연결단위에서 상수함수여야 한다.

(3) $\lim_{|z| \to \infty} W_\gamma(z) = 0$임을 관찰하고 (2)의 결과와 결합하면 (3)을 얻는다. ◀

이제 유계 단순연결집합 Ω의 개념을 다음과 같은 의미로 이해할 수 있다. Ω에 놓인 폐곡선은 Ω^c의 점을 감지 않는다.

정리 1.4 유계영역 Ω가 단순연결집합이기 위한 필요충분조건은 Ω에 놓인 임의의 폐곡선 γ와 Ω에 있지 않은 임의의 점 z에 대해 $W_\gamma(z) = 0$인 것이다.

증명

Ω가 단순연결집합이고 $z \notin \Omega$이면 $f(\zeta) = 1/(\zeta - z)$는 Ω에서 복소해석적이고 코시 정리에 의해 $W_\gamma(z) = 0$이다.

역방향의 경우 Ω의 여집합이 연결집합임을 증명하면 충분하다(정리 1.2 참고). 귀류법을 써서 증명하는데, Ω에 있는 구체적인 폐곡선 γ를 구성하고 $W_\gamma(w) \neq 0$이 되게 하는 점 w를 찾는다.

Ω^c가 연결집합이 아니라고 가정하면 $\Omega^c = F_1 \cup F_2$라고 쓸 수 있다. 이때 F_1, F_2는 공집합이 아니며 서로소인 닫힌 집합이다. 두 집합 중 하나만 유계일 수 있으므로 F_1이 유계라고 가정하면 따라서 F_1은 콤팩트하다. 곡선 γ는 적절한 사각형의 합집합에 대한 경계의 일부로 구성된다. 여기서 잠시 다음 보조정리를 살펴보자.

보조정리 1.5 w를 F_1의 임의의 점이라고 하자. 위와 같이 가정할 때, 평면의 균일격자판 $\mathcal{G}$에 속하면서 다음을 만족하는 닫힌 정사각형의 유한집합 $\mathcal{Q} = \{Q_1, \ldots, Q_n\}$이 존재한다.

(1) w는 Q_1의 내부에 속한다.

(2) $j \neq k$이면 Q_j와 Q_k의 내부는 서로소다.

(3) $\bigcup_{j=1}^{n} Q_j$의 내부는 F_1을 포함한다.

(4) $\bigcup_{j=1}^{n} Q_j$는 F_2와 서로소다.

(5) $\bigcup_{j=1}^{n} Q_j$의 경계는 모두 Ω에 놓이며, 서로소인 단순 다각형 폐곡선의 유한 합집합으로 구성된다.

지금은 보조정리 1.5를 가정하면 정리 1.4의 증명을 쉽게 끝낼 수 있다. 각 사각형의 경계 ∂Q_j는 양의 방향을 가진다. 모든 $j > 1$에 대해 $w \in Q_1$, $w \notin Q_j$이므로

$$\sum_{j=1}^{n} \frac{1}{2\pi i} \int_{\partial Q_j} \frac{d\zeta}{\zeta - w} = 1 \tag{B.2}$$

이 성립한다. 보조정리 1.5(5)에서의 다각형 곡선을 $\gamma_1, \cdots, \gamma_M$ 으로 나타내면 식 (B.2)에서 같은 변을 따라 적분하지만 방향이 반대인 경우는 상쇄되어 적분식이

$$\sum_{j=1}^{n} \frac{1}{2\pi i} \int_{\gamma_j} \frac{d\zeta}{\zeta - w} = 1$$

과 같아진다. 따라서 $W_{\gamma_{j_0}}(w) \neq 0$ 인 j_0 가 존재한다. 폐곡선 γ_{j_0} 는 Ω 에 놓이므로 바라던 모순이 유도되었다. ◀

보조정리 1.5의 증명

F_2 는 닫힌 집합이므로 집합 F_1 과 F_2 는 서로 $d\,(0 < d < \infty)$ 만큼 떨어져 있다. 이제 닫힌 정사각형으로 이루어진 균일격자판 $\mathcal{G}_0$ 를 생각하자. 이때 격자판을 이루는 정사각형의 각 변의 길이는 d 보다 훨씬 작으며(이를테면 $d/100$ 보다 작다고 하자) w 는 이 격자판 내의 닫힌 정사각형 R_1 의 중심에 위치한다. F_1 과의 교집합이 존재하는 모든 닫힌 정사각형의 유한집합을 $\mathcal{R} = \{R_1, \cdots, R_m\}$ 이라 하자. 그러면 집합 $\mathcal{R}$ 은 보조정리 1.5(1)~(4)를 만족한다.

(5)를 확인하기 위해 다음과 같이 논증한다. $\mathcal{R}$ 의 각 정사각형의 경계는 양의 방향 (반시계방향)을 가진다. 그러면 $\bigcup_{j=1}^{m} R_j$ 의 경계는 모든 경계의 합집합과 같다. 다시 말해 집합 $\mathcal{R}$ 에서 인접한 두 정사각형이 공유하지 않는 변의 합집합과 같다. 마찬가지로 경계의 꼭짓점은 모든 경계 변의 끝점이다. 경계의 꼭짓점이 둘 이상 경계 변의 끝점이면, 이를 경계의 **나쁜** 꼭짓점이라고 한다(그림 1에서 점 P 를 보라).

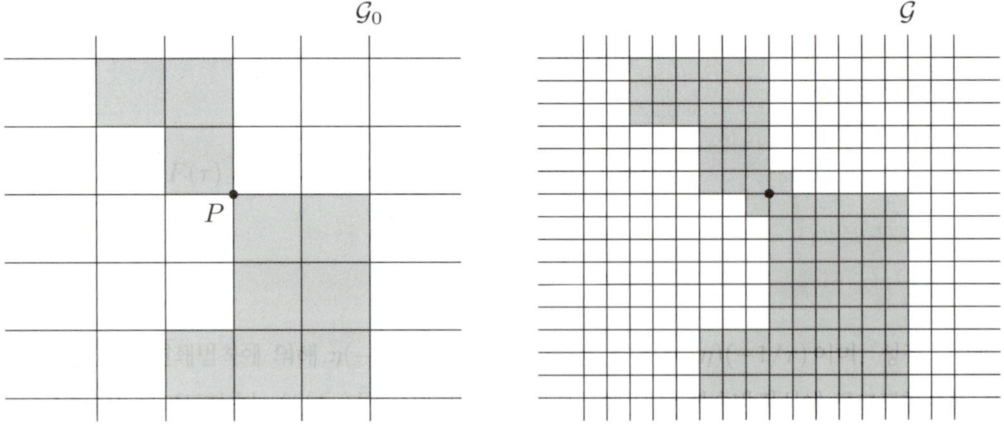

[그림 1] 경계의 나쁜 꼭짓점 제거하기

경계의 나쁜 꼭짓점을 제거하기 위해 격자판 $\mathcal{G}_0$ 를 세분화하며 정사각형을 추가할 수 있다. 좀 더 정확히는 원래 격자판을 $\mathcal{G}_0$ 의 모든 정사각형을 크기가 같은 9개의 부분 정사각형으로 나누어 세분한

격자판 $\mathcal{G}$를 생각한다. 그 다음 집합 $\mathcal{R}$의 정사각형의 부분 정사각형인 격자판 $\mathcal{G}$의 모든 정사각형을 $Q_1, \cdots, Q_p$라 하자(특히 $p = 9m$). 이때 Q_1은 $w \in Q_1$이 되도록 택한다. 그런 다음, 각 경계의 나쁜 꼭짓점 근처에 $\mathcal{G}$의 정사각형을 유한개 추가하여 $\mathcal{Q} = \{Q_1, \cdots, Q_n\}$에 경계의 나쁜 꼭짓점이 없도록 할 수 있다(그림 1 참고).

분명히 $\mathcal{Q}$는 여전히 보조정리 1.5(1)~(4)를 만족하며, (5)도 만족한다고 주장한다. 실제로 $\bigcup_{j=1}^{n} Q_j$에서 a_1부터 a_2까지의 방향을 가지는 모든 경계 변을 $[a_1, a_2]$로 나타낸다. 세 가지 가능성을 고려해 보면 a_2는 다른 경계 변 $[a_2, a_3]$의 시작점임을 알 수 있다. 이와 같은 방식으로 경계 변으로 이루어진 수열 $[a_1, a_2]$, $[a_2, a_3]$, $\cdots$, $[a_n, a_{n+1}]$, $\cdots$을 얻는다. 유한개 변만 존재하므로 어떤 n과 $m > n$에 대해 $a_n = a_m$이어야 한다.

$a_n = a_m$인 가장 작은 m을 택하여 $m = m'$이라고 하자. 그러면 $n > 1$이면 $a_{m'}$이 적어도 세 가지 경계 변의 끝점, 즉 이를테면 $[a_{n-1}, a_n]$, $[a_n, a_{n+1}]$, 및 $[a_{m'-1}, a_{m'}]$의 끝점이다. 따라서 $a_{m'}$은 경계의 나쁜 꼭짓점이다. 앞서 $\mathcal{Q}$가 경계의 나쁜 꼭짓점을 가지지 않도록 정리했으므로 $n = 1$이고, 따라서 a_1, $\cdots$, $a_{m'}$으로 구성된 다각형은 단순폐곡선이다. 이 과정을 반복하면 $\mathcal{Q}$는 보조정리 1.5(5)를 만족함을 알 수 있으며 증명이 끝났다. ◀

이제 우리는 정리 1.2의 증명을 완성할 수 있다. 즉 Ω가 유계 단순연결집합이면 Ω^c는 연결집합이라고 결론내릴 수 있다. 여기서 Ω^c가 연결집합이 아니라고 하면 $W_\gamma(w) \neq 0$이 되도록 곡선 $\gamma \subset \Omega$를 구성하고 점 $w \notin \Omega$를 찾았으므로 Ω가 단순연결집합이라는 사실에 모순된다.

2 조르당 곡선 정리

다음 여러 정리의 서술에서 곡선이 조각마다 매끄럽다는 조건을 강조하지만, 증명에 사용된 곡선은 연속이기만 할 뿐 조각마다 매끄럽지는 않을 수 있다. 예를 들어 추후에 나올 Γ_ϵ이 그러하다.

이 절에서 두 가지 주요 결과를 소개한다.

정리 2.1 복소평면에서 Γ가 조각마다 매끄러운 단순곡선이라고 하자. 이때 Γ의 여집합은 열린 연결집합이며 그 경계는 정확히 Γ이다.

정리 2.2 복소평면에서 Γ가 조각마다 매끄러운 단순폐곡선이라고 하자. 그러면 Γ의 여집합은 두 개의 연결단위로 이루어져 있으며 이중 하나는 유계이고 다른 하나는 유계가 아니다. 유계인 것은 단순연결인데 Γ의 **내부영역(interior)**이라 부르고, 유계가 아닌 것은 단순연결이 아닌데 Γ의 **외부영역(exterior)**이라 부른다. 내부영역과 외부영역을 각각 Ω와 $\mathcal{O}$로 나타내고 Γ에 적절히 방향을 주면

$$W_\Gamma(z) = \begin{cases} 1 & (z \in \Omega) \\ 0 & (z \in \mathcal{U}) \end{cases}$$

이 성립한다.

비고 정리 2.1과 정리 2.2는 곡선이 조각마다 매끄럽다는 가정이 빠지는 일반적인 경우에도 여전히 성립한다. 하지만 알려진 바와 같이 증명은 더 어렵다. 다행히 정리의 가정을 조각마다 매끄러운 곡선으로 제한하더라도 여러 곳에 응용하기에 충분하다.

두 정리를 이용하면 코시 정리를 다음과 같이 서술할 수 있다.

정리 2.3 f가 단순폐곡선 Γ의 내부 Ω에서 복소해석적이라고 가정하자. 이때 Ω에 포함되는 모든 폐곡선 η에 대해

$$\int_\eta f(\zeta)\, d\zeta = 0$$

이 성립한다.

정리 2.1을 증명하는 아이디어는 대략 다음과 같이 요약할 수 있다. Γ의 여집합은 열린 집합이므로 Γ의 여집합이 경로연결집합임을 보이면 충분하다(1장 연습문제 5 참고). z와 w가 Γ의 여집합의 점이라 하고 두 점을 곡선으로 잇는다. 이 곡선이 Γ와 교차하면 먼저 Γ와 교차하지 않는 곡선으로 z를 z'과 연결하고 w를 w'과 연결한다. 여기서 z'과 w'은 Γ에 가까운 점이다. 그 다음 곡선 Γ와 **평행**하게 이동하여 z'을 w'과 연결한다. 이때 필요하다면 Γ의 끝점을 돌아 연결한다.

핵심은 Γ에 **평행**한 연속적인 곡선의 집합을 구성하는 것이다. 이는 곡선에 부여한 조건 때문에 가능하다. 실제로 γ가 Γ의 매끄러운 조각에 대한 매개화라고 하면 γ는 연속 미분가능하며 $\gamma'(t) \neq 0$이다. 또한 벡터 $\gamma'(t)$는 Γ에 접한다. 이제 $i\gamma'(t)$는 Γ에 수직이고, 만약 Γ가 단순곡선이면 $\gamma(t) + i\epsilon\gamma'(t)$는 Γ에 **평행**인 새로운 곡선이다. 자세한 내용은 곧 다룬다.

다음 보조정리 세 개와 명제 두 개에서 Γ_0는 **매끄러운**(smooth) 단순곡선을 의미한다. 매끄러운 곡선 Γ_0를 호의 길이로 매개화한 곡선 γ는 모든 t에 대해 $|\gamma'(t)| = 1$임을 기억한다. 모든 매끄러운 곡선은

호의 길이로 매개화할 수 있다.

보조정리 2.4 Γ_0를 매끄러운 단순곡선이라 하고 $\gamma : [0, L] \to \mathbb{C}$에 의해 호의 길이로 매개화되었다고 하자. 모든 실수 ϵ에 대해 Γ_ϵ을

$$\gamma_\epsilon(t) = \gamma(t) + i\epsilon\gamma'(t) \qquad (0 \leq t \leq L)$$

와 같이 매개화된 연속인 곡선이라 하자. 그러면 $\kappa_1 > 0$이 존재하여 $0 < |\epsilon| < \kappa_1$이면 항상 $\Gamma_0 \cap \Gamma_\epsilon = \varnothing$이다.

증명

먼저 국소적인 결과를 증명하자. s와 t가 $[0, L]$ 위의 점일 때,

$$\begin{aligned}\gamma_\epsilon(t) - \gamma(s) &= \gamma(t) - \gamma(s) + i\epsilon\gamma'(t) \\ &= \int_s^t \gamma'(u)\,du + i\epsilon\gamma'(t) = \int_s^t [\gamma'(u) - \gamma'(t)]\,du + (t - s + i\epsilon)\gamma'(t)\end{aligned}$$

가 성립한다. γ'은 $[0, L]$에서 균등 연속이므로 $\delta > 0$이 존재하여 $|x - y| < \delta$이면 $|\gamma'(x) - \gamma'(y)| < 1/2$이다. 특히 $|s - t| < \delta$일 때,

$$|\gamma_\epsilon(t) - \gamma(s)| > |t - s + i\epsilon|\,|\gamma'(t)| - \frac{|t - s|}{2}$$

를 알 수 있다. γ는 호의 길이로의 매개화이므로 $|\gamma'(t)| = 1$이고, 따라서

$$|\gamma_\epsilon(t) - \gamma(s)| > \frac{|\epsilon|}{2}$$

이 성립한다. 여기서 a와 b가 실수일 때 $2|a + ib| \geq |a| + |b|$가 성립한다는 간단한 사실을 이용했다. 이로써 $|t - s| < \delta$이고 $\epsilon \neq 0$일 때 $\gamma_\epsilon(t) \neq \gamma(s)$임을 증명했다.

보조정리의 증명을 마무리하기 위해 다음과 같이 논증하자. 증명의 예는 그림 2를 참고한다.

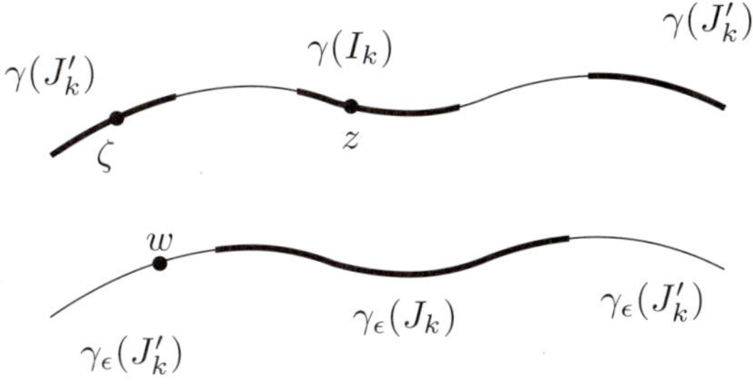

[그림 2] 보조정리 2.4 증명에서의 상황

$0 = t_0 < \cdots < t_n = L$을 $[0, L]$의 분할이라고 하자. 이때 모든 k에 대해 $|t_{k+1} - t_k| < \delta$이며, 세 집합

$$I_k = \{t : |t - t_k| \le \delta/4\}, \quad J_k = \{t : |t - t_k| \le \delta/2\}, \quad J'_k = \{t : |t - t_k| \ge \delta/2\}$$

를 생각한다. 그러면 방금 증명한 내용은

$$\gamma(I_k) \cap \gamma_\epsilon(J_k) = \varnothing \quad (\epsilon \ne 0) \tag{B.3}$$

과 같다. Γ_0는 단순곡선이므로 두 콤팩트 집합 $\gamma(I_k)$와 $\gamma(J'_k)$ 사이의 거리 d_k는 양수다. 이제 식 (B.4)를 증명하고자 한다.

$$\gamma(I_k) \cap \gamma_\epsilon(J'_k) = \varnothing \quad (|\epsilon| < d_k/2) \tag{B.4}$$

$z \in \gamma(I_k)$이고 $w \in \gamma_\epsilon(J'_k)$이면 $w = \gamma_\epsilon(s)$가 되도록 J'_k에서 s를 택하고 $\zeta = \gamma(s)$라고 하자. 삼각부등식에 의해

$$|z - w| \ge |z - \zeta| - |\zeta - w| \ge d_k - |\epsilon| \ge d_k/2$$

가 성립하므로 식 (B.4)가 증명되었다.

마지막으로 κ_1을 $\kappa_1 = \min_k d_k/2$로 택하자. 그러면 두 식 (B.3)과 (B.4)에 의해 $0 < |\epsilon| < \kappa_1$일 때 $\Gamma_0 \cap \Gamma_\epsilon = \varnothing$이다. 이로써 증명이 끝났다. ◀

다음에 소개하는 보조정리 2.5는 곡선의 내부 점 근처의 점들은 모두 평행이동한 곡선 위에 놓임을 나타낸다. 여기서 곡선의 내부 점이란 $\gamma(t)$ $(0 < t < L)$ 꼴로 표현되는 점을 의미한다. 이러한 점은 정리 2.2에서와 같이 곡선의 **안점**(interior point)과 구분해야 한다.

> **보조정리 2.5** z는 매끄러운 곡선 Γ_0 위의 점은 아니지만 끝점보다 곡선의 내부 점에 더 가깝다고 가정하자. 그러면 어떤 $\epsilon \ne 0$이 있어 z는 Γ_ϵ 위의 점이다.
> 정확히는 $z_0 \in \Gamma_0$가 z에 가장 가깝고 어떤 $t_0 \in (0, L)$에 대해 $z_0 = \gamma(t_0)$이면 어떤 $\epsilon \ne 0$에 대해 $z = \gamma(t_0) + i\epsilon\gamma'(t_0)$이다.

증명

γ가 미분가능하므로 t_0 근방의 t에 대해

$$z-\gamma(t)=z-\gamma(t_0)-\gamma'(t_0)(t-t_0)+o(|t-t_0|)$$

가 성립한다. $z_0=\gamma(t_0)$일 때 z에서 Γ_0까지의 거리가 최소이므로

$$|z-z_0|^2\le|z-\gamma(t)|^2=|z-z_0|^2-2(t-t_0)\operatorname{Re}\left([z-\gamma(t_0)]\overline{\gamma'(t_0)}\right)+o(|t-t_0|)$$

를 알 수 있다. $t-t_0$는 양수나 음수가 되게 할 수 있으므로 $\operatorname{Re}\left([z-\gamma(t_0)]\overline{\gamma'(t_0)}\right)=0$이어야 한다. 그렇지 않다면 t가 t_0에 가까울 때 성립하지 않을 수 있다. 따라서 실수 ϵ이 존재하여 $[z-\gamma(t_0)]\overline{\gamma'(t_0)}=i\epsilon$이다. $|\gamma'(t_0)|=1$이므로 $\overline{\gamma'(t_0)}=1/\gamma'(t_0)$이고 따라서 $z-\gamma(t_0)=i\epsilon\gamma'(t_0)$이다. 이로써 보조정리의 증명이 끝났다. ◀

z와 w가 Γ_0의 내부 점에 가까운 점으로 0이 아닌 ϵ과 η에 대해 $z\in\Gamma_\epsilon$이고 $w\in\Gamma_\eta$라고 가정한다. ϵ과 η가 같은 부호이면 점 z와 w는 Γ_0에 대해 같은 쪽에 있다고 간주한다. ϵ과 η가 반대 부호이면 z와 w가 Γ_0에 대해 반대쪽에 있다고 한다. 한 가지 주의해야 할 부분이 있다. 지금 우리는 Γ_0의 **양쪽**을 정의하려는 것이 아니다. Γ_0 근처에 두 점이 주어질 때 이들이 **같은 쪽**에 있는지 혹은 **반대쪽**에 있는지를 추론할 뿐이다! 또한 지금까지 우리가 한 어떤 것도 이러한 조건이 서로 배반적임을 보여주지 못한다.

대략적으로 말하자면, 같은 쪽에 있는 점들은 Γ_0에 **평행한** 곡선으로 거의 바로 이을 수 있는 반면에 반대쪽에 있는 점들을 이으려면 이 **평행한** 곡선에 더해 Γ_0의 끝점 중 하나를 도는 곡선이 필요하다.

먼저 Γ_0에 대해 같은 쪽에 있는 점의 상황을 조사하겠다.

명제 2.6 매끄러운 단순곡선 Γ_0의 두 끝점을 A와 B라고 하자. K는 콤팩트 집합이며

$$\Gamma_0\cap K=\varnothing \quad \text{또는} \quad \Gamma_0\cap K=A\cup B$$

를 만족한다고 가정하자. $z\notin\Gamma_0$와 $w\notin\Gamma_0$가 Γ_0에 대해 같은 쪽에 있으며, K나 Γ_0의 끝점보다 Γ_0의 내부 점에 더 가까이 위치하면 z와 w는 연속인 곡선으로 이을 수 있다. 이때 두 점을 잇는 곡선은 $K\cup\Gamma_0$의 여집합에 놓여 있다.

조르당 곡선 정리(Jordan curve theorem)의 증명에서 위에서 특정하지 않은 콤팩트 집합 K를 적절히 선택할 것이다.

증명

보조정리 2.5에 따라 z와 w 각각에 가장 가까운 Γ_0의 내부 점인 $z_0 = \gamma(t_0)$와 $w_0 = \gamma(s_0)$를 생각하면

$$z = \gamma(t_0) + i\epsilon_0\gamma'(t_0), \quad w = \gamma(s_0) + i\eta_0\gamma'(s_0)$$

가 성립한다. 이때 ϵ_0와 η_0는 같은 부호를 가지며, 양수라고 가정할 수 있다. 또한 $t_0 \leq s_0$라고 가정할 수 있다.

보조정리 2.5의 가정은 z와 z_0를 잇는 선분과 w와 w_0를 잇는 선분이 모두 K와 Γ_0의 여집합에 포함됨을 암시한다. 따라서 충분히 작은 모든 $\epsilon > 0$에 대해 z와 w를 각각 두 점

$$z_\epsilon = \gamma(t_0) + i\epsilon\gamma'(t_0), \quad w = \gamma(s_0) + i\epsilon\gamma'(s_0)$$

와 이을 수 있다. 그림 3을 보라.

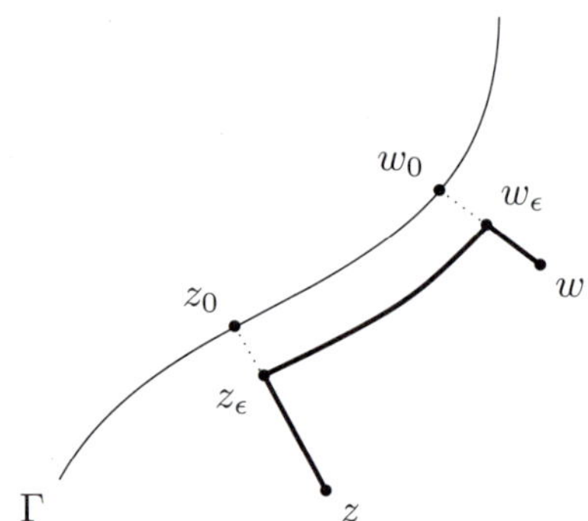

[그림 3] 명제 2.6의 증명에서의 상황

마지막으로 보조정리 2.4에서 ϵ을 κ_1보다 작게 택한다. 또한 K에서 z_0와 w_0 사이의 Γ_0의 일부, 다시 말해 $\{\gamma(t) : t_0 \leq t \leq s_0\}$까지의 거리보다도 작게 ϵ을 택한다. 그러면 그에 대응하는 Γ_ϵ의 일부인 $\{\gamma_\epsilon(t) : t_0 \leq t \leq s_0\}$는 점 z_ϵ과 w_ϵ을 잇는다. 더욱이 이 곡선은 K와 Γ_0의 일부에 포함된다. 이로써 명제를 증명했다. ◀

Γ_0에 대해 반대쪽에 있는 점들을 이으려면 끝점 주위를 이동하는 데 필요한 충분한 공간이 있는지 확인해야 한다. 따라서 다음 보조정리가 필요하다.

> **보조정리 2.7** Γ_0를 매끄러운 단순곡선이라고 하자. $\kappa_2 > 0$이 존재하여 $z = \gamma(L) + \epsilon e^{i\theta}\gamma'(L)$ 꼴의 점으로 이루어진 집합 N과 Γ_0는 서로소다(단, $-\pi/2 \leq \theta \leq \pi/2,\ 0 < \epsilon < \kappa_2$).

증명

보조정리 2.4의 증명과 유사하게 증명한다. 먼저 등식

$$\gamma(L)+\epsilon e^{i\theta}\gamma'(L)-\gamma(t)=\int_t^L[\gamma'(u)-\gamma'(L)]\,du+(L-t+\epsilon e^{i\theta})\gamma'(L)$$

에 주목하자. $|u-L|<\delta$일 때 $|\gamma'(u)-\gamma'(L)|<1/2$가 되도록 δ를 택한다. 이제 $|t-L|<\delta$이면

$$|\gamma(L)+\epsilon e^{i\theta}\gamma'(L)-\gamma(t)|\geq\frac{|\epsilon|}{2}$$

이 성립한다. 따라서 $L-\delta\leq t\leq L$일 때 $\gamma(t)\notin N$이다. 끝점 $\gamma(L)$에서 $0\leq t\leq L-\delta$인 곡선 $\gamma(t)$의 나머지 부분까지의 거리보다 작게 κ_2를 택하면 증명을 충분히 마무리할 수 있다. ◀

마지막으로 Γ_0에 대해 반대쪽에 있는 점에 대해서도 명제 2.6과 비슷한 결과를 서술할 수 있다.

명제 2.8 매끄러운 단순곡선 Γ_0의 끝점 하나를 A라고 하자. K는 콤팩트 집합이며

$$\Gamma_0\cap K=\varnothing \quad \text{또는} \quad \Gamma_0\cap K=A$$

를 만족한다고 가정하자. $z\notin\Gamma_0$와 $w\notin\Gamma_0$가 K나 Γ_0의 끝점보다 Γ_0의 내부 점에 더 가까이 위치하면 z와 w는 연속인 곡선으로 이을 수 있다. 이때 두 점을 잇는 곡선은 $\Gamma_0\cup K$의 여집합에 놓여 있다.

여기서는 증명의 개요만을 소개하려 한다. 이 개요는 명제 2.6의 증명과 비슷하다. z와 w가 Γ_0에 대해 반대쪽에 있으며 $A=\gamma(0)$인 경우만을 생각하면 충분하다. 먼저 두 점 $z_\epsilon=\gamma(t_0)+i\epsilon\gamma'(t_0)$, $w_\epsilon=\gamma(s_0)-i\epsilon\gamma'(s_0)$를 생각하자. z_ϵ과 w_ϵ을 각각 두 점 $z'_\epsilon=\gamma(L)+i\epsilon\gamma'(L)$, $w'_\epsilon=\gamma(L)-i\epsilon\gamma'(L)$과 잇는다. 그러면 보조정리 2.7의 **반쪽 근방** N 내부에서 z'_ϵ과 w'_ϵ을 이을 수 있다.

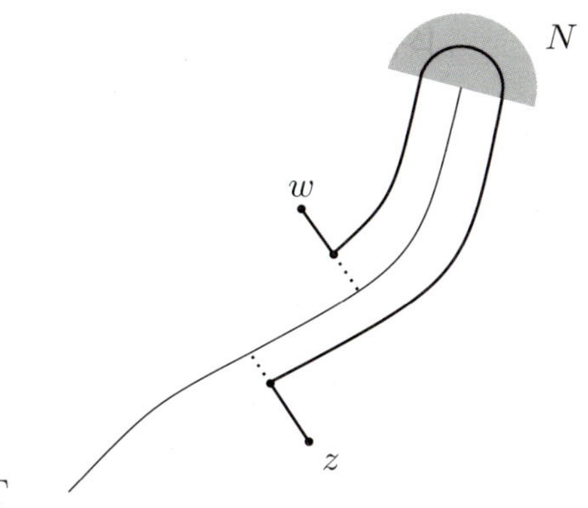

[그림 4] 명제 2.8의 증명에서의 상황

여기서 $t_0 \le s_0$ 면 $|\epsilon|$을 $\{\gamma(t) : t_0 \le t \le L\}$과 K 사이의 거리보다 작게, 그리고 보조정리 2.4와 보조정리 2.7에서의 κ_1과 κ_2 보다도 작게 택해야 한다.

정리 2.1의 증명

Γ를 조각마다 매끄러운 단순곡선이라고 하자. 먼저 집합 $\mathcal{O} = \Gamma^c$의 경계는 정확히 Γ임을 증명한다. 확실히 $\mathcal{O}$는 경계가 Γ에 포함되는 열린 집합이다. 게다가 Γ가 매끄러운 모든 점은 $\mathcal{O}$의 경계에도 속한다. (예를 들어 보조정리 2.4에 의해) $\mathcal{O}$의 경계는 또한 닫힌 집합이어야 하므로 이는 Γ 전체와 같다고 결론을 내린다.

$\mathcal{O}$가 연결집합임을 보이는 증명은 Γ를 이루는 매끄러운 곡선의 개수에 대해 귀납법을 적용한다. 먼저 Γ가 매끄럽고 단순곡선이라 하고, Z와 W를 Γ 위에 있지 않은 임의의 두 점이라고 하자. Z와 W를 이으면서 Γ의 두 끝점을 포함하지 않는 $\mathbb{C}$의 임의의 매끄러운 곡선을 Λ라 하자. Λ가 Γ와 교차하면 그 내부 점에서 교차한다. 따라서 Γ와 교차하지 않는 Λ의 조각으로 점 Z와 z를 이을 수 있다. 이때 z는 어느 끝점보다도 Γ의 내부에 더 가까운 점이다.

마찬가지로 W는 Γ의 여집합에서 점 w와 이을 수 있다. 이때 w 또한 어느 끝점보다도 Γ의 내부에 더 가까운 점이다. 명제 2.8은 (K가 공집합이면) z와 w를 Γ의 여집합에서 연속인 곡선으로 이을 수 있음을 보여 준다. 전체적으로 Γ의 여집합에 있는 두 점을 항상 이을 수 있으며, 이는 귀납법에서 첫 단추를 증명한다.

이제 매끄러운 곡선을 $n-1$개 포함하는 경우를 모두 증명했다고 가정하자. Γ는 매끄러운 곡선 n개로 이루어지고

$$\Gamma = K \cup \Gamma_0$$

와 같이 쓸 수 있다고 하자. 여기서 K는 매끄러운 곡선 $n-1$개의 합집합이며 Γ_0는 매끄러운 곡선이다. 특히 K는 콤팩트하며 끝점 중 한 점에서 Γ_0와 만난다. 귀납법 가정에 의해 Γ의 여집합에 있는 임의의 두 점 Z와 W는 K와 교차하지 않는 곡선으로 이을 수 있다. 또한 이 곡선은 Γ_0의 양 끝점을 모두 지나지 않는다고 가정할 수 있다. 만약 이 곡선이 Γ_0와 그 내부에서 교차한다면 명제 2.8을 적용하여 증명을 마친다.

정리 2.2의 증명

조각마다 매끄러운 단순폐곡선을 Γ라고 하자. 먼저 Γ의 여집합은 많아야 두 개의 연결단위로 이루어짐을 증명한다.

Γ를 포함하는 어떤 큰 원판 외부에 놓인 점 W를 고정하자. 그리고 $\mathcal{U}$를 Γ의 여집합에 온전히 포함되는 연속인 곡선으로 W와 이을 수 있는 모든 점의 집합이라고 하자. 집합 $\mathcal{U}$는 분명하게 열린 집합이며 임의의 두 점은 먼저 W를 거친 뒤 서로 이을 수 있으므로 연결집합이기도 하다. 이제 Ω를

$$\Omega = \Gamma^c - \mathcal{U}$$

와 같이 정의한다. Ω가 연결집합임을 보여야 한다. 이를 위해 Γ에서 매끄러운 조각 Γ_0를 제거하여 얻은 곡선을 K라고 하자. 조르당 곡선 정리에 따르면 K와 교차하지 않는 곡선 Λ_Z를 통해 모든 점 $Z \in \Omega$를 W와 이을 수 있다. $Z \notin \mathcal{U}$이므로 곡선 Λ_Z는 Γ_0와 그 내부 점 중 한 점에서 교차해야 한다. 따라서 양 끝점보다 Γ_0의 내부 점에 더 가까운 두 점 $z, w \in \Lambda_Z$를 택할 수 있다. 이때 Z를 z와 잇는 Λ_Z의 조각과 W를 w와 잇는 Λ_Z의 조각은 Γ의 여집합에 포함된다. 그러면 점 z와 w는 Γ_0에 대해 반대쪽에 있다. 그렇지 않다면 명제 2.6을 적용하여 Γ의 여집합에 놓인 곡선으로 Z와 W를 이을 수 있고, 이는 $Z \notin \mathcal{U}$에 모순된다.

마지막으로 Z_1이 Ω의 다른 점이라고 하면 대응되는 두 점 z_1과 w_1 역시 Γ_0에 대해 반대쪽에 놓여야 한다. 또한 z와 z_1은 Γ_0에 대해 같은 쪽에 있어야 한다. 그렇지 않다면 z와 w_1이 Γ_0에 대해 같은 쪽에 놓이고, Γ와 교차하지 않고도 Z와 W를 다시 이을 수 있다. 이는 $Z \notin \mathcal{U}$에 모순된다. 따라서 명제 2.6에 의해 점 z와 z_1을 Γ의 여집합에 있는 곡선으로 이을 수 있으며, Z와 Z_1은 같은 연결단위에 속한다는 결론을 내린다.

지금까지의 논증은 Γ^c가 많아야 두 개의 연결단위를 포함한다는 것을 증명하지만, Ω가 공집합이 아님을 보장하지는 않는다. Γ^c가 정확히 두 성분을 가짐을 보이려면, (보조정리 1.3에 의해) Γ의 회전수가 다른 점이 있음을 증명하면 충분하다.

실제로 Γ에 대해 반대쪽에 있는 점은 회전수가 1만큼 차이가 난다고 주장한다. 이를 보이기 위해 Γ의 매끄러운 조각에서 점 z_0를 고정하고($z_0 = \gamma(t_0)$라고 하자) $\epsilon > 0$에 대해

$$z_\epsilon = \gamma(t_0) + i\epsilon\gamma'(t_0), \quad w_\epsilon = \gamma(t_0) - i\epsilon\gamma'(t_0)$$

와 같이 정의한다. 이전의 관찰로부터 Γ에 대해 같은 쪽에 있는 점은 같은 연결단위에 속한다. 따라서 충분히 작은 모든 $\epsilon > 0$에 대해 $\triangle = |W_\Gamma(z_\epsilon) - W_\Gamma(w_\epsilon)|$은 상수다. 먼저

$$\left(\frac{\gamma'(t)}{\gamma(t) - z_\epsilon} - \frac{\gamma'(t)}{\gamma(t) - w_\epsilon}\right) = \frac{2i\epsilon\gamma'(t_0)\gamma'(t)}{[\gamma(t) - \gamma(t_0)]^2 + \epsilon^2\gamma'(t_0)^2}$$

와 같이 쓴다.

분자는

$$\gamma'(t) = \gamma'(t_0) + [\gamma'(t) - \gamma'(t_0)]$$
$$= \gamma'(t_0) + \psi(t)$$

를 이용한다. 여기서 $t \to t_0$일 때 $\psi(t) \to 0$이다. 분모의 경우 $\gamma'(t_0) \neq 0$임을 기억하여

$$[\gamma(t) - \gamma(t_0)]^2 + \epsilon^2\gamma'(t_0)^2 = \gamma'(t_0)^2[(t - t_0)^2 + \epsilon^2] + o(|t - t_0|)$$

와 같이 쓸 수 있다. 이러한 결과를 종합하면

$$\left(\frac{\gamma'(t)}{\gamma(t) - z_\epsilon} - \frac{\gamma'(t)}{\gamma(t) - w_\epsilon}\right) = \frac{2i\epsilon}{(t - t_0)^2 + \epsilon^2} + E(t)$$

를 알 수 있다. 이때 $\eta > 0$이 주어지면 $\delta > 0$이 존재하여 $|t - t_0| \leq \delta$이면 오차항은

$$|E(t)| \leq \eta \frac{\epsilon}{(t - t_0)^2 + \epsilon^2}$$

을 만족한다. 그러면 $\triangle$을

$$\triangle = \frac{1}{2\pi i}\int_{|t-t_0|\geq\delta}\left(\frac{\gamma'(t)}{\gamma(t) - z_\epsilon} - \frac{\gamma'(t)}{\gamma(t) - w_\epsilon}\right)dt + \frac{1}{2\pi i}\int_{|t-t_0|<\delta}\left(\frac{2i\epsilon}{(t - t_0)^2 + \epsilon^2} + E(t)\right)dt$$

와 같이 쓴다. 첫 번째 적분값은 $\epsilon \to 0$일 때 0으로 수렴한다. 두 번째 적분에서 $t - t_0 = \epsilon s$와 같이 변수변환하고

$$\rho \to \infty\text{일 때} \quad \frac{1}{\pi}\int_{-\rho}^{\rho}\frac{ds}{s^2 + 1} = \frac{1}{\pi}[\arctan s]_{-\rho}^{\rho} \to 1$$

임에 유의한다. 따라서 $\epsilon \to 0$일 때

$$|\triangle - 1| < \eta$$

임을 알 수 있다. $\triangle = 1$이라는 결론을 내릴 수 있으며, 따라서 Γ^c는 정확히 두 성분을 가진다. 마지막으로 이러한 성분 중 하나만 유계가 아닌 집합이다. 이 집합을 $\mathcal{U}$라고 하자. 따라서 이 연결단위에서 Γ의 회전수는 반드시 0이어야 한다. 우리의 마지막 결과에 따르면 곡선의 방향을 반대로 한 뒤에 유계인 성분 Ω의 모든 점의 회전수는 상수이며 그 값은 1과 같다. 또한 이야기한 바에 따르면 Γ 위의 모든 매끄러운 점은 각 성분의 점으로 근사할 수 있음이 분명하다. 따라서 Γ는 Ω와 $\mathcal{U}$ 모두의 경계다.

증명의 마지막 단계는 곡선의 내부, 즉 유계 성분 Ω는 단순연결집합임을 보이는 것이다. 정리 1.2에 따르면 Ω^c가 연결집합임을 보이면 충분하다.

만약 연결집합이 아니라고 하면

$$\Omega^c = F_1 \cup F_2$$

와 같이 쓸 수 있다. 이때 F_1과 F_2는 공집합이 아니며 서로소인 닫힌 집합이다. $\mathcal{O}_1$과 $\mathcal{O}_2$를

$$\mathcal{O}_1 = \mathcal{U} \cap F_1, \quad \mathcal{O}_2 = \mathcal{U} \cap F_2$$

와 같이 두자. $\mathcal{O}_1$과 $\mathcal{O}_2$가 서로소임은 분명하다. $z \in \mathcal{O}_1$이면 $z \in \mathcal{U}$이며 중심이 z인 충분히 작은 모든 공은 $\mathcal{U}$에 포함된다. 그러한 공이 모두 F_2와 교차한다면 F_2는 닫힌 집합이므로 $z \in F_2$이다. 그러나 F_1과 F_2는 서로소이므로 이는 불가능하다. 따라서 $\mathcal{O}_1$은 열린 집합이며, 같은 논증으로 $\mathcal{O}_2$도 열린 집합이다.

마지막으로 $\mathcal{O}_1$이 공집합이 아니라고 주장해 보자. 만약 그렇지 않다면 F_1은 온전히 Γ에 포함되며 $\mathcal{U}$는 F_2에 포함된다. 임의의 점 $z \in F_1$을 택한다. 이 점이 Γ에 속함을 알고 있다. 이제 중심이 z인 모든 공은 $\mathcal{U}$와 교차하므로 F_2와도 교차한다. 그런데 F_2는 닫힌 집합이며 F_1과 서로소이므로 모순을 얻는다. $\mathcal{O}_1$도 비슷한 논증으로

$$\mathcal{U} = \mathcal{O}_1 \cup \mathcal{O}_2$$

임을 보인다. 이때 $\mathcal{O}_1$, $\mathcal{O}_2$는 공집합이 아니며 서로소인 열린 집합이다. 이는 $\mathcal{U}$가 연결집합이라는 사실에 모순되므로 조각마다 매끄러운 곡선에 대한 조르당 곡선 정리를 증명했다.

2.1 일반적인 코시 정리의 증명

정리 2.9 함수 f가 조각마다 매끄러운 단순폐곡선 Γ 및 그 내부영역을 포함하는 열린 집합에서 복소해석적이라고 하면 $\int_\Gamma f = 0$이다.

Γ와 그 내부 Ω를 포함하는 열린 집합을 $\mathcal{O}$라 하고 f는 $\mathcal{O}$에서 복소해석적이라고 하자. 아이디어는 Γ에 충분히 가까우며 $\int_\Gamma f = \int_\Lambda f$를 만족하는 Ω 내 폐곡선 Λ를 구성하는 것이다. 이때 f는 단순연결된 열린 집합 Ω에서 복소해석적이므로 우변의 적분값은 0이다. 다음과 같이 Λ를 만들자.

Γ의 매끄러운 조각 근방에서 곡선 Λ는 기본적으로 보조정리 2.4의 Γ_ϵ과 같은 곡선이다. Γ의 매끄러운 조각을 잇는 점들 근방에서는 원호를 Λ로 사용할 것이다. 이는 그림 5에 묘사되어 있다.

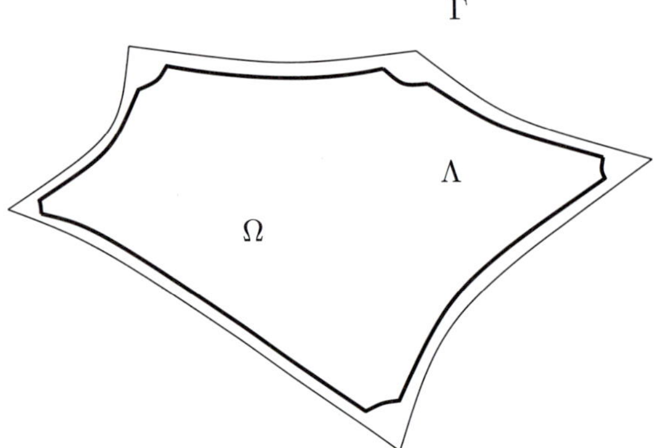

[그림 5] 곡선 Λ

조각을 연결하는 적절한 호를 찾으려면 다음과 같은 보조정리가 필요하다.

보조정리 2.10 $\gamma : [0,1] \to \mathbb{C}$를 매끄러운 단순곡선이라고 하자. 그러면 모든 충분히 작은 $\delta > 0$에 대해 중심이 $\gamma(0)$이고 반지름 길이가 δ인 원 C_δ는 정확히 한 점에서 γ와 교차한다.

증명

$\gamma(0) = 0$이라고 가정할 수 있다. $\gamma(0) \neq \gamma(1)$이므로 충분히 작은 모든 $\delta > 0$에 대해 원 C_δ는 적어도 한 점에서 γ와 분명하게 교차한다. 만약 보조정리의 결론이 거짓이라면 0으로 수렴하는 양수 δ_j로 이루어진 수열을 찾을 수 있다. 따라서 방정식 $|\gamma(t)| = \delta_j$는 적어도 두 개의 서로 다른 해를 가진다. $h(t) = |\gamma(t)|^2$에 평균값정리를 적용하면 $t_j \to 0$이며 $h'(t_j) = 0$인 양수 t_j로 이루어진 수열을 얻는다. 따라서

$$\text{모든 } j\text{에 대하여} \quad \gamma'(t_j) \cdot \gamma(t_j) = 0$$

이다. 그런데 곡선은 매끄러운 곡선이므로

$$\gamma(t) = \gamma(0) + \gamma'(0)t + t\varphi(t), \quad \gamma'(t) = \gamma'(0) + \psi(t)$$

가 성립한다. 여기서 $t \to 0$일 때 $|\varphi(t)| \to 0$ 이며 $|\psi(t)| \to 0$이다. $\gamma(0) = 0$로 두었음을 생각하면 $\gamma'(t) \cdot \gamma(t) = |\gamma'(0)|^2 t + o(|t|)$임을 알 수 있다. 매끄러운 곡선의 정의에서 $\gamma'(0) \neq 0$이므로 앞선 결과로부터

$$\text{충분히 작은 모든 } t\text{에 대해} \quad \gamma'(t) \cdot \gamma(t) \neq 0$$

이다. 보이고자 하던 모순이 유도되었다. ◀

코시 정리의 증명으로 돌아가서, ϵ을 작게 택하여 Γ로부터의 거리가 ϵ보다 작은 모든 점으로 이루어진 열린 집합 $\mathcal{U}$가 $\mathcal{O}$에 포함되도록 한다.

다음으로 Γ의 매끄러운 부분을 잇는 점을 $P_1, \cdots, P_n$이라고 하면, $\delta < \epsilon/10$을 작게 택함으로써 P_j를 중심으로 하고 반지름 길이가 δ인 원 C_j는 모두 정확히 서로 다른 두 점에서 Γ와 교차한다(이는 보조정리 2.10에 의해 가능하다). C_j 위의 이러한 두 점은 원의 두 호를 결정하는데, 오직 하나의 호($\mathcal{C}_j$ 라고 하자)만 Ω에 완전히 포함되는 내부를 가진다.

이를 확인하기 위해 γ가 끝점이 P_j인 Γ의 매끄러운 조각을 매개화한다고 하자. 그러면 충분히 작은 모든 ϵ'에 대해 보조정리 2.4의 $\gamma_{\epsilon'}$과 $\gamma_{-\epsilon'}$으로 매개화된 곡선은 Γ에 대해 반대쪽에 위치하며 원 C_j와 반드시 교차함을 기억하면 충분하다. 구성에 따라 중심이 P_j이고 반지름 길이가 2δ인 원판 D_j^* 또한 $\mathcal{U}$에 포함되며, 따라서 $\mathcal{O}$에 포함된다.

3장 정리 5.1의 증명과 같이 논증하여 $\int_\Gamma f = \int_\Lambda f$가 되도록 Λ를 구성하려고 한다. 이를 위해 $\mathcal{U}$에 포함되는 원판의 집합 $\mathcal{D} = \{D_0, \cdots, D_K\}$를 생각하여 Γ가 그 원판의 합집합에 포함되도록 한다. 또한 $D_k \cap D_{k+1} \neq \varnothing$, $D_0 = D_K$이며 D_j^*는 $\mathcal{D}$의 원소다. P_j와 P_{j+1}을 잇는 Γ의 매끄러운 조각을 Γ_j라고 가정하자. 보조정리 2.4에 의하면 Ω와 원판의 합집합에 포함되는 연속인 곡선 Λ_j를 구성할 수 있다. 이때 이 곡선 Λ_j는 $\mathcal{C}_j$ 위의 점 B_j와 $\mathcal{C}_{j+1}$ 위의 점 A_{j+1}을 잇는다(그림 6 참고).

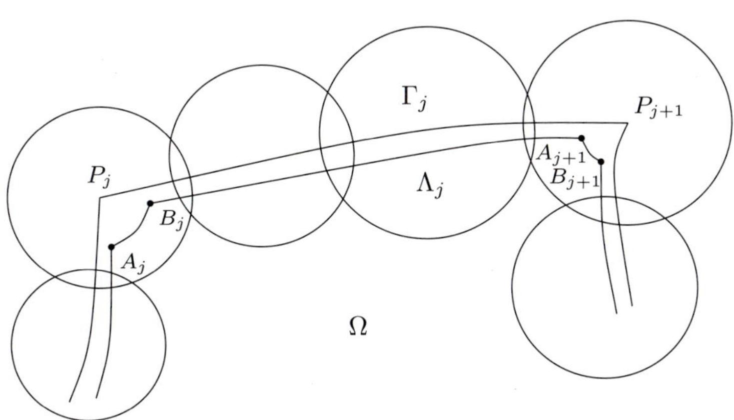

[그림 6] 곡선 Λ의 구성

Γ가 연속인 도함수를 가진다고 가정했을 뿐이므로 Λ_j는 매끄러운 함수일 필요는 없지만, 필요한 경우 이 연속인 곡선을 다각형 선으로 근사함으로써 사실 Λ_j도 매끄러운 함수라고 가정할 수 있다. 그러면 $\mathcal{C}_{j+1}$의 조각으로 A_{j+1}과 B_{j+1}을 이을 수 있고, 같은 식으로 계속된다. 이 과정을 통해 조각마다 매끄럽고 Ω에 포함되는 폐곡선 Λ를 얻는다.

f는 집합 $\mathcal{D}$의 각 원판에서 원시함수를 가지므로 3장 정리 5.1의 증명처럼 논증하여 $\int_\Gamma f = \int_\Lambda f$임을 알 수 있다. Ω는 단순연결집합이므로 $\int_\Lambda f = 0$이고,

$$\int_\Gamma f = 0$$

을 얻는다.

장별 참고사항

이 책에서 다루는 많은 주제 관련하여 유용한 참고문헌으로는 Saks와 Zygmund의 **34**, Ahlfors의 **2**, Lang의 **23** 등이 있다.

서론

- Riemann의 논문 **32**를 인용했다.

1장 복소해석학의 기초

- Borel의 책 **6**의 한 구절을 의역하여 인용했다.

2장 코시 정리와 그 응용

- 코시의 회고록 **7**에서 발췌한 내용을 번역하여 인용했다.
- 단위원판에서 복소해석적 함수의 자연경계와 관련된 결과는 참고문헌 **36**에서 확인할 수 있다.
- 심화문제 5에서 보편적인 함수의 구성은 G. D. 버코프(G. D. Birkhoff)와 G. R. 매클레인(G. R. MacLane)에 따른다.

3장 유리형함수와 로그함수

- 코시의 회고록 **8**의 한 구절을 번역하여 인용했다.
- 심화문제 1 및 단사 복소해석함수(단엽함수)와 관련된 다른 결과는 참고문헌 **11**에서 확인할 수 있다.
- 심화문제 5에서 소개된 코시 적분에 대한 자세한 내용은 참고문헌 **25**에서 확인하라.

4장 푸리에 변환

- Wiener의 **40**을 인용했다.
- 연습문제 1에서의 논증은 D. J. 뉴먼(D. J. Newman)가 소개했다. **4**를 참조하라.
- 페일리-위너 정리는 **28**에서 처음 등장했다. 추가적인 일반화는 참고문헌 **35**에서 확인할 수 있다.
- 보렐 변환(심화문제 4 참고)과 관련된 결과는 참고문헌 **5**에서 확인할 수 있다.

5장 전해석함수

- K. 바이어슈트라스(K. Weierstrass)가 S. 코발렙스카야(S. Kowalewskaja)에게 보낸 편지의 한 구절(독일어)을 번역하여 인용했다. **38**을 참조하라.
- 네반린나 이론에 대한 고전적인 참고문헌은 네반린나의 책 **27**이다.

6장 감마함수와 제타함수

- 제타함수의 해석적 연속과 함수방정식에 대한 다양한 증명은 참고문헌 **37**의 2장에 있다.

7장 제타함수와 소수정리

- Hadamard의 **14**를 인용했다. 임계띠에서 제타함수의 영점에 관한 리만의 설명은 리만의 논문 **33**에서 가져온 구절이다.
- 본문에 제시된 소수정리의 증명과 관련된 추가 자료는 참고문헌 **19**의 2장과 참고문헌 **37**의 3장에 있다.
- 소수 분포에 대한 (제타함수의 해석적 성질을 이용하지 않는) **기초적인** 해석학은 체비셰프가 지평을 열었으며, 소수정리에 대한 에르되시–셀베르그(Erdös–Selberg)의 증명으로 정점을 찍었다. 참고문헌 **17**의 XXII장을 참조하라.
- 심화문제 2와 심화문제 3의 결과는 참고문헌 **19**의 4장에서 확인할 수 있다.
- 심화문제 4는 참고문헌 **13**을 참조하라.

8장 등각사상

- 참고문헌 **9**를 인용했다.
- 등각사상의 체계적인 처리는 참고문헌 **26**을 참조하라.
- 심화문제 7의 세부 내용과 더불어 리만 사상 정리와 관련된 일부 역사에 대해서는 참고문헌 **31**에서 확인할 수 있다.
- 복소해석적 함수의 경계에서의 행동(심화문제 6 참고)과 관련된 결과는 참고문헌 **41**의 XIV장에 나와 있다.
- 푸앵카레 거리와 복소해석학 사이의 상호작용에 대한 소개는 참고문헌 **1**에서 확인할 수 있다. 슈바르츠–픽 보조정리 및 쌍곡선성에 대한 추가 결과는 참고문헌 **21**을 참조하라.
- 비버바흐의 추측에 대한 자세한 내용은 참고문헌 **11**의 2장과 참고문헌 **18**의 8장을 참조하라.

9장 타원함수 입문

- 참고문헌 **30**을 인용했다.
- 심화문제 2, 심화문제 3, 심화문제 4는 참고문헌 **34**에 있다.

10장 세타함수의 응용

- 참고문헌 **16**의 IX장을 인용했다.
- 세타함수 이론과 야코비 타원함수 이론에 대한 체계적인 설명은 참고문헌 **39**의 21장~22장에 있다.

2절 생성함수

- 분할함수에 대한 더 자세한 내용은 참고문헌 **17**의 XIX장을 참조하라.

3절 제곱수의 합에 대한 정리

- 두 제곱수의 합과 네 제곱수의 합에 대한 정리의 더 표준적인 증명은 참고문헌 **17**의 XX장에 있다. 우리가 사용한 접근 방식은 모델(Mordell)과 하디(Hardy)에 의한 것으로, $k \geq 5$일 때 k 제곱수의 합으로 수를 표현하는 정확한 식을 유도하기 위해 개발되었다. 특수한 경우인 $k = 8$은 심화문제 6에서 다룬다. $k \leq 4$인 경우, 여기에 주어진 방법은 관련된 **아이젠슈타인 열**이 절대수렴하지 않기 때문에 무너진다. 본문에서는 **금지된** 아이젠슈타인 열을 이용하여 이러한 어려움을 극복한다. $k = 2$일 때는 완전히 다른 구성이 필요하며, $C(\tau)$를 중심으로 한 해석학은 이 문제의 또 다른 새로운 측면이다.
- 세 제곱수의 합에 대한 정리(심화문제 1 참고)는 참고문헌 **22**의 4장 PART I에 나와 있다.

부록 A 점근적 추정

- 에어리(Airy)의 논문 **3**에 있는 부록을 인용했다.
- 라플라스 방법, 정지 위상 방법(stationary phase) 및 최급강하법(method of steepest descent)에 대한 체계적인 설명은 참고문헌 **12**와 참고문헌 **10**을 참조하라.
- 분할함수에 대해 보다 정교한 점근식은 참고문헌 **16**의 8장에서 확인할 수 있다.

부록 B 단일연결성과 조르당 곡선 정리

- 조르당(Jordan) 전집 **20**에 있는 피카르(Picard)의 연설을 인용했다.
- 조각마다 매끄러운 곡선에 대한 조르당 곡선 정리의 증명은 참고문헌 **29**에 따른다. 이는 참고문헌 **34**에서 확인할 수 있는 다각형 곡선에 대한 증명을 각색한 것이다.
- 대수위상의 개념을 사용해서 연속인 곡선에 대한 조르당 곡선을 증명하는 방법은 참고문헌 **24**를 참조하라.

참고문헌

1 L. V. Ahlfors. *Conformal Invariants.* McGraw-Hill, New York, 1973.

2 L. V. Ahlfors. *Complex Analysis.* McGraw-Hill, New York, third edition, 1979.

3 G. B. Airy. On the intensity of light in the neighbourhood of a caustic. *Transactions of the Cambridge Philosophical Society*, 6:379– 402, 1838.

4 J. Bak and D. J. Newman. *Complex Analysis*. Springer-Verlag, New York, second edition, 1997.

5 R. P. Boas. *Entire Functions*. Academic Press, New York, 1954.

6 E. Borel. *L'imaginaire et le réel en Mathématiques et en Physique.* Albin Michel, Paris, 1952.

7 A. L. Cauchy. Mémoires sur les intégrales définies. *Oeuvres complètes d'Augustin Cauchy, Gauthier-Villars, Paris*, Iere Série(I), 1882.

8 A. L. Cauchy. Sur un nouveau genre de calcul analogue au calcul infinitesimal. *Oeuvres complètes d'Augustin Cauchy, Gauthier-Villars, Paris*, IIeme Série(VI), 1887.

9 E. B. Christoffel. Ueber die Abbildung einer Einblättrigen, Einfach Zusammenh¨agenden, Ebenen Fläche auf Einem Kreise. *Nachrichten von der Königl. Gesselschaft der Wissenchaft und der G. A. Universit ät zu Göttingen*, pages 283–298, 1870.

10 E.T. Copson. *Asymptotic Expansions, volume 55 of Cambridge Tracts in Math. and Math Physics.* Cambridge University Press, 1965.

11 P. L. Duren. *Univalent Functions*. Springer-Verlag, New York, 1983.

12 A. Erdélyi. *Asymptotic Expansions*. Dover, New York, 1956.

13 T. Estermann. *Introduction to Modern Prime Number Theory*. Cambridge University Press, 1952.

14 J. Hadamard. *The Psychology of Invention in the Mathematical Field*. Princeton University Press, 1945.

15 G. H. Hardy. On the representation of a number as the sum of any number of squares, and in particular five. *Trans. Amer. Math. Soc*, 21:255–284, 1920.

16 G. H. Hardy. *Ramanujan*. Cambridge University Press, 1940.

17 G. H. Hardy and E. M. Wright. *An introduction to the Theory of Numbers*. Oxford University Press, London, fifth edition, 1979.

18 W. K. Hayman. *Multivalent Functions*. Cambridge University Press, second edition, 1994.

19 A. E. Ingham. *The Distribution of Prime Numbers*. Cambridge University Press, 1990.

20 C. Jordan. *Oeuvres de Camille Jordan*, volume IV. Gauthier-Villars, Paris, 1964.

21 S. Kobayashi. *Hyperbolic Manifolds and Holomorphic Mappings*. M. Dekker, New York, 1970.

22 E. Landau. *Vorlesungen über Zahlentheorie*, volume 1. S. Hirzel, Leipzig, 1927.

23 S. Lang. *Complex Analysis*. Springer-Verlag, New York, fourth edition, 1999.

24 J. R. Munkres. *Elements of Algebraic Topology*. Addison-Wesley, Reading, MA, 1984.

25 N. I. Muskhelishvili. *Singular Integral Equations*. Noordhott International Publishing, Leyden, 1977.

26 Z. Nehari. *Comformal Mapping*. McGraw-Hill, New York, 1952.

27 R. Nevanlinna. *Analytic functions*. Die Grundlehren der mathematischen Wissenschaften in Einzeldarstellung. Springer-Verlag, New York, 1970.

28 R. Paley and N. Wiener. *Fourier Transforms in the Complex Domain*, volume XIX of Colloquium publications. American Mathematical Society, Providence, RI, 1934.

29 R. N. Pederson. The Jordan curve theorem for piecewise smooth curves. *Amer. Math. Monthly*, 76:605–610, 1969.

30 H. Poincaré. L'Oeuvre mathématiques de Weierstrass. *Acta Mathematica*, 22, 1899.

31 R. Remmert. *Classical Topics in Complex Function Theory*. Springer-Verlag, New York, 1998.

32 B. Riemann. Grundlagen für eine Allgemeine Theorie der Functionen einer Veränderlichen Complexen Grösse. *Inauguraldissertation, Göttingen*, 1851, Collected Works, Springer-Verlag, 1990.

33 B. Riemann. Ueber die Anzahl der Primzahlen unter einer gegebenen Grösse. *Monat. Preuss. Akad. Wissen.*, 1859, Collected Works, Springer-Verlag, 1990.

34 S. Saks and Z. Zygmund. *Analytic Functions*. Elsevier, PWN-Polish Scientific, third edition, 1971.

35 E. M. Stein and G. Weiss. *Introduction to Fourier Analysis on Euclidean Spaces*. Princeton University Press, 1971.

36 E. C. Titchmarsh. *The Theory of Functions*. Oxford University Press, London, second edition, 1939.

37 E. C. Titchmarsh. *The Theory of the Riemann Zeta-Function*. Oxford University Press, 1951.

38 K. Weierstrass. *Briefe von Karl Weierstrass an Sofie Kowalewskaja 1871-1891*. Moskva, Nauka, 1973.

39 E.T. Whittaker and G.N. Watson. *A Course in Modern Analysis*. Cambridge University Press, 1927.

40 N. Wiener. "R.E.A.C. Paley - in Memoriam". *Bull. Amer. Math. Soc.*, 39:476, 1933.

41 A. Zygmund. *Trigonometric Series*, volume I and II. Cambridge University Press, second edition, 1959. Reprinted 1993.

기호 목록

늘 그렇듯이 $\mathbb{Z}$는 정수 집합, $\mathbb{Q}$는 유리수 집합, $\mathbb{R}$은 실수 집합, $\mathbb{C}$는 복소수 집합을 나타낸다.

$\mathrm{Re}(z)$	실수부	19쪽
$\mathrm{Im}(z)$	허수부	19쪽
$\arg z$	편각	21쪽
$\lvert z\rvert$	복소수 z의 절댓값	20쪽
$\overline{z}$	복소수 z의 켤레복소수	20쪽
$D_r(z_0)$	중심이 z_0이고 반지름 길이가 r인 열린 원판	23쪽
$\overline{D}_r(z_0)$	중심이 z_0이고 반지름 길이가 r인 닫힌 원판	23쪽
$C_r(z_0)$	중심이 z_0이고 반지름 길이가 r인 원	23쪽
$D,\ C$	(일반적인) 원판, 원	
$\mathbb{D}$	단위원판	23쪽
Ω^c	Ω의 여집합	23쪽
$\overline{\Omega}$	Ω의 폐포	23쪽
$\partial\Omega$	Ω의 경계	23쪽
$\mathrm{diam}(\Omega)$	Ω의 지름	24쪽
$\frac{\partial}{\partial z},\ \frac{\partial}{\partial \overline{z}}$	미분 연산자	29쪽
e^z	복소 지수함수	31쪽
$\cos z,\ \sin z$	복소 삼각함수	33쪽
γ^-	γ의 방향을 역전시켜 얻은 곡선	37쪽
$O,\ o,\ \sim$	점근 표기법	41쪽
$\triangle$	라플라스 작용소	45쪽
$F(\alpha,\beta,\gamma;z)$	초기하급수	46쪽
$\mathrm{res}_z f$	유수	94쪽
$P_r(\gamma),\ \mathcal{P}_y(x)$	푸아송 핵	85, 98쪽
$\cosh z$	쌍곡코사인	101쪽

$\sinh z$	쌍곡사인	102쪽
$\mathbb{S}$	리만 구면	108쪽
$\log$, $\log_\Omega$	로그함수	117, 118쪽
$\hat{f}(\xi)$	푸리에 변환	132쪽
$\mathfrak{F}_a$, $\mathfrak{F}$	수평선에서 적당히 감소하는 함수의 모임	134, 135쪽
S_a, $S_{\delta,M}$	수평띠	134, 187쪽
ρ, ρ_f	증가지수	162쪽
E_k	표준 인수	170쪽
ψ_α	블라쉬케 인수	178쪽
Γ	감마함수	186쪽
$\zeta(s)$	리만 제타함수	195쪽
ϑ, $\Theta(z\|\tau)$, $\theta(\tau)$	세타함수	196, 318, 318쪽
$\xi(s)$	크시함수	197쪽
J_ν	베셀 함수	203쪽
B_m	베르누이 수	206쪽
$\pi(x)$	x보다 작거나 같은 소수의 개수	210쪽
$f(x) \approx g(x)$	점근적 관계식	211쪽
$\psi(x)$, $\Lambda(n)$, $\psi_1(x)$	체비셰프 함수	218, 218, 219쪽
$d(n)$	n의 약수의 개수	229쪽
$\sigma_a(n)$	n의 약수의 a 거듭제곱의 합	229쪽
$\mu(n)$	뫼비우스 함수	229쪽
$\mathrm{Li}(x)$	$\pi(x)$에 대한 근사	232쪽
$\mathbb{H}$	상반평면	239쪽
$\mathrm{Aut}(\Omega)$	Σ에서의 자기동형사상 군	250쪽
$\mathrm{SL}_2(\mathbb{R})$	특수선형군	253쪽
$\mathrm{PSL}_2(\mathbb{R})$	사영 특수선형군	255쪽
$\mathrm{SU}(1,1)$	일차분수변환군	288쪽
Λ	격자	295쪽

Λ^*	원점을 뺀 격자	300쪽
$\wp$	바이어슈트라스 타원함수	302쪽
$E_k(\tau)$, $E_2^*(\tau)$	아이젠슈타인 급수	306, 340쪽
$F(\tau)$	금지된 아이젠슈타인 급수	311쪽
$\tilde{F}(\tau)$	금지된 아이젠슈타인 급수의 전도(reverse)	341쪽
$\Pi(z\|\tau)$	삼중곱	320쪽
$\eta(\tau)$	데데킨트 에타함수	327쪽
$p(n)$	분할함수	328쪽
$r_2(n)$	n을 두 제곱수의 합으로 나타내는 방법의 수	331쪽
$r_4(n)$	n을 네 제곱수의 합으로 나타내는 방법의 수	332쪽
$d_1(n)$, $d_3(n)$, $\sigma_1^*(n)$	약수함수	333, 333, 339쪽
$\mathrm{Ai}(s)$	에어리 함수	366쪽
$W_\gamma(z)$	회전수	387쪽

찾아보기

ㅂ

ㅅ

ㅇ

ㅈ

ㅊ

N

O

P

R